科学出版社"十四五"普通高等教育本科规划教材
地理信息科学一流专业规划教材

ArcGIS 地理信息系统
空间分析实验教程

（第三版）

汤国安　杨　昕　张海平　等　编著

支 持 项 目

地理信息科学专业国家一流专业建设项目
地理信息系统原理国家一流课程建设项目
江苏高校"青蓝工程"优秀教学团队建设项目
国家自然科学基金重点项目（41930102）

科学出版社

北　京

内 容 简 介

本书是作者在分析上一版教材应用情况基础上，针对 ArcGIS 软件最新功能与特色重新改编而成。每章内容均进行了精炼化和实用化处理，并新增了时空数据统计分析理论与方法、多种空间分析建模方法等内容，实验内容也进行了相应的提升，提高了本书的系统性、现势性和实用性。本书内容主要包括 GIS 基本概念、ArcGIS 应用基础、空间数据的采集与组织、空间数据的转换与处理、空间数据的可视化表达、GIS 空间分析导论、矢量数据的空间分析、栅格数据的空间分析、三维分析、空间统计分析、空间分析建模等。此外，本书还配备具有典型性意义的实例分析及大量的随书练习资料，并辅以相应的数据资料，以便读者参考练习。

本书内容注重科学性、系统性与实用性相结合，可作为高等院校地理信息科学与地理学其他各专业，以及测绘、资源、环境、城市等相关学科学生的教材，也可为科学研究、工程设计、规划管理等部门的科技人员提供参考。

图书在版编目（CIP）数据

ArcGIS 地理信息系统空间分析实验教程 / 汤国安等编著. —3 版. —北京：科学出版社，2021.11

地理信息科学一流专业规划教材

ISBN 978-7-03-070215-9

Ⅰ．①A⋯　Ⅱ．①汤⋯　Ⅲ．①地理信息系统–应用软件–教材　Ⅳ．①P208

中国版本图书馆 CIP 数据核字（2021）第 214963 号

责任编辑：彭胜潮　董　墨　赵　晶 / 责任校对：何艳萍
责任印制：霍　兵 / 封面设计：王　浩

科学出版社 出版
北京东黄城根北街 16 号
邮政编码：100717
http://www.sciencep.com

三河市骏杰印刷有限公司印刷
科学出版社发行　各地新华书店经销
*

2009 年 2 月第　一　版	开本：787×1092　1/16
2012 年 4 月第　二　版	印张：36
2021 年 12 月第　三　版	字数：850 000
2025 年 1 月第七次印刷	

定价：**138.00** 元
（如有印装质量问题，我社负责调换）
（数据下载请扫封底二维码）

前　言

地理信息系统（geographical information system，GIS）是对地理空间信息进行描述、采集、处理、存储、管理、分析和应用的一门交叉学科。随着计算机技术、信息技术、空间技术、网络技术的发展，GIS 被广泛应用于测绘、资源管理、城乡规划、灾害监测、交通运输、水利水电、环境保护、国防建设等各个领域，并深入涉及地理信息的社会生产、生活各个方面，是一门实践性很强的学科，因此就需要具有专业知识及 GIS 应用、开发技能的复合型人才。灵活运用 GIS 软件解决实际问题是 GIS 专业学生应具备的基本能力，也是学习的主要内容之一。在众多的 GIS 软件平台中，美国 ESRI 公司推出的 ArcGIS 平台是最具代表性的 GIS 软件平台，其强大的空间分析处理工具和不断更新、完善的空间分析功能是其他软件无法比拟的。

作者在多年科学研究和教学实践基础上，总结了一套利用 ArcGIS 软件进行地学分析的方法，于 2006 年出版了《ArcGIS 地理信息系统空间分析实验教程》，自出版后需求旺盛。紧跟 ArcGIS 软件的版本更新，于 2012 年出版了第二版，在内容上进行了相应的扩充和实例的丰富。近年来，随着 GIS 技术的飞速发展，ArcGIS 也在不断提升性能、扩充功能。因此，我们也在分析第二版教材用户反馈的基础上，对教材进行了再次更新，以 ArcGIS 10.6 空间分析功能为基础，简化了软件应用基础部分，凝练了关键技术和知识点，增加了时空统计分析和多种空间分析建模方法，进一步提高了教材的简洁性和实用性。通过原理介绍、软件操作以及典型实例应用，使读者得到即学即用、举一反三的效果，进而提高实践应用能力。

本书共分 11 章，其中第 1 章至第 5 章为 ArcGIS 基础操作篇，以空间分析前后数据采集与制图为重点，着重介绍空间分析的基本概念、ArcGIS 应用基础、空间数据的采集与组织、空间数据的转换与处理、空间数据的可视化表达等内容。第 6 章至第 11 章为 ArcGIS 空间分析方法篇，以专题形式分别介绍了空间分析的基本内容、矢量数据的空间分析、栅格数据的空间分析、三维分析、空间统计分析、空间分析建模等。每章中及章节末尾提供若干实例练习和详细操作步骤，并辅以相应的数据，帮助对照练习和复习。

本书由汤国安负责全书的总体设计，杨昕、张海平负责编写、审校和定稿工作。南京师范大学地图学与地理信息系统专业研究生刘思杰、赵飞、王浩然、杨璐宇、程瑶、杨陵、朱辉参与改版内容编写、修订和审校工作，在此一并表示衷心的感谢。

期待读者积极反馈本书使用中出现的问题，以便我们在再次印刷时不断完善、改进，谢谢！

汤国安

2021 年 6 月于南京

目　　录

第1章 导　论

随着信息社会的到来，人类社会进入了信息大爆炸的时代。面对海量信息，人们对于信息的要求发生了巨大变化，对信息的广泛性、精确性、快速性及综合性要求越来越高。随着计算机技术的出现及其快速发展，对空间位置信息和其他属性类信息进行统一管理的地理信息系统（GIS）也随之快速发展起来，在此基础上进行空间信息挖掘和知识发现是当前亟待解决的问题，也是 GIS 研究的热点和难点之一。GIS 空间分析也越来越凸显出其重要作用。

1.1　地理信息系统

1.1.1　基　本　概　念

地理信息系统（geographical information system，GIS）既是跨越地球科学、空间科学和信息科学的一门应用基础学科，又是一项工程应用技术。它以地学原理为依托，在计算机软硬件的支持下，研究空间数据的采集、处理、存储、管理、分析、建模、显示和传播的相关理论方法与应用技术，以解决复杂的管理、规划和决策等问题。GIS 处理和管理的对象是多种地理空间实体数据及其关系，包括空间定位数据、图形数据、遥感图像数据、属性数据等，主要用于分析和处理一定地理区域内分布的各种现象和过程，解决各类复杂的地学问题。

1.1.2　GIS　构　成

一个完整的 GIS 主要由五个部分构成，即硬件系统、软件系统、地理空间数据、地学模型和应用人员。其中，硬件、软件系统为 GIS 提供了运行环境；地理空间数据反映了 GIS 的地理内容；地学模型为 GIS 应用提供解决方案；应用人员是系统建设中的关键和能动性因素，直接影响和协调其他几个构成部分。

1. 硬件系统

硬件系统是计算机系统中的实际物理配置的总称，可以是电子的、电的、磁的、机械的、光的元件或装置，是 GIS 的物理外壳。系统的规模、精度、速度、功能、形式、使用方法甚至软件都与硬件有极大的关系，受硬件指标的支持或制约。GIS 由于其任务的复杂性和特殊性，必须由计算机设备支持。构成计算机硬件系统的基本组件包括输入/输出设备、中央处理单元、存储器等。这些硬件组件协同工作，向计算机系统提供必要的信息，使其完成任务，也可以保存数据以备现在或将来使用，或将处理得到的结果或信息提供给用户。

2. 软件系统

GIS 运行所需的软件系统如下。

1）GIS 支撑软件

任何 GIS 软件都需要一个基础的运行环境。小到各种移动终端的 GIS Apps，大到 PC 端的各类 GIS 平台，都离不开操作系统的支持。空间数据的存储和管理也通常使用发展成熟的大型数据库管理系统。例如，常用的操作系统包括移动端的安卓、苹果 IOS，PC 端的 Windows、Linux 和 MacOS 等；GIS 数据的存储管理通常也需要依赖于大型的企业级数据库，GIS 常用的数据库系统有 Oracle、Microsoft SQL Server 和 PostgreSQL 等。此外，可能还需要一些用于支撑 GIS 系统运行的其他支撑软件。

2）GIS 平台软件

GIS 功能的复杂性和需求的多样性决定了其平台软件在 GIS 中的重要地位。最为典型的 GIS 平台，如国外的 ArcGIS 商业平台、QGIS 开源平台等，国内的有 SuperMap 和 MapGIS 等商业平台。这些大型 GIS 平台的主要表现形式为基础应用程序和软件开发包。这些 GIS 平台都必须运行或部署在支撑软件之上，主要用于完成各种 GIS 任务，其中，软件开发包可以扩展和定制满足特定领域业务需求的应用型 GIS 软件。

3）GIS 应用软件

GIS 的应用行业非常广泛。基础平台软件提供的功能并不能满足各行业对 GIS 的业务需求，这就需要 GIS 开发人员基于某个 GIS 平台已有的功能和开放的接口，结合某个行业的具体业务需求开发出符合行业需要的 GIS 应用系统，如与不动产相关的审批系统、与国土相关的土地资源管理系统、与城市规划相关的辅助决策系统，以及与地名相关的地名管理与信息化服务系统等。

3. 地理空间数据

地理空间数据是以地球表面空间位置为参照的自然、社会和人文经济景观数据，可以是图形、图像、文字、表格和数字等。它由系统的建立者通过数字化仪、扫描仪、键盘、磁带机或其他系统通信设备输入 GIS，是系统程序作用的对象，是 GIS 所表达的现实世界经过模型抽象的实质性内容。不同用途的 GIS，其地理空间数据的种类、精度均不相同，包括以下三种信息。

1）已知坐标系中的位置

已知坐标系中的位置即几何坐标，标识地理景观在自然界或包含某个区域的地图中的空间位置，如经纬度、平面直角坐标、极坐标等。采用数字化仪输入时通常采用数字化仪直角坐标或屏幕直角坐标。

2）实体间的空间关系

实体间的空间关系通常包括：度量关系，如两个地物之间的距离远近；延伸关系（或方位关系），定义了两个地物之间的方位；拓扑关系，定义了地物之间连通、邻接等关系，是 GIS 分析中最基本的关系，其包括网络结点与网络线之间的枢纽关系、边界线与面实体间的构成关系、面实体与岛或内部点的包含关系等。

3）与几何位置无关的属性

与几何位置无关的属性即通常所说的非几何属性或简称属性，是与地理实体相联系的地理变量或地理意义。属性分为定性和定量两种。定性包括名称、类型、特性等，定量包括数量和等级；定性描述的属性如土壤种类、行政区划等，定量描述的属性如面积、长度、土地等级、人口数量等。非几何属性一般是经过抽象的概念，通过分类、命名、量算、统计得到。任何地理实体至少有一个属性，而 GIS 的分析、检索和表示主要是通过对属性的操作运算实现的。因此，属性的分类系统、量算指标对系统的功能有较大的影响。

4. 地学模型

GIS 的地学模型是根据具体的地学目标和问题，以 GIS 已有的操作和方法为基础，构建的能够表达或模拟特定现象的计算机模型。尽管 GIS 提供了用于数据采集、处理、分析和可视化的一系列基础性功能，而与不同行业相结合的具体问题往往是复杂的，这些复杂的问题必须通过构建特定的地学模型进行模拟。

GIS 作为一门应用型学科，强大的空间分析功能支撑着其强大的发展潜力及其在相关行业广泛的应用。而以空间分析为核心并与特定地学问题相结合的地学模型，正是其价值的具体表现形式。因此，地学模型是 GIS 的重要组成部分。GIS 地学模型的实现不依赖于软件，相同功能的模型可以在不同的 GIS 软件中实现。

5. 应用人员

人是 GIS 重要的构成因素。GIS 从其设计、建立、运行到维护的整个生命周期都离不开人的作用。仅有系统软硬件和数据还不能构成完整的 GIS，还需要人进行系统组织、管理、维护和数据更新，以及系统扩充完善、应用程序开发，并灵活采用地理分析模型提取多种信息，为研究和决策服务。GIS 专业人员是 GIS 应用的关键，而强有力的组织是系统运行的保障。

1.1.3 GIS 功能与应用

GIS 要解决的核心问题包括：位置、条件、变化趋势、模式和模型，据此，可以把 GIS 功能分为以下六个方面。

1. 数据采集与输入

数据采集与输入，即将系统外部原始数据传输到 GIS 内部，并将这些数据从外部格式转换到系统便于处理的内部格式的过程。多种形式和来源的信息要经过综合和一致化的处理过程。数据采集与输入要保证 GIS 数据库中的数据在内容与空间上的完整性、数值逻辑一致性与正确性等。一般而论，GIS 数据库建设的投资占整个系统建设投资的 70% 或更多，并且这种比例在近期内不会有明显的改变。因此，信息共享与自动化数据输入成为 GIS 研究的重要内容，自动化扫描输入与遥感数据集成最为人们所关注。扫描技术的改进、扫描数据的自动化编辑与处理仍是 GIS 数据获取研究的关键技术。

2. 数据编辑与更新

数据编辑主要包括图形编辑和属性编辑。图形编辑主要包括拓扑关系建立、图形编辑、图形整饰、图幅拼接、投影变换以及误差校正等；属性编辑主要与数据库管理结合在一起完成。数据更新则要求以新纪录数据来替代数据库中相对应的原有数据项或记录。由于空间实体都处于发展进程中，获取的数据只反映某一瞬时或一定时间范围内的特征。随着时间推移，数据会随之改变。数据更新可以满足动态分析之需。

3. 数据存储与管理

数据存储与管理是建立 GIS 数据库的关键步骤，涉及空间数据和属性数据的组织。栅格模型、矢量模型或栅格/矢量混合模型是常用的空间数据组织方法。空间数据结构的选择在一定程度上决定了系统所能执行的数据分析的功能，在地理数据组织与管理中，最为关键的是如何将空间数据与属性数据融为一体。目前大多数系统都是将二者分开存储，通过公共项（一般定义为地物标识码）来连接。这种组织方式的缺点是数据的定义与数据操作相分离，无法有效记录地物在时间域上的变化属性。

4. 空间数据分析与处理

空间查询是 GIS 以及许多其他自动化地理数据处理系统应具备的最基本的分析功能。而空间分析是 GIS 的核心功能，也是 GIS 与其他计算机系统的根本区别。模型分析是在 GIS 的支持下，分析和解决现实世界中与空间相关的问题，它是 GIS 应用深化的重要标志。

5. 数据与图形的交互显示

GIS 为用户提供了许多表达地理数据的工具。其形式既可以是计算机屏幕显示，也可以是诸如报告、表格、地图等硬拷贝图件，可以通过人机交互方式来选择显示对象的形式，尤其要强调的是 GIS 的地图输出功能。GIS 不仅可以输出全要素地图，也可以根据用户需要，输出各种专题图、统计图等。

6. 应用模型与系统开发功能

随着 GIS 在各行各业的应用越来越广泛，常规 GIS 无法满足各类型的应用需求。因此，GIS 也具有相应的二次开发功能，用于开发满足特定行业需求的应用模型或应用软件系统。GIS 的二次开发功能包通常会提供完整的 API 和开发环境。

GIS 的大容量、高效率及其结合的相关学科的推动使其具有运筹帷幄的优势，成为国家宏观决策和区域多目标开发的重要技术支撑，也成为与空间信息有关各行各业的基本分析工具。GIS 强大的空间分析功能及发展潜力使得其在测绘与地图制图、资源管理、城乡规划、灾害预测、土地调查与环境管理、国防、宏观决策等方面得到广泛、深入的应用。

GIS 以数字形式表示自然界，具有完备的空间特性，它可以存储和处理不同地理发展时期的大量地理数据，具有极强的空间信息综合分析能力，是地理分析的有力工具。GIS 不仅要完成管理大量复杂的地理数据的任务，更为重要的是要完成地理分析、评价、预测和辅助决策的任务。因此，研究广泛适用于 GIS 的地理分析模型是 GIS 真正走向实用的关键。

1.1.4　GIS 技术与发展

GIS 的发展已近 40 年，用户的需要、技术的进步、应用方法的提高以及有关组织机构的建立等因素，深深影响着 GIS 的发展历程。

20 世纪 60 年代初期，GIS 处于萌芽和开拓期，注重空间数据的地学处理。该时期 GIS 发展的动力来自新技术的应用、大量空间数据处理的生产需求等方面，专家兴趣与政府推动也起到积极的引导作用。进入 70 年代，GIS 进入巩固发展期，注重于空间地理信息的管理。资源开发、利用乃至环境保护问题成为首要解决之疑难，需要有效地分析、处理空间信息。随着计算机技术的迅速发展，数据处理速度加快，为 GIS 软件的实现提供了必要条件和保障。80 年代是 GIS 的大发展时期，注重空间决策支持分析。GIS 应用领域迅速扩大，涉及许多学科和领域，此时 GIS 发展最显著的特点是商业化实用系统进入市场。90 年代是 GIS 的用户化时期，GIS 已成为许多机构必备的工作系统，社会对 GIS 的认识普遍提高，需求大幅度增加，从而使得 GIS 应用领域扩大化、深入化，GIS 向现代社会最基本的服务系统发展。

进入 21 世纪，GIS 应用向更深的层次发展，展现新的发展趋势。

GIS 进入 21 世纪之后，尤其是 2010 年之后，随着计算机技术和智能设备的进一步发展，学界从 GIS 到地理信息科学，更加注重学科建设与学科创新；业界从 GIS 到地理信息服务，使服务更加智能。一系列新技术和新应用出现，在应用需求和技术革新的双重作用下，GIS 已经步入一个大变革的时代。新的技术主要包括物联网与云计算、大数据与并行计算、机器学习与人工智能等。新的应用需求包括以智慧城市为建设目标的海绵城市、智能管网、智能电网、智能物流和共享交通等一系列专业型和大众化服务。

1. 物联网与智慧城市

智慧城市已是全球先进国家发展的大趋势，当中涉及众多支持者及技术层面，而其中一个重要的基建便是物联网科技。物联网通过装载在物联对象上的传感器实时、动态地获取信息，并依据物联个体与群体之间的互助作用来提供感知服务，通过感知挖掘获得物联网中装载设备的移动对象的变化规律、个体的联系，以及对物联环境感知，从而为城市空间物联信息的应用提供基础。而这些物联网所产生的数据都带有位置和时间信息，无论是对这些数据的管理还是应用分析，都必须采用地理信息技术实现。因此，可以说 GIS 促进了物联网的发展，同时物联网也扩展了 GIS 的应用领域。尽管 GIS 已经渗透到物联网的方方面面，但两者之间的深度结合及应用创新有待进一步提升。

2. 云平台与数据中心

云计算（cloud computing）是一种基于互联网的计算方式，通过这种方式，共享的软硬件资源和信息可以按需提供给计算机和其他设备。云计算数据中心则改变了计算机为用户提供服务的模式，云数据中心托管的不再是客户的设备，而是计算能力和可用性的各项功能，用户只需要发布需求指令，所有的计算和分析都会在云端完成并反馈给用户。空间数据来源的广泛性、数据的多源性和应用分析的复杂性，更需要云计算和云数据中心的支持，正是在这样的应用需求背景下，面向服务的云 GIS 经历了大发展，已经成为企业级 GIS 的核心技术。

3. 大数据与并行计算

大数据在近两年备受关注。据《中国计算机学会通讯》（2013 年）的统计，过去两年所产生的数据量为有史以来所有数据量的 90%。而大数据中的大部分数据都与空间位置相关。对于 GIS 而言，大数据的出现给空间数据管理、空间数据分析和空间数据可视化等方面带来了极大的挑战和机遇。传统的 GIS 数据管理和分析技术已经不能满足当下需要。多源、异构、海量和实时动态的时空大数据必须有与之相匹配的处理、管理、分析及可视化技术应对。传统的空间数据以静态数据为主，而时空大数据具有动态性和流动性等特征，现有的空间数据结构和可视化方法已不能满足实时空间大数据的需要，其数据结构也不利于时空大数据的分析，这就需要结合大数据的主要特征开发全新的时空数据结构，在可视化方面也需要有所突破。另外，时空大数据处理与分析是大数据 GIS 的核心内容，而并行计算能够在数据处理和分析环节发挥重要作用，如目前基于 Hadoop 和 Spark 等并行计算技术的空间数据处理与管理，是较为成熟并广泛使用的方案之一。但这些并行计算技术并不能满足日益增长的时空大数据处理与分析需要，基于并行技术的大数据 GIS 仍然有待于进一步发展和完善。

4. 机器学习与人工智能

传统时空数据和时空大数据可以分为传统的数据分析和智能化的复杂分析两大类，尤其是大数据分析，使用传统的数据挖掘方法又难以发现其中隐含的规律。相比而言，机器学习的算法不是固定的，而是带有自调试参数，能够随着分析内容和频次的增加，让计算机通过学习自我完善，使挖掘和预测的结果更准确。新技术的提出与逐步推进，在为 GIS 带来发展机遇的同时也对 GIS 的理论和技术提出了挑战和新的要求，有不少理论和技术需要进一步发展和完善。

1.2　GIS 空间分析

对地观测和计算机技术的发展大大加强了人们对空间信息的分析和处理能力。人们渴望利用这些空间信息来认识和把握地球与社会的空间运动规律，进行虚拟、科学预测和调控，因此迫切需要建立空间信息分析的理论和方法体系。GIS 自出现后，吸取了所有能够利用的空间分析的理论和方法，并将它们植入 GIS 中。在 GIS 的支持下，空间分析顺利得以实现并得到进一步飞跃；GIS 也因为有了空间分析这一强有力的理论支持而获得更强大的生命力和更广阔的发展空间。空间分析已被认为是 GIS 中最核心、最重要的理论之一，也是 GIS 区别于其他计算机辅助设计系统的关键所在。

1.2.1 空 间 分 析

现代空间分析概念的提出起源于 20 世纪 60 年代地理和区域科学的计量革命。其在起步阶段，主要是将统计分析的定量手段用于分析点、线、面的空间分布模式。在 60 年代地理学计量革命中，有些模型初步考虑了空间信息的关联性问题，成为当今空间数据分析模型的萌芽。例如，20 世纪 60 年代，法国地质学家 Matheron 在前人的基础上，提出"地统计学"，或称 Kriging 方法，它是一种用变异函数评价和估计自然现象的理论与方法，随后，Journel 针对矿物储量估算，将地统计技术在理论上和实践中推向成熟。同时，统计学家也对空间数据统计产生了兴趣，在方法完备性方面做出了诸多贡献。地理学、经济学、区域科学、地球物理、大气科学、水文学等专门学科为空间信息分析模型的建立提供了知识和机理。逐渐成熟后的空间分析理论与方法更多地强调地理空间的自身特征、空间决策过程及复杂空间系统的时空演化过程分析，分析方法也从统计方法扩展到运筹学、拓扑学和系统论等。

实际上，自有地图以来，人们就始终在自觉或不自觉地进行着各种类型的空间分析。例如，在地图上量测地理要素之间的距离、方位、面积，乃至利用地图进行战术研究和战略决策等，都是人们利用地图进行空间分析的实例，而后者实质上已属较高层次上的空间分析。

空间分析的概念，从不同的角度理解有不同的定义方式。

从侧重于空间实体对象的图形与属性的交互查询角度考察，空间分析是从 GIS 目标之间的空间关系中获取派生的信息和新的知识。分析对象是地理目标的空间关系，分析内容由以下五个部分组成：拓扑空间查询、缓冲区分析、叠置分析、空间集合分析和地学分析。

从侧重于空间信息的提取和空间信息传输角度考虑，空间分析是基于地理对象的位置和形态特征的空间数据分析技术，其目的在于提取和传输空间信息。分析对象是地理目标的位置和形态特征，可将空间信息分为空间位置、空间分布、空间统计、空间关系、空间关联、空间对比、空间趋势和空间运动。它们对应的空间分析操作为空间位置分析、空间分布分析、空间形态分析、空间关系分析和空间相关分析等。

随着空间分析向更深层次发展，空间分析逐步走向为决策提供支持。空间分析对象是与决策支持有关的地理目标的空间信息及其形成机理，主要强调相关数学建模及模型的管理与应用。空间分析可以理解为在对地理空间中的目标进行形态结构定义与分类的基础上，对目标的空间关系和空间行为进行描述，为目标的空间查询和空间相关分析提供参考，进一步为空间决策提供服务的功能体系。该体系包括以下内容：空间数据探索、空间回归分析、空间机理模型、空间统计-机理模型、空间复杂系统模型、空间运筹模型、空间数据挖掘。

1.2.2 基于 GIS 的空间分析

GIS 出现后迅速吸取能利用的空间分析方法和手段，将它们植入 GIS 软件中，并且利用各种计算机新技术，使复杂的传统空间分析任务变得简单易行，并能方便、高效地应用几何、逻辑、代数等运算，以及数理统计分析和其他数学物理方法，更科学、高效地分析和解释地理特征间的相互关系及空间模式。于是，GIS 为空间分析提供了良好的支撑平台；空间分析也因为有了 GIS 而真正得以应用。GIS 正是因为有了空间分析功能才区别于一般的计算机辅助设计系统。

基于 GIS 的空间分析是 GIS 区别于其他信息系统的主要特色，也是评价 GIS 功能的主要特征之一。GIS 集成了多学科的最新技术，如关系数据库管理、高效图形算法、插值、区划和网络分析等，为 GIS 空间分析提供了强大的工具。目前，绝大多数 GIS 软件都具备一定的空间分析功能，GIS 空间分析已成为 GIS 的核心功能之一，它特有的地理信息（特别是隐含信息）的提取、表现和传输功能，是 GIS 区别于一般信息系统的主要功能特征。

早期 GIS 发展集中于空间数据结构及计算机制图方面。随着 GIS 基础理论研究逐步走向成熟，计算机软硬件技术和相关学科的进步也为 GIS 提供了更好的支撑，GIS 技术正处于飞速发展的进程中，其中融合的数据急剧增长。在此基础上，人们不仅需要知道"在哪里""怎么去"这些基本的 GIS 空间分析问题，而且需要关心所处的具体位置与周围环境的关系，普通市民会关心住宅区房屋的采光效果、噪声影响、交通和生活便利情况等；农业规划管理者和生产者考虑具体的地理环境下山地退耕还林、农业生产效率、农作物分区种植等方案的确定；城市规划和决策者需要考虑城市总体的合理规划，如垃圾处理厂对周围环境的影响程度，考虑商场、学校、交通站点的地点选择；水利、铁路、环境等部门则关心所辖区域在面临大量降雨时哪些区域可能发生诸如泥石流、山体滑坡、洪水淹没、交通破坏等灾害事件，等等。这些人们关心和亟待解决的问题大都可以划归为空间分析的范畴，可见 GIS 空间分析正成为人们关注的焦点，起到越来越重要的作用。GIS 空间分析目前已广泛应用于水污染监测、城市规划与管理、地震灾害预警和损失估计、洪水灾害分析、矿产资源评价、道路交通管理、地形地貌分析、医疗卫生、军事领域等。

对基于 GIS 空间分析的理解有不同的角度和层次。

1. 按空间数据结构类型

按空间数据结构类型来划分，GIS 空间分析可分为栅格数据分析、矢量数据分析。栅格数据分析是建立在矩阵代数基础上的，在数据处理与分析中使用二维数字矩阵分析法作为其数学基础，因此分析处理简单，处理的模式化很强。一般来说，栅格数据的分析处理方法可以概括为聚类、聚合分析、复合叠加分析、窗口分析、追踪分析等。

矢量数据空间分析的数学基础是二维笛卡儿坐标系统。常用矢量数据空间分析内容包括拓扑包含分析、缓冲区分析及网络分析等。其中有些分析方法两者兼而有之，只是分析处理方式不同，如叠加分析在矢量数据和栅格数据中都有完善的实施方案。

2. 按分析对象的维数

按分析对象的维数来划分，GIS 空间分析可分为二维分析、DTM 三维分析及多维分析。其中，二维分析包括常规 GIS 空间分析的大部分内容，如矢量数据空间分析、栅格数据空间分析、空间统计分析（空间插值、创建统计表面等）、水文分析（河网提取、流域分割、汇流累积量计算、水流长度计算等）、多变量分析、空间插值、地图代数等。

三维分析包括以下内容：三维模型建立和显示基础上的空间查询定位分析，以及建立在三维数据上的趋势面分析，表面积、体积、坡度、坡向、视亮度、流域分布、山脊、山谷及可视域分析等。

多维分析是建立在多维 GIS 系统之上的。相对于时态 GIS 而言，时空分析包括以下内容：时空数据的分类、时间量测、基于时间的数据平滑和综合、根据时空数据变化进行统计分析、时空叠加分析、时间序列分析及预测分析等。

3. 按分析的复杂性程度

按分析的复杂性程度来划分，GIS 空间分析可分为空间问题查询分析、空间信息提取、空间综合分析、数据挖掘与知识发现、模型构建。空间问题查询分析包括利用地理位置数据查询属性数据、利用属性数据查询位置特征、区位查询（查询用户给定的图形区域如点、圆、矩形或多边形内的地物属性和空间位置关系）。

空间信息提取涉及空间位置、空间分布、空间统计、空间关系、空间关联、空间对比、空间趋势和空间运动等的研究。其对应的空间分析操作为空间位置分析、空间分布分析、空间形态分析和空间相关分析等。

空间综合分析涉及空间统计分析、可视性分析、地下渗流分析、水文分析、网络分析等内容。数据挖掘与知识发现则包括空间分类与聚类、空间关联规则确定、空间异常发现与趋势预测等内容。模型构建作为复杂空间分析内容，主要涉及各种机理模型的构建，包括空间机理模型、空间统计与机理模型、空间运筹模型、空间复杂系统模型等内容。

1.2.3 常用 GIS 平台空间分析功能比较

常见的 GIS 系统中，美国环境系统研究所（Environment System Research Institute，ESRI）的 ArcGIS 以其强大的分析能力占据了大量市场，成为主流的 GIS 系统。随着 ArcGIS 的推出，运用 ArcGIS 进行 GIS 空间分析将成为一种主导趋势。本书在讲解空间分析原理的基础上，阐述了如何利用 ArcGIS 进行空间数据操作和空间分析，前 5 章主要论及 GIS 空间分析的原理和 ArcGIS 基本操作，从第 6 章开始，在介绍空间分析的基础上，详细讲解了如何利用 ArcGIS 进行 GIS 空间分析。

常见的 GIS 桌面平台包括 ArcGIS、SuperMap、QGIS、MapGIS 等，这些 GIS 平台在空间数据模型、空间数据处理、空间分析、地理建模、可视化、扩展开发和本土化等方面的对比见表 1.1。

表 1.1　国内外 GIS 软件桌面平台软件功能比较

功能类别		ArcGIS	SuperMap	QGIS	MapGIS
空间数据模型	数据格式	★	☆	★	☆
	数据库类型	★	☆	★	☆
空间数据处理	处理能力	☆	◆	☆	◇
	处理效率	★	◇	◇	◇
空间分析	基本空间分析	★	★	★	★
	空间统计分析	★	◇	★	▲
	行业扩展分析	★	◇	☆	▲
	地理智能分析	◇	◆	◆	◇
地理建模	建模能力	★	◇	◇	◇
	建模效率	★	◇	◇	◇
	扩展建模	★	☆	☆	☆
可视化	二维可视化与制图	☆	☆	☆	☆
	三维可视化与渲染	☆	★	☆	☆
扩展开发	扩展开发能力	★	★	☆	★
本土化	本土化能力	☆	★	◆	★

注：★表示更强；☆表示强；◆表示较强；◇表示弱；▲表示较弱。

表 1.1 显示在众多 GIS 平台软件中，ESRI 的 ArcGIS 软件具有最为全面的空间分析功能。这里的 ArcGIS 主要指 ArcGIS 10.x 版本的以 ArcMap 为核心组件的桌面平台。

1.3　ArcGIS 10 概述

从 1978 年以来，ESRI 相继推出了多个版本系列的 GIS 软件，其产品不断更新扩展，构成适用于各种用户和机型的系列产品。ArcGIS 是 ESRI 在全面整合了 GIS 与数据库、软件工程、人工智能、网络技术及其他多方面的计算机主流技术之后，成功推出的代表 GIS 最高技术水平的全系列 GIS 产品。ArcGIS 是一个全面的、可伸缩的 GIS 平台，为用户构建一个完善的 GIS 系统提供了完整的解决方案。

1.3.1　ArcGIS 10 体系结构

ArcGIS10 是 ESRI 开发的新一代 GIS 软件，于 2010 年推出，是一个统一的 GIS 平台，目前形成了由应用层、控制层和服务层共同构成的功能体系架构。其中，应用层包括桌面终端、Web 终端和移动设备终端；控制层通过门户（Portal）实现，Portal 控制着客户端和服务端的交互，以及面向不同用户和应用场景的权限；服务层则包括数据资源服务器、矢量和栅格大数据服务器等，是各类资源的容器。ArcGIS 10 体系架构如图 1.1 所示。

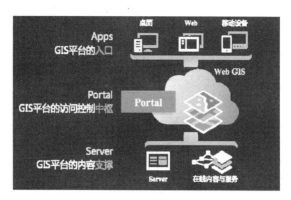

图 1.1 ArcGIS 体系架构

1. 应用层

应用层主要由各种终端产品构成。本书所介绍的 ArcGIS 桌面产品 Desktop 属于典型的应用层终端产品，主要包含诸如 ArcMap、ArcCatalog、ArcToobox 以及 ArcGlobe 等在内的用户界面组件，其功能可分为三个级别：ArcView、ArcEditor 和 ArcInfo，同时，还提供了 ArcReader，作为一个免费地图浏览器组件。其中，ArcView、ArcEditor、ArcInfo 是三级不同的桌面软件系统，共用通用的结构、通用的编码基数、通用的扩展模块和统一的开发环境，功能由简单到复杂。

近年来，ESRI 还推出了新一代桌面产品 ArcGIS Pro，以及面向无人机、野外测绘的各种终端产品。例如，Drone2Map for ArcGIS 是 ESRI 推出的一款无人机数据处理平台，它以业界领先的 ArcGIS 平台为支撑，提供从无人机原始数据到 2D 镶嵌正射产品、3D 点云产品、3D 网格纹理产品生产全流程。Insights for ArcGIS 是 2016 年推出的一款全新的 Web 应用，通过提供丰富的可视化和空间分析工具，并以其酷炫的拖拽式操作方式，为我们带来了全新的、便捷的洞悉数据的体验。其他产品还包括如 ArcGIS Earth、ArcGIS Maps for Office 和 ESRI Business Analyst 等多种 Apps 应用。应用层除了这些桌面终端，还包括面向各终端提供功能扩展开发的软件开发包。例如，经典的 ArcObject 和 ArcEngine，以及近年来的 ArcGIS Runtime SDK 等。

2. 控制层

控制层是 ArcGIS 平台的访问控制中枢，主要通过 Portal 完成，是用户实现对各类 GIS 资源进行管理、跨部门协同分享、精细化访问，以及便捷地发现和使用 GIS 资源的渠道。如果要将自己的数据分享给所有 ArcGIS 平台用户，可以通过 ArcGIS.com 实现。

如果要将数据分享给指定用户，可以通过本地部署 Portal 实现。如果把 ArcGIS 平台控制层比作一个人，控制层的 Portal 就像人的大脑。控制层的 Portal 控制着用户访问应用层各类功能的权限，人通过大脑控制各个器官的行为。

Poral 作为整个 ArcGIS 平台控制层的核心组件，在 GIS 应用平台的开发中发挥着重要的作用。通过使用 Portal，用户只需要简单的配置，就可以轻松地使用各种在线数据、地图和功能服务。开发人员也可以通过 ArcGIS 提供的 JavaScript API 对 Portal 进行操作。总之，Portal 在整个平台中主要控制用户查看、使用、创建和分享地图和应用功能。图 1.2 为 Portal 控制层与应用层终端之间关系的示意图。

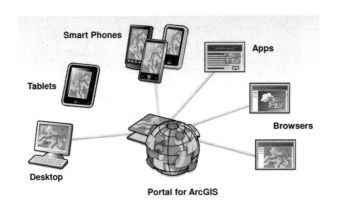

图 1.2　Portal 控制层与应用层的不同的终端

3. 服务层

服务层是 ArcGIS 平台的内容支撑,主要通过 ArcGIS for Server 实现资源转换与共享。ArcGIS for Server 是基于服务器的 ArcGIS 工具,通过 Web Services 在网络上提供 GIS 资源和功能服务,其发布的 GIS 服务遵循广泛采用的 Web 访问和使用标准。ArcGIS for Server 提供的服务可以被桌面端、Web 端和移动设备端使用,是构建云 GIS 平台的服务器。其核心功能包括:空间数据管理、Web 服务构建、在线地图编辑、在线地理处理、Web 应用和 Web 服务(图 1.3)。

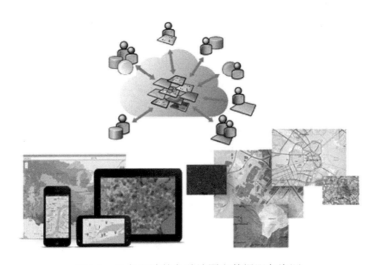

图 1.3　服务器端的各种地图和数据服务资源

ArcGIS for Server 是基于 SOA 架构的 GIS 服务器,通过它可以跨企业或跨互联网以服务形式共享地图服务及其他资源,其包括多个组件。其中,GIS 服务器用于托管 GIS 资源(如地图、地理处理工具和地址定位器等)并将它们作为服务呈现给客户端应用程序;Web Adaptor 用于整合 GIS 服务器与企业级 Web 服务器。Web Adaptor 接收 Web 服务请求,并向站点中的 GIS 服务器发送请求;Web 服务器用于托管 Web 应用程序和服务,并为 ArcGIS for Server 站点提供可选的安全和负载均衡能力。数据服务器包含在 GIS 服务器上作为服务进行发布的 GIS 资源；客户端可以使用 ArcGIS for Server Internet 服务或 ArcGIS for Server 本地服务创建 Web 应用程序、移动应用程序和桌面应用程序。

ArcGIS GeoEvent Server 是 ArcGIS 平台提供的一种高效、实用的实时数据处理服务器，它可以对接物联网中各种类型的传感器，并对接入的实时数据进行高效处理和分析，输出到 ArcGIS 平台或者其他平台中。ArcGIS GeoAnalytics Server 是 ArcGIS 利用快速的分布式计算和存储来处理带有时间和空间值的矢量或者表格数据的新产品。ArcGIS GeoAnalytics Server 的大数据分析能力可以在 ArcGIS 平台产品中无缝集成。ArcGIS GeoAnalytics Server 可接入的数据类型包括 Hive、HDFS、数据文件、GIS 数据等。

1.3.2　ArcGIS 10 软件特色

ArcGIS 10 是 ESRI 发布的功能比较强大而又完善的版本。它继承并强化了原有的 ArcGIS 9 序列版本的一系列功能特色，并在此基础上实现了五大飞跃：包括协同 GIS、一体化 GIS、云 GIS、时空 GIS 和三维 GIS。

1. 制图编辑的高度一体化

在 ArcGIS 中，ArcMap 提供了一体化的完整的地图绘制、显示、编辑和输出的集成环境。相对于以往所有的 GIS 软件，ArcMap 不仅可以按照要素属性编辑和表现图形，也可以直接绘制和生成要素数据；可以在数据视图按照特定的符号浏览地理要素，也可以同时在版面视图生成打印输出地图；有全面的地图符号、线形、填充和字体库，支持多种输出格式；可以自动生成坐标格网或经纬网，能够进行多种方式的地图标注，具有强大的制图编辑功能。

ArcGIS 在前期 ArcInfo 版本的基础上，增强了提供给制图人员的工具，并且支持以前版本的所有功能，同时，还提供了一个艺术化的地图编辑环境，可以完成任意地图要素的绘制和编辑。

2. 便捷的元数据管理

ArcGIS 可以管理其支持的所有数据类型的元数据，也可以建立自身支持的数据类型和元数据，还可以建立用户定义数据的元数据（如文本、CAD、脚本），并且可以对元数据进行编辑和浏览。ArcGIS 可以建立元数据的数据类型很多，包括 ESRI Shapefile、CAD 图、影像、GRID、TIN、PC ARC\INFO Coverage、ArcSDE、Personal ArcSDE、工作空间、文件夹、Maps、Layers、INFO 表、DBASE 表、工程和文本等。

ArcCatalog 用以组织和管理所有的 GIS 信息，如地图、数据集、模型、元数据、服务等，支持多种常用的元数据，提供元数据编辑器以及用来浏览的特性页，元数据的存储采用 XML 标准，对这些数据可以使用所有的管理操作（如复制、删除和重命名等）。ArcCatalog 也支持多种特性页，它提供了查看 XML 的不同方法。在更高版本的 ArcGIS 中，ArcCatalog 将提供更强大的元数据支持。

3. 灵活的定制与开发

ArcGIS 的 Desktop 部分通过一系列可视化应用操作界面，满足了大多数终端用户的需求，同时，也为更高级的用户和开发人员提供了全面的客户化定制功能。

（1）使用非常容易共享和部署的插件模式或 Python 来扩展桌面应用程序，其中 ArcPy 是集成了 Python 2.6 以及 Command line 特性的应用窗口，以达到自动化工作流处理。

（2）用新增的 Web API 和简洁的 SDK 可以轻松构建应用系统。

（3）无论是在 ArcGIS Desktop、ArcGIS Engine 还是在 ArcGIS Server 的开发中，ArcObjects 的.Net 和 Java SDK 都能为开发人员带来便捷的开发体验。

（4）Add-ins 是 ArcGIS 10 为 ArcGIS Desktop 提供的一个新的扩展模块，用户可采用 ArcObjects Java API 创建用户界面，并把它们以插件的形式组合到 ArcGIS Desktop 中。

4. ArcGIS10 的新突破

1）协同 GIS

ArcGIS 10 是一个强大的地理协同平台，实现由共享向协同的飞跃。这种协同可以是政府部门与部门间的协同工作；政府与企业间的协同合作；政府与公众间的协同互动；公众完全自发的协同共享。ArcGIS 10 为地理协同提供从信息来源、数据内容、技术手段到应用搭建的完整支撑环境，帮助各类用户在复杂多变的环境中实现高效的信息共享和协同工作。

2）一体化 GIS

ArcGIS 10 是一个集矢量影像一体化平台，实现了遥感与地理价值整合的飞跃。ArcGIS 10 通过扩展统一的数据模型，实现了海量影像数据的快速发布与管理，增强了遥感影像与 ArcGIS 的一体化分析，将专业的影像处理能力整合到 GIS 工作流中；将专业遥感软件 ENVI 与 ArcGIS 集成应用，提供了整体解决方案；实现了遥感 GIS 一体化集成开发，也实现了界面定制、混合编程、远程调用等多种灵活的开发模式。

3）三维 GIS

ArcGIS 10 是一个真正的三维 GIS 平台，实现了三维建模、编辑以及分析能力的飞跃。ArcGIS 10 实现了海量三维数据模型的创建、编辑和管理，通过它可轻松搭建"虚拟城市"；通过简单易用的三维可视化操作，可获得流畅出众的浏览效果；功能强大的三维空间分析，让三维 GIS 应用无所不在。

4）云 GIS

ArcGIS 10 是目前全球唯一支持云架构的 GIS 平台，实现了 GIS 向云端的飞跃。ArcGIS10 可直接部署在 Amazon 云计算平台上，把对空间数据的管理、分析和处理功能送上云端。

5）时空 GIS

ArcGIS 10 是一个动态的时空 GIS 平台，实现了三维空间向四维时空的飞跃。在

ArcGIS 10 中，时间维伴随着空间数据采集、存储、管理、显示、分析，以及信息共享发布的全生命周期。ArcGIS 10 跨越桌面和服务器产品，通过时间感知数据，展现事物的变化轨迹，揭示内在的发展规律，为决策者提供科学严谨而又动态直观的决策辅助支持环境。

1.3.3 ArcGIS 10 空间分析

强大的空间分析能力是 ArcGIS 系列产品的一大特征。ArcGIS 10 推出了一种全新的空间分析方式，能帮助用户完成高级的空间分析，如选址适宜性分析和合并数据集等。在 ArcGIS 10 中，全部主要的 Workstation 空间处理功能都将在 ArcGIS 桌面端提供，并将进一步提供更多的处理工具，从而对包括空间数据库要素类在内的数据格式进行处理。

ArcGIS 10 中空间分析的主要内容见表 1.2。

表 1.2 空间分析内容列表

名称	主要内容
分析工具（analysis tools）	✧ 裁剪、选择、拆分等 ✧ 相交、联合、判别等 ✧ 缓冲区、邻近分析、点距离 ✧ 频度、汇总统计等
空间分析工具（spatial analyst tools）	✧ 矢量数据空间分析（缓冲区分析、叠置分析、网络分析） ✧ 栅格数据空间分析（距离制图、表面分析、密度制图、统计分析、重分类、栅格计算） ✧ 空间统计分析（空间插值、创建统计表面等） ✧ 水文分析（河网提取、流域分割、汇流累积量计算、水流长度计算等） ✧ 地下水分析（达西分析、粒子追踪、多孔渗流等） ✧ 多变量分析、空间插值 ✧ 数学、地图代数
3D 分析（3D analyst）	✧ 转换工具 ✧ 重分类及 TIN 工具 ✧ 表面生成（栅格、TIN 表面） ✧ 表面分析（表面积与体积、提取等值线、计算坡度与坡向、可视性分析、提取断面与表面阴影等） ✧ 3D 临近、3D 内部、3D 相交等 ✧ 天际线、天际线图、构造通视线等
地理编码（geocoding）	✧ 创建/删除地址定位器等 ✧ 自动化/重建地理索引编码 ✧ 地理索引编码地址分配 ✧ 标准化地址等
线性参考（linear referencing）	✧ 从要素生成路径或路径事件 ✧ 叠加路径、校准路径、沿路径定位要素等

名称	主要内容
空间统计（spatial statistics）	✧ 聚类分析、空间自相关 ✧ 度量地理分布（中心、中位数中心、方向分布） ✧ 渲染（属性渲染、带渲染的热点分析、带渲染的聚类分析、计数渲染） ✧ 空间关系建模（回归、最小二乘、空间权矩阵、网络空间权重） ✧ 聚类分布制图（热点分析、聚类和异常值分析）
追踪分析（tracking analyst）	✧ 创建追踪图层 ✧ 连接时间和日期字段
逻辑图（schematics）	✧ 创建逻辑示意图 ✧ 将逻辑示意图转换为要素 ✧ 更新逻辑示意图
地统计分析（geostatistical analyst）	✧ 插值（多项式内插、反距离加权内插、局部多项式插值法等） ✧ 数据探索分析工具和各种克里金插值（地统计分析向导） ✧ 地统计工具（交叉验证、半变异函数灵敏度、邻域选择） ✧ 采样网络设计
网络分析（network analyst）	✧ 构建和维护网络数据集 ✧ 网络分析（成本路径、最近设施点、服务区、多路径派发等）

第 2 章 ArcGIS 应用基础

ArcMap、ArcCatalog 和 Geoprocessing 是 ArcGIS 的基础模块，应用 ArcGIS 进行空间分析时，应首先掌握这三个模块的各项功能。

ArcMap 是 ArcGIS 桌面系统的核心应用程序，用于显示、查询、编辑和分析地图数据，具有地图制图的所有功能。ArcMap 提供了数据视图和布局视图两种浏览数据的方式，在此环境中可完成一系列高级的 GIS 任务。

ArcCatalog 是一个空间数据资源管理器。它以数据为核心，用于定位、浏览、搜索、组织和管理空间数据。利用 ArcCatalog 还可以创建和管理数据库，定制和应用元数据，从而大大简化用户组织、管理和维护数据工作。

Geoprocessing 地理处理框架，具有强大的空间数据处理和分析功能。ArcGIS 中的地理处理框架主要由三大部件组成，分别是基础组件工具箱（ArcToolbox）、模型组件模型构建器（ModelBuilder）和编程组件 Python（ArcPy）。ArcToolbox 包括数据管理、数据转换、矢量分析、栅格分析、地理编码以及统计分析等多种复杂的地理处理工具，可以使用工具箱中的工具完成一些简单任务和建模。ModelBuilder 为设计和实现地理处理模型（包括工具、脚本和数据）提供了一个图形化的建模框架，可以自动化地批处理重复性的工作，也可以构建复杂模型。此外，无法用工具和模型解决的问题，可以通过编程 Python 及其强大的 ArcPy 库完成，它们均内嵌于 ArcMap 中。

2.1 ArcMap 应用基础

本节分为八部分，主要介绍 ArcMap 窗口组成、数据层的基本操作、数据的符号化、注记标注和专题地图的编制等。

2.1.1 ArcMap 窗口组成

ArcMap 窗口主要由主菜单、窗口标准工具栏、内容列表窗口、地图显示窗口和快捷菜单五部分组成，如图 2.1 所示。

1. 主菜单

主菜单主要包括文件、编辑、视图、书签、插入、选择、地理处理、自定义、窗口和帮助 10 个子菜单。

2. 窗口标准工具栏

窗口标准工具栏共有 19 个按钮，前 10 个按钮为通用的软件功能按钮，后 9 个依次为加载地图数据、设置显示比例、调用编辑器工具条、内容列表窗口、启动 ArcCatalog

目录窗口、启动 Search 搜索窗口、启动 ArcToolbox 窗口、启动 Python 窗口和启动模型构建器窗口（图 2.2）。

图 2.1 ArcMap 窗口

图 2.2 窗口标准工具

3. 内容列表窗口

内容列表窗口用于显示地图所包含的数据框（图层）、数据层、地理要素及其显示状态，可以控制数据框、数据层的显示与否，可以设置地理要素的表示方法（详见第 5 章）。

一个地图文档至少包含一个数据框，当有多个数据框时，只有一个数据框属于当前数据框，只能对当前数据框进行操作。每个数据框由若干数据层组成，每个数据层前面的小方框用于控制数据层在地图中显示与否。

图 2.3 内容列表显示方式按钮

内容列表有四种列表方式（图 2.3）：①按绘制顺序列出，显示所有数据框与数据层点、线、面地理要素的图层顺序[图 2.4（a）]；②按源列出，除显示地理要素外，还说明数据的存储位置和组织方式[图 2.4（b）]；③按可见性列出[图 2.4（c）]，可用于对具有大量图层的详细地图或复杂地图进行直观的简化和组织；④按选择要素列出（图 2.4（d）），可用于控制数据层的选择与否。

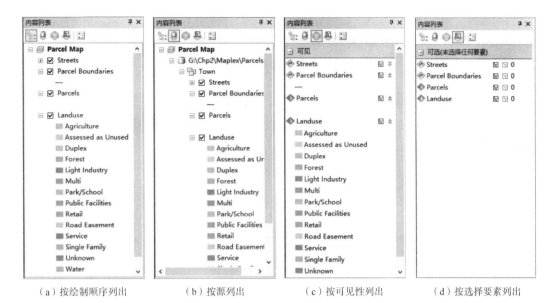

（a）按绘制顺序列出　　（b）按源列出　　（c）按可见性列出　　（d）按选择要素列出

图 2.4　内容列表的四种方式

4. 地图显示窗口

地图显示窗口用于显示地图包括的所有地理要素。ArcMap 提供了两种地图显示状态：数据视图和布局视图（图 2.5）。数据视图中，用户可以对数据进行查询、检索、编辑和分析等操作，但不包括地图辅助要素；布局视图中，可以加载图名、图例、比例尺、指北针等地图辅助要素，可以借助输出显示工具完成大量在数据视图状态下可以完成的操作。两种视图可以通过显示窗口左下角的两个按钮随时切换。

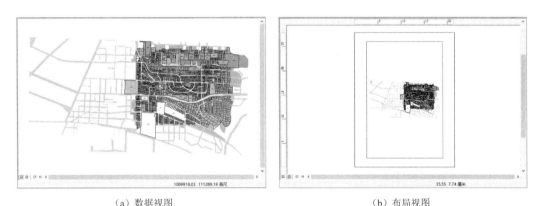

（a）数据视图　　　　　　　　　　　　　　（b）布局视图

图 2.5　地图显示窗口

除了两种视图显示方式切换按钮外，地图显示窗口还增设了刷新和暂停绘制按钮。两种视图分别对应两种显示工具，即【工具】（图 2.6）和【布局】（图 2.7）。

图 2.6　数据视图下的显示工具

图 2.7　布局视图下的显示工具

在 ArcGIS10.6 中，将 ArcCatalog 内嵌入 ArcMap 中，在地图显示窗口的右侧增设了目录窗口和搜索窗口的悬挂，更加方便用户创建和添加地理要素与数据库，图 2.8 和图 2.9 所示。

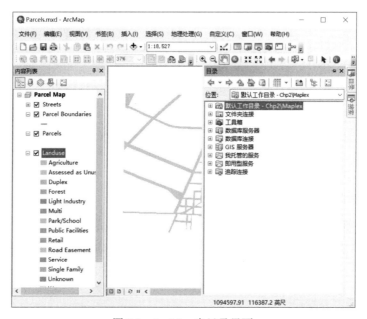

图 2.8　ArcMap 中目录界面

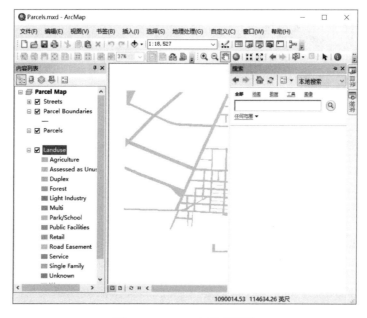

图 2.9　ArcMap 中搜索界面

5. 快捷菜单

在 ArcMap 窗口的不同部位单击右键，会弹出不同的快捷菜单。经常调用的快捷菜单主要有以下 4 种。

1）数据框操作快捷菜单

在内容表的当前数据框（layers）上单击右键，或将鼠标放在数据视图中单击右键，可打开数据框操作快捷菜单（图 2.10），它用于对数据框及其包含的数据层进行操作。

2）数据层操作快捷菜单

在内容表中的任意数据层上单击右键，可打开数据层操作快捷菜单（图 2.11），它用于对数据层及要素属性进行各种操作。

图 2.10　数据框操作快捷菜单

图 2.11　数据层操作快捷菜单

3）地图输出操作快捷菜单

在布局视图中单击右键，可打开地图输出操作快捷菜单（图 2.12），它用于设置输出地图的图面内容、图面尺寸和图面整饰等。

4）窗口工具设置快捷菜单

将鼠标放在 ArcMap 窗口中的主菜单、工具栏等空白处单击右键，可以打开窗口工具设置快捷菜单（图 2.13），它用于设置主菜单、标准工具、数据显示工具、绘图工具、编辑工具、标注工具以及空间分析工具等在 ArcMap 窗口中显示与否。

2.1.2　地图文档创建

地图文档（map document）是一种扩展名为.mxd 的数据文件。地图文档存储的并不是实际的数据,而是实际数据存储于硬盘上的指针和有关地图符号化等显示状态的信息。此外,地图文档还存储了地图的大小、所包含的地图元素(标题、比例尺、图例等)等其他地图信息。

图 2.12　地图输出操作快捷菜单

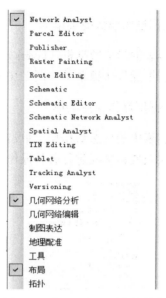

图 2.13　窗口工具设置快捷菜单

ArcMap 中,创建新的地图文档有以下两种方法。

1. 启动 ArcMap

在 ArcMap 对话框中,选择【新建地图】下的【我的模板】创建一个新的空地图,或者应用已有的地图模板创建新地图:在模板下选择标准页面大小(standard page sizes),然后在列表中选择一种版式,并单击【确认】按钮,出现了预先设计好的地图模板,进入地图编辑环境。

2. 直接创建

若已经进入了 ArcMap 工作环境,单击主菜单【文件】|【新建】命令,弹出的新建文档对话框与启动 ArcMap 时的对话框一致。

注意:创建地图文档的好处是可以将加载的数据、符号比例设置、添加的地图元素等保存下载,下次打开时,将会以保存时的状态全部显示出来。

2.1.3　数据层的加载

创建了新地图文档之后,便可以给该文档加载数据。在 ArcMap 中,用户可以根据需要来加载不同的数据层。数据层的类型主要有 ArcGIS Geodatabase 中的要素、ArcGIS Workstation 的矢量数据 Coverage、TIN 和栅格数据 Grid、ArcView3.x 的 Shapefile、AutoCAD 的矢量数据 DWG、ERDAS 的栅格数据 Image File、USGS 的栅格数据 DEM 等。

加载数据层主要有两种方法：一种是直接在新地图文档上加载数据层；另一种是用ArcCatalog 加载数据层。

1. 直接在新地图文档上加载数据层

（1）单击主菜单【文件】|【添加数据】|【添加数据】，打开对话框。

（2）在"查找范围"列表框设置加载数据的位置，如打开 C：\arcgis\ArcTutor\Maplex\Parcels.mdb 数据库，按下 Ctrl 键，选择 parcels_arc 和 strees_arc 两个要素层。

（3）单击【添加】按钮，两个图层被加载到新地图中（图 2.14）。

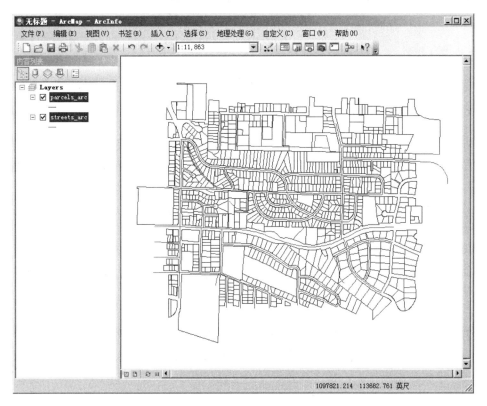

图 2.14　加载图层后的界面

注意：如果找不到数据，则需要使用 按钮连接数据所在的文件夹，文件夹链接的含义详见 2.2.1 节 ArcCatalog 基础操作。

2. 用 ArcCatalog 加载数据层

用 ArcCatalog 加载数据层，只需将需要加载的数据层直接拖放到 ArcMap 的图形显示器中即可，具体操作如下：

（1）启动 ArcCatalog。

（2）在 ArcCatalog 中浏览要加载的数据层。

（3）点击需加载的数据层，拖放到 ArcMap 视图中，完成数据层的加载。

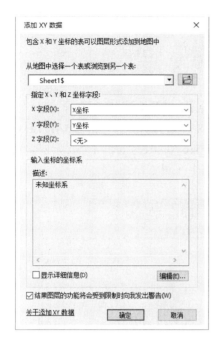

图 2.15 【添加 XY 数据】对话框

3. 地图中加载文本数据的方法

（1）选择主菜单【文件】|【添加数据】|【添加 XY 数据】（图 2.15）。

（2）选择包含 X、Y 坐标数据的文本文件（支持 txt 文本、dbf 表或者 xls 表）。

（3）指定含有 X 坐标和 Y 坐标的列，并且可选择性地标识含有 Z 坐标的列。

（4）指定坐标系。

此时，分两种情况，如果 X、Y 事件图层所基于的表中含有 ObjectID 字段，则点击【确定】后，将文本文件顺利转换成图层形式数据。

如果 X、Y 事件图层所基于的表中没有 ObjectID 字段，会弹出"表没有 ObjectID"字段的对话框，则无法执行以下操作：

（1）在地图图层中选择要素。

（2）执行使用了选择集的操作，如从表导航到地图。

（3）编辑图层属性。可直接在磁盘上编辑图层所基于的表（如 .txt 文件，可在文本编辑器中编辑）。

（4）对任意 X、Y 事件图层执行任意交互式编辑操作（如在编辑会话中选择点，并对它们进行移动、删除和添加新点）。此时无论图层所基于的表是否具有 ObjectID 字段，都将如此。

（5）定义关联。

若要执行上述操作，应将 X、Y 数据图层另存为要素类。步骤如下。

（1）右键单击 X、Y 图层名称，然后选择【数据】|【导出数据】，打开对话框（图 2.16）。

（2）设置输出坐标系，指定新要素类的位置和名称。

（3）单击【确定】，保存新要素类。

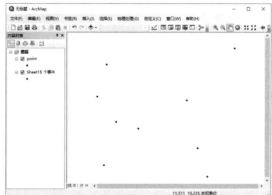

图 2.16 【导出数据】对话框及结果显示

2.1.4 数据层的基本操作

1. 数据层更名

ArcMap 内容列表中，数据框所包含的每个图层以及图层所包含的一系列地理要素，都有相应的描述字符与之对应。默认情况下，添加进地图的图层是以其数据源的名字命名的，而地理要素的描述就是要素类型字段取值。由于这些命名影响到用户对数据的理解和地图输出时的图例，用户可以根据自己的需要赋予图层和地理要素更易识别的名字。

改变数据层名称，直接在需要更名的数据层上单击左键，选定数据层，再次单击左键，数据层名称进入可编辑状态，输入新名称。地理要素的更名方法与数据层更名相同。

2. 改变数据层顺序

数据层在内容表中的排序决定了数据层中地理要素显示的上下叠加关系，直接影响输出地图中的表达效果。因此，图层的排列顺序需要遵循以下四条准则：

（1）按照点、线、面要素类型依次由上至下排列。

（2）按照要素重要程度的高低依次由上至下排列。

（3）按照要素线划的细粗依次由下至上排列。

（4）按照要素色彩的浓淡程度依次由下至上排列。

调整数据层顺序，首先确定内容列表中是"按绘制顺序显示"方式下，然后将鼠标指针放在需要调整的数据层上，按住左键拖动到新位置，释放左键即可完成调整。

3. 数据层的复制与删除

在一幅 ArcMap 地图中，同一个数据文件可以被一个数据框的多个数据层引用，也可以被多个数据框引用，可通过数据层的复制实现。打开地图文档 Parcels.mxd。选择主菜单【插入】|【数据框】，内容列表中出现第二数据框【新建数据框】，该数据框高亮显示，表示为激活状态，现要将第一个数据框中的 Streets 拷贝至当前数据框中。在内容列表中选定 Street 数据层，再右键打开选择【复制】命令，将鼠标移至【新建数据框】，右键选择【粘贴图层】（图 2.17）。

删除图层只需在该图层上单击右键，选择【移除】即可。按住"Shift"或者"Ctrl"键可以选择多个图层进行操作。

4. 数据层的坐标定义

ArcMap 中数据层大多是具有坐标系统的空间数据，创建新地图并加载数据层时，第一个被加载的数据层的坐标系统作为该数据框的默认坐标系统，随后被加载的数据层，无论其原有的坐标系如何，只要满足坐标转换的要求，都将被自动转换为该数据框的坐标系统，但不会影响数据层所对应的数据本身。对于没有足够坐标信息的数据层，一般情况下由操作人员来提供坐标信息。若没有提供坐标信息，ArcMap 按默认办法处理：先判断数据层的 X 坐标是否在 $-180 \sim 180$，Y 坐标是否在 $-90 \sim 90$，若判断为真，则按照

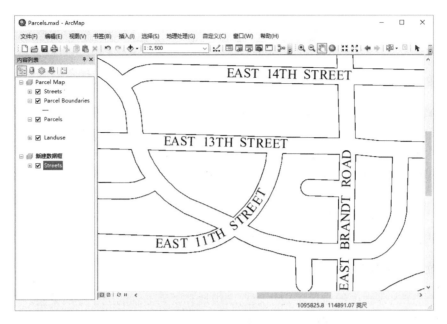

图 2.17　完成粘贴后的 ArcMap 地图窗口

大地坐标来处理；否则，就认为是简单的平面坐标系统。

若不知道所加载数据层的坐标系统，则可以通过数据框属性或者数据层属性进行查阅，并根据需要进一步修改。

图 2.18　【数据框属性】对话框

1）查阅数据框坐标

（1）选择主菜单【视图】|【数据框属性】，打开对话框。

（2）进入【坐标系】选项卡。选项卡上显示了该地图的数据框的坐标信息。

2）变换数据框坐标

（1）在数据框上点击右键，选择【属性】，打开【属性】对话框。

（2）在【坐标系】选项卡中单击【预定义目录】，其中包含有系统定义的各种地图投影类型（图 2.18）。

（3）选择需要的地图投影类型。

（4）点击【确定】，数据框中所有数据层的投影都将变换为选定类型。

3）修改坐标系统参数

（1）进入数据框【属性】对话框中的【坐

标系】选项卡。

（2）点击【修改】按钮。打开【投影坐标系属性】对话框（图 2.19），可以根据需要修改地图投影参数。

（3）单击【确定】，完成参数修改。

4）设置地图显示参数

（1）进入数据框【属性】对话框，单击【常规】标签，进入该选项卡（图 2.20）。

图 2.19 【投影坐标系属性】对话框　　　图 2.20 【数据框属性】对话框中【常规】

（2）设置显示单位为米。

（3）设置参考比例为 1∶1200。

参考比例定义符号以所需大小显示时的比例。为了让标注和注记的字体，以及符号化后的符号大小随着屏幕缩放和进行相应变换，在设置参考比例后，大于参考比例时字体和符号放大，小于参考比例时字体和符号缩小。如果未设置参考比例，则符号大小保持恒定，不会相对周围要素改变。

（4）单击【确定】，应用所设置的显示参数。

5. 数据层的分组

当需要把多个图层作为一个图层来处理时，可将多个图层形成一个组图层（group layer）。例如，有两个图层分别代表铁路和公路，可以将两个图层合并为一个新的"交通网络"图层。一个组合图层在地图文档中的性质类似于一个独立的数据层，它所包含的图层之间没有相互冲突的属性。

对于组图层的主要操作有以下四步。

（1）建立组图层：在内容列表中选中多个数据层，右键选择【组】，完成创建。

（2）添加图层到组图层：双击内容列表中的组图层，打开【图层组属性】对话框（图2.21），在【组合】选项卡中单击【添加】按钮。

图 2.21　【图层组属性】对话框

（3）调整组图层顺序：双击内容表中的组图层，打开【图层组属性】对话框，在【组合】选项卡中选中要调整顺序的图层，使用向上、向下按钮调整。

（4）在组图层中删除某一图层：打开【图层组属性】对话框，在组合选项卡中选择某一图层，单击【移除】按钮。

6. 数据层比例尺设置

通常情况下，不论地图显示的比例尺多大，只要在 ArcMap 内容列表中勾选数据层，该数据层就始终处于显示的状态。如果地图比例尺非常小，就会因为地图内容过多而无法清楚表达。若照顾小比例尺地图，当放大比例尺的时候可能出现地图内容太少或者要素线划不够精细的缺点。为了克服这个缺点，ArcMap 提供了设置地图显示比例尺范围的功能。任何一个数据层，都能根据其本身内容特点来设置它的最小显示比例尺和最大显示比例尺。若地图显示比例尺小于数据层的最小显示比例尺或者大于数据层的最大显示比例尺，那么数据层就不显示在地图窗口中。

1）设置绝对显示比例尺

（1）在数据层上点右键，选择数据层快捷菜单中的【属性】命令。

（2）在【常规】选项卡中选择【缩放超过下列限制时不显示图层】选项，然后在【缩小超过】文本框中输入最小显示比例尺，在【放大超过】文本框中输入最大显示比例尺。

2）设置相对显示比例尺

（1）在数据层上点右键，打开【可见比例范围】命令。

（2）使用【设置最小比例】或者【设置最大比例】，设置显示比例尺的最大最小值。

3）删除比例尺设置

当不再需要已设好的显示比例尺范围时，在该数据层上点击右键，选择【可见比例范围】|【清除比例范围】，删除比例尺设置。

2.1.5　地图文档的保存

由于 ArcMap 地图文档记录和保存的并不是数据层所对应的源数据，而是各数据层对应的源数据路径信息以及数据在 ArcMap 中的显示样式。如果磁盘中地图所对应的数据文件路径被改变，系统会提示用户指定该数据的新路径，或者忽略读取该数据层，地图中将不再显示该数据层的信息。为了解决这个问题，ArcMap 提供了两种保存数据层路径的方式：一种是保存完整路径；另一种是保存相对路径，同时还可以编辑地图文档中数据层所对应的源数据。

例如，保存一个数据层，可以先用前面的方法创建一个空白新地图，再单击【添加数据】按钮添加若干图层。

（1）在 ArcMap 窗口，选择【文件】|【地图文档属性】，打开对话框。

（2）若勾选【存储数据源的相对路径名】，则保存相对路径名。此时，该文档与数据在同一目录中时，不论目录拷贝至任何地方，均可直接打开文档并显示数据；若不勾选，则默认为保存绝对路径名，若之后文档路径改变，将无法显示数据。

（3）在主菜单上选择【文件】|【另存为】，保存地图文档。

注意：使用 ArcGIS10.6 打开并保存现有地图文档之后，将无法使用较早的 ArcGIS 版本打开该地图。可以通过【文件】|【保存副本】命令，将地图保存为 ArcGIS 9.3、9.2、9.0/9.1 或 8.3 版本。然而，保存为老版本时，在版本 10 中使用一些新的功能的工作会丢失。

2.1.6　数据框的添加

在地图制图中，地图全图显示的同时希望也能够显示局部放大图，以方便查看地物空间位置，同时也能查看地物具体的相对位置。此时就可以采用插入数据框的方法。

（1）打开一个地图文档 Parcels.mxd。

（2）添加新的数据框：选择主菜单【插入】|【数据框】，将新建数据框重命名为 Local area，选定图层数据框中所有数据，右键选择【复制】，鼠标移至 Local area 数据框，右键选择【粘贴图层】。

（3）选中 Local area 数据框，右键选择【激活】，对局部进行放大，再切换为布局视图。

（4）在视图中，选择数据框 Local area，调整大小后拖曳至合适位置。

（5）在地图制图过程中，添加图名、指北针、比例尺、图例等，输出具有局部放大功能的专题地图（图 2.22）。

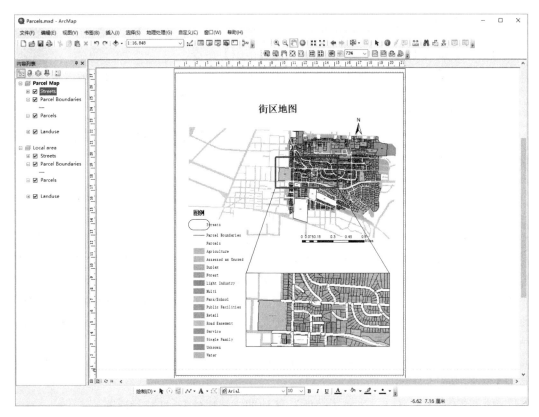

图 2.22　多数据框显示图

2.1.7　要素的选择与转出

1. 要素选择的三种方式

当要在已有的数据中选择部分要素时，ArcMap 提供了三种方式：按属性选择、按位置选择以及按图形选择。

1）按属性选择

通过设置 SQL 查询表达式，用来选择与选择条件匹配的要素。

（1）单击主菜单下【选择】|【按属性选择】，打开【按属性选择】对话框（图 2.23）。

（2）选取执行选择时所依据的图层。

（3）指定表达式，可通过设置字段及其条件完成要素的选择。

2）按位置选择

可以根据要素相对于另一图层要素的位置进行选择。例如，如果想了解最近的洪水影响了多少建筑，则可以设置条件提取该洪水边界内的所有建筑。

请注意，要从与源图层中要素存在空间关系的图层（或者一组图层）中选择要素。空间选择方法为源图层与目标图层之间的拓扑关系。

（1）单击【选择】|【按位置选择】，打开【按位置选择】对话框（图 2.24）。

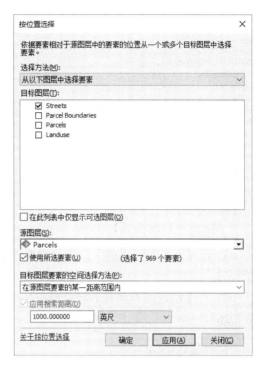

图 2.23 【按属性选择】对话框   图 2.24 【按位置选择】对话框

（2）在【选择方法】下拉菜单中设置选择方法。

（3）在【目标图层】列表框中勾选要选择要素的目标图层。

（4）指定与目标图层中具有一定空间关系的【源图层】。

（5）在【空间选择方法】中选择相应的空间关系规则。

（6）在搜索中使用缓冲距离（缓冲距离仅用于某些选项）。

3）按图形选择

按图形选择需要使用图形元素，图形元素不同于地理要素（地理要素存储在图层中），它是在视图中临时绘制的图元。图形元素使用【绘图】工具在视图中绘制，可以通过绘制一个面状图元后，提取该面所包含的图层中的地图要素，一般情况下，会将该面所覆盖的点、线、面要素一并选择出来。

要使用此功能，请使用选择元素工具 ▲ 选择一个或者多个图形元素，选择主菜单【选择】|【按图形选择】命令，完成提取。

2. 要素的转出

当要素被选择后，会高亮显示在视图中，可通过下面两种操作，将选中的要素转出为新的数据图层。

第一种 右键单击该数据层，单击快捷菜单上的【选择】|【根据所选要素创建图层】，可以创建新的数据层。

第二种 ①右键单击该数据层，然后选择快捷菜单上的【数据】|【导出数据】；②在

图 2.25 【导出数据】对话框

弹出的对话框中，指定导出的类型为"所选要素"，指定坐标系和输出位置，即可实现将选中的要素导出（图 2.25）。

2.1.8 利用属性制作统计图表

根据空间数据的属性特征值绘制各种统计图表是 ArcMap 系统的基本功能，统计图表可以直观地表达制图要素的数量特征。

（1）在 ArcMap 窗口，加载数据。

（2）在内容列表框中右键单击数据层，在数据层快捷菜单中选择【打开属性表】。

（3）在属性表对话框的主菜单栏中单击【表选项】按钮 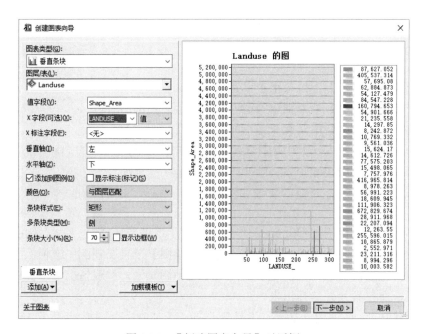，在下拉菜单中选择【创建图表】。

（4）在【创建图表向导】对话框中，根据需要设置图表的样式、显示内容和标题等（图 2.26）。

图 2.26 【创建图表向导】对话框

（5）单击【完成】，制作好统计图表，在该图表标题栏中点击右键，选择【导出】或【添加到布局】中。

2.2 ArcCatalog 应用基础

当 ArcCatalog 与文件夹、数据库或者 GIS 服务器建立链接之后，就可以通过

ArcCatalog 来浏览其中的内容。ArcCatalog 具有浏览地图和数据、创建元数据、搜索地图数据、管理数据源等功能，以下简要介绍 ArcCatalog 中的相关功能与操作。

2.2.1 ArcCatalog 基础操作

1. 文件夹链接

在 ArcMap 窗口标准工具栏，点击启动 Catalog 窗口图标，ArcCatalog 自动在地图窗口右侧显示，而不再弹出新的界面。首次启动 ArcCatalog 会发现目录树上包含了本机硬盘上的目录。但是，若使用的数据不在本机硬盘，或欲访问的地理数据存储在一个子目录中，则可以通过定制"文件夹连接"，添加指向该子目录的文件夹链接。通过添加文件夹链接，可以设置经常访问的数据链接。操作如下：

（1）在 ArcCatalog 标准工具栏上直接单击【连接到文件夹】按钮 ，打开对话框。

（2）选择经常访问的文件夹，单击【确定】，建立链接，该链接出现在 ArcCatalog 目录树中。

（3）若要删除链接，在需删除链接的文件夹上右键，选择【断开文件夹连接】。

2. 文件类型显示和增删

第一次启动 ArcCatalog 时，会发现很多类型的文件能在 Windows 的资源管理器中显示，却不能在 ArcCatalog 中显示。这是因为 ArcCatalog 是以地理数据为对象的资源管理器。有些其他类型的文件也包含与地理数据相关的信息，为了显示这些文件，需要把相应的文件类型添加到 Catalog 的文件类型列表框中。要进行以下操作，需要单独启动 ArcCatalog，在 Windows 系统中，选择【开始】|【所有程序】|ArcGIS|ArcCatalog。

1）条目显示设置

可以根据需要，在 ArcCatalog 中显示或隐藏特定的条目。

（1）启动 ArcCatalog，选择主菜单【自定义】|【ArcCatalog 选项】，打开对话框（图 2.27）。

（2）进入【常规】选项卡，勾选想要显示在目录中的条目，点击【确定】，完成设置。

2）文件类型的增删

可根据需要添加或者移除空间数据类型。增加文件类型有两种方式。

一种是增加与空间数据有关的文件类型，具体操作如下。

（1）打开【ArcCatalog 选项】对话框。

（2）进入【文件类型】选项卡，点击【新类型】，在打开的【文件类型】对话框（图 2.28）中填写文件类型的后缀名，如 docx 文档。

（3）点击【确定】按钮，完成操作。

另一种是增加非空间数据文件类型，具体操作如下。

（1）在【文件类型】选项卡，单击【新类型】。

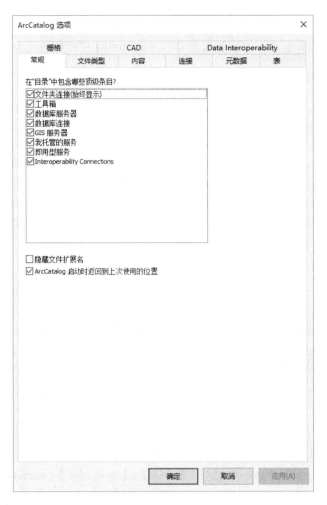

图 2.27 【ArcCatalog 选项】对话框

图 2.28 【文件类型】对话框

（2）在打开的【文件类型】对话框中单击【从注册表导入文件类型】按钮；打开的对话框显示本机已注册的文件类型，选择需要的类型，如 TIFF，点击【确定】，该类型添加到列表框中。

如果想删除某种文件类型，只需在【文件类型】列表框中选中该类型，点击【移除】即可。

3. 文件特性项的显示操作

（1）打开【ArcCatalog 选项】对话框，进入【内容】选项卡（图 2.29）。

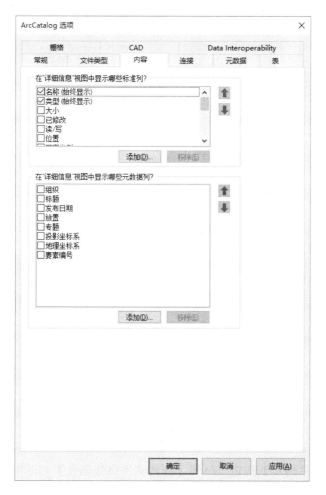

图 2.29 【内容】选项卡

（2）勾选相关选项，可以控制 ArcCatalog 标准栏的详细信息以及元数据内容信息的显示。

（3）单击【确定】按钮，完成设置。

4. 栅格数据的显示

并非所有栅格数据都是以单一文件形式存储的，有些是以文件夹形式存储的，识别该类数据需要花费大量时间，所以在默认状态下栅格数据是不显示的。如果想要显示栅格数据，则可以进行如下操作：

（1）打开【ArcCatalog 选项】对话框，进入【栅格】选项卡（图 2.30）。

（2）在【栅格】选项卡中，进入【栅格数据集】标签，选中始终提示进行金字塔计算；如果希望不再提示，选中始终构建金字塔，以后不再提示。

图 2.30　【栅格】选项卡

（3）单击【文件格式】按钮，打开【栅格文件格式属性】对话框，在栅格数据类型列表中，选择要显示或隐藏的文件格式，单击【确定】，完成设置。

2.2.2　目录内容浏览

1. 目录内容浏览

Catalog 有三个选项卡：内容、预览和描述，每一个选项卡提供一种唯一的查看 Catalog 目录树中项目内容的方式（图 2.31）。

（1）在 Catalog 目录树中选定诸如文件夹、数据库或者要素数据集等项目时，【内容】选项卡能列出其中所包含的项目，不同于视窗浏览器只能显示目录树中的文件夹，【内容】选项卡能扩展文件夹的项目，且能看到目录树中的所有内容。

（2）【预览】选项卡能以多种视图方式浏览数据：有"地理视图""表""3D 视图""Globe 视图"等。其中，【地理】视图方式为缺省方式，对于那些既包含空间数据又包含表格属性数据的项目，可以在【预览】选项卡的下拉列表中进行切换。①【地理】视图方式下，矢量数据集的每个要素或注记、栅格数据集的每个像元、TIN 数据集的每个三角均被绘图显示。借助标准工具栏上的工具可以对视图进行放大、缩小、移动、查询等操作。②【表】视图方式状态下，预览栏显示所选内容项中的属性数据表格。

【内容】视图

【地理】视图

OBJECTID	Shape	AREA	PERIMETER
1	图	87627.05	1694.35
2	图	405537.3	4746.00
3	图	57695.08	1052.61
4	图	62884.88	1170.62
5	图	54127.43	1148.07
6	图	84547.23	1260.90
7	图	160794.7	1637.
8	图	54901.67	959.783
9	图	21235.56	586.089
10	图	14297.85	1818.36
11	图	8242.872	408.856
12	图	10769.33	427.100
13	图	9561.035	391.083
14	图	15624.17	508.921
15	图	14612.73	565.268
16	图	77575.2	1527.35
17	图	15498.07	612.59
18	图	7757.976	355.788
19	图	416965.8	4368.55
20	图	8978.264	381.881

预览：表

【表】视图

图 2.31　Catalog 的三种视图方式

（3）【描述】预览。要确认一个数据源是否满足要求，不仅要知道该数据的基本信息，查看它的图形图像特征，还要知道该数据的精度信息、数据获取方式等。这些信息可以从该数据内容项的元数据中得到。内容项的【描述】除包括这些信息外，还包括很多根据数据本身特征而自动生成的信息。在默认状态下，【描述】栏以网页的形式提供这些信息，因此可以像在浏览器中浏览网页那样交互式地访问元数据，同时，可以利用元数据工具条中编辑、导入、导出实现元数据的创建、更新及变换（图 2.32）。

图 2.32　元数据显示

2. 表格数据浏览

要预览 Catalog 目录树中的表格数据，将【预览】方式切换成【表】视图即可。

表格数据浏览操作主要有以下内容：

1）调整、冻结、排列

（1）重排列表的列。激活要移位的列名，单击此列名并按下鼠标左键，将其拖到新位置，松开左键，实现移动。

（2）冻结。激活要冻结的列名，右键选中列名，单击【冻结/取消冻结列】。

（3）排列。对表中的行进行排序可以使信息查找更加容易。单击要排序的列名，右键打开快捷菜单，单击【升序排列】或者【降序排列】命令，完成排序。

2）修改属性

打开【ArcCatalog 选项】对话框，进入【表】选项卡（图 2.33），在选项卡中可以修改表格中的字体类型、颜色、大小，以及表格中被选中区域的颜色等。

注：若需利用一个符号来标示数据列是否被索引，勾选【标记已创建索引的字段时使用】，并在其后的窗口键入用于显示

图 2.33　【表】选项卡

的符号，默认时为"*"。若不需显示某一列被索引，则只需要去掉该复选项。

3）表格数据统计

在需统计的列名（必须为数值型的列）上单击右键，打开快捷菜单，单击【统计】命令查看统计信息，包括总和、最大值、最小值、标准差等，同时绘制数据分布的直方图。

4）查询

单击表格左下方的【表选项】按钮 ▤，选择【查找】，在对话框中输入要查找的字段之后，选择搜索范围和搜索方向。文本匹配列表框中有三种匹配方式：任一部分、整个字段和字段的开始。

5）数据字段的增删

单击表格左下方的【表选项】按钮，选择【添加字段】，打开对话框。在【名称】文本框中，键入新字段的名称。单击【类型】下拉箭头，选择字段的类型。单击【确定】，完成数据列的增加，新字段出现在表的最右边。

2.2.3　数据搜索

数据搜索即根据一定条件或关键词搜索需要的数据。

1. 准备使用搜索

在使用搜索之前需要确保已设置搜索属性。为此，需要标识本地计算机或网络上的文件夹集以及要搜索的任何地理数据库连接。

在【搜索选项】对话框中设置 ArcGIS 中的搜索属性，可以建立要搜索的文件夹集、GIS 连接和 ArcGIS Server 搜索服务。另外，还可指定维护 ArcGIS 的搜索索引的时间和频率。

为使搜索结果快速准确，构建搜索索引很重要。使用默认设置通常可以很好地满足大部分用户的要求，也可以使用此对话框修改特定设置。例如，①确定要建立索引的文件夹和连接；②设置为新项目更新搜索索引的频率；③指明重新创建项目索引的期望频率。

1）设置操作

（1）点击 ArcMap 或者 ArcCatalog 工具条中的【搜索】按钮 🔍，打开搜索界面，可以搜索数据、地图及工具等内容。点击【搜索选项】按钮 ▤，打开对话框（图 2.34）。

（2）在【搜索选项】对话框中，可以查看和设置要建立索引以进行搜索的文件夹和其他 ArcGIS 连接。在【注册文件夹和服务器连接】列表框中可查看当前连接。使用【添加】和【移除】按钮可管理此连接列表。这些连接用于与许多工作空间文件夹、地理数据库、工具箱、GIS 服务器和其他资源建立连接。

图 2.34 【搜索】及【搜索选项】对话框

（3）进入【高级】选项卡，可查看和设置【注册企业级搜索服务】框中的 ArcGIS 搜索服务。使用【添加】和【移除】按钮可管理连接的搜索服务列表。

2）更新和维护搜索索引

由于定期创建数据集以及修改或替换现有数据集，因此搜索索引可能不会反映出内容的最新状态。可以使用【搜索选项】对话框来控制重新构建索引的频率，也可以使用此对话框根据需要重新创建索引。在经过大量更改的 ArcGIS 工作空间文件夹和地理数据库中进行搜索时，会很有帮助。

2. 搜索项目

使用【搜索】窗口搜索项目的步骤如下：

（1）在 ArcGIS 中通过单击【搜索】窗口图标 ，或在主菜单选择【窗口】|【搜索】，打开【搜索】窗口。

（2）选择限定搜索目标的方法，执行【本地搜索】、【企业级搜索】或【ArcGIS Online 搜索】。选择【本地搜索】意味着要搜索您的计算机和在目录窗口中设置的 ArcGIS 连接；选择【企业级搜索】可使用通过 ArcGIS Server 发布的搜索服务执行企业级范围内的搜索；选择【ArcGIS Online 搜索】可搜索 ArcGIS Online 中的内容以及工作空间（即"我的内容"）中的项目。

（3）使用搜索类别（全部、地图、数据、工具）可减少搜索结果。

（4）搜索时可使用通配符（*），依次输入单词或短语的一部分，*对搜索很有帮助，如要搜索"boundary"，也可输入"bound*"。

（5）显示搜索结果，在该窗口中可搜索 GIS 项目和查看结果（图 2.35）。

2.2.4 地图与图层操作

地图文档本质上就是存储在磁盘上的地图，包括地理数据、图名、图例等一系列要素，当完成地图制作、图层要素标注及符号显示设置后，可以将其作为图层文件保存到磁盘中。一个图层

图 2.35 搜索结果

文件中包括定义如何在地图上描述地理数据的符号、显示、标注、查询和关系等信息。图层文件可以在多种场合重复使用。对于 SDE 地理数据库，也可以在 ArcCatalog 中利用 SDE 地理数据库中的地理数据创建一个图层文件，并将其放置在网络上的共享文件夹中，供工作组内所有成员使用。

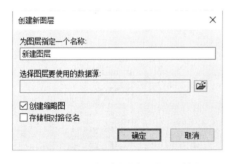

图 2.36 【创建新图层】对话框

1. 创建图层

在 ArcCatalog 中创建图层文件的具体步骤如下：

（1）在主菜单中选择【文件】|【新建】|【图层】（图 2.36），打开【创建新图层】对话框。

（2）键入图层文件名，指定需要创建图层文件的地理数据，单击【添加】，将其加载进来。

（3）若希望创建该图层文件的缩略图，则勾选【创建缩略图】；若希望该图层文件存储相对路径，则勾选【存储相对路径名】。

（4）单击【确定】，完成新图层文件的创建。

2. 设置图层文件特性

在 ArcCatalog 中创建一个图层文件时，系统会利用随机产生的符号来表示图层中的地理要素。如果不满足要求，则可以在图层属性对话框中设置或改变包括地图符号在内的各种图层文件的特性。需要注意的是，不同类型的地理数据，其图层属性对话框也是不同的。对于图层组文件，在图层属性对话框中，既可以设置图层组中各图层的公共属性，也可以分别对每个图层的属性进行编辑。操作步骤：在需要设置属性的图层文件上右键选择【属性】，打开【图层属性】对话框进行设置，关于这部分可详见第 5 章数据符号化的内容。

3. 保存独立的图层文件

一般情况下，在 ArcMap 中制作的图层是作为地图文档的一部分，与地图文档一起保存为*.mxd。为了便于在其他地图中调用，或者实现其共享，对于一个已经完成符号化设置和注记的图层，可以在地图文档以外以图层文件的形式独立保存为*.lyr 文件。在 ArcMap 中选中数据层并单击右键，在下拉菜单中选择【另存为图层文件】，即可保存符号化好的图层。

2.2.5　管理地图与服务

在 ArcCatalog 中可以添加 ArcGIS 提供的所有公共或私有服务，还可以添加任何遵循 OGC 标准的地图服务。

1. 添加 ArcGIS 地图服务

可以通过下列地址访问 ESRI 提供的官方地图服务：https：//map.geoq.cn/ArcGIS/rest/services。在 Catalog 目录树中，找到【GIS 服务器】|【添加 ArcGIS Server】，打开【添加 ArcGIS Server】向导，选择【使用服务器】，点击【下一步】，在弹出的对话框中，输入服务器 URL 的地址，即可完成连接，右图即为连接成功的 ArcGIS 地图服务（图 2.37），可直接加载到 ArcMap 中查看地图。

图 2.37　添加 ArcGIS 地图服务

2. 添加其他地图服务

常见的百度、高德、天地图等都提供了标准网络地图切片服务（WMTS）。例如，百度的在线地图 WMTS 服务的地址为：http：//demo.cxgis.com/wmts/baidu/vec?request=getcapabilities。

在 Catalog 目录树中，找到【GIS 服务器】|【添加 WMTS 服务器】，在 URL 中键入上述地址，点击【确定】。百度地图服务出现在目录树中，选中百度地图服务，点击右键选择【连接】，出现"Baidu_Vec_Map"，将其加载到 ArcMap 中可以看到相应的地图（图 2.38）。

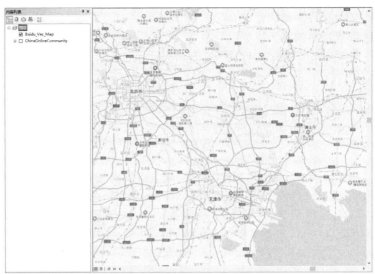

图 2.38　添加百度地图服务

2.3　Geoprocessing 地理处理框架

2.3.1　地理处理框架的基本介绍

1. 基本概念

地理处理（geoprocessing，GP）是地理数据处理与空间分析处理等的总称，是对地理数据有序地执行一系列操作以创建新数据的过程。地理处理的目的是自动执行 GIS 任务以及执行空间分析和建模任务。几乎 GIS 的所有使用情况都会涉及重复的工作，因此，需要创建可自动执行、记录及共享多步骤过程（即工作流）的方法，地理处理提供的工具和机制能够实现工作流的自动化操作，同时使用模型和脚本可将一系列的工具和一组按顺序的操作结合在一起。

ArcGIS10 的主要地理处理工具包括工具与工具箱、模型与模型构建器，以及 Python 脚本三种方式，下面分别进行介绍。

2. ArcToolbox 工具箱

ArcGIS 自带的工具与工具箱（Tool and Toolbox）是最常用的地理处理工具。ArcGIS 提供了数百种工具，分门别类地归集到十余个工具箱中，这些工具功能丰富、涉及领域广泛。工具箱最大的特点是这些操作的普遍性，如提取数据、叠加数据、地图投影、计算属性值、计算最优路径等。

ArcToolbox 已经内嵌到所有 ArcGIS 应用程序（如 ArcMap、ArcCatalog、ArcScene 和 ArcGlobe）中。用户可以添加和删除工具箱，也可以定制工具箱来存储常用的工具、模型、脚本等。工具箱可以创建到 Geodatabase 的文件夹中，可拷贝粘贴到别的位置，甚至可以添加、删除或重命名工具箱中的工具与工具集。用户也可以创建和编辑工具箱的文档并将其添加至 ArcGIS 的在线帮助。当工具执行时，地理处理的窗口会显示处理过程的状态信息。

工具箱的使用方式非常简单，在 ArcToolbox 目录树中，选择需要的工具 🔧，双击该工具即可打开对话框，用户可以通过对话框选择输入输出数据并设置必要的参数值（图 2.39）。

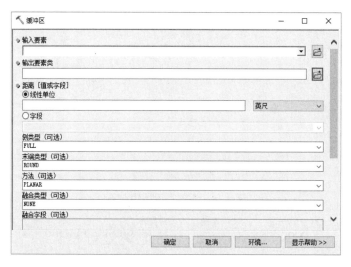

图 2.39　工具对话框界面

3. ModelBuilder 模型构建器

ModelBuilder 是为地理处理的工作流和脚本提供的图形化的建模工具，它可以加快设计和实现复杂地理处理模型的过程。模型是将一系列地理处理工具串联在一起的工作流，它将其中一个工具的输出作为另一个工具的输入。这些过程可以反复执行，涉及的数据和参数均可更改。模型构建器除了有助于构造和执行简单工作流外，还能通过创建模型并将其共享为工具来扩展 ArcGIS 的高级功能，并能集成 ArcGIS 与其他应用程序。ArcGIS10 对模型构建器进行了显著增强和长足的改进，增加了 12 个迭代器和 4 个模型工具，用户可以在 ArcMap 标准工具条上单击 🔧，打开模型构建器窗口（图 2.40）。

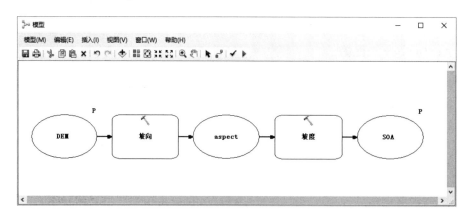

图 2.40　模型构建器

4. Python 脚本

Python 是一种不受局限、跨平台的开源编程语言，它功能强大且简单易学，因而得到了广泛应用。Python 窗口是一个命令行样式的工具运行环境。它取代了先前版本中的命令行窗口。在命令行窗口中，您可以运行地理处理工具和修改地理处理环境设置。而在 Python 窗口中，不但可以像在命令行窗口中那样运行工具和设置环境，而且还能访问 ArcPy 脚本功能（列出函数、描述数据属性及光标等）以及其他以 Python 语言形式提供的有用功能（图 2.41）。Python 的可嵌入性使 ArcGIS 脚本化，Python 脚本也成了最能体现使用者创造性的地理处理工具之一，大大提高了地理处理的效率和可移植性。

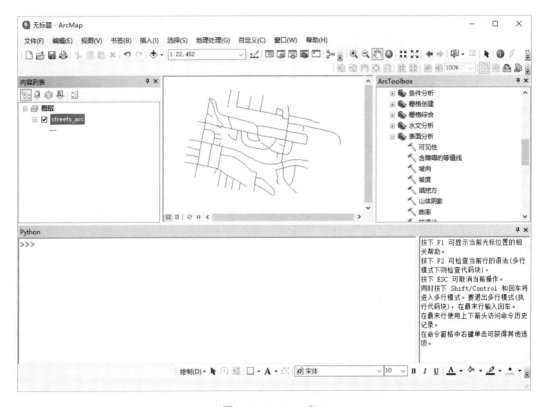

图 2.41　Python 窗口

注意：本节中仅介绍一个框架，关于模型构建器和脚本等详细内容见第 11 章。

2.3.2　ArcToolbox 内容简介

ArcToolbox 是 ArcGIS 中地理处理工具的集合，分为工具箱、工具集和工具三个层次。一个工具箱可包含若干个工具集，一个工具集可包含若干个工具。

1. 工具箱简介

（1）3D Analyst 工具箱：可以创建和修改 TIN 和栅格表面，并从中抽象出相关信息和属性；还可以实现表面分析、三维要素分析、三维数据的转换等功能。

（2）分析工具箱：主要用于处理矢量数据，包括裁剪、相交、联合、缓冲区、近邻、加和统计等功能。

（3）制图工具箱：制图工具与 ArcGIS 中其他大多数工具有着明显的目的性差异，它是根据特定的制图标准来设计的，包含三种掩膜工具。

（4）转换工具箱：包含一系列不同数据格式的转换工具，主要有栅格数据、Shapefiles、Coverage、Table、dBase，以及 CAD 到地理数据库的转换等。

（5）Data Interoperability 工具箱：数据互操作工具箱包含一组使用安全软件的 FME 技术转换多种数据格式的工具。FME Suite 是用于空间数据的提取、转换和加载（ETL）的工具。ArcGIS 数据互操作扩展模块允许您将空间数据格式集成到 GIS 分析中。此外，该扩展模块还可根据内置格式和转换器构建新的自定义空间数据格式。

（6）数据管理工具箱：提供了丰富且种类繁多的工具用来管理和维护要素类、数据集、数据层以及栅格数据结构。

（7）编辑工具箱：编辑工具可以将批量编辑应用到要素类中的所有（或所选）要素。其中，许多工具属于数据清理类别。例如，如果使用不适当的精度或者在缺少捕捉环境的情况下捕获或数字化数据，将会导致多边形边界未闭合（存在间隙）或线超出与其他线之间的预期交点或未达到此交点。编辑工具提供了一组丰富的功能，包括增密、擦除、延伸、翻转、概化、捕捉、修剪等，可快速解决这些类型的数据质量问题。

（8）地理编码工具箱：地理编码又叫地址匹配，是建立地理位置坐标与给定地址一致性的过程。使用该工具可以对各个地理要素进行编码操作，建立索引等。

（9）Geostatistical Analyst 工具箱：地统计分析工具提供了广泛全面的工具，它可以创建一个连续表面或者地图，用于可视化及分析。

（10）线性参考工具箱：生成和维护线状地理要素的相关关系，如实现由线状 Coverage 到路径（route），由路径事件（event）属性表到地理要素类的转换等。

（11）多维工具箱：包含作用于 NetCDF 数据的工具。可使用这些工具创建 NetCDF 栅格图层、要素图层或表格视图；从栅格、要素或表转换到 NetCDF，以及选择 NetCDF 图层或表的维度。

（12）Network Analyst 工具箱：网络分析工具箱包含可执行网络分析和网络数据集维护的工具。使用此工具箱中的工具，可以维护用于构建运输网模型的网络数据集，还可以对运输网执行路径、最近设施点、服务区、起始—目的地成本矩阵、多路径派发（VRP）和位置分配等方面的网络分析。

（13）宗地结构工具箱：此主题仅适用于 ArcEditor 和 ArcInfo。宗地结构工具箱中包含处理宗地结构内部要素类和表的各种工具。通过宗地结构工具箱，可以将数据迁移到宗地结构中、升级现有宗地结构以及为宗地结构创建图层和表视图。

（14）Schematics 工具箱（逻辑示意图）：Schematics 工具箱包含用来执行最基本的逻辑示意图操作的工具。使用此工具箱中的工具，可以创建、更新和导出逻辑示意图或创建逻辑示意图文件夹。

（15）服务器工具箱：包含用于管理 ArcGIS Server 地图和 Globe 缓存的工具，也包含用于简化通过服务器提取数据过程的工具。

（16）Spatial Analyst 工具箱：空间分析工具提供了很丰富的工具来实现基于栅格的

分析。在 GIS 三大数据类型中，栅格数据结构提供了用于空间分析的最全面的模型环境。

（17）空间统计工具箱：空间统计工具包含分析地理要素分布状态的一系列统计工具，这些工具能够实现多种适用于地理数据的统计分析。

（18）Tracking Analyst 工具箱：包含用于准备时间数据的工具以便与 Tracking Analyst 扩展模块结合使用。

（19）时空模式挖掘工具箱：包含用于在空间和时间环境中分析数据分布和模式的统计工具。该工具箱包含两个工具：创建时空立方体和新兴时空热点分析。创建时空立方体用于获取点数据集，然后构建用于分析的多维立方体数据结构（netCDF）。新兴时空热点分析将立方体视为输入，并标识随着时间发展的、在统计上显著的热点和冷点趋势。

2. 环境设置介绍

对于一些特殊模型或者有特殊要求的计算，需要对输出数据的范围、格式等进行调整，ArcToolbox 提供了一系列环境设置，可帮助完成此类问题。在 ArcToolbox 中任意打开一个工具，点击对话框右下角的【环境】按钮，打开【环境设置】对话框（图 2.42）。该窗口提供了 19 种设置，如工作空间、输出坐标系、处理范围、*XY* 分辨率及容差、*M* 值、*Z* 值、地理数据库、高级地理数据库、字段、随机数、制图、Coverage、栅格分析、地统计分析、Terrain 数据集、TIN、并行处理、栅格存储及远程处理服务器等。这种环境设置仅作用于使用的工具。若想作用于所有使用的工具，则需要打开主菜单【地理处理】|【环境】，这时设置的参数将作用于所有的 ArcGIS 工具。

图 2.42 【环境设置】对话框

2.3.3 地理处理应用基础

1. 激活扩展工具

在 ArcGIS 中，很多工具为拓展工具，如果具有高级使用权限，则需要激活它们。
（1）在主菜单选择【自定义】|【扩展模块】，打开【扩展模块】对话框。
（2）选中需要使用的扩展模块，如 3D Analyst 复选框，激活该工具。
（3）3D Analyst 工具箱中的工具被激活，即可运行此工具，如果没有激活此扩展工具，该工具箱中的工具是不可运行的。

2. 创建自己的便捷工具箱

有时候，在做某项工作时，会经常使用若干个工具。在 Toolbox 中寻找相应的工具变得非常烦琐，这时候就可以把常用的工具都放到自己创建的工具箱中，这样使用起来非常便捷。

图 2.43　创建的工具箱

（1）在【目录】窗口中，查找到要创建工具箱的文件夹或地理数据库。

（2）选中该文件夹或地理数据库，单击右键，选择【新建】|【工具箱】。工具箱的默认名称为（Toolbox. tbx 或 Toolbox），可以对其进行重命名，这里命名为"数据提取.tbx"，以便在脚本中对工具箱进行标识。

（3）然后将常用的工具拷贝至此工具箱，如图 2.43 所示。

注意：不要在系统临时文件夹中创建工具箱，ArcGIS 会删除系统临时文件夹中的工具箱。

3. 使用 ModelBuilder 创建自己的工具

这里以一个简单的例子介绍图解建模的使用。假设以 Maplex 中的数据为例，现在需要将土地利用为 Single Family 的类型提取出来，并利用这个范围将其中的地块 Parcels 提取出来，此过程要用到两个工具，分别是【筛选】和【裁剪】，且两者为先后关系，即先用【筛选】进行范围提取，然后再用【裁剪】实现对 Parcel 的提取。下面将这一流程构建成一个工具。

（1）选择【地理处理】|【模型构建器】，打开【模型】窗口。

（2）分别将【裁剪】工具和【筛选】工具拖入模型窗口中。

（3）双击【筛选】，在弹出的【筛选】工具对话框中，将输入要素设置为"landuse_region_poly"，点击表达式旁边的 SQL 查询按钮，打开【查询构建器】对话框，如图 2.44 进行设置，点击确定，筛选工具变成彩色，说明已经设置好。

图 2.44　筛选工具设置

（4）使用【模型】界面工具条中的连接工具 ![连接工具图标]，将【筛选】输出的数据（绿色）连接至【裁剪】，这时弹出菜单，选择"裁剪要素"。

（5）双击【裁剪】，打开【裁剪】工具对话框，将"输入要素"设置为"Parcels_region_poly"，点击【确定】，模型构建完毕。为了使模型排列整理，可以点击主菜单自动布局按钮 ![自动布局按钮] 。

（6）选择【模型】|【保存】，将模型保存至自己的工具箱。点击运行按钮 ![运行按钮]，执行操作，右键点击输出数据（最右边的绿圆），选择"添加至显示"，查看结果（图2.45）。

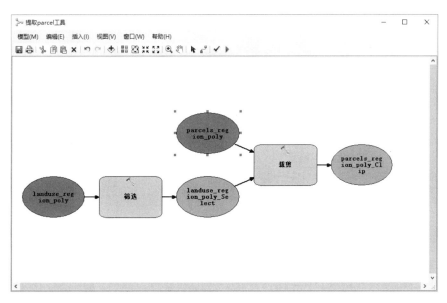

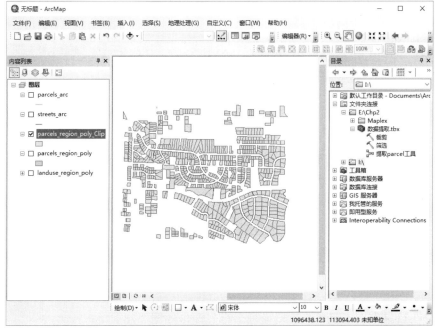

图 2.45 模型构建结果

（7）模型参数设置。有时，为了使模型应用更加广泛，可以将输入输出及相关参数设置为交互模式。右键点击输入数据，选择【模型参数】（图 2.46）；右键点击【筛选】，选择【获取变量】|【从参数】|【表达式】，右键点击【表达式】，选择【模型参数】；将输出要素也设置为模型参数。下面对模型参数重命名。选择一个模型参数，右键选择【重命名】，修改名称。然后将指定的文件全部删除，得到一个可以共享的工具，保存模型（图 2.47）。

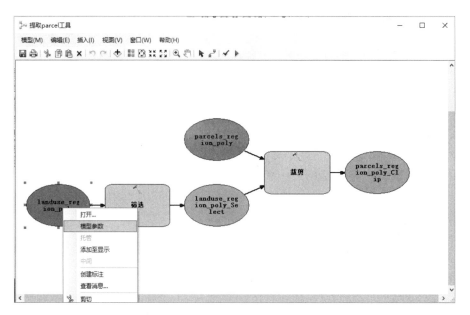

图 2.46　设置模型参数

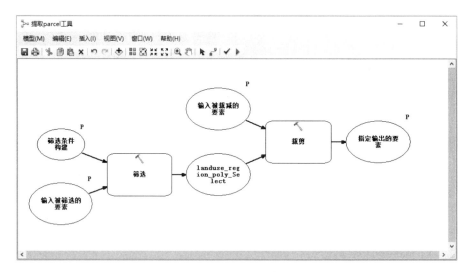

图 2.47　做好的模型

（8）在目录中双击模型，出现模型运行界面，如图 2.48 所示。

图 2.48　模型运行界面

4. 使用 Python 进行批处理

仍以上述实验为例,当有多个图层要进行裁剪时,可以使用 Python 脚本实现。现在要使用相同的工具裁剪 Parcels_region_poly 面要素和 Parcels_arc 线要素两个图层。

1) 打开 Python 运行界面

在 ArcMap 工具栏中,点击 Python 按钮 ⬚ ,打开 Python 运行界面。

2) 运行 Python 脚本

为了方便起见,这里已经制作好了相应的脚本,可直接运行。在 Python 界面中点击右键,选择【加载】,浏览到文件 E:\Chp2\Select_Clip.py,脚本被加载至界面中(图 2.49),将鼠标移至最末行,点击回车键,即可运行脚本。需要注意的是,脚本中输入数据路径已经固化,如果路径不同,需要修改路径,或者直接将 Chp2 数据拷贝至 E 盘根目录中即可。

```
Python
>>> # 导入arcpy库
... import arcpy
... # 获取环境设置
... from arcpy import env
...
... arcpy.env.overwriteOutput = True                        # 覆盖输出文件
... env.workspace = r".\Maplex\Parcels.gdb\Town"            # 当前工作目录: 设置为Maplex文件夹中的Parcels数据库中的Town要素数据集的路径
...
... landuse_type = 'Single Family'                          # 用于筛选的土地利用类型
... out_selected_feature_class = "landuse_region_poly_of_" + str.lower(landuse_type).replace(" ", "_")     # 筛选工具的输出要素类名称
... arcpy.Select_analysis("landuse_region_poly", out_selected_feature_class, "DESC_ = '{0}'".format(landuse_type))     # 调用筛选工具
...
... cliped_features = ['parcels_region_poly', 'parcels_arc']          # 待裁剪的图层
... for feature in cliped_features:                                    # 遍历待裁剪图层
... arcpy.Clip_analysis(feature, out_selected_feature_class, "{0}_of_{0}".format(feature, str.lower(landuse_type).replace(" ", "_")))     # 调用裁剪工具
...
```

图 2.49　Python 脚本

在上述脚本中,对每一行脚本均做了注释,这里最重要的是用了两个函数,arcpy. Select_analysis()和 arcpy.Clip_analysis(),前者用于土地利用的选择,后者用于裁切。For 循环用于批处理过程。这里只是简单介绍脚本的使用,有关 Python 脚本的详细介绍见第 11 章。

第3章　空间数据的采集与组织

空间数据采集是指将现有的地图、外业观测成果、航空相片、遥感图像、文本资料等转成计算机可以识别处理的数字形式。数据采集可分为属性数据采集和图形数据采集。

数据组织就是按照一定的方式和规则对数据进行归并、存储、处理的过程。数据组织的好坏，直接影响到 GIS 的性能。

ArcGIS 中主要有矢量、栅格、点云和地理数据库（geodatabase）四种数据组织方式。矢量数据组织包括点线面数据以及拓扑关系的组织。栅格数据组织用于管理影像图片等不同格式的栅格数据。ArcGIS 也可以加载和处理摄影测量或激光雷达获得的点云数据。地理数据库是 ArcGIS 数据模型发展的第三代产物，它是面向对象的数据模型，能够表示要素的自然行为和要素之间的关系。

本章依次介绍矢量、栅格、点云数据的组织方式以及地理数据库的创建过程，然后详细说明空间数据编辑操作方法，最后提供两个实例，以便读者参照练习。

3.1　矢量数据组织

矢量数据和栅格数据是两种经典的 GIS 数据组织方式，而矢量数据具有数据量少、数据精确的特点，使其成为重要的 GIS 数据组织方式。在 ArcGIS 中矢量数据组织分为基于文件系统和基于地理数据库的数据组织，下面将深入介绍这两种数据组织方式。

3.1.1　基于文件系统的数据组织

1. 概述

基于文件系统的数据组织，即在 Windows 文件系统管理下的数据组织方式，在 ArcGIS 中有 Shapefile 和 Coverage 两种基于文件系统的数据组织方式，Coverage 文件是 ArcInfo Workstation 的原生数据格式，现在使用 ArcInfo Workstation 的人已经很少了，同样大家也几乎很少使用 Coverage 文件，因此这一小节主要介绍 Shapefile 的数据组织方式。

Shapefile 是由 ESRI 公司开发的 ArcView 的原生数据格式，发展至今，Shapefile 已经成为地理信息软件界的一个开放标准。虽然 Shapefile 文件组织方式得益于 ESRI 公司以及其开发的软件使其应用极为广泛，但是其本身的易操作性、规范性、可与其他数据转换的性质，是其被广泛认可的根本原因。

Shapefile 是一种用于存储地理要素的几何位置和属性信息的非拓扑简单格式。Shapefile 中的地理要素可通过点、线或面（区域）来表示。包含 Shapefile 的工作空间还可以包含 dBASE 表，它们用于存储可连接到 Shapefile 的要素的附加属性。Shapefile 文件通常由多个文件拓展名组成，下面将介绍 Shapefile 主要的拓展名与其所包含的信息。

（1）.shp 用于存储要素几何的主文件，是必需文件。

（2）.shx 用于存储要素几何索引的索引文件，是必需文件。

（3）.dbf 用于存储要素属性信息的 dBASE 表，是必需文件。

（4）.sbn 和.sbx 用于存储要素空间索引的文件。

（5）.prj 用于存储坐标系信息的文件，由 ArcGIS 使用。

（6）.xml 是 ArcGIS 的元数据，用于存储 Shapefile 的相关信息。

另外，.fbn 和.fbx 用于存储只读 Shapefile 的要素空间索引的文件；.ain 和.aih 用于存储某个表中或专题属性表中活动字段属性索引的文件；.atx 文件针对在 ArcCatalog 中创建的各个 Shapefile 或 dBASE 属性索引而创建；.ixs 读/写 Shapefile 的地理编码索引；.mxs 读/写 Shapefile（ODB 格式）的地理编码索引；.cpg 可选文件，指定用于标识要使用的字符集的代码页。

需要注意的是，各文件共同组成 Shapefile，其前缀必须相同并且各文件必须在同一目录下。在 ArcGIS 中，可以通过添加 *XY* 数据来新建点数据，进而生成 Shapefile，与此类似，在 ArcGIS 中矢量数据在地理要素编号正确的情况下可以链接到不同的具有其他信息的属性表。

2. 特点

（1）总的数据量没有大小限制，单张表或者要素类的大小限制为 1TB。而个人地理数据库存储数据的为 Microsoft Access，因此其单张表的大小不能超过 2GB，这相当程度上限制了对较大数据进行操作的可能性。

（2）使用 Windows 资源管理器的系统都可以对数据进行管理，而个人地理数据库或者企业级地理数据库的管理则受到数据库类型的限制。

（3）在 Windows 资源管理器下文件太多，不容易管理。

3.1.2　基于地理数据库的数据组织

1. 概述

地理数据库是一种面向对象的空间数据模型，它对地理空间特征的表达更接近我们对现实世界的认知。地理数据库是 ESRI 公司研发的一种采用标准关系数据库的数据管理模式，是 ESRI 公司定义的一个为 ArcGIS 所用的数据框架，该框架定义了 ArcGIS 中用到的所有的数据类型。地理数据库中所有数据都被存储在一个 RDBMS 中，既包括每个地理数据集的框架和规则，也包括空间数据和属性数据的简单表格。

2. 数据框架

Geodatabase 除了代表 ArcGIS 的底层数据框架，同时也是 ArcGIS 中常用的地理数据库，具体分为个人地理数据库、文件地理数据库和企业级地理数据库。地理数据库作为数据框架与地理数据库两者并不矛盾。本小节将先简单介绍数据框架，其作为底层知识可以更好地理解地理数据库是如何管理各种矢量数据的。

图 3.1 可以理解为精简版的 ArcGIS 底层数据框架，下面将分别介绍不同名词所代表的含义。

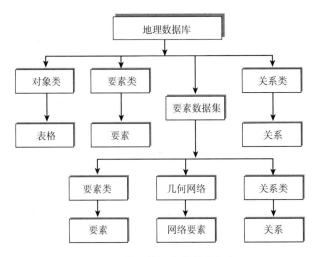

图 3.1　地理数据库的数据组织

1）对象类

对象类本质来说是一张表格，而这张表格可以包含很多对象，表格中的每一行都对应着一个对象。一个对象则可能代表一个要素或者一个要素类。

2）要素类

要素类有空间位置的要素，即要素类是空间实体的集合，建模为具有属性和行为的对象，上面所讲的一个 Shapefile 文件就是一个要素。

3）要素数据集

要素数据集中可以存储要素类、几何网络与关系类，要素数据集之外的则称为独立要素类。ArcGIS 中拓扑关系可以在要素数据集中创建，存储拓扑特征的要素类（如那些参与几何网络的要素类）必须包含在要素数据集中，以确保具有公共的空间参考，一个要素数据集中只能有一种空间参考。地理数据库中的每个数据集都必须具有唯一的名称。特别是一个地理数据库中的每个要素类都必须具有唯一的名称，而与包含它的要素数据集无关。这与文件系统模型不同，在文件系统模型中，两个文件夹可能包含相同本地名称的文件。

4）关系类

关系类对象是两个对象类之间的关联。一个是原始类，另一个是目标类。 关系类表示属于两个类的对象之间的一组关系。

3. 地理数据库类型

1）个人地理数据库

自 ArcGIS 8.0 版本发布以来，ArcGIS 一直有个人地理数据库（personal geodatabase），个人地理数据库使用了 Microsoft Access 数据文件结构（.mdb），因此个人地理数据库的大小限制为 2GB，大小在 500M 以下数据库的性能才不会降低，而且个人地理数据库只能在 Windows 操作系统下使用，不能跨平台使用。

2）文件地理数据库

文件地理数据库（File Geodatabase）是 ArcGIS 9.2 发布的地理数据库类型，它的发布给用户提供了可广泛使用的、简单的、可伸缩的地理数据库解决方案。文件地理数据库是跨平台的，是保存 GIS 数据的文件夹，其中每个数据集都是磁盘上一个单独的文件，单个文件大小最多可拓展至 1TB，远优于个人地理数据库，因此建议使用文件地理数据库而不是个人地理数据库。

3）企业级地理数据库

在 ArcGIS 中，对于大的企业或者单位提供了链接到其他数据库进行数据管理工作的方式，即企业级地理数据库（Enterprise Geodatabase）。企业级地理数据库存储在数据库内部，以下的关系数据库管理系统支持地理数据库：IBM Db2、IBM Informix、Microsoft SQL Server、Oracle 和 PostgreSQL 等。

因为有大量用户访问企业级地理数据库的可能性，因此需要对其进行管理，以确保地理数据库正确配置、用户可以访问所需的数据并且数据库可以稳定运行。一些地理数据库管理任务可以通过 ArcGIS 执行。在很多情况下，数据库管理系统之间的管理任务都略有不同。因此，对于每种支持的数据库管理系统，帮助中都有一个特定的部分相对应。

为简化用户管理，可以创建群组或角色并向其中添加用户。一旦用户被添加到数据库，即可以个人或群组的形式为其授予各种权限，以允许他们在地理数据库中执行相应操作。这包括在数据库中创建、修改或删除对象的数据定义语言（DDL）权限。各个数据所有者可将数据处理语言（DML）权限授予给其他用户或群组，以允许他们选择、插入、更新或删除其表和要素类中的记录。

用户可以从 ArcGIS 客户端应用程序连接到地理数据库以创建和使用数据。要连接到大多数的数据库管理系统，必须在 ArcGIS 客户端计算机上安装数据库客户端。安装之后，用户需要创建一个连接文件（.sde）才能访问地理数据库。

4. 地理数据库管理数据的优势

（1）传统的 GIS 数据模型建模我们的世界，把世界抽象为点、线、面展现在地图上。然而，我们的世界是丰富多彩的。例如，我们开车行驶的道路有多车道，可左转、有单行线等；我们城市的供水管线，如果用传统的数据模型建模在地图上表现出来就是一条线数据，然而供水管线的水流方向都是定向的、不可逆流的，那么使用地理数据库的 Geometry Network 数据模型就可以很好地抽象建模供水管线。地理数据库不仅可以存储二维矢量数据（FeatureClass）、栅格影像数据（Raster dataset）、地形数据（Terrain）、三维模型数据（Multipatch）、逻辑示意图（Schematics）、网络数据（Network dataset，Geometry Network）、测量数据（Survey dataset）、拓扑关系、属性表等数据模型，也可以存储 Toolbox。

（2）数据模型的扩展性：地理数据库具有可扩展性，每个行业都有自己的行业特点，如果地理数据库提供的数据模型不能满足行业需求，那么我们可以通过使用 UML 工具建模扩展地理数据库的数据模型，以构建满足行业需求的专业数据模型。例如，中国石油天然气集团公司、国家地震局都通过扩展地理数据库建立了更适合各自行业的专业数据模型。

（3）地理数据库可以在同一数据库中统一地管理各种类型的空间数据。空间数据的录入和编辑更加准确，这得益于空间要素的合法性规则检查。空间数据更加面向实际的应用领域，不再是无意义的点、线、面，而代之以电线杆、光缆、用地等，同时可以表达空间数据的相互关系，可以更好地进行制图。空间数据的表示更为准确，可管理连续的空间数据，无须分块、分幅，其支持空间数据的版本管理和多用户并发操作。

3.2 栅格数据组织

栅格数据是图像处理的基础数据，栅格数据包含卫星影像数据格式、高程数据格式、图像数据格式等，ArcGIS 支持 70 多种栅格数据格式。本节将介绍 ArcGIS 支持的栅格数据格式以及 ArcGIS 如何组织栅格数据。

3.2.1 栅格数据格式

在 ArcGIS 中支持丰富的栅格数据，如.bmp、.tif、.img 等都是常见的栅格数据形式。不同类型的栅格数据不需要特殊处理就可以直接显示在一个视图中，且可以方便地进行相互运算。ArcGIS 支持 70 多种栅格数据格式，涵盖了市面上一些主要的栅格数据格式，在这里我们介绍 ArcGIS 支持的栅格数据格式中应用较多的格式，将其分为单波段和多波段的栅格数据。

1）单波段的栅格数据

（1）ASCII Grid：它是文本数据，拓展名为.asc，头文件在文档内部前六行，分别描述了行列数，影像左下角为像元坐标、栅格大小以及无数据值大小，它只能表示单张影像的信息。

（2）ESRI Grid：ESRI Grid 可以理解为 ArcGIS 中默认的栅格数据格式，如图 3.2 所示，在文件系统中，栅格文件由一系列文件组成，若同一文件夹下存在多个 ESRI Grid 文件，那么它们将把自己的信息存储在同一个 Info 文件夹中。

（3）USGSDEM：拓展名为.dem，是美国地质调查局（USGS）定义的 DEM 格式。它是一种公开格式的 DEM 数据格式标准。

2）多波段的栅格数据

（1）BIL、BIP、BSQ：分别表示波段按行交叉格式、波段按像元交叉格式、波段顺序格式，这三种文件支持多波段影像的显示，它本身并不是影像格式，而是用来将影像的像素值存储在文件中的方案。

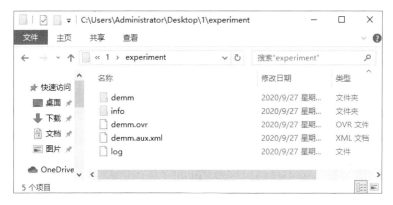

图 3.2　Grid 数据文件组织

（2）ENVI：ENVI 软件处理栅格数据集时，会产生一个头文件和对应的数据文件，其中头文件后缀名为.hdr，数据文件的拓展名可以是.img、.bsq 等。

（3）ERDAS IMAGINE：由 ERDAS 开发的 IMAGINE 软件生成，拓展名为.img，可以存储连续或非连续的单波段数据和多波段数据。

（4）TIFF：标记图像文件格式，它的应用范围很广，ArcGIS 支持 TIFF 格式，同时支持 GeoTIFF 标记和 BigTIFF 格式，拓展名可以是.tif、.tiff、.tff。

（5）BMP：BMP 文件是 Windows 位图图像，拓展名为.bmp，应用范围很广，ArcGIS 支持 BMP 格式，但是作为多波段影像时只能包含三个波段。

3.2.2　栅格数据组织方式

1. 基于文件的组织方式

基于文件的组织方式是将栅格数据存储在文件管理系统中，对栅格数据的限制继承了文件管理系统的限制。3.2.1 节介绍了各种栅格数据格式，这些格式都独立存储在文件管理系统中，这里不再介绍这些格式。

2. 基于数据库的组织方式

这里介绍在数据库中如何组织各种栅格数据。

1）栅格数据集

栅格数据集用 ▦ 图标表示。

大多数影像数据和栅格数据（如正射影像或 DEM）均作为栅格数据集提供。栅格数据集这个术语是指存储在磁盘或地理数据库中的任何栅格数据模型，ArcGIS 中支持 70 多种栅格数据格式。它是构建其他数据的最基本的栅格数据存储模型，同时还是许多处理栅格数据的地理处理工具的输出。

栅格数据集是组织成一个或多个波段的任何有效的栅格格式。每个波段由一系列像素数组组成，每个像素都有一个值。栅格数据集至少有一个波段。可将多个栅格数据集在空间上拼接（镶嵌）在一起，形成一个更大的连续栅格数据集。

2）镶嵌数据集

镶嵌数据集用■图标表示。

镶嵌数据集是一组以目录形式存储并以单个镶嵌影像或单个影像（栅格）的方式显示或访问的栅格数据集（影像）。这些集合的总文件大小和栅格数据集数量都会非常大。添加栅格数据时会根据其栅格类型进行，该类型与栅格格式一起用于标识元数据，如地理配准、采集日期和传感器类型。

镶嵌数据集中的栅格数据不必相邻或叠置，可以以未连接的不连续数据集的形式存在，如可以使用完全覆盖某个区域的影像，也可以使用没有连接到一起形成连续影像的多条影像。数据甚至可以完全或部分叠置，但需要在不同的日期进行捕获。镶嵌数据集是一种用于存储临时数据的理想数据集，可以在镶嵌数据集中根据时间或日期查询所需的影像，也可以使用某种镶嵌方法来根据时间或日期属性显示镶嵌影像。

3）栅格目录

栅格目录用■图标表示。

栅格目录是以表格形式定义的栅格数据集的集合，其中每个记录表示目录中的一个栅格数据集。栅格目录可以大到包含数千个影像。栅格目录通常用于显示相邻、完全重叠或部分重叠的栅格数据集，而无须将它们镶嵌为一个较大的栅格数据集。

3. 创建镶嵌数据集

（1）右键置于需要创建镶嵌数据集的地理数据库，点击【新建】|【创建镶嵌数据集】。

（2）选择【输出位置】，填写【镶嵌数据集名称】，选择【坐标系】，点击【确定】，如图 3.3 所示。

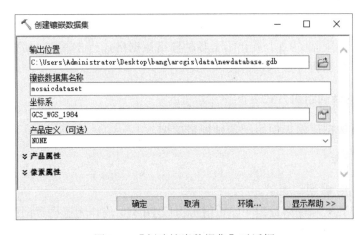

图 3.3　【创建镶嵌数据集】对话框

（3）右键置于镶嵌数据集，选择【添加栅格数据】。

（4）选择【栅格类型】，输入数据选项选择【Dataset】，然后游览文件夹找到需要添加的数据点击【添加】，选中【镶嵌后期处理】|【更新概视图（可选）】选项，点击【确定】，如图 3.4 所示。

图 3.4 【添加栅格至镶嵌数据集】对话框

3.3 点云数据组织

点云是在同一空间参考下表达目标空间分布和目标表面特性的海量点的集合。常见的点云获取方式有激光雷达测量和摄影测量，其中，激光雷达测量得到的点云数据包含三维坐标（XYZ）、激光反射强度和不同回波信息等；摄影测量得到的点云数据包含三维坐标（XYZ）和颜色信息（RGB）。点云数据有很多存储格式，如.xyz 和.las，在 ArcGIS 中，主要面向的是激光雷达数据，因此 ArcGIS 的点云数据处理是针对 LAS 文件的。

3.3.1 LAS 文件介绍

LAS 文件是一种二进制文件，是由美国摄影测量与遥感学会（ASPRS）定义的一种开放的针对激光雷达数据的标准格式，绝大部分点云处理软件都支持 LAS 文件的读取，现在 LAS 格式已经成为激光雷达（LiDAR）数据的工业标准格式。

LAS 文件按每条扫描线排列方式存放数据，包含激光点的三维坐标、多次回波信息、强度信息、扫描角度、分类信息、飞行航带信息、飞行姿态信息、项目信息、GPS 信息和数据点颜色信息等。现在最新的标准为 LAS 1.4 格式，一个符合 LAS 1.4 标准的 LiDAR

文件分为四个部分：公共头文件、变量长度记录、点数据记录和拓展变量长度记录。

3.3.2　点云数据的组织方式

如同前面提到的栅格数据有栅格数据集、镶嵌数据集、栅格目录等数据管理方式，针对 LAS 文件，ArcGIS 有三种数据管理方式。

1. LAS 数据集

LAS 数据集提供一种快速访问大量的激光雷达和表面数据而无须进行数据转换和导入的方法。这样可以轻松地处理覆盖整个管理区域的数千个 LAS 文件，或者是关于特定研究区域的几个 LAS 文件。LAS 数据集允许用户快捷地检查 LAS 文件，并在 LAS 文件中提供激光雷达数据的详细统计数据。

LAS 数据集可以通过 ArcMap 和 ArcScene 在 ArcGIS 中以 2D 和 3D 形式使用，也可以渲染为三角化网格面模型，还可以基于特定激光雷达过滤器，通过高程、坡度、坡向或等值线进行可视化，相关工具条如图 3.5 所示。

图 3.5　LAS 数据集工具条

2. 镶嵌数据集

通过将激光雷达数据添加到镶嵌数据集，将其用作栅格或渲染为栅格，然后便可以使用视域、等值线和剖面图等工具，也可以将其用作 DEM 估算其体积，还可以借助其对影像进行正射校正，并且可以在支持栅格而不是 LAS 文件的应用程序中使用它。

镶嵌数据集与 LAS 数据集类似，由于镶嵌数据集存储的是指向原始数据集的指针，且并不将所有点从一种格式移动到另一种格式，因此可快速进行创建、文件大小较小且易于使用其他 LAS 文件进行更新，或者也可以将 LAS 文件或 LAS 数据集转换为栅格数据集。

3. Terrain 数据集

Terrain 数据集是一种基于 TIN 的将地理数据库要素类用作数据源的数据集，其中 TIN 即不规则三角网，它是以多个三角形相连的网络进行表面建模的数据结构。要将 LAS 文件添加到 Terrain 数据集，需要将其导入地理数据库要素数据集中的多点要素类，然后 Terrain 数据集在此要素数据集中生成，并且可以包含激光雷达数据以外的很多其他内容。

Terrain 数据集可以将基于 3D 的离散多点观测数据与其他数据源相集成，来表示研究区域的 Terrain 并建立模型，还可以使用 3D Analyst 拓展模块执行多种类型的 3D 空间分析。

3.3.3　创建 LAS 数据集

1. 通过 ArcCatalog 创建 LAS 数据集

（1）打开 ArcCatalog，右键创建 LAS 数据集的文件夹，选择【新建】|【LAS 数据集】。

（2）为新建 LAS 数据集重命名，双击新建 LAS 数据集，打开【LAS 数据集属性】对话框，选择【文件】选项卡，将 LAS 文件添加到 LAS 数据集中，如果有表面约束文件，选择【表面约束】选项卡，将其他表面约束数据添加到 LAS 数据集中。

（3）还可以使用任一选项卡的【移除】按钮将任何 LAS 文件或表面约束移除。

（4）选择【统计值】选项卡，单击【计算】按钮创建包含 LAS 文件统计信息和空间索引的 LAS 辅助文件，如图 3.6 所示。

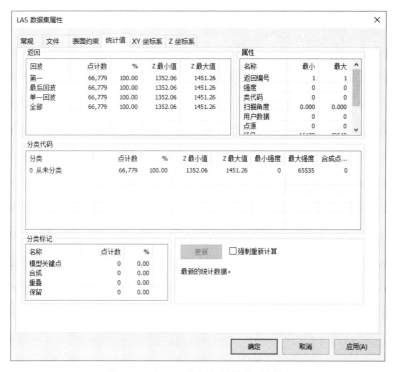

图 3.6　【LAS 数据集属性】对话框

2. 使用地理处理工具创建 LAS 数据集

点击【ArcToolbox】|【数据管理工具】|【LAS 数据集】|【创建 LAS 数据集】，打开【创建 LAS 数据集】对话框，游览找到要添加的 LAS 数据集并添加，确定 LAS 数据集的输出位置以及名称，游览找到要添加的表面约束文件并添加，点击【确定】，如图 3.7 所示。

图 3.7 【创建 LAS 数据集】对话框

3.4 地理数据库创建

地理数据库是 ArcGIS 中除文件系统管理数据外的独立的数据管理组织方式，其在文件系统中管理数据往往比较烦琐，而在 ArcGIS 的地理数据库管理数据则简洁明了，并且能方便地进行拓扑检查等高级操作，因此，本节将介绍如何创建一个地理数据库。

3.4.1 地理数据库建立的一般过程

建立地理数据库的第一步，是设计地理数据库将要包含的地理要素类、要素数据集、非空间对象表、几何网络类、关系类以及空间参考系统等；地理数据库在设计完成之后，可以利用目录开始建立地理数据库：首先建立空的地理数据库，然后建立其组成项，包括关系表、要素类、要素数据集等；最后向地理数据库各项加载数据。

当在关系表和要素类中加入数据后，可以在适当的字段上建立索引，以便提高查询效率。建立了地理数据库的关系表、要素类和要素数据集后，可以进一步建立更高级的项，如空间要素的几何网络、空间要素或非空间要素类之间的关系类等。

1. 地理数据库设计

地理数据库的设计是一个重要的过程，应该根据项目的需要进行规划和反复设计。在设计一个地理数据库之前，必须考虑以下几个问题：在数据库中存储什么数据、数据存储采用什么投影、是否需要建立数据的修改规则、如何组织对象类和子类、是否需要在不同类型对象间维护特殊的关系、数据库中是否包含网络、数据库是否存储定制对象。回答了上述问题后，就可以开始地理数据库的建立了。

2. 地理数据库建立

借助 ArcCatalog，可以采用以下三种方法来创建一个新的地理数据库，选择何种方法将取决于建立地理数据库的数据源、是否在地理数据库中存放定制对象。实际操作中，经常联合几种或全部方法来创建地理数据库。

1）从头开始建立一个新的地理数据库

有些情况下，可能没有任何可装载的数据，或者已经有的数据只能部分地满足数据库设计，这时可以用 ArcCatalog 建立一个新的地理数据库。

2）移植已经存在的数据到地理数据库

对于已经存在的多种格式的数据：Shapefile、Coverage、Info Table、dBASE Tables、ArcStrom、Map LIBARISN、ArcSDE 等，可以通过 ArcCatalog 来转换并输入地理数据库中，并进一步定义数据库，包括建立几何网络（geometric networks）、子类型（subtypes）、属性域（attribute domains）等。

3）用 CASE 工具建立地理数据库

可以用 CASE 工具建立新的定制对象，或从 UML（unified modeling language，一种标准的图形化建模语言，它是面向对象分析与设计的一种标准表示）图中产生地理数据库模式。

本节着重介绍建立本地文件地理数据库的一般过程和方法，有关 CASE 工具建立地理数据库的部分及 ArcSDE 等内容省略。

3. 建立地理数据库的基本组成项

一个空的地理数据库的基本组成项包括关系表、要素类、要素数据集。当数据库中建立了以上三项，并加载了数据之后，一个简单的地理数据库就建成了。

4. 向地理数据库各项加载数据

可以在 ArcMap 中建立新的对象，或调用已经存在的 Shapefiles、Coverages、INFO Tables 和 dBaseTables 向地理数据库中加载数据。

5. 进一步定义地理数据库

对于数据库中加载的数据，可以在适当的字段上建立索引，以便提高查询效率，并可以在建立了数据库的基本组成项后，进一步建立更高级的项，如空间要素的几何网络、空间要素或非空间要素类之间的关系类等。一个地理数据库只有定义了这些高级项，才能显示出地理数据库在数据组织和应用上的强大优势。

3.4.2　创建一个新的地理数据库

借助 ArcCatalog 可以建立两种地理数据库：本地地理数据库（个人地理数据库、文件地理数据库）和 ArcSDE 地理数据库（空间数据库连接）。本地地理数据库可以直接在 ArcCatalog 环境中建立，而 ArcSDE 地理数据库必须首先在网络服务器上安装数据库管理系统（DBMS）和 ArcSDE，然后建立从 ArcCatalog 到 ArcSDE 地理数据库的连接。

文件地理数据库和个人地理数据库都属于本地地理数据库。文件地理数据库不受 2G 的数据量制约而越来越多地被使用。下面以创建文件地理数据库为例：

在 ArcCatalog 目录树中选择一个文件夹，在主菜单上选择【文件】|【新建】|【文件地理数据库】（图 3.8），输入本地地理数据库的名称，生成一个后缀名为.gdb 的文件夹。这时，该数据库是不包含任何内容的地理数据库。

图 3.8　建立本地地理数据库

3.4.3　建立数据库中的基本组成项

地理数据库中的基本组成项包括对象类、要素类和要素数据集。当在数据库中创建了这些项目后，可以创建更高级的项目，如子类、几何网络类、注释类等。

1. 建立要素数据集

建立一个新的要素数据集，首先必须明确其空间参考，包括坐标系统和坐标值的范围域。数据集中的所有要素类使用相同的坐标系统，所有要素类的所有要素坐标必须在坐标值域的范围内。

（1）在 ArcCatalog 目录树中，在已建立的地理数据库上单击右键，选择【新建】|【要素数据集】，打开【新建要素数据集】对话框。

（2）定义要素数据集名称，点击【下一步】，弹出【空间参考属性】对话框。可以选择系统提供的某一坐标系；也可以单击【导入】按钮，将已有要素的空间参考读出来；或者单击【新建】按钮，自己定义一个空间参考（定义坐标系相关内容参见第 4 章）。

（3）单击【下一步】如图 3.9 所示。分别设置数据集的 X、Y、Z、M 值的容差。X、Y、Z 值表示要素的平面坐标和高程坐标的范围域，M 值是一个线性参考值，代表一个有特殊意义的点，要素的坐标都是以 M 为基准标识的。

（4）点击【完成】按钮，完成操作。

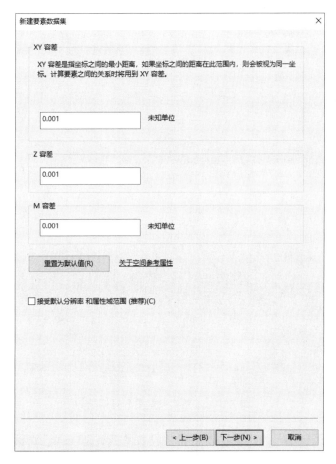

图 3.9　【容差设置属性】对话框

2. 建立要素类

要素类分为简单要素类和独立要素类。简单要素类存放在要素数据集中，使用要素数据集的坐标，不需要重新定义空间参考。独立要素类存放在数据库中的要素数据集之外，必须定义空间参考坐标。

1）建立简单要素类

（1）ArcCatalog 目录树中，在新建的要素数据集上单击右键，选择【新建】|【要素类】，打开【新建要素类】对话框。

（2）输入要素类名称和要素类别名，别名是对真名的进一步描述，定义别名后，要素将以别名显示在 ArcMap 视图中；如图 3.10 所示，指定新建要素的类别（点、线、面等），点击【下一步】，配置关键字。

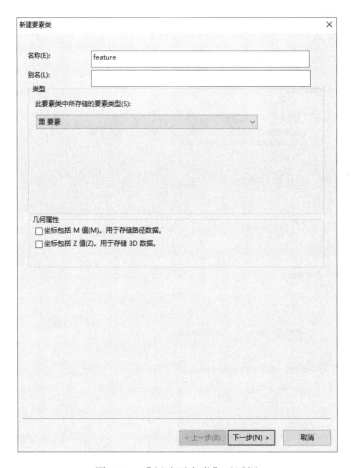

图 3.10　【新建要素类】对话框

（3）点击【下一步】，弹出确定要素类字段名及其类型与属性对话框，如图 3.11 所示。在简单要素类中，OBJECTID 和 SHAPE 字段是必需字段。OBJECTID 是要素的索引，SHAPE 是要素的几何图形类别，如点、线、多边形等。

（4）单击字段名称列下面的第一个空白行，输入新字段名，并选取数据类型。在"字段属性"栏中编辑字段的属性，包括新字段的别名、新字段中是否允许出现空值 Null、默认值、属性域及精度。

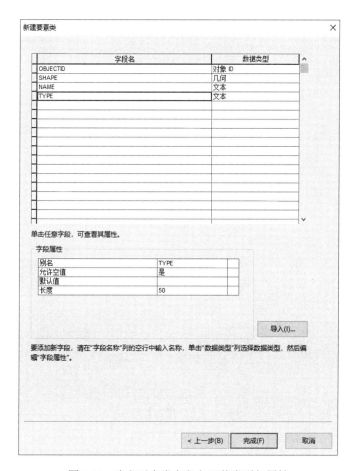

图 3.11　确定要素类字段名及其类型与属性

（5）单击【完成】，此时，在数据集中出现一个简单要素类。

2）建立独立要素类

独立要素类就是在地理数据库中不属于任何要素数据集的要素类，其建立方法与在要素数据集中建立简单要素类相似，不同的是，必须重新定义自己的空间参考坐标系统和坐标值域。

3. 建立关系表

（1）在 ArcCatalog 目录树中，右键单击需要建立关系表的地理数据库，选择【新建】|【表】，打开【新建表】对话框（图 3.12）。

（2）设置表名和表的别名，点击【下一步】按钮，配置关键字。

（3）点击【下一步】，打开属性字段编辑对话框（图 3.13），在该对话框中为新表添加属性字段。

（4）单击【完成】按钮，完成操作。

图 3.12　【新建表】对话框

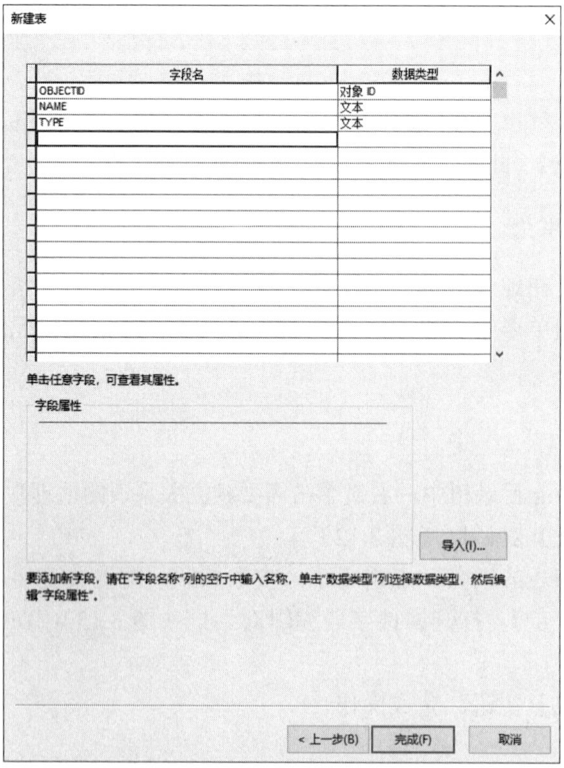

图 3.13　属性字段编辑对话框

3.4.4　向地理数据库加载数据

地理数据库中主要支持 Shapefile、Coverage、INFO 表和 dBASE 表、CAD、Raster 等类型，如果已有数据不是上述几种格式，可以用 ArcToolbox 中的工具进行数据格式的转换，再加载到地理数据库中。

1. 导入数据

当导入已有的 Shapefile 和 Coverage 到地理数据库时，就会在数据库中建立一个要素类，若生成独立要素类，需要为导入的数据定义坐标系统；若生成简单要素类，导入工具会自动为其建立与要素数据集相同的坐标系统，不需要再重新定义。

1）导入 Shapefile

（1）在 ArcCatalog 目录树中，右键单击想导入地理数据库的 Shapefile 文件，选择【导出】|【转出至地理数据库（Geodatabase）（单个）】，打开【要素类至要素类】对话框，如图 3.14 所示。

图 3.14　【要素类至要素类】对话框

（2）在【输入要素】中选择要导入的 Shapefile，在【输出位置】中选择目标数据库或目标数据库中的要素数据集，在【输出要素类名称】文本框中为导入的新要素类设置名称。在【表达式】中，点击 SQL 按钮，设置文件导入数据库中的条件。

（3）还可以设置自动生成的要素类是否具有 M 值和 Z 值，以及配置关键字等。

（4）点击【确认】按钮，当进程结束时，导入的 Shapefile 将出现在目标数据库或数据库中的数据集中。

如果在第一步中选择【转出至地理数据库（Geodatabase）（批量）】，可以实现多个 Shapefile 一次导入目标数据库中。

2）导入 dBASE 表和 INFO 表

利用 ArcCatalog 目录可以把 dBASE 表和 INFO 表导入地理数据库中，并自动纠正任何不合逻辑的或重复的字段名，还可以通过交互方式指定如何更改字段，再进行导入；同样可一次导入多个 dBASE 表和 INFO 表到地理数据库中。

（1）在 ArcCatalog 目录树中，右键单击需导入地理数据库的 dBASE 表或 INFO 表，选择【导出】|【转出至地理数据库 Geodatabase（单个）】，打开【表至表】对话框，如图3.15 所示。

图 3.15 【表至表】对话框

（2）在【输出位置】设置目标数据库，在【输出表】命名导入地理数据库后新表的名称。

（3）单击【确认】按钮，当进程结束时，导入的 dBASE 表或 INFO 表将出现在目标数据库中。

如果在第一步中选择【转出至地理数据库（批量）】，可以实现多个 dBASE 表或 INFO 表一次导入目标数据库中，也可以右击想要导入数据的数据库，单击【导入】，即可导入表。

3）导入栅格数据

向地理数据库中导入栅格数据有两种方式：第一种方法是导入地理数据库中作为栅格数据集存储；第二种方法是导入地理数据库中已经存在的栅格数据集中。

（1）在 ArcCatalog 目录树中，右键单击想导入栅格数据的地理数据库，选择【导入】|【栅格数据集】，打开【栅格数据至地理数据库（批量）】对话框，如图 3.16 所示。添加想要导入的多个栅格数据。

（2）单击【确认】按钮，完成操作。

图 3.16 【栅格数据至地理数据库（批量）】对话框

4）复制地理数据库数据

可以在地理数据库之间直接移动和复制数据。在 ArcCatalog 目录树中，右键单击要复制的数据集、要素类或表，选择【复制】，右键单击目标地理数据库，选择【粘贴】即可。

2. 载入数据

当导入 Shapefile、INFO 表和 dBASE 表等到一个地理数据库时，导入的数据作为新的要素类或新表存在。在导入这些数据之前，这些要素类和表是不存在的。

数据载入不同于数据导入，数据载入要求在地理数据库中必须首先存在与被载入数据具有结构匹配的数据对象。

数据载入的操作步骤如下。

（1）在 ArcCatalog 目录树中，右键单击要载入数据库的要素类或表，选择【加载】|【加载数据】，打开【简单数据加载程序】向导。

（2）单击【下一步】，打开输入数据对话框，浏览并找到要输入的要素类和表，单击【添加】，增加要素类和表到源数据列表中。

（3）单击【下一步】，打开确定装载数据的目标数据库和目标要素类的对话框，如图 3.17 所示。若选择【我不想将所有要素加载到一个子类型中】，表示不想把数据装载到一个指定的子类型中；若选择【我想将所有要素加载到一个子类型中】，表示要把数据装载到一个指定的子类型中，这时要选择需要装载源数据的子类型。

（4）单击【下一步】，打开源字段匹配到目标字段对话框（图 3.18）。在【匹配源字段】窗口中选择同目标字段匹配的源数据的字段。如果不想让源数据字段的数据装载到目标字段，在【匹配源字段】窗口中选择"无"。

（5）单击【下一步】，打开装载源数据对话框。如果需要装载全部源数据，选中【加载全部源数据】。单击【下一步】，打开【参数总结信息】对话框。单击【完成】，完成操作。

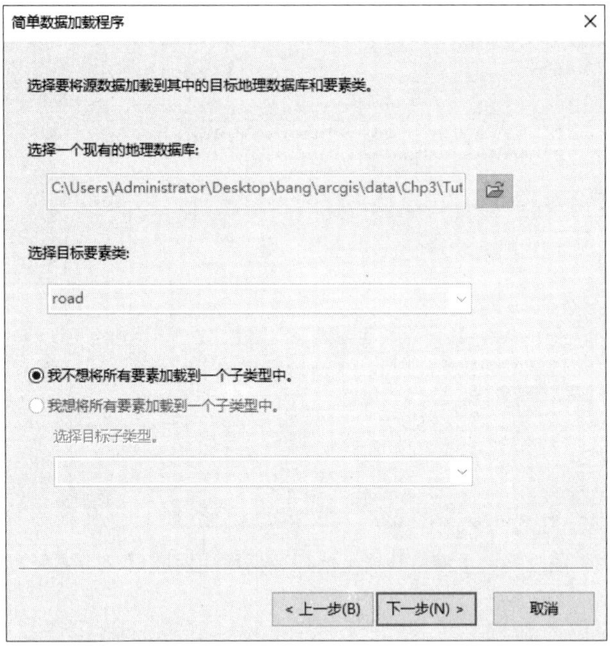

图 3.17 确定目标数据库和目标要素类

图 3.18 源字段匹配到目标字段

（6）如果需要载入部分源数据，在装载源数据对话框中选择【仅加载满足查询的要素】。如图 3.19 所示。单击【查询构建器】按钮，打开【查询数据】对话框，如图 3.20 所示，用查询构建器建立属性查询限制条件，限制装入目标数据库中源数据的要素。

（7）单击【确定】按钮，返回装载源数据对话框，单击【下一步】按钮，打开参数总结信息框。单击【完成】按钮，完成操作。

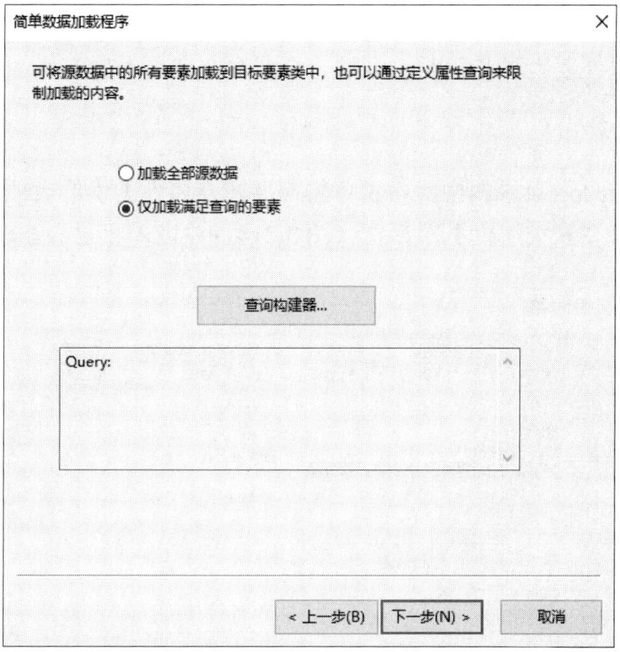

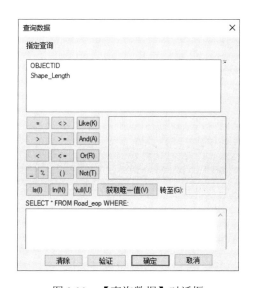

图 3.19　【装载源数据】对话框（第二个选项）

图 3.20　【查询数据】对话框

3.4.5　地理数据库的高级功能

地理数据库中的基本组成项包括对象类、要素类和要素数据集。当在数据库中创建了这些项目后，可以创建更高级的项目，如子类、几何网络类、注释类等。

1. 建立索引

在对关系表和要素类中的数据进行查询检索时，可以在字段上建立属性索引提高查询速度。空间索引可以提高对空间要素的图形查询速度，属性索引是 RDBMS 用于检索表中的记录。可以在要素类和关系表中的一个或多个字段上建立属性索引。

1）建立属性索引

（1）在 ArcCatalog 目录树中，右键单击需要建立属性索引的表或要素类，选择【属性】命令，打开【要素类属性】对话框（图 3.21），并进入【索引】选项卡。

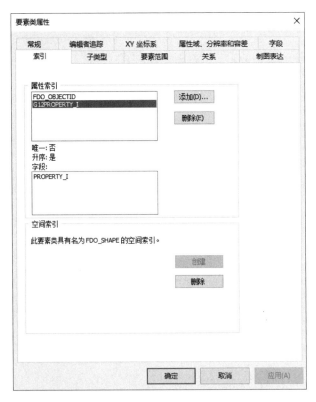

图 3.21　【要素类属性】对话框

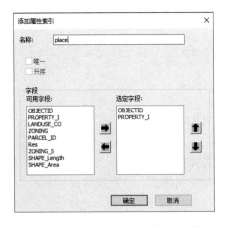

图 3.22　【添加属性索引】对话框

（2）单击【添加】按钮，打开【添加属性索引】对话框（图 3.22）。在"名称"文本框中输入新的索引名称，如果索引是唯一的，选中【唯一】复选框，如果索引要按升序排序，选中【升序】复选框。在字段【可用字段】栏中，点击需要建立索引的字段，点击右箭头加入【选定字段】列表中。单击上下箭头按钮，改变选择字段在索引中的顺序。

（3）单击【确定】，返回【要素类属性】对话框，在【属性索引】显示出新建的索引。单击【确定】，完成操作。

2）修改空间索引

（1）右键单击需要修改空间索引的 Shapefile，选择【属性】。打开【Shapefile 属性】对话框，进入【索引】选项卡，如图 3.23 所示。

（2）通过【添加】【删除】【更新】等按钮来建立、删除和更新空间索引。

（3）单击【确定】。

图 3.23　【Shapefile 属性】对话框

2. 创建子类和属性域

地理数据库按照面向对象的模型存储对象，这些对象可表示非空间实体（表）和空间实体（要素类）。存储在要素类或表中的对象可以按照子类型来组织，并有一套完整的规则。

1）属性域（attribute domains）

属性域表述的是属性取值的范围，可以分为范围域（range domains）和代码值域（coded value domains）。范围域可以指定一个范围的值域（最大值和最小值），最大值和最小值可以使用整型或浮点型数值表示。代码值域给一个属性指定有效的取值集合，包括两部分内容，一个是存储在数据库中的代码值，一个是对代码实际含义的描述性说明。代码值域可以应用于任何属性类型，包括文本、数字、日期等。

2）子类型（subtypes）

子类型是根据要素类的属性值将要素划分为更小的分类。例如，要素类——居民区，可以将其属性字段"居住人口"分为三级：0～200、200～1 000、1 000以上，使得该要素类也被分为三个子类：小型居民区、中型居民区和大型居民区。这三个子类会在ArcMap中自动符号化显示出来。

3）属性分割与合并

在编辑数据时，常常需要把一个要素分割（splitting）成两个要素，或把两个要素合并（merging）成一个要素。在ArcGIS 10中，一个要素被分割时，属性值的分割由分割规则（split policy）来控制。当要素合并时，属性值的合并由合并规则（merge policy）来控制。当一个要素被分割或合并时，ArcGIS根据这些规则，决定其结果要素属性取值。

4）属性域操作

（1）建立属性域：①在ArcCatalog目录树中，右键单击要建立属性范围域的地理数据库，单击【属性】，打开【数据库属性】对话框，进入【属性域】选项卡，如图3.24所示。②在第一个空白字段，输入新属性域名称，在对应的【描述】栏中输入说明信息。在【属性域属性】栏中，选择属性域的类型。③当选择属性域类型为范围域时，输入属性域的最小值和最大值、选择分割和合并策略，如图3.25所示。当选择属性域类型为"编码的值"域时，在编码的值栏中，输入新代码值及其描述信息，并选择分割策略和合并策略。④单击【确定】，完成操作。

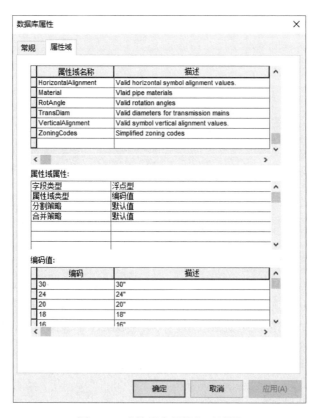

图3.24　【数据库属性】对话框

图 3.25 新建属性范围域的各项设置

（2）修改属性域：进入【数据库属性】对话框，在【属性域】名称栏下选中要删除的属性域，按删除键，或在【属性域】属性栏下对各项属性域特征进行修改。

（3）关联属性域：在地理数据库中，可以将属性域的默认值与表或要素类的字段关联起来。属性域与一个要素类或表建立关联后，在地理数据库中一个属性有效规则就建立起来了。同一个属性域可以与一个表或要素类或子类型的多个字段关联，也可以与多个要素类或多个表的多个字段关联。①在 ArcCatalog 目录树中，右键单击需要关联属性域的表或要素类，单击【属性】，打开【要素类属性】对话框，进入【字段】选项卡，如图 3.26 所示。②在【字段名】栏，单击需要建立默认值并把它关联到属性域的字段。③在【字段属性】栏，在【属性域】下拉框中选择需要关联的属性域（只有与当前字段类型相同或兼容的属性域才会显示在列表中）。④单击【确定】，完成操作。

5）子类型操作

当需要通过默认值、属性域、连接规则、关系规则区分对象时，就需要对单一的要素类或表建立不同的子类型。利用目录可以给要素类添加子类型，并为每一个子类型设置默认值和属性域，也可以删除或修改已经存在的子类型。

A. 建立子类型

（1）在 ArcCatalog 目录树中，右键单击需要添加子类型的表或要素类，选择【属性】，打开【要素类属性】对话框，进入【子类型】选项卡。在【子类型字段】下拉框中选择需要建立子类型的属性字段，在【默认子类型】文本框中出现所选字段的默认的新的子类型名称：新建子类型，如图 3.27 所示。

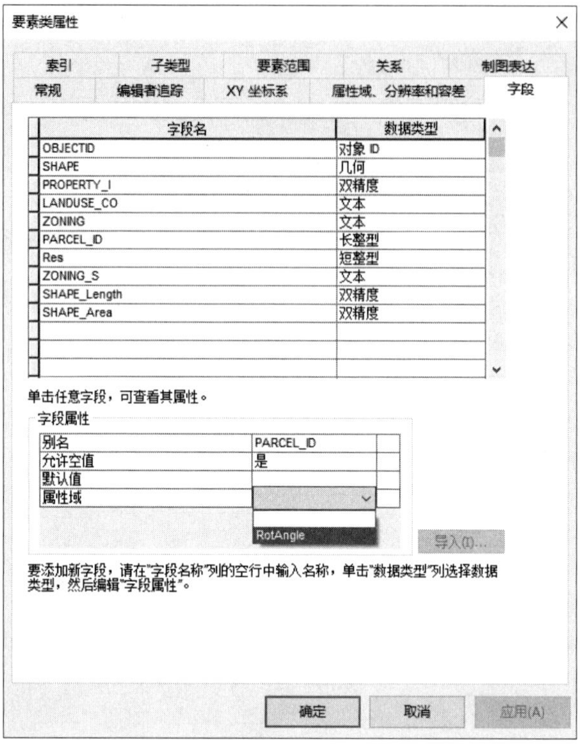

图 3.26 【要素类属性】对话框（1）

图 3.27 【要素类属性】对话框（2）

（2）在【子类型】栏中，在【编码】列输入子类型代码及其描述，描述将自动更新默认子类型窗口中的内容。

（3）在【默认的值和属性域】栏中，对于每一个字段，在【默认值】中输入默认值，在【属性域】栏中选择一个属性域（将新子类型的字段关联到一个属性域）。

（4）重复上述步骤，添加其他子类型。单击【使用默认值】按钮，可以让新子类型采用默认子类型的所有默认值和属性域。

（5）单击【确定】按钮，完成操作。

B. 修改子类型

进入【要素类属性】对话框，在【子类型字段】栏下选中需要删除的子类型，按删除键，或在【子类型字段】和【默认值和属性域】栏下对各项子类型特征进行修改。

3. 创建关系类

地理对象之间存在各种各样的关系，如供水系统中的水管和水管维修记录之间的关系、宗地和业主之间的所属关系等。在地理数据库中，事物之间的这些联系使用关系类来表现。关系类可以在空间对象间实现、在非空间对象间实现，或者在空间对象与非空间对象之间实现。空间对象存储在要素类中，非空间对象存储在对象类中，关系类存储在关系类中。

1）关系类概述

A. 基数（cardinality）

描述对象之间的关系，分为以下四种：一对一（1—1）、一对多（1—M）、多对一（M—1）和多对多（M—N）。

B. 关联键

要创建关系，表（对象类或要素类）中必须至少包含一个"共同"的字段，这样的字段称为"键"（key）。键值可以是文本型、数值型的（通常为整型）。在关联的两个表中，关联的键字段名称不一定要一致，但是数据类型必须一致。关系类的创建是在源类（origin class）的主键（primary key）和目标类（destination class）的外键（foreign key）之间创建的。

主键：存储能够唯一标识表中的每个对象的字段。外键：记录有源表主键信息的字段。在对象类中，外键记录值不需要唯一，而且通常也不是唯一的。

C. 关联标注

在关系类中，查找关联表的时候需要关联标注，标注分为向前标注和向后标注。使用向前标注可以从源类找到目标类；使用向后标注，可以从目标类找到源类。

D. 关系种类

简单关系（simple relationship）是地理数据库中的两个或多个对象之间的关系，对象是独立存在的，进行对象操作时不会影响其他类中的对象。简单关系可以有一对一、一对多、多对多的基数。

复合关系（composite relationship）首先要有一个目标类，它依赖于源类，如果从源类中删除对象，目标类中相关联的对象也会被删除。复合关系总是一对多的，但也可以通过关系规则限制到一对一。

2）建立关系类

A. 建立简单关系类

（1）在 ArcCatalog 目录树中，右键单击需要在其中建立关系类的地理数据库或要素数据集，选择【新建】|【关系类】。

（2）弹出【新建关系类】对话框（图 3.28）。在关系类的名称文本框中输入关系类名称，选择源表或要素类，这里为属性表 owners，选择目标表或要素类，这里为地块图形 parcels。

图 3.28　【新建关系表】对话框

（3）单击【下一步】，打开新建关系类【选择关系类型】对话框。选中【简单（对等）关系】，建立简单关系类。

（4）单击【下一步】，打开指定关系类标注对话框（图 3.29）。输入从源类到目标类的向前路径标注：owners（表示某人拥有某地块），输入从目标类到源类的向后路径标注：is owned by（表示某地块被某人拥有），选择关系的消息传递方向为无。

（5）单击【下一步】，打开【选择关系类基数】对话框。选择"一对多"的关系（即一个人可以拥有多个地块）。

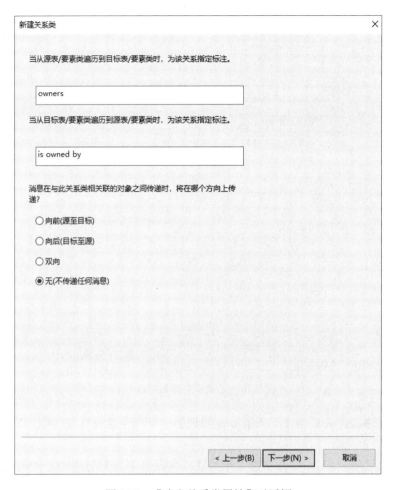

图 3.29　【确定关系类属性】对话框

（6）单击【下一步】，打开【关系类添加属性】对话框。选中【否，我不想将属性添加到此关系类中】（在本例中，关系类不需要属性）。

（7）单击【下一步】，打开【选择主键】对话框（图 3.30）。在第一个下拉框中为要素类或表选择主键，在第二个下拉框中，选择所选的主键的外键。这个是用于指定连接属性表和图形要素的相同字段。

（8）单击【下一步】，出现【总结信息】对话框。

（9）单击【完成】，新建立的一个简单关系类出现在 ArcCatalog 目录树中。

B. 建立复合关系类

建立复合关系类与建立简单关系类相似，不同的是在【选择关系类型】对话框中选择【复合关系】，建立复合关系类。在【选择关系类基数】对话框中选择"一对多"的复合关系。

C. 建立关系类的属性

不论是简单关系类还是复合关系类，都可以具有属性。例如，在建立地块与业主的简单关系中，地块有自己的属性，业主也有自己的属性，关系类描述的是某块地所对应的业主，有时还需要存储关系类的一些属性信息，如业主对地块的使用情况等。

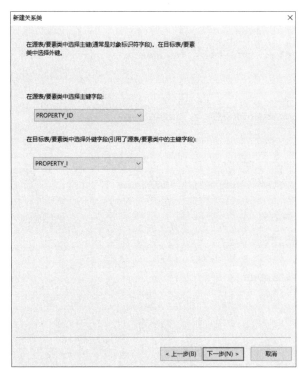

图 3.30 【选择主键】对话框

（1）在上述新建关系类【关系类添加属性】对话框中选择【是，我要将属性添加到此关系类中】。

（2）单击【下一步】，打开新建关系类【添加属性字段】对话框，如图 3.31 所示。在【字段名】列下输入添加字段的名字，如 attri1、attri2，并分别为字段选择数据类型：Text。在【字段属性】栏中，设置新字段的属性。

（3）重复以上步骤，直到定义完关系类的所有属性字段为止。

（4）其余步骤与上述创建不需要属性的关系类相似。单击【完成】按钮，即可创建具有属性的关系类。

D. 建立关系类规则

关系类规则用于限制源要素类或表中的对象是否可以被连接到目标要素类或表中的一个确定类型的对象。例如，可以指定每一个水管连接几个水龙头，不连接一个水龙头的水管是无效的。

（1）在 ArcCatalog 目录树中，右键单击需要建立规则的关系类，选择【属性】，打开【关系类属性】对话框，进入【规则】选项卡，如图 3.32 所示。

（2）在"源表/要素类子类型"窗口，如果源类有子类型，单击与关系规则关联的子类型；如果源类没有子类型，关系规则将应用于所有要素。

（3）在"目标表/要素类子类型"窗口，如果目标类有子类型，单击与源类中被选的子类型相关的目标子类型，如果目标类没有子类型，关系规则将应用于所有要素。

（4）选择目标表间关系选项卡下的复选框：指定相关联目标对象的范围，指定每一个源类相关的目标对象的范围。

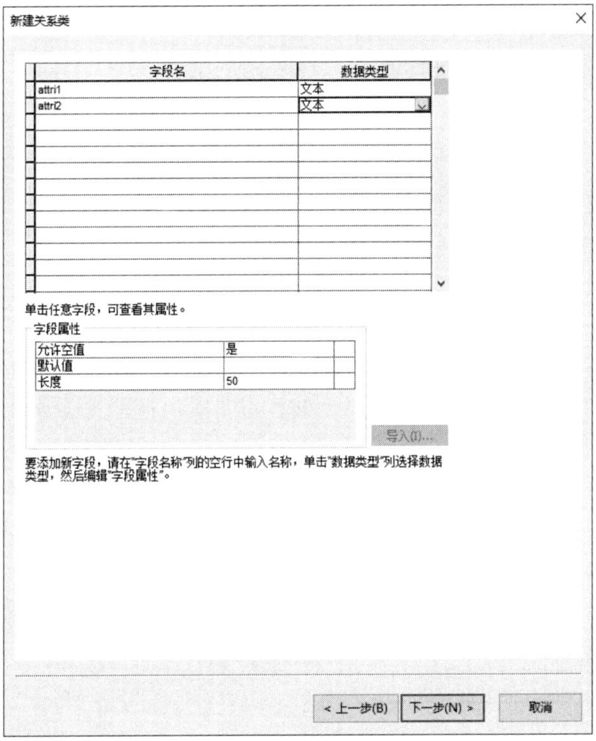

图 3.31　【添加属性字段】对话框

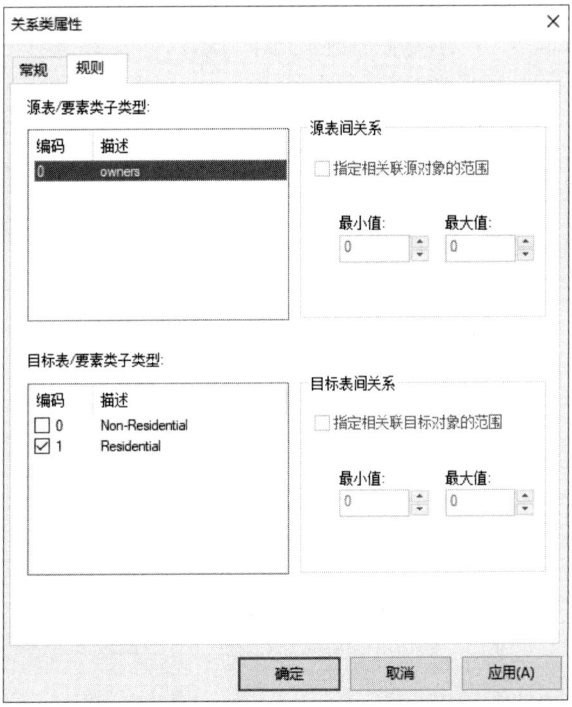

图 3.32　【关系类属性】对话框

图 3.33 查看属性的关联对象

（5）重复上述步骤，指定这个关系类的所有关系规则。

（6）单击【确定】，完成关系类规则的建立。

3）关系类的应用

A. 在 ArcMap 中浏览一个要素的关联对象

（1）在 ArcMap 中打开 Parcels 要素类，如图 3.33 所示。

（2）单击 ⓘ 按钮，点击图层 Parcels 地图上的要素，打开【识别】对话框，查看其属性的关联对象，如图 3.33 所示。可以看到，表中除了 Parcels 本身的属性信息外，下方有 is owned by 1023，若点击 1023，还可以看到这个地块业主的相关信息。

B. 在要素属性表中浏览一个对象的相关联对象

（1）在 ArcMap 内容列表中，点击【按源列出】标签。右键单击一个表 owners，选择【打开】。

（2）打开属性表，选择表中的一个对象，在表的左上方单击【表选项】按钮，选择【关联表】|【parcelowners：owners】，如图 3.34 所示。

Object identifier *	ELEMADDR	PROPERTY_ID *	Owner name	Percentage ownership	Date of deed
1	6332	1004	THOMMAON DAN	0	1912-06-26 00:00:00
2	6333	1005	CRIDER ANJA	0	1917-05-09 00:00:00
3	6336	1008	CHINNAMY ELIZABETH	0	1918-10-30 00:00:00
4	6337	1009	LIEBENTHAL MATTHEW	0	1921-06-14 00:00:00
5	6338	1010	EBERT DANIELA	0	1921-07-02 00:00:00
6	6339	1011	VAN LIU	0	1921-07-09 00:00:00
7	6340	1012	AFRONI DAN	0	1923-05-02 00:00:00
8	6341	1013	WINCHELL JEFFREY	0	1924-04-12 00:00:00
9	6342	1014	MCCARTHY BIJU	0	1925-04-10 00:00:00
10	6344	1016	YOUNG BEVERLY	0	1926-04-12 00:00:00
11	6345	1017	ARTZ PHIL	0	1926-05-23 00:00:00
12	6347	1019	GILLICK MARLENE	0	1927-04-08 00:00:00
13	6348	1020	PARK MELSA	0	1927-10-17 00:00:00
14	6349	1021	GILLICK ANI	0	1929-03-04 00:00:00
15	6350	1022	RICHTER GERARD	0	1930-08-13 00:00:00
16	6351	1023	YRON JUERG	0	1932-07-19 00:00:00
17	6352	1024	DON-BRUCE EUGENE	0	1935-01-08 00:00:00
18	6353	1025	NAGLE ZAIDI	0	1935-04-10 00:00:00
19	6354	1026	CANNING DAVID	0	1935-04-27 00:00:00
20	6355	1027	GZDE IANG-YUN	0	1935-10-12 00:00:00
21	6356	1028	CARVER ANDRE	0	1935-10-12 00:00:00
22	6358	1030	GLENN NA	0	1935-10-12 00:00:00
23	6359	1031	HABIBEE BRENT	0	1935-10-12 00:00:00
24	6360	1032	HABIBEE JO	0	1935-10-12 00:00:00
25	6362	1034	DAV DEREK	0	1935-10-12 00:00:00
26	6363	1035	NIEMI ANTHONY	0	1935-11-23 00:00:00
27	6365	1037	TORR GREG	0	1936-03-16 00:00:00
28	6366	1038	THOMMAON JET	0	1937-04-13 00:00:00
29	6367	1039	CITRO HAPAUL	0	1937-07-26 00:00:00
30	6368	1040	BOL GARY	0	1937-07-29 00:00:00
31	6369	1041	BOLATYA	0	1937-12-03 00:00:00
32	6370	1042	LUTHERATYA	0	1937-12-03 00:00:00

owners

1 ▶ ▶▌ | (0 / 3168 已选择)

owners

图 3.34　owners 属性表

（3）为关联的表打开一个新的表对话框，在该表中关联的对象也会被选中，如图3.35所示。

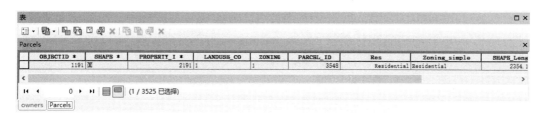

图 3.35　Parcels 属性表

（4）单击【Show Selected】，只显示与第一个表选取的对象相关联的对象，可以看到一旦建立了关系类，从业主信息表中则可以查看对应的地块数据。

C. 在 ArcMap 中使用关联字段

在要素类和相关的要素类或表中创建一个连接，就可以使相关联的要素类或表中的字段添加到要素层中，并可对地图进行标注、符号化及要素查询。

（1）在 ArcMap 内容列表中右键单击要素层，选择【连接和关联】|【连接】，如图3.36所示。

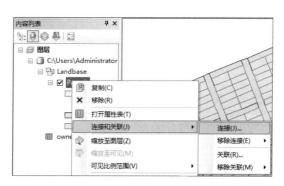

图 3.36　ArcMap 中使用关联字段

（2）打开【连接数据】对话框，在"要将哪些图层连接到该图层"中选择【基于预定义关系类连接数据】，如图3.37所示。

（3）单击【确定】按钮。现在可以使用关联字段来符号化、标注和查询要素。

（4）打开要素层的属性表，可以看到表中增加了相关要素类的字段。或右键单击要素层，单击【属性】，打开【图层属性】对话框，进入【标注】标签，在【文本字符串】栏【标注】下拉框中可以看到可标注字段中也增加了相关要素类的字段，如图3.38所示。

4. 创建注释类

注释是用于存储描述性文本信息的专门要素类，和存储在地图文档中的标注不同，注释类存储在地理数据库中。

注释类分为连接要素的注释类（feature-linked annotation class）和不连接要素的注释类（nonfeature-linked annotation class）两种。不连接要素的注释类是按照地理空间位置放置的文本，在地理数据库中不与要素相关联。连接要素的注释类与地理数据库中一个要素类的特定属性相关联，当要素被移动或者删除时，与之关联的注释也会同时被移动或删除。

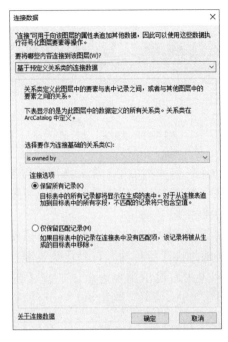

图 3.37 【连接数据】对话框

图 3.38 【图层属性】对话框（Lables 标签）

1）建立注释类

A. 建立不连接要素的注释类

（1）在 ArcCatalog 目录树中，右键单击需要建立注释类的地理数据库或要素数据集，选择【新建】|【要素类】。

（2）打开【新建要素类】对话框（图 3.39），输入注释类的名称和别名，在其下拉框中选择【注记要素】选项。

图 3.39　【新建要素类】对话框

（3）单击【下一步】，打开【参考比例设置】对话框（图 3.40）。在【参考比例】文本框中输入参考比例，它描述了用指定的尺寸显示注记文本的比例尺，当缩小和放大地图时，文本也跟着缩放。参考比例总是与注释类的空间参照系使用相同的单位。在【地图单位】下拉框中选择地图单位。

（4）单击【下一步】，打开【显示特征设置】对话框（图 3.41）。在【注记类】栏中，可以添加另一个注释类，或者对已有的注释类重命名，在【文本符号】栏中，为注释类设置字符的属性特征，在【比例范围】栏中，指定注释缩放到什么程度时可见。

（5）单击【下一步】，其余步骤与建立其他地理要素类的方法相同。

B. 建立连接要素的注释类

（1）进入【新建要素类】对话框（图 3.42），选中【将注记与以下要素类进行连接】，在下拉框中选择连接的要素类。

（2）单击【下一步】，设置参考比例和地图单位（图 3.43）；在【编辑行为】栏中，为新建的注释类选择编辑行为。

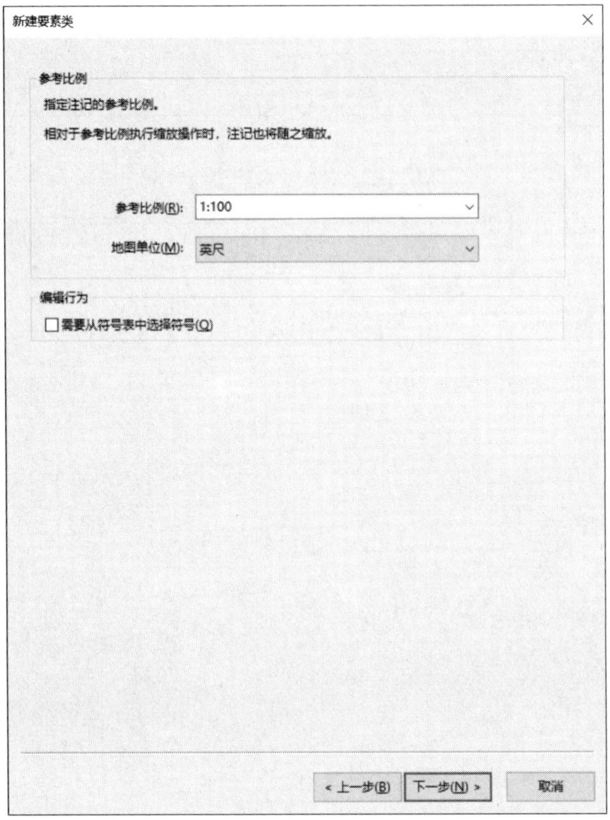

图 3.40 　【参考比例设置】对话框

图 3.41 　【显示特征设置】对话框

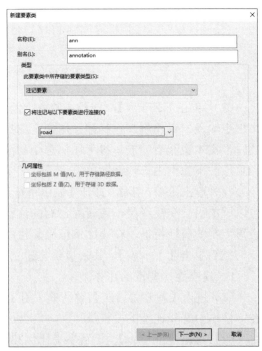

图 3.42 　【新建要素类】对话框

（3）单击【下一步】，设置注记的显示参数（图3.44）、文本符号及放置属性等。

（4）单击【下一步】，其余步骤与建立其他地理要素类的方法相同。

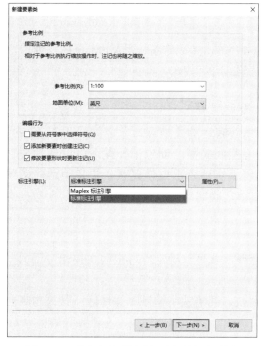 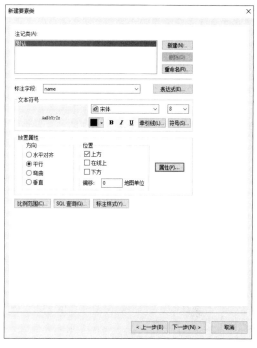

图3.43　【确定参照比例尺设置】对话框　　　　图3.44　注释类的高级设置

2）产生连接要素注释

（1）将地理数据库中的要素类加载到地图文档中，单击 按钮，在 ArcMap 视图中选中需要产生注释的要素。

（2）右键单击需要产生连接要素注释的数据层，单击【选择】|【注记所选要素】（图3.45）。

图3.45　【注记所选要素】

图 3.46 【注记所选要素】对话框

（3）打开【注记所选要素】对话框，如图 3.46 所示。在该对话框中选择相关的注释类，用于存储产生的注释。选中【将未放置的标注转为标记】复选框。

（4）单击【确定】，在 ArcMap 图形窗口产生选择要素的注释。

5. 创建拓扑

拓扑表达的是地理对象之间的相邻、包含、关联等空间关系。创建拓扑关系可以使地理数据库更真实地表示地理要素，更完美地表达现实世界的地理现象。拓扑关系能清楚地反映实体之间的逻辑结构关系，它比几何数据有更大的稳定性，不随地图投影的变化而变化。

创建拓扑的优势在于：

（1）根据拓扑关系，不需要利用坐标或距离，就可以确定一种空间实体相对于另一种空间实体的位置关系。

（2）利用拓扑关系便于空间要素查询。例如，某条铁路通过哪些地区、某县与哪些县相邻等。

（3）可以根据拓扑关系重建地理实体。例如，根据弧段构建多边形、最佳路径的选择等。

参与拓扑创建的所有要素类必须在同一个数据集中。

一个拓扑关系存储了三个参数：规则（rules）、等级（ranks）和拓扑容限（cluster tolerance）。拓扑规则定义了拓扑的状态，控制了要素之间的相互作用，创建拓扑时必须指定至少一个拓扑规则；等级是控制在拓扑检验中节点移动的级别，等级低的要素类向等级高的要素类移动。在创建拓扑的过程中，需要指定要素类的等级。目前，最高的等级是 1，最低的等级是 50；拓扑容限是节点、边能够被捕捉到一起的距离范围，所设置的拓扑容限应该依据数据精度而尽量小。默认的拓扑容限值是根据数据的准确度和其他一些因素，由系统默认计算出来的。

当拓扑关系创建后，将数据加载到 ArcMap 中，如果数据违背所定义的拓扑规则时，会产生拓扑错误。进行拓扑检验后，在 ArcMap 视图窗口中会自动显示出来，这时应把检测出来的拓扑错误逐一修改。在 ArcMap 中还可进行拓扑编辑，包括共享边和点的编辑。创建拓扑的详细过程可参考本章练习 3.7.1。

在 ArcGIS 中拓扑分为地图拓扑和地理数据库拓扑，地图拓扑在 ArcGIS 基本版下就可以使用，可以进行简单的拓扑编辑操作，地理数据库拓扑则需要标准版或高级版的许可才能使用，可以使用高级的拓扑检查等功能。本章练习会详细介绍地理数据库拓扑的使用方法，这里介绍地图拓扑的使用方法。

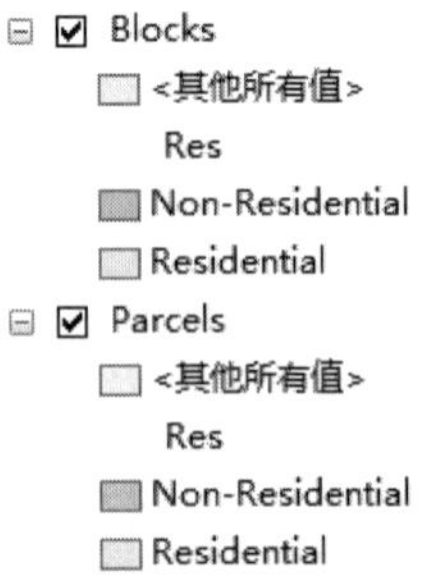

（1）图 3.47 为加载需要建立拓扑的图层。

图 3.47 加载的图层

（2）在菜单栏右键找到【编辑器】工具条并添加，点击【编辑器】|【开始编辑】。

（3）在菜单栏右键找到【拓扑】工具条并添加，点击 ，如图 3.48 打开【选择拓扑】对话框，选择【地图拓扑】选项，并勾选需要进行拓扑编辑的图层。

图 3.48　【选择拓扑】对话框

（4）点击【确定】，然后就可以使用 3.7.1 练习中的【修改边】和【整形边】等工具，具体操作见 3.7.1。

3.5　数　据　采　集

数据采集是获取 GIS 数据的主要手段，在实际工作中，往往没有合适的数据，此时可借助图像或者影像数据来进行数字化。本节将介绍如何在 ArcGIS 中进行手动数字化和自动数字化。

3.5.1　手动数字化

手动数字化是在电脑上根据遥感影像，全手动来绘制点要素、线要素和面要素，在这里介绍线要素和面要素的绘制。

（1）进入 ArcMap 工作环境，新建地图文档，加载 parcelscan.tif 数据，并创建一个与其具有相同坐标的线和面数据，分别命名为：line 和 polygon。

（2）如图 3.49 点击【编辑器】|【开始编辑】，并点击【编辑器】|【编辑窗口】|【创建要素】，打开【创建要素】对话框。

（3）如图 3.50 点击【line】要素，在【构造工具】中选择【线】选项。

图 3.49 【创建要素】对话框

图 3.50 选择【线】要素

（4）调整视图至要绘制的线要素并沿着线要素进行点击，如图 3.51 所示。

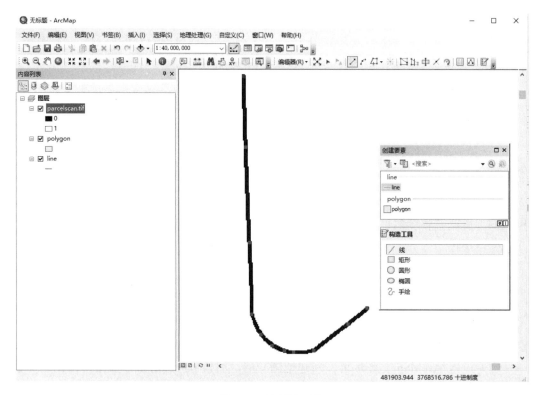

图 3.51 绘制线要素

（5）按 F2 完成线要素绘制。

（6）如图 3.52 点击【创建要素】窗口的【polygon】要素，再点击【面】。

图 3.52 选择【面】要素

（7）调整视图至要绘制的面要素并沿着面要素边界进行点击，如图 3.53 所示。

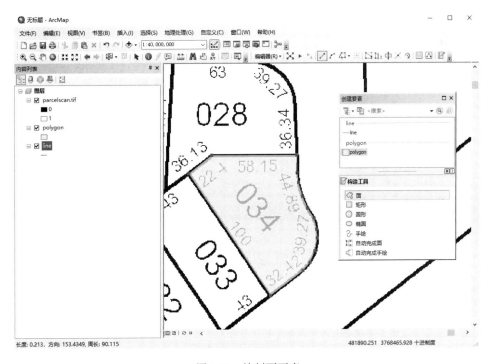

图 3.53 绘制面要素

（8）按 F2 完成面要素绘制。点击【编辑器】|【停止编辑】，保存编辑内容，完成数字化。

3.5.2 自动数字化

进入 ArcMap 工作环境，新建地图文档，加载 parcelscan.tif 数据和创建的线、面数据。

1. 半自动

（1）首先对线状要素进行数字化，单击【自定义】菜单，再单击【扩展模块】，选中【ArcScan】，在菜单栏右键选择【ArcScan】工具条，工具条如图 3.54 所示。

图 3.54　【ArcScan】工具条

（2）加载【编辑器】工具条，单击【编辑器】菜单，选择【选项】，选中【使用经典捕捉】，单击【确定】，如图 3.55 所示。

（3）选择【编辑器】|【开始编辑】。选择【编辑器】|【编辑窗口】|【创建要素】，如图 3.56 所示。

图 3.55　【编辑选项】对话框　　　　图 3.56　【创建要素】窗口

（4）这时【ArcScan】工具条显示可用了，点击工具条中的 按钮，打开【栅格捕捉选项】对话框，如图 3.57 所示，将最大线宽度设置为 7，确保可以捕捉到表示地块边界的栅格像元，单击【确定】。

（5）单击【编辑器】|【捕捉】|【捕捉环境】，如图 3.58 所示，勾选【中心线】和【交点】，然后关闭窗口。

（6）在【创建要素】窗口中选中【line】，然后点击【ArcScan】工具条中的 【矢量化追踪】工具，移动鼠标捕捉地块边界的交点，然后单击开始追踪如图 3.59 所示，最后按 F2 完成追踪。

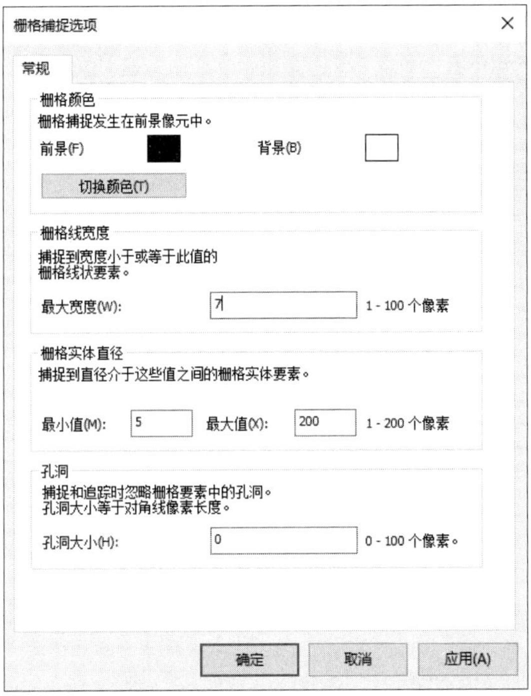

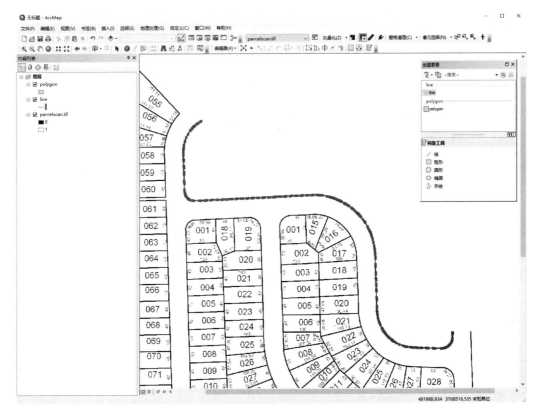

图 3.57 【栅格捕捉选项】对话框 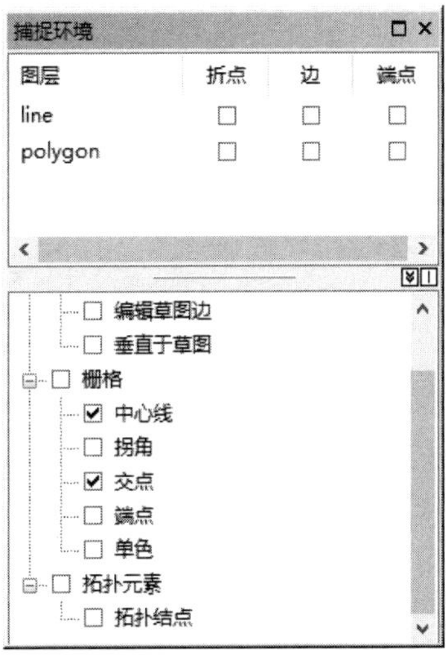   图 3.58 【捕捉环境】窗口

图 3.59 矢量化追踪

（7）类似地进行面状要素数字化，点击【编辑器】|【开始编辑】。选择【编辑器】|【编辑窗口】|【创建要素】，选中【polygon】，再点击 按钮，如图 3.60 所示。

图 3.60　创建要素窗口

（8）放大至合适窗口对地块边界进行追踪点击，如图 3.61 所示，完成后按 F2 完成面状要素数字化。

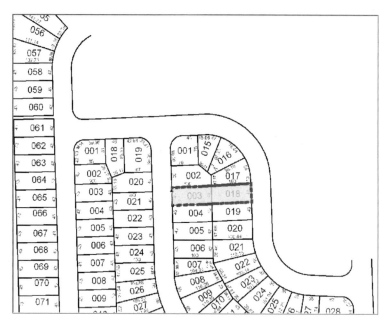

图 3.61　面状要素数字化示意图

（9）选择【编辑器】|【停止编辑】，以保存数字化内容。

2. 全自动

（1）重新加载示例数据，单击【编辑器】|【开始编辑】。

（2）点击【ArcScan】|【栅格清理】|【开始清理】启动栅格清理会话，单击【栅格清理】|【栅格绘画】工具条，如图 3.62 所示。

图 3.62　【栅格绘画】工具条

（3）单击 🧽 橡皮擦工具，单击并按住鼠标，擦除地块上的所有文本。

（4）或者使用魔术橡皮擦工具 🧽，画一个矩形将文本去除，如图 3.63 所示。

（5）但是上述方法工程量大，因此点击【ArcScan】|【像元选择】|【选择相连像元】对话框，将面积阈值改为 500，如图 3.64 所示，点击【确定】。

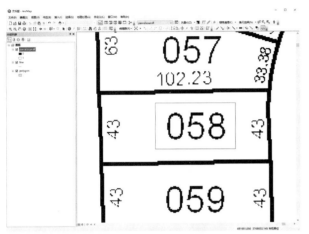

图 3.63　使用魔术橡皮擦工具

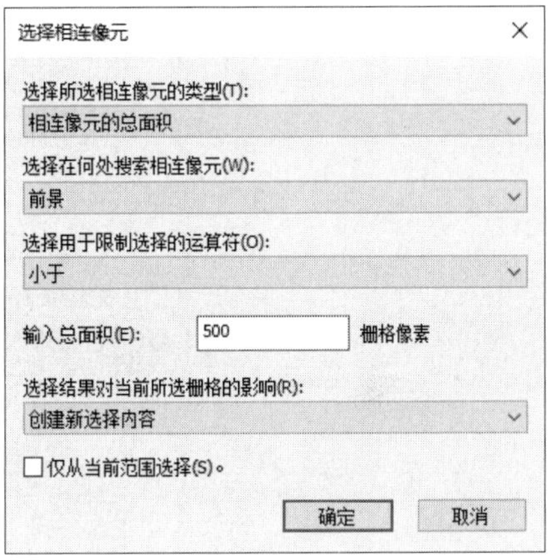

图 3.64　【选择相连像元】对话框

（6）点击【栅格清理】|【擦除所选像元】删除文本信息，如图 3.65 所示。

（7）单击【矢量化】|【矢量化设置】，在此调整参数以获得最佳结果，将最大线宽度设置为 10，将压缩容差设置为 0.1，点击【应用】，再点击【关闭】，如图 3.66 所示。

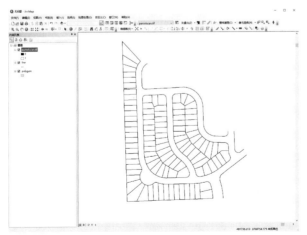

图 3.65　删除文本信息

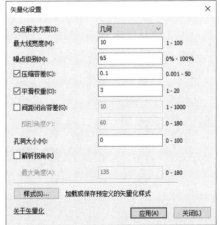

图 3.66　【矢量化设置】对话框

（8）ArcScan 提供了一种方法，可以在生成要素之前预览批处理矢量化的效果。这样就可以看到所做的设置对矢量化的影响，从而节省时间。单击【矢量化】|【显示预览】。

（9）单击【矢量化】|【生成要素】，出现【生成要素】对话框，点击【确定】，如图3.67 所示。

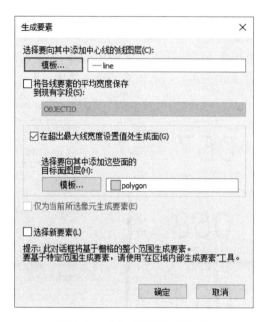

图 3.67　【生成要素】对话框

（10）点击【编辑器】|【停止编辑】完成数字化。

3.6　数　据　编　辑

3.6.1　图　形　编　辑

进入 ArcMap 工作环境，打开已有的地图文档或新建地图文档后进行数据编辑，其一般需要经过下列 5 个步骤。

（1）加载编辑数据。单击【文件】|【添加数据】，选择需要加载的 Parcels 数据。

（2）打开编辑工具。在工具栏的空白处点击右键，选择【编辑器】，出现编辑器工具条，如图 3.68 所示。

图 3.68　【编辑器】工具条

（3）进入编辑状态。单击编辑器工具条中的【编辑器】|【开始编辑】，使数据层进入编辑状态。在 ArcMap 窗口右侧出现创建要素的窗体，如图 3.69 所示。

（4）执行数据编辑。确定编辑操作的目标数据层，然后选择编辑命令，对要素进行编辑。

（5）结束数据编辑。选择【编辑器】|【停止编辑】，选择是否保存编辑结果，结束编辑。

以下操作都处于编辑的第 4 步过程。其他步骤基本一致，在此不一一阐述。

1. 基本编辑

1）要素复制

A. 平行复制

单击 ▶ 按钮，在图形窗口中选择要复制的线要素，在编辑器下拉菜单中，选择【平行复制】命令，打开【平行复制】对话框（图3.70）。单击【模板】按钮，

图 3.69　编辑要素视图

选择需要放置平行线的数据层；输入平行线之间的距离（按照地图单位），距离数值的正负表示要素的复制方向。单击【确定】按钮，即可完成不同数据层之间平行线的复制。

B. 缓冲区边界生成与复制

单击 ▶ 按钮，在图形窗口中选择要生成缓冲区的要素，在编辑器下拉菜单中，选择【缓冲】命令，打开【缓冲】对话框，如图3.71所示。单击【模板】按钮，选择生成的缓冲区复制到的目标图层（线或多边形类型），输入生成缓冲区的距离（按照地图单位），点击【确定】即可完成不同数据层之间缓冲区的复制。

图 3.70　【平行复制】对话框

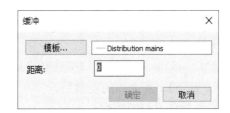

图 3.71　【缓冲】对话框

2）要素合并

ArcMap 中的要素合并操作可以概括为两种类型，要素空间合并（merge 和 union）与要素裁剪合并。合并可以在同一个数据层中进行，也可以在不同数据层之间进行，参与合并的要素可以是相邻要素，也可以是分离要素。只有相同类型的要素才可以合并。

A. 合并（merge）操作

合并操作可以完成同层要素空间合并，无论要素相邻还是分离，都可以合并生成一个新要素，新要素一旦生成，原来的要素则自动被删除。

操作过程如下：

单击 ► 按钮，在图形窗口中选择需要合并的要素，在编辑器下拉菜单中，选择【合并】命令，打开【合并】对话框，如图 3.72 所示，在【合并】对话框中列出了所有参与合并的要素，选择其中一个要素，单击【确定】按钮。合并操作自动将被选择要素的属性赋给合并后的新要素。合并的结果如图 3.73 所示。

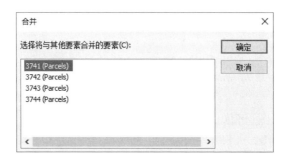

图 3.72　【合并】对话框

图 3.73　合并的结果

B. 联合（union）操作

联合操作可以完成不同层要素空间合并，无论要素相邻还是分离，都可以合并生成一个新要素。

单击 ► 按钮，在图形窗口中选择需要合并的要素（可来自不同的数据层），选择【编辑器】|【联合】，所选择的要素被合并生成一个新要素。在【模板】按钮中选择合并后的新要素所属的目标数据层。

3）要素分割操作

应用 ArcMap 要素编辑工具可以分割线要素和多边形要素。对线要素可以任意定义一点进行分割，也可以在离开线的起点或终点一定的距离处分割，还可以按照线要素长度百分比进行分割，分割后线要素的属性值是分割前属性值的复制。对多边形要素按照所绘制的分割线进行分割，分割后的多边形要素的属性值是分割前属性值的复制。

A. 线要素分割

（1）任意点分割线要素：单击 ► 按钮，在图形窗口中选择需要分割的线要素，单击编辑工具条上 按钮，在线要素上任意选择分割点，单击左键，线要素按照分割点分成两段，可通过查询工具查看。

（2）按长度分割线要素：单击 按钮，在图形窗口中选择需要分割的线要素，选择【编辑器】|【分割】，打开【分割】对话框，如图3.74所示，在文本框中显示的是所选线要素的长度，在【分割选项】组中可以选择三种按长度分割线要素的方式：按照距离分割、按分成相等部分分割、按百分比分割。在【方向】选项组中可以选择是从线的起点开始计算距离，还是从线的终点开始计算距离。单击【确定】按钮，线要素按照确定或计算的分割点分成多段。

图3.74 【分割】对话框

B. 多边形要素分割

单击 按钮，在图形窗口中选择需要分割的

多边形要素，在编辑器工具栏中选择 （分割多边形要素）按钮，直接绘制分割曲线，分割曲线应与原始多边形相交，单击【右键】，选择【完成草图】，结束分割曲线的绘制。原始多边形要素按照绘制的分割曲线被分割成两个多边形，如图3.75所示。

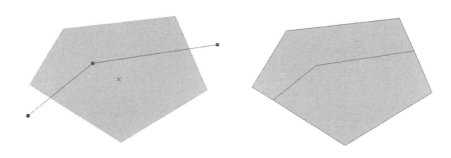

图3.75 分割多边形要素的结果

4）线要素的延长和裁剪

在编辑器工具条中选择【编辑器】|【更多编辑工具】|【高级编辑】，弹出图3.76【高级编辑】工具条。

图3.76 【高级编辑】工具条

A. 线要素延长

单击 按钮，选中需要延长到相应位置的目标线段，单击高级编辑菜单下的 按钮，选择需要延长的线段，此时，线要素即被延长到目标线段，如图3.77所示。

B. 线要素裁剪

单击 按钮，选中需要相互裁剪的两根目标线段，单击高级编辑菜单下的 按钮，选中需要裁剪掉的线段，此时，线要素即被裁剪，如图 3.78 所示。

图 3.77　线要素的延长　　　　　图 3.78　线要素的裁剪

5）要素的变形与缩放

A. 要素变形操作

线要素和多边形要素的修整操作都是通过绘制草图完成的。在对线要素进行修整操作时，草图线要与线要素相交，且草图线的两个端点应该位于线要素的一侧，而在对多边形要素进行变形操作时，如果草图的两个端点位于多边形内，多边形将增加一块草图面积，如果草图的两个端点位于多边形外，多边形将被裁剪一块草图面积。

单击 ▶ 按钮，在图形窗口中选择需要修整的要素（线或多边形），在编辑器工具栏中选择 ⟦ (修整要素工具）按钮，在图形窗口绘制一条草图线，双击鼠标左键（或单击右键，选择完成草图命令），被选要素就会按照草图与原图的关系发生变形，如图 3.79、图 3.80 所示。

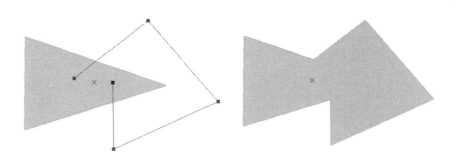

图 3.79　草图的两个端点位于多边形内时的要素变形

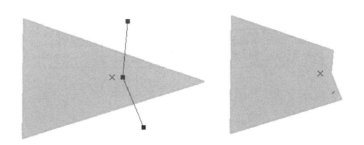

图 3.80　草图的两个端点位于多边形外时的要素变形

B. 要素缩放操作

（1）添加缩放工具按钮。在 ArcMap 主菜单条上选择【自定义】|【自定义模式】，打

开【自定义】对话框，进入【命令】选项卡，在【类别】栏中选择【编辑器】，在【命令】栏中选择【比例】，如图 3.81 所示。将其拖放到【编辑器】工具条中，关闭该对话框。

图 3.81　【自定义】对话框（自定义选项卡）

（2）执行要素缩放操作。单击 ▶ 按钮，在图形窗口中选择需要缩放的要素（可以多选），单击 ✛ 按钮，根据需要移动要素选择锚位置，在要素上按住鼠标左键拖动到缩放的尺寸，释放左键，完成要素缩放。

6）要素节点编辑操作

无论线要素还是面要素，都由若干节点组成。在数据编辑操作中，可以根据需要添加节点、删除节点、移动节点，实现要素局部形态的改变。

A. 添加节点

（1）选择编辑器中的 ▶ 按钮，在图形窗口中选择需要添加节点的要素。单击 📐（编辑折点）按钮，如图 3.82 出现【编辑折点】工具条。

图 3.82　【编辑折点】工具条

（2）在需要添加节点的位置上单击右键，选择【插入折点】命令，添加了一个节点，或选中添加节点图标 ▷⁺，在需要插入节点的位置单击左键即可。

B. 删除节点

单击 ▶ 按钮，在图形窗口中选择需要删除节点的要素（线或多边形），双击选中的要素，在需要删除节点的位置上单击右键，选择【删除折点】命令。

C. 移动节点

移动节点是改变要素形状的常用途径，移动节点可以使要素完全变形，也可以使要素在保持基本几何形状的前提下拉伸。移动节点有以下 4 种方法：

（1）单击 ▶ 按钮，在图形窗口中双击需要移动节点的要素（线或多边形），在需要移动节点的位置上按住左键，并将节点拖放到新的位置后释放左键。

（2）在需要移动节点的位置上单击右键，选择【移动至】命令，在打开的【移动至】窗口中输入绝对坐标，并按回车键，节点按照输入的坐标移动到新的位置。

（3）在需要移动节点的位置上单击右键，选择【移动】命令，在打开的【移动】窗口中输入坐标增量，并按回车键，节点按照输入的坐标增量移动到新的位置。

（4）在图形窗口中选择需要移动拉伸节点的要素，在编辑器下拉菜单中，选择【选项】命令，打开【编辑选项】对话框，进入【常规】标签，如图 3.83 所示。勾选【移动折点时相应拉伸几何】，完成要素拉伸开关设置，退出该对话框。在需要移动节点的位置上按住左键，将节点拖放到新的位置后释放左键，节点被移位，要素被拉伸，但要素形状基本保持不变。

图 3.83　【编辑选项】设置

3.6.2　拓　扑　编　辑

进行要素拓扑编辑之前，首先需要创建拓扑，使具有共享边或点的要素按照拓扑关系共享边或点，为拓扑关联的保持或维护做准备。

创建了拓扑之后，拓扑关联要素之间就具有共享边或点，在编辑共享边或点的过程中，拓扑关联的要素将自动更新其形状。

拓扑关系对空间数据的查询和分析非常重要。进行拓扑编辑时，共享边或点的移动或修改不会影响要素之间的相对空间关系，所以拓扑编辑经常应用于数据更新，如土地

利用类型的更新。进行拓扑编辑需要加载拓扑编辑工具。在 ArcMap 窗口工具栏空白处点击右键，选择【拓扑】命令，弹出【拓扑】工具栏。在工具栏上点击 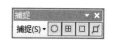（地图拓扑）按钮，选择参与拓扑编辑的数据层，并设置聚类容差，完成基本设置。在编辑之前还需要设置捕捉参数，在【编辑器】工具条上选择【编辑器】|【捕捉】|【捕捉工具条】，出现【捕捉】工具条（图 3.84），分别点击相应按钮，完成点、端点、折点以及边的捕捉设置，之后可进行如下编辑操作。

图 3.84　【捕捉】工具条

1）共享要素移动

在拓扑关系构建以后，就可以通过 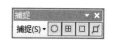 按钮移动共享要素（shared features），包括共享的边线要素和节点要素。在共享要素的选择与移动过程中，以高亮度显示的选择要素仅仅是最上层的要素，在执行了移动之后，没有被选择的相关要素以及没有在地图中显示的相关要素同样会发生移动，以保持拓扑关联的一致性。

A. 共享节点的移动

单击 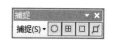 按钮，在图形窗口选中需要移动的共享节点，节点以高亮度显示，按住鼠标左键将节点拖到新的位置释放左键，节点被移动。数据集中与其拓扑关联的边线和节点都相应更新位置，如图 3.85 所示。

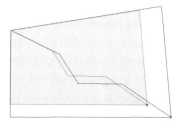
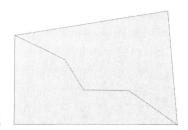

图 3.85　共享节点的移动

B. 共享边线的移动

单击 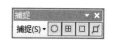 按钮，在图形窗口选中需要移动的共享边线，边线以高亮度显示，按住鼠标左键将边线拖到新的位置释放左键，边线被移动。数据集中与其拓扑关联的边线和节点都相应更新位置，如图 3.86 所示。

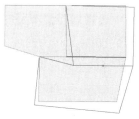
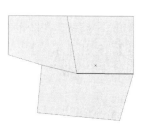

图 3.86　共享边线的移动

2）共享边线编辑

A．共享边线修整

单击 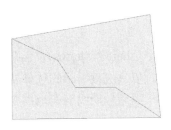 按钮，在图形窗口选择需要修整的共享边线，边线以高亮度显示，单击 按钮，根据边线修整的需要，在图形窗口绘制边线变形草图线，该草图线应与共享边线两次相交。双击左键，结束草图线绘制，共享边线发生变形，与该边线拓扑关联的边线与节点都将变形，如图3.87所示。

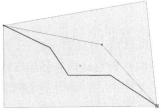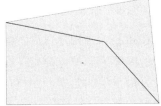

图 3.87　共享边线变形

B．共享边线修改

单击 按钮，在图形窗口选择需要修改的共享边线，边线以高亮度显示，单击 按钮，根据需要对边线进行修改，包括节点的添加、删除、移动等操作。共享边线被修改，与该边线具有拓扑关联的边线与节点都被自动更新，如图3.88所示。

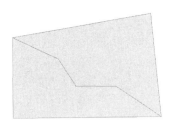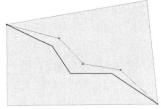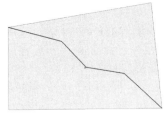

图 3.88　共享边线修改

3.6.3　属　性　编　辑

属性编辑包括对单要素或多要素属性进行添加、删除、修改、复制、传递或粘贴等多种编辑操作，通常有以下几种方式：

（1）单击 按钮，在图形窗口中选择需要编辑属性的要素（可以多选），单击右键，选择【属性】，打开【属性】对话框，如图3.89所示。在【属性】对话框中，上窗口显示被选择的要素，下窗口显示属性字段及其属性值。单击右窗口的 Value 栏，可修改其属性值。

（2）在 ArcMap 视图中，右键单击需要进行属性编辑的数据图层，选择【打开属性表】，打开该要素的属性表，点击【表选项】按钮 ，如图3.90所示，可以进行增加字段、关联表、属性表导出等操作。

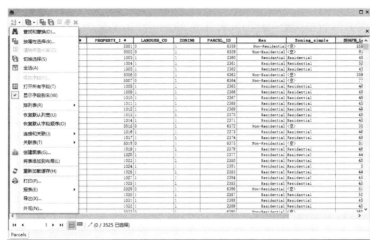

图3.89　要素【属性】对话框　　　　　　　　　图3.90　图层属性表选项按钮

3）属性传递：属性传递工具

（1）在 ArcMap 中添加属性传递的源图层和目标图层，在 ArcMap 视图菜单栏中，单击右键，打开【空间校正】工具。选择【编辑器】|【启动编辑】，使目标图层处于编辑状态。

（2）传递环境设置：选择【空间校正】|【属性传递映射】，如图3.91所示。弹出【属性传递映射】对话框，如图3.92所示。

图3.91　属性传递设置

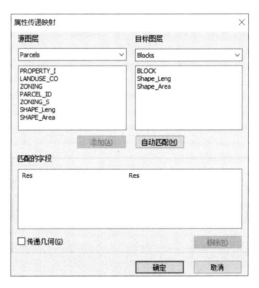

图3.92　【属性传递映射】对话框

（3）选择源图层及其字段、目标图层及其字段，单击【添加】按钮，将两者添加到匹配的字段列表中，点击【确定】。可以添加多个字段，当字段越多时，属性传递越有效率。

（4）单击【空间校正】工具栏中的选择 ⬚ （属性传递）按钮，在 ArcMap 视图中，在源图层中单击一下，接着在目标图层需要传递属性的要素位置上单击。此时，目标图层的该属性字段中会出现源图层的字段信息，完成属性传递，对于具有相同属性的要素，可以节省大量的属性键入工作。

3.7 实例与练习

3.7.1 某地区地块的拓扑关系建立

1. 背景

拓扑关系对于数据处理和空间分析具有重要意义，拓扑分析经常应用于地块查询、土地利用类型更新等。

2. 目的

通过本例，掌握创建拓扑关系的具体操作流程，包括拓扑创建、拓扑错误检测、拓扑错误修改、拓扑编辑等基本操作。

3. 要求

在 Topology 数据集中导入两个 Shapefile，建立该要素数据集的拓扑关系，进行拓扑检验，修改拓扑错误，并进行拓扑编辑。

4. 数据

Blocks.shp、Parcels.shp 分别为某地区总体规划和细节规划的地块矢量数据，下载数据请扫封底二维码（多媒体：Chp3）。

5. 操作步骤

流程如图 3.93 所示。

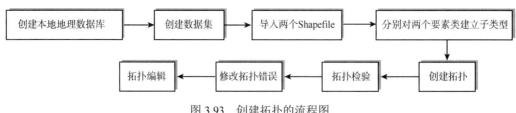

图 3.93　创建拓扑的流程图

1）创建地理数据库

（1）在 ArcCatalog 目录树中，右键单击 Result 文件夹，单击【新建】，单击【文件地理数据库】，输入所建的地理数据库名称：NewGeodatabase。在新建的地理数据库上右键选择【新建】中的【要素数据集】，创建要素数据集。

（2）打开【新建要素数据集】对话框，将数据集命名为 Topology。

（3）单击【下一步】按钮，打开【新建要素数据集】对话框设置坐标系统。

（4）单击【导入】按钮，为新建的数据集匹配坐标系统，选择 Blocks.shp 或 Parcels.shp。

（5）单击【添加】按钮，返回【新建要素数据集】属性对话框。这时要素数据集定义了坐标系统。

（6）单击【下一步】按钮，为新建的数据集选择垂直坐标系统，此处选择【None】。

（7）单击【下一步】按钮，设置容差，此处选择默认设置，点击【完成】。

2）向数据集中导入数据

（1）在 ArcCatalog 目录树中，右键单击 Result 文件夹中的 Topology 数据集，单击【导入】|【要素类（多个）】。

（2）打开【要素类至地理数据库（批量）】对话框，如图 3.94 所示。导入 Parcels 和 Blocks，单击【确定】按钮。

图 3.94　【要素类至地理数据库（批量）】对话框

3）在要素类中建立子类型

在创建地块的拓扑关系之前，需把要素分为居民区和非居民区两个子类型，即把两个要素类的 Res 属性字段分为 Non-Residential 和 Residential 两个属性代码值域，分别代表居民区和非居民区两个子类型。

（1）在 Blocks 要素类上单击右键，选择【属性】，打开【要素类属性】对话框。

（2）打开【要素类属性】对话框（【子类型】选项卡）。在【子类型字段】下拉框中选择一个子类型字段：Res，在【子类型】栏中的【编码】列下输入新的子类型代码及其描述，描述将自动更新【默认子类型】窗口中的内容。

（3）重复上述步骤，添加两个子类型：Non-Residential 和 Residential，如图 3.95 所示。单击【确定】按钮。

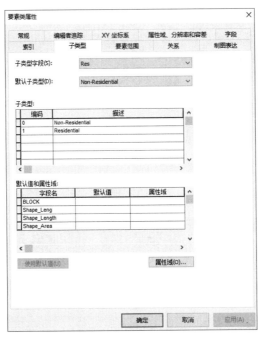

图 3.95　添加了两个子类型

（4）以相同的方法在 Parcels 要素类中建立两个子类型：Non-Residential 和 Residential。

4）创建拓扑

（1）在 ArcCatalog 目录树中，右键单击 Topology 要素数据集，单击【新建】|【拓扑】。打开【新建拓扑】对话框，它是对创建拓扑的简单介绍。

（2）单击【下一步】按钮，打开【设置名称和聚类容限】（cluster tolerance）对话框，如图 3.96 所示。输入所创建拓扑的名称和聚类容限。聚类容限应该依据数据精度而尽量小，它决定着在多大范围内要素能被捕捉到一起。

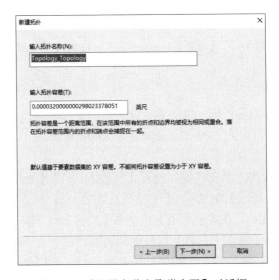

图 3.96　【设置名称和聚类容限】对话框

（3）单击【下一步】按钮，打开【选择参与创建拓扑的要素类】对话框，如图 3.97 所示。选择参与创建拓扑的要素类（至少两个）。

图 3.97 【选择参与创建拓扑的要素类】对话框

（4）单击【下一步】按钮，打开【设置拓扑等级数目】对话框，如图 3.98 所示，设置拓扑等级的数目及拓扑中每个要素类的等级。这里设置相同等级为 1。

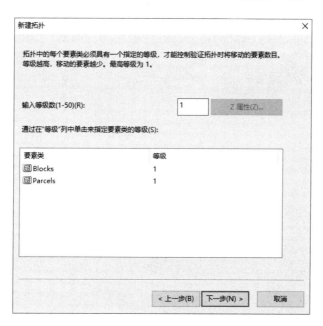

图 3.98 【设置拓扑等级数目】对话框

（5）单击【下一步】按钮，打开【设置拓扑规则】对话框，单击【添加规则】按钮，

打开【添加规则】对话框，如图 3.99 所示。在【要素类的要素】下拉框中选择 Parcels
中的 Non-Residential，在【规则】下拉框中选择【不能与其他要素重叠】，在【要素类】
下拉框中选择 Blocks 中的 Residential。这个拓扑规则表示 Parcels 中的非居住区不能与
Blocks 中的居住区重叠，即细节规划不能与总体规划冲突。

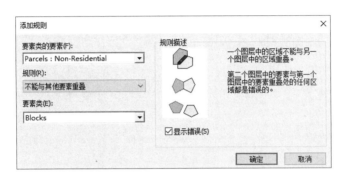

图 3.99　【设置拓扑规则】对话框

（6）单击【确定】按钮，返回上级对话框，单击【下一步】按钮，打开参数信息总
结框，检查无误后，单击【完成】按钮，拓扑创建成功。

（7）出现对话框询问是否立即进行拓扑检验。单击【否】按钮，在以后的工作流程
中再进行拓扑检验，创建的拓扑出现在【目录窗口】中；单击【是】按钮，出现进程条，
进程结束时，拓扑检验完毕，创建的拓扑出现在【目录窗口】中。

5）查找拓扑错误

（1）双击···\Chp3\Result\Topology.mxd 地图文档，打开如图 3.100 所示的 ArcMap 窗口，
或者打开 ArcMap，加载数据 creatingTopology、Parcels 和 Blocks，如图 3.101 所示。

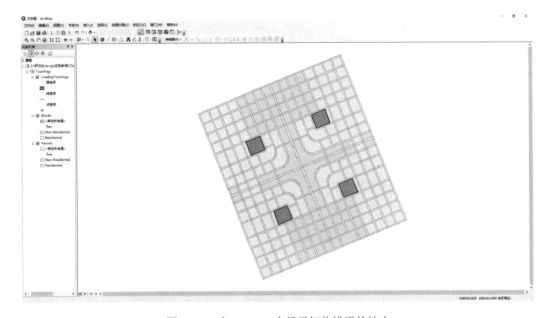

图 3.100　在 ArcMap 中显示拓扑错误的地方

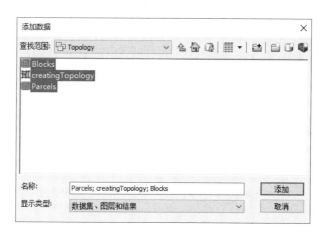

图 3.101　加载数据

（2）在 ArcMap 视图中出现四个深色方块，即产生拓扑错误的地方。

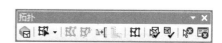

图 3.102　【拓扑】工具栏

（3）将 Parcels 图层设为可编辑状态。加载【拓扑】工具栏，如图 3.102 所示。在下拉框中选择要编辑的拓扑图层 creatingTopology。

（4）单击【拓扑】工具栏中的 检测拓扑错误按钮，打开【错误检查器】对话框，单击【立即搜索】按钮，即可检查出拓扑错误，并在下方的表格中显示拓扑错误的详细信息，如图 3.103 所示。

图 3.103　【错误检查器】对话框

6）修改拓扑错误

（1）当 Parcels 中的非居住区与 Blocks 中的居住区重叠时，产生拓扑错误。为了修改拓扑错误，可以把产生拓扑错误的 Parcels 中的 Non-Residential 改为 Residential。单击 按钮，选中产生拓扑错误的要素，再单击 按钮，打开属性表，如图 3.104 所示，将 Res 字段改为 Residential。

（2）拓扑修改后需要重新进行拓扑检验，可以通过单击【拓扑】工具栏中的 按

图 3.104 打开属性表

钮在图面上的指定区域进行拓扑检验、单击 按钮在当前可见图面进行拓扑检验、单击 按钮在整个区域进行拓扑检验。单击【拓扑】工具栏中的 按钮，对当前可见图面进行拓扑检验，这时可以看到图形窗口中的拓扑错误只剩三个。按照第一步，修改其余三个拓扑错误。也可以把 Blocks 层设为编辑状态，把产生拓扑错误的 Blocks 中的 Residential 改为 Non-Residential，再进行拓扑检验即可。

7）拓扑编辑

一个地块的边界需要修改，操作如下：

（1）将 Parcels 设置为可编辑状态，将视图放大到一定比例，单击【拓扑】工具栏中的 按钮，选择要进行拓扑编辑的要素，进行移动、修改等操作。如图 3.105 所示，选中一个节点并对其进行移动。

图 3.105　共享节点的移动

（2）将 Parcels 设置为可编辑状态，将视图放大到一定比例，单击 按钮，在视图中选中一条边要素，单击【拓扑】工具栏中的 （修改边）按钮，在弹出的【编辑折点】对话框中选择 （添加折点）按钮，为所选边要素添加折点，并确定折点位置。这样共享边就会发生变形，如图 3.106 所示。

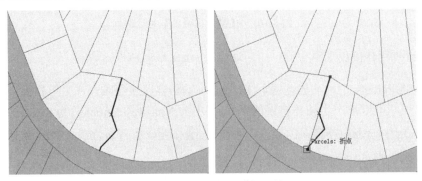

图 3.106　共享边的重新调整

3.7.2　镶嵌数据集的建立

1. 背景

多张影像含有许多重叠区域时，不方便在视图中可视化、不利于进行空间分析等，镶嵌数据集的出现使得以上问题得到解决。

2. 目的

通过本例，掌握如何创建镶嵌数据集、管理镶嵌数据集、裁剪镶嵌数据集等操作。

3. 要求

通过已有影像创建镶嵌数据集，完成更新概视图、色彩平衡等操作，并进行栅格数据的再次添加与最终导出操作。

4. 数据

第一次添加数据为 1 文件夹内的数据，追加栅格数据为 2 文件夹内的数据。

5. 操作流程

（1）创建文件地理数据库，在 Ex2 文件夹中创建文件地理数据库，并命名为 ex2gdb。

（2）右键单击地理数据库，如图 3.107 选择【新建】|【镶嵌数据集】并设置参数。

图 3.107　【创建镶嵌数据集】对话框

（3）右键单击新建的镶嵌数据集，选择【添加栅格数据】，如图 3.108 栅格类型选择【Raster Dataset】，输入数据选择【Dataset】，并添加提供的栅格数据，在【镶嵌后期处理】中勾选【更新概视图】，点击【环境】|【并行处理】并设置为 0，点击【确定】完成操作。

（4）右键单击镶嵌数据集，选择【增强】|【色彩平衡】，打开【平衡镶嵌数据集色彩】对话框，如图 3.109 点击【确定】。

图 3.108 【添加栅格至镶嵌数据集】对话框

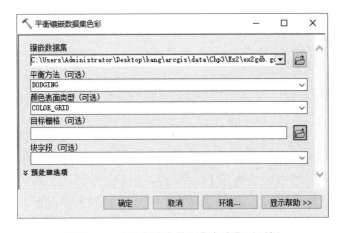

图 3.109 【平衡镶嵌数据集色彩】对话框

（5）右键单击镶嵌数据集，选择【修改】|【同步】，如图 3.110 打开【同步镶嵌数据集】对话框，选择【镶嵌后期处理】，勾选【更新概视图】选项，点击【确定】。

图 3.110 【同步镶嵌数据集】对话框

（6）右键单击镶嵌数据集，选择【添加栅格数据】，如图 3.111 打开【添加栅格至镶嵌数据集】对话框，输入数据选择【Dataset】，选择要添加的数据，点击【确定】，因为此前的同步操作，此时不用再选择【更新概视图】选项了。

图 3.111 追加栅格数据

（7）右键单击镶嵌数据集，选择【增强】|【色彩平衡】，打开【平衡镶嵌数据集色彩】对话框，点击【确定】。

（8）导出影像，右键单击镶嵌数据集，选择【导出】|【将栅格导出为不同格式】，如图 3.112 设置【输出栅格数据集】名称以及位置，点击【确定】，导出结果如图 3.113 所示。至此我们可以得到两幅影像的叠加结果，可以看到，两幅影像的色彩已经一致，操作成功。此外，多幅影像镶嵌后输出，可以极大地加快可视化渲染的速度，并方便后续的操作。

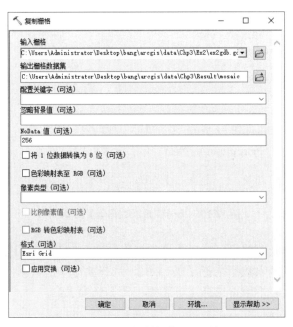

图 3.112　【复制栅格】对话框

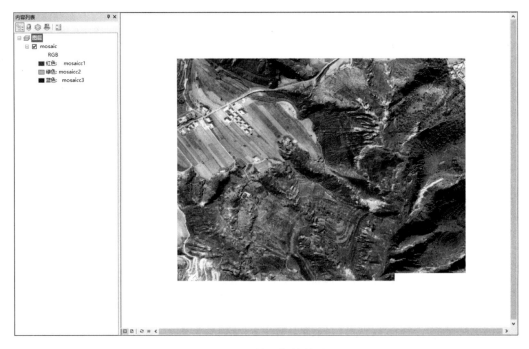

图 3.113　输出栅格结果

第4章　空间数据的转换与处理

原始数据往往由于在数据结构、数据组织、数据表达等方面与用户需求不一致而需要进行转换与处理。本章分别介绍 ArcGIS 中数据的空间变换、数据格式转换以及数据拼接等操作。

4.1　空　间　变　换

空间变换可以将多个不同坐标系的地理数据统一变换到同一坐标系下。根据空间变换的方式，其主要可以分为投影变换、空间校正、地理配准三类。投影变换适用于将多个本身具有投影信息的地理数据，通过严格的数学推导，将地理数据输出到指定的坐标系统，精度最高。空间校正适用于矢量数据，基于位置的链接，将原始数字化坐标系下的数据转换到指定的参考坐标系。地理配准适用于栅格数据，基于同名点的链接，拟合成多项式函数，从而实现栅格数据的空间变换，达到数据配准的目的。

4.1.1　投　影　变　换

1. 基本概念

地球是一个不规则的球体，为了能够将其表面内容显示在平面上，就必须将球面地理坐标系统变换到平面投影坐标系统（图4.1）。因此，运用地图投影方法，建立地球表面上和平面上点的函数关系，使地球表面上由地理坐标确定的点，在平面上有一个与它相对应的点。地图投影的使用保证了空间信息在地域上的连续性和完整性。

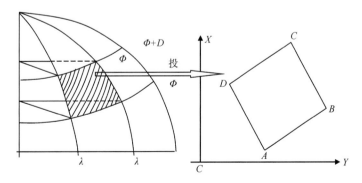

图 4.1　椭球体表面投影到平面的微分梯形

由于数据源的多样性，当数据的空间参考系统（坐标系统、投影方式）与用户需求不一致时，就需要对数据进行投影变换。同样，在完成本身有投影信息的数据采集时，为了保证数据的完整性和易交换性，要定义数据投影。

当系统使用的数据取自不同地图投影的图幅时，需要将一种投影数据转换为所需投影的坐标数据。投影转换的方法可以采用以下几种。

1）正解变换

通过建立一种投影变换与另一种投影的严密或近似的解析关系式，直接由一种投影的数字化坐标 x、y 变换到另一种投影的直角坐标 X、Y。

2）反解变换

反解变换即由一种投影的坐标反解出地理坐标（x、$y \rightarrow B$、L），然后再将地理坐标代入另一种投影的坐标公式中（B、$L \rightarrow X$、Y），从而实现由一种投影坐标到另一种投影坐标的变换（x、$y \rightarrow X$、Y）。

3）数值变换

根据两种投影在变换区内的若干同名数字化点，采用插值法、有限差分法、最小二乘法、有限元法和待定系数法等，实现由一种投影坐标到另一种投影坐标的变换。

目前，大多数 GIS 软件是采用正解变换法完成不同投影之间的转换，并支持常见投影之间的转换。

借助 ArcToolbox 中【投影和变换】工具集中的工具，可以实现定义及变换数据的空间参照系统，以及栅格数据的多种变换，如翻转（flip）、旋转（rotate）和移动（shift）等操作。

2. 定义投影

当数据缺失投影信息，可以采用定义投影（define projection）工具，按照数据生产的投影方式，为数据添加投影信息，具体操作如下。

（1）选择【数据管理工具】|【投影和变换】|【定义投影】工具，打开【定义投影】对话框（图 4.2）。

（2）在【输入数据集或要素类】文本框中选择需要定义投影的数据。

（3）【坐标系】文本框显示为 Unknown，表明原始数据没有定义坐标系统。单击旁边的 图标，打开【空间参考属性】对话框，设置数据的投影参数。

（4）定义投影有以下三种方法：

第一，直接为数据选择坐标系统。其中，坐标系统分为地理坐标系统（geographic coordinate systems）、投影坐标系统（projected coordinate systems）两种类型。地理坐标系统利用地球表面的经纬度表示；投影坐标系统利用数学换算将三维地球表面上的经纬度坐标转换到二维平面上。在定义坐标系统之前，要了解数据的来源，以便选择合适的坐标系统。

第二，当已知原始数据与某一数据的投影相同时，可单击图 4.2 中的 按钮，选择【导入】，浏览具有某坐标系统的数据，用该数据的投影信息来定义原始数据。

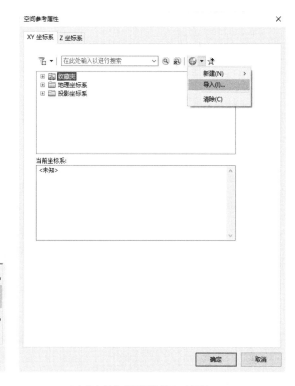

（a）【定义投影】对话框　　　　　　　　（b）【空间参考属性】导入对话框

图 4.2　定义投影工具

第三，单击图 4.2 中的  按钮，选择【新建】，新建坐标系统。同样可以新建地理坐标系统和投影坐标系统。图 4.3 为【新建投影坐标系】对话框，定义投影坐标系统，需要选择投影类型、设置投影参数及测量单位等。因为投影坐标系统是以地理坐标系统为基础的，在定义投影坐标系统时，还需要选择或新建一个地理坐标系统。

（5）定义投影后，单击【完成】，返回上一级对话框，在地理坐标系下的窗口中可浏览投影的详细信息。单击【修改】可修改已定义的投影，单击【清除】则清除原有投影，以便重新定义投影。

（6）单击【确定】，完成操作。

3. 投影变换

投影变换工具可以将数据转换到另一种投影方式下，工具使用的前提是已知数据目前

图 4.3　【新建投影坐标系】对话框

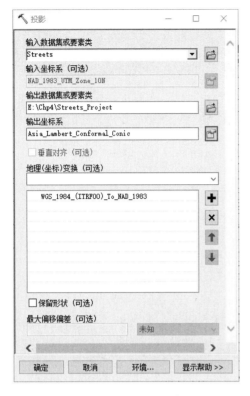

图 4.4 【投影】对话框

的投影方式。

　　1）矢量数据投影变换

　　（1）【选择数据管理工具】|【投影和变换】|【投影】工具，打开【投影】对话框（图 4.4）。

　　（2）在【输入数据集或要素类】文本框中选择进行投影变换的矢量数据。若输入的数据本身没有投影信息，则需通过单击 图标，在【输入坐标系】中定义原始数据的投影；若原始数据有投影，则系统自动读出相关信息并显示在【输入坐标系】中。

　　（3）在【输出数据集或要素类】文本框键入输出矢量数据的路径与名称。

　　（4）单击【输出坐标系】文本框旁边的 图标，打开【空间参考属性】对话框，定义输出数据的投影。

　　（5）单击【确定】按钮，完成操作。

　　2）栅格数据投影变换

　　（1）选择【数据管理工具】|【投影和变换】|【栅格】|【投影栅格】工具，打开【投影栅格】对话框（图 4.5）。

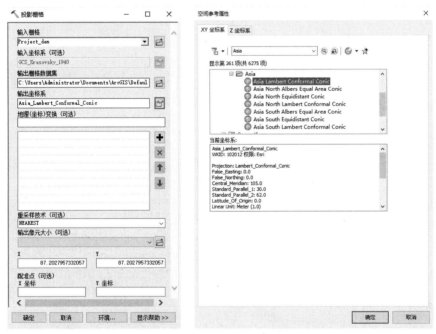

　　【投影栅格】对话框　　　　　　　　　　【空间参考属性】对话框

图 4.5　投影栅格工具

（2）在【输入栅格】文本框中指定需进行投影变换的栅格数据，该栅格数据必须已具有投影信息，若没有则在【输入坐标系】中指定数据的原始投影信息。

（3）在【输出栅格数据集】文本框键入输出的栅格数据的路径与名称。

（4）单击【输出坐标系】文本框旁边的 图标，打开【空间参考属性】对话框，定义输出数据的投影。

（5）变换栅格数据的投影类型，需要重采样数据。【重采样技术】是可选项，用以选择栅格数据在新的投影类型下的重采样方式，默认状态是 NEAREST，即最邻近采样法。

（6）【输出像元大小】定义输出数据的栅格大小，默认状态下与原数据栅格大小相同；支持直接设定栅格大小；或通过选择某栅格数据来定义栅格大小，则输出数据的栅格大小与该数据相同。

（7）单击【确定】按钮，完成操作。

4.1.2　空间校正

1. 基本方法

【空间校正】工具用于矢量数据的空间位置匹配，它提供用于对齐和整合数据的交互式方法，可执行的一些任务包括：将数据从一个坐标系中转换到另一个坐标系中、纠正几何变形、将沿着某一图层的边的要素与邻接图层的要素对齐以及在图层之间复制属性。由于空间校正在编辑会话中执行，因此可使用现有编辑功能（如捕捉）来增强校正效果。空间校正主要有空间变换、橡皮页变换、边匹配三种基本方法。

ArcGIS 提供了几种空间变换方法：仿射变换、相似变换和射影变换。仿射变换可以不同程度地缩放、倾斜、旋转和平移数据，此方法至少需要三个链接，对于大多数变换，推荐使用此方法。相似变换可以缩放、旋转和平移要素，但不会单独对轴进行缩放，也不会产生任何倾斜，相似变换使变换后的要素保持原有的纵横比（保持要素的相对形状）。进行相似变换至少需要两个链接。但是，如果要生成均方根（RMS）误差，则需要三个或三个以上链接。射影变换基于更复杂的公式，要求至少具有四个位移链接，此方法可直接对从航空相片中采集的数据进行变换。

橡皮页变换用于对两个或多个图层进行小型的几何校正，通常是使要素与更为准确的信息对齐。这一过程涉及采用可保留直线的分段变换来移动图层中的要素。以下将展示如何通过使用"位移链接""多个位移链接"和"标识链接"来对街道要素进行橡皮页变换，以匹配现有街道要素类。

边匹配可用于创建链接两个相邻图层边的位移链接。要有效地使用此工具，首先需要设置工具属性中的参数（位于"校正属性"对话框的"边匹配"选项卡中），然后设置相应的捕捉容差。完成以上设置后，使用此工具拖出一个框，框住要进行边匹配的要素。这样便在位于捕捉容差距离内的最邻近的源要素和目标要素之间创建了链接。

2. 空间变换

（1）在 ArcMap 窗口主菜单、工具栏等空白处单击右键，在快捷菜单里勾选【编辑器】和【空间校正】工具条。

（2）启动编辑：点击【编辑器】下拉菜单中【开始编辑】，启动编辑会话。

（3）设置校正数据：在【空间校正】工具条中选择【空间校正】|【设置校正数据】（图4.6），打开对话框，设置参与校正的数据，如 NewParcels 和 SimpleParcels，单击【确定】。

图 4.6　设置参与校正的数据

图 4.7　设置校正方法

（4）设置校正方法：在【空间校正】工具条中选择【空间校正】|【校正方法】|【变换-相似】（图 4.7）。

添加位移链接：单击【空间校正】工具条中 图标创建位移链接，连接结果如图 4.8 所示。

查看链接表：在空间校正工具条中点击 图标，查看链接表，如图 4.9 所示。检查控制点的残差和 RMS，删除残差特别大的控制点并重新选取控制点，一般情况下，要求 RMS 小于 1 即可。空间校正主要通过该链接表每一个链接的源位置和目标位置，采用相应方法实现坐标转换。因此，也可以根据已知目标位置的空间坐标，在链接表中修改每一个【X 源】和【Y 源】对应的【X 目标】和【Y 目标】来实现空间校正。

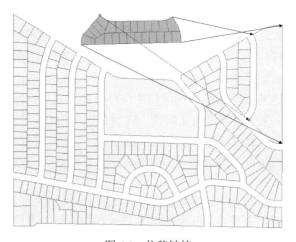

图 4.8　位移链接

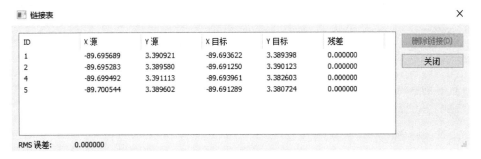

ID	X 源	Y 源	X 目标	Y 目标	残差
1	-89.695689	3.390921	-89.693622	3.389398	0.000000
2	-89.695283	3.389580	-89.691250	3.390123	0.000000
4	-89.699492	3.391113	-89.693961	3.382603	0.000000
5	-89.700544	3.389602	-89.691289	3.380724	0.000000

RMS 误差:　0.000000

图 4.9　查看链接表

（5）执行空间校正：选择【空间校正】|【校正】，执行空间校正，结果如图 4.10 所示。

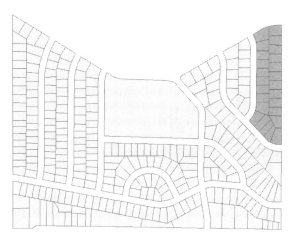

图 4.10　校正结果

3. 橡皮页变换

（1）启动编辑：点击【编辑器】下拉菜单中【开始编辑】，启动编辑会话。

（2）设置折点捕捉：确保折点捕捉已启用。如果未启用，则需在捕捉工具条上单击折点捕捉□。

（3）设置校正数据：在空间校正工具条中选择【空间校正】|【设置校正数据】，设置参与校正的数据，选择 ImportStreets，单击【确定】。

（4）设置校正方法：选择【空间校正】|【校正方法】|【橡皮页变换】。

（5）设置校正方法的属性：选择【空间校正】|【选项】，打开对话框，进入【常规】选项卡，选择【橡皮页变换】（图 4.11）；单击【选项】按钮，打开对话框，选择【自然邻域法】。单击【确定】关闭校正属性对话框。

（6）添加位移链接：单击【空间校正】工具条中 图标创建位移链接。首先将链接捕捉到 ImportStreets 图层中的源位置处；然后将连接捕捉到 ExistingStreets 图层中的目标位置处；如图 4.12 所示，在交叉点处总共创建 6 个位移链接。

（a）选择【橡皮页变换】　　　　　　　（b）选择【自然邻域法】

图 4.11　【橡皮页变换】

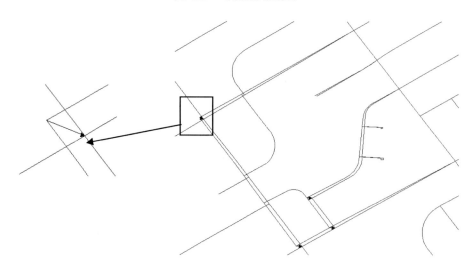

图 4.12　使用"位移连接"创建 6 个链接

（7）添加多位移连接：单击【空间校正】工具条中 ◇ 图标创建多位移链接。首先单击 ImportStreets 图层中的弯曲的道路要素（图 4.13），然后再单击 ExistingStreets 图层中的弯曲的道路要素，此时，系统将提示您输入要创建的连接的数量，接受默认值（10），然后按 Enter 键。按照以上步骤，为其他弯曲的要素创建多个连接，连接结果如图 4.13 所示。最后单击【空间校正】工具条上的 图标创建位移连接，添加最后的位移连接，连接结果如图 4.13 所示。

（8）添加标识连接：若与纠正线段相邻的线段无须纠正，为了避免受纠正影响，则需要添加标识连接。单击【空间校正】工具条中 ⊞ 图标新建标识连接工具，并按图 4.14 所示方式在五个交叉点处添加五个标识连接。

（9）查看预览效果：选择【空间校正】|【校正预览】，预览可使在实际执行校正之前查看校正结果。如果校正结果不满足要求，可以修改连接来提高校正精度。

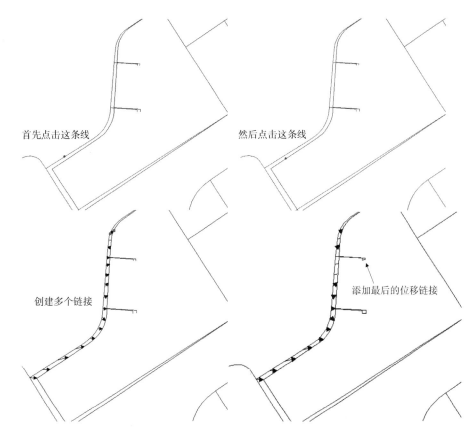

首先点击这条线　　　　　　然后点击这条线

创建多个链接　　　　　　　添加最后的位移链接

图 4.13　橡皮页变换步骤

（10）执行空间校正：选择【空间校正】|【校正】，校正结果如图 4.14 所示。

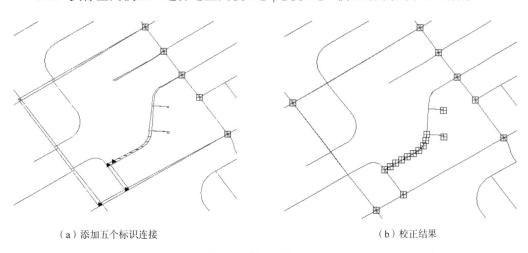

（a）添加五个标识连接　　　　　　　　　（b）校正结果

图 4.14　橡皮页校正结果

（11）删除连接元素：在 ArcMap 主菜单中选择【编辑】|【选择所有元素】，此时所有的连接被选中，然后按 Delete 键，删除纠正后的所有连接。纠正后可保存编辑结果并停止编辑。

4. 边匹配

（1）启动编辑：点击【编辑器】下拉菜单中【开始编辑】，启动编辑会话。

（2）设置捕捉环境：确保折点捕捉已启用。如果未启用，则需在捕捉工具条上单击端点捕捉 ⊞ 。

（3）设置校正方法：选择【空间校正】|【设置校正数据】，设置参与校正的数据，选择 StreamsNorth 和 StreamsSouth，单击【确定】。

（4）设置校正方法属性：选择【空间校正】|【校正方法】|【边捕捉】。

（5）选择【空间校正】|【选项】，打开对话框（图4.15），进入【常规】选项卡，选择【边捕捉】；单击【选项】，勾选【线】，然后单击【确定】。

（a）设置校正属性

（b）设置边捕捉方法

图 4.15　边匹配

（6）单击【边匹配】选项卡（图4.16）。

图 4.16　【校正属性】对话框

在【源图层】中选择 StreamsNorth，在【目标图层】中选择 StreamsSouth，表示接边时，将源图层的数据向目标图层移动。勾选【每个目标点一条链接】和【选中避免重复连接线】，然后单击【确定】。

（7）添加位移连接：单击【空间校正】工具条中 ⚡ 图标进行边匹配。在要素端点的周围拖出一个选框（图 4.17）。"边匹配"工具将根据位于选框内的源要素和目标要素来创建多个位移连接，位移连接结果如图4.17所示。如果接边线条过密集，可能会出现连接错误，此时可选中错误的连接，删去后，使用 ⚡ 添加正确的连接即可。

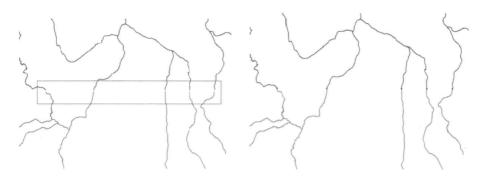

图 4.17　边匹配结果

（8）执行校正：单击【空间校正】|【校正】，执行校正。

（9）删除连接元素：在 ArcMap 主菜单中选择【编辑】|【选择所有元素】，所有连接元素被选中，然后按键盘上的【删除】键，保存结果并停止编辑。

4.1.3　地　理　配　准

【地理配准】工具用于栅格数据的空间位置匹配。栅格数据一般来自扫描地图、航空摄影和卫星影像。扫描地图数据集通常不包含空间参考信息（嵌入文件中或作为单独的文件）。航空摄影和卫星影像提供的位置信息通常不够充分，无法与其他现有数据完全对齐。因此，要将这些栅格数据集与其他空间数据结合使用，通常需要参照地图坐标系对这些数据进行地理配准。地图坐标系通过地图投影来定义。对栅格数据集进行地理配准时，将使用地图坐标确定其位置并指定数据框的坐标系。通过对栅格数据进行地理配准，可将栅格数据与其他地理数据一起查看、查询和分析。

1. 遥感影像的空间配准

遥感影像的配准，通常需要一个具有正确空间信息的影像作为参照，寻找两张影像的同名点，构建位置链接，同名点的分布需要尽量均匀，具体操作步骤如下。

（1）在 ArcMap 中，添加采用地图坐标的图层，然后添加想要进行地理配准的栅格数据集。

（2）在 ArcMap 窗口主菜单、工具栏等空白处单击右键，勾选【地理配准】，打开【地理配准】工具条，如图 4.18 所示。

图 4.18　【地理配准】工具条

（3）在【地理配准】工具条中，单击【图层】下拉箭头（图 4.19），选择要进行地理配准的栅格图层。

图 4.19　选择需要地理配准的图层

（4）选择【地理配准】下拉菜单中的【适应显示范围】，也可以根据需要使用平移
🔁和旋转 🔄 按钮来移动栅格数据集。

（5）添加地面控制点。进行纠正前，一般先将【自动校正】的勾选去掉。通常使用
位于所需地图坐标系中的现有空间数据（如矢量数据）对栅格数据进行地理配准，因此
需要标识一系列的地面控制点（已知 X、Y 坐标）。控制点是在栅格数据和实际坐标中
可以精确标识的位置，控制点的选取一般要求尽量均匀分布在图中，且位置明确，如道
路或河流的交叉点、小溪口、岩石露头、堤坝尽头、已建成场地的一角、街道的拐角等。
控制点用于将栅格数据从现有位置转移到空间正确位置的多项式变换，控制点的数量取
决于使用变换的复杂程度，如果为多项式变换，控制点的最少数量为：一阶多项式 3 个、
二阶多项式 6 个、三阶多项式 10 个。

（6）在【地理配准】工具条上，点击 ✈ 【添加控制点】按钮来添加连接，在栅格
数据集上单击某个已知位置，然后单击采用地图坐标的数据（引用的数据）上的对应
已知位置（也可以使用该工具在扫描图上精确到找一个控制点，点击一下，然后点击
鼠标右键，在弹出的【输入 X 和 Y】对话框中输入该点实际的坐标位置）。用相同的
方法，在影像上增加多个控制点，输入它们的实际坐标，形成连接，结果如图 4.20
所示。

图 4.20　添加控制点

增加所有控制点后，在【地理配准】菜单下，点击【更新地理配准】（图 4.21）。更
新后，栅格数据就变成指定坐标系下的坐标。此时，查看配准结果，可打开连接表，对
于误差较大的连接可以将其删去后重新添加更准确的点位，直到满足误差要求为止。

图 4.21　更新显示

（7）在【地理配准】菜单下，点击【校正】，可将校准后的影像另存为一个新的栅格数据（图 4.22）。

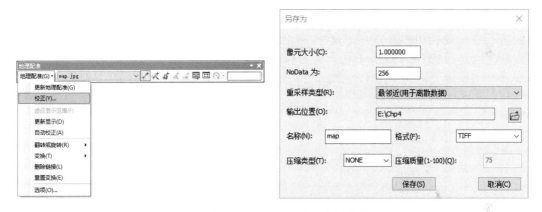

图 4.22　将校正后的影像另存为新栅格数据

2. 地形图的空间配准

地形图图廓具有精确的坐标信息，因此地形图的校正不需要参考影像，直接在图廓的角点输入正确的坐标即可，如果图廓角点没有标注坐标，也可以参考经纬线的交点坐标进行配准，具体操作步骤如下。

（1）导入地形图数据。

（2）在【地理配准】工具条中，单击【图层】下拉箭头（图 4.23），选择要进行地理配准的栅格图层。

（3）点击【地理配准】下拉菜单中的【适应显示范围】，也可以根据需要使用平移 🔲 和旋转 🔄 按钮来移动栅格数据集。

（4）去除掉【自动校正】选框，点击 ✒ 【添加控制点】按钮来添加链接，首先点击具有位置信息的图廓角点，右键点击鼠标，选择【输入 X 和 Y】，输入准确的 X、Y 坐标，如图 4.24 所示。

图 4.23 选择进行地理配准的栅格图层

图 4.24 地形图地理配准

（5）增加所有控制点后，在【地理配准】菜单下，点击【更新地理配准】。更新后，栅格数据的坐标就变成指定坐标系下的坐标。

（6）在【地理配准】菜单下，点击【校正】，可将校正后的影像另存为一个新的栅格数据（图 4.25）。

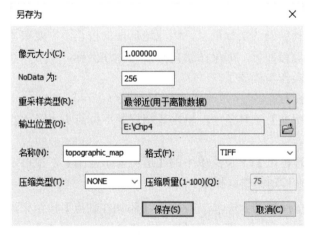

图 4.25 将校正后的影像另存为新栅格数据

4.2　数据格式转换

4.2.1　矢栅数据转换

地理信息系统的空间数据结构主要有栅格结构和矢量结构，它们是表示地理信息的两种不同方式。栅格结构是最简单最直观的空间数据结构，又称为网格结构（raster 或 grid cell）或像元结构（pixel），是指将地球表面划分为大小均匀、紧密相邻的网格阵列，每个网格作为一个像元或像素，由行、列号定义，并包含一个代码，表示该像素的属性类型或量值，或仅仅包含指向其属性记录的指针。因此，栅格结构是以规则的阵列来表示空间地物或现象分布的数据组织，组织中的每个数据表示地物或现象的非几何属性特征。矢量结构是通过记录坐标的方式尽可能精确地表示点、线、多边形等地理实体。在地理信息系统中栅格数据与矢量数据各具特点与适用性，为了在一个系统中可以兼容这两种数据，以便于进一步的分析处理，通常需要实现两种数据结构的相互转换。

1. 矢量转栅格

许多数据，如行政边界、交通干线、土地利用类型、土壤类型等都是用矢量数字化的方法输入计算机或以矢量的方式存储在计算机中，表现为点、线、多边形数据。然而，矢量数据直接用于多种数据的复合分析等处理比较复杂，特别是不同数据要在位置上一一配准，寻找交点并进行分析。相比之下，利用栅格数据模式进行处理则容易得多，加之土地覆盖和土地利用等数据常常从遥感图像中获得，这些数据都是栅格数据，因此矢量数据与它们的叠置复合分析更需要把矢量数据的形式转变为栅格数据的形式。矢量数据的基本坐标是直角坐标 X、Y，其坐标原点一般取图的左下角。网格数据的基本坐标是行和列（i，j），其坐标原点一般取图的左上角。两种数据变换时，令直角坐标 X 和 Y 分别与行和列平行。由于矢量数据的基本要素是点、线、面，因而只要实现点、线、面的转换，各种线划图形的变换问题基本上都可以解决。

（1）选择【转换工具】|【转为栅格】|【要素转栅格】工具，打开【要素转栅格】对话框（图 4.26）。

（2）在【输入要素】文本框中选择需要转换的矢量数据。

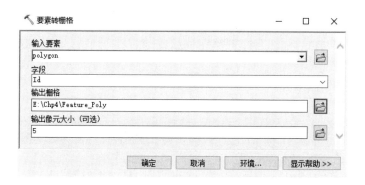

图 4.26　【要素转栅格】对话框

（3）在【字段】窗口选择数据转换时所依据的属性值。

（4）在【输出栅格】文本框键入输出的栅格数据的路径与名称。

（5）在【输出像元大小】文本框键入输出栅格的大小，或者通过浏览选择某一栅格数据来定义栅格的大小，使输出的栅格大小与之相同。

（6）单击【确定】，完成操作（图4.27）。

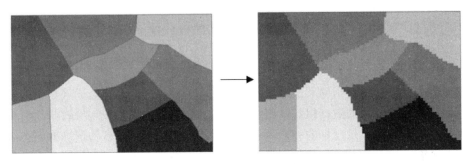

图 4.27　要素转栅格图解表达

（7）该命令同样适用于地理数据库中的要素类。

2. 栅格转矢量

栅格向矢量转换的目的是将栅格数据分析的结果通过矢量绘图装置输出，或者为了数据压缩的需要，将大量的面状栅格数据转换为由少量数据表示的多边形边界。

根据具体描述对象的不同，栅格数据可以转换为点状、线状和面状的矢量数据。下面以栅格数据转换为面状矢量数据为例进行说明，其他两种转换操作大同小异，这里不再具体阐述。

（1）选择【转换工具】|【由栅格转出】|【栅格转面】工具，打开【栅格转面】对话框（图4.28）。

（a）数据格式转换工具

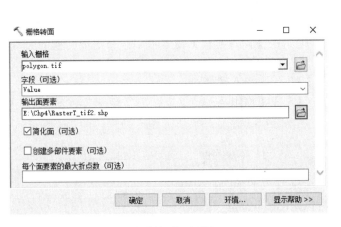

（b）【栅格转面】对话框

图 4.28　栅格转面工具

（2）在【输入栅格】文本框中选择需要转换的栅格数据。

（3）在【输出面要素】文本框键入输出的面状矢量数据的路径与名称。

（4）勾选【简化面】（默认状态是选择），可以简化面状矢量数据的边界形状。

（5）单击【确定】，完成操作（图 4.29）。

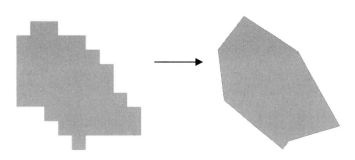

图 4.29　栅格转面图解表达

4.2.2　文本数据转换

ASCII 数据不依赖于商业软件，读写便捷，是数据交换过程中一种常见的中间格式。

1. 栅格数据向 ASCII 文件的转换

（1）选择【转换工具】|【由栅格转出】|【栅格转 ASCII】工具，打开【栅格转 ASCII】对话框（图 4.30）。

图 4.30　【栅格转 ASCII】对话框

（2）在【输入栅格】文本框中选择需要转换的栅格数据。

（3）在【输出 ASCII 栅格文件】文本框键入输出的 ASCII 文件的路径与名称。

（4）单击【确定】按钮，完成操作。

2. ASCII 文件向栅格数据的转换

ASCII 文件向 Raster 数据的转换方法相似，可以选择输出数据的类型，如选择 INTEGER，即整型（图 4.31）。

图 4.31　【ASCII 转栅格】对话框

4.2.3　CAD 数据转换

CAD 数据是一种常用的数据类型，如大多数的工程图、规划图都是 CAD 格式。要对其进行处理与分析，往往需要将 CAD 数据转换成要素类或转换至地理数据库中，从而利用 ArcGIS 的空间分析工具。同时，ArcGIS 中的要素类、Shapefile 数据也可以转换成 CAD 数据。将 CAD 数据转换到 ArcGIS 中时，CAD 中的多个图层在默认情况下会转换为一个图层，可以根据 Layer 字段分层转出。

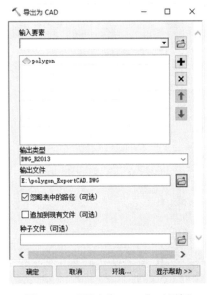

图 4.32　【导出为 CAD】对话框

1. ArcGIS 数据转换为 CAD 数据

（1）选择【转换工具】|【转为 CAD】|【导出为 CAD】工具，打开【导出为 CAD】对话框（图 4.32）。

（2）在【输入要素】文本框中选择需要转换的要素，可以选择多个数据层，在【输入要素】文本框下面的窗口中列出所选择的要素，通过窗口旁边的上下箭头，可以对选择的多个要素的顺序进行排列。

（3）在【输出类型】窗口中选择输出 CAD 文件的版本，如 DWG_R2013。

（4）在【输出文件】文本框键入输出的 CAD 图形的路径与名称。

（5）【忽略表中的路径】为可选按钮（默认状态是不选择），在选择状态下，将输出单一格式的 CAD 文件。

（6）【追加到现有文件】为可选按钮（默认状态是不选择），在选择状态下，可将输出的数据添加到已有的 CAD 文件中。

（7）如果上一步为选择状态，则在【种子文件】对话框中浏览确定所需的已有 CAD 文件。

（8）单击【确定】，完成操作。

2. CAD 数据转换为 ArcGIS 数据

（1）选择【转换工具】|【转出至地理数据库】|
【CAD 至地理数据库】工具，打开【CAD 至地理
数据库】对话框（图 4.33）。

（2）在【输入 CAD 数据集】文本框中选择需
要转换的 CAD 文件，可以选择多个数据层，在下
面的窗口中列出所选择的数据，通过窗口旁边的
上下箭头，可以对选择的多个矢量数据的顺序进
行排列。

（3）在【输出地理数据库】文本框键入输出
的地理数据库的路径与名称。

（4）【空间参考】是可选项，用于设置输出地
理数据库的空间属性。

（5）单击【确定】按钮，完成转换操作。

需要注意的是，当 CAD 中的多图层数据转换成

图 4.33　【CAD 至地理数据库】对话框

要素类后，不会自动对多图层进行筛选，图层信息被存储在 Layer 字段中，可以借助【按属
性选择工具】人为地进行筛选（图 4.34）。

	OBJECTID *	Entity	Layer	LyrFrzn	LyrLock	LyrO:
	97	LWPolyline	道路蓝	0	0	
	98	LWPolyline	道路蓝	0	0	
	99	LWPolyline	道路蓝	0	0	
	100	LWPolyline	道路蓝	0	0	
▶	101	LWPolyline	道路蓝	0	0	
	102	LWPolyline	道路蓝	0	0	
	103	LWPolyline	道路红	0	0	
	104	LWPolyline	道路红	0	0	
	105	LWPolyline	道路红	0	0	
	106	LWPolyline	道路红	0	0	
	107	LWPolyline	道路红	0	0	
	108	LWPolyline	道路红	0	0	
	109	LWPolyline	道路绿	0	0	
	110	LWPolyline	道路绿	0	0	
	111	LWPolyline	道路绿	0	0	
	112	LWPolyline	道路绿	0	0	
	113	LWPolyline	道路紫	0	0	
	114	LWPolyline	道路紫	0	0	
	115	LWPolyline	道路紫	0	0	
	116	LWPolyline	道路紫	0	0	
	117	LWPolyline	道路红	0	0	
	118	LWPolyline	中心线	1	0	
	119	LWPolyline	道路紫	0	0	
	120	LWPolyline	道路紫	0	0	

Polyline

|◀ ◀ 101 ▶ ▶| | (0 / 1215 已选择)

Polyline

图 4.34　CAD 转至地理数据库结果

4.3 数 据 处 理

在实际应用研究中，根据研究区域的特点，首先需要对空间数据进行处理，如裁切、拼接、提取等操作，以便获取需要的数据。借助于 ArcToolbox 中的工具可以进行多种空间数据处理操作。

4.3.1 数 据 裁 切

数据裁切是从整个空间数据中裁切出部分区域，以便获取真正需要的数据作为研究区域，减少不必要参与运算的数据。

1. 矢量数据的裁切

（1）选择【分析工具】|【提取】|【裁剪】工具，打开【裁剪】对话框（图 4.35）。

图 4.35 【裁剪】对话框

（2）在【输入要素】文本框中选择需要裁切的矢量数据。
（3）在【裁剪要素】文本框浏览确定用来进行裁切的矢量范围。
（4）在【输出要素类】文本框键入输出数据的路径与名称。
（5）【XY 容差】是可选项，用于确定容差的大小。
（6）单击【确定】按钮，完成操作（图 4.36）。
该命令同样适用于地理数据库中的要素类。

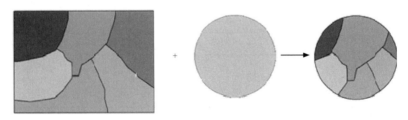

图 4.36 裁剪的图解表达

2. 栅格数据的裁切

栅格数据的裁切有多种方法，如用圆形、点、多边形、矩形，以及利用现有数据裁切。下面以用矩形和现有数据裁切栅格数据为例进行说明，其他几种裁切操作大同小异。其中，最常用的方法是利用现有栅格或矢量数据裁切栅格数据。

1）矩形裁切操作

（1）选择【Spatial Analyst 工具】|【提取分析】|【用矩形提取】工具，打开【按矩形提取】对话框（图 4.37）。

（2）在【输入栅格】文本框中选择需要裁切的栅格数据。

（3）在【范围】文本框浏览确定用来进行裁切的矩形数据。

（4）在【输出栅格】文本框键入输出数据的路径与名称。

（5）【提取区域】是可选项，定义裁切矩形内部还是外部的数据（默认状态是内部）。

（6）单击【确定】，完成操作（图 4.38）。

图 4.37　【按矩形提取】对话框

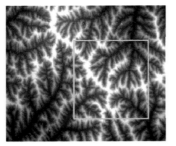 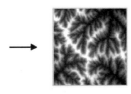

图 4.38　用矩形提取的图解表达

图 4.39　【按掩膜提取】对话框

数据的路径与名称。

（5）单击【确定】，完成操作（图 4.40）。

2）利用已有数据的裁切操作

（1）选择【Spatial Analyst 工具】|【提取分析】|【按掩膜提取】工具，打开【按掩膜提取】对话框（图 4.39）。

（2）在【输入栅格】文本框中选择需要裁切的栅格数据。

（3）在【输入栅格数据或要素掩膜数据】文本框定义用以裁切的栅格或矢量数据。

（4）在【输出栅格】文本框键入输出的

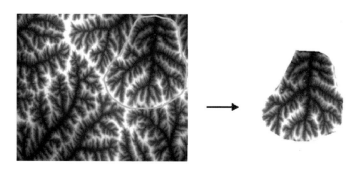

图 4.40 按掩膜提取的图解表达

4.3.2 数 据 拼 接

图 4.41 【合并】对话框

数据拼接是指将空间相邻的数据拼接为一个完整的目标数据。因为研究区域可能是一个非常大的范围，跨越若干相邻数据，而空间数据是分幅存储的，因此要对这些相邻的数据进行拼接。拼接的前提是矢量数据经过了严格的接边，利用空间校正工具可完成数据接边处理。空间数据拼接是空间数据处理的重要环节，也是地理信息系统空间数据分析中经常需要进行的操作。

1. 矢量数据的拼接

（1）选择【数据管理工具】|【常规】|【合并】工具，打开【合并】对话框（图 4.41）。

（2）在【输入数据集】文本框中选择输入的数据，可选择多个数据。

（3）在【输出数据集】文本框浏览确定某一存在的目标数据，执行操作后，该数据将包含添加的数据。

（4）单击【确定】，完成操作（图 4.42）。

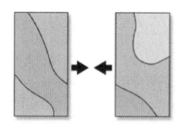

图 4.42 合并的图解表达

该命令同样适用于地理数据库中的要素类数据。

2. 栅格数据的拼接

（1）选择【数据管理工具】|【栅格】|【栅格数据集】|【镶嵌至新栅格】工具，打开【镶嵌至新栅格】对话框（图 4.43）。

（2）在【输入栅格】文本框中选择进行拼接的数据，在下面的窗口中列出已添加的数据。

（3）在【输出位置】文本框键入输出数据的存储位置。

（4）在【具有扩展名的栅格数据集名称】文本框设置输出数据的名称。

（5）在【像元大小】可选窗口设置输出数据的栅格大小。

（6）在【像素类型】可选窗口设置输出数据栅格的类型，如 8_BIT_SIGNED、16_BIT_UNSIGNED 等。

（7）在【栅格数据的空间参考】可选窗口，可按照 4.1.1 节中定义投影的方法，为输出的数据定义投影。

图 4.43 　【镶嵌至新栅格】对话框

（8）在【波段数】可选文本框，设置输出数据的波段数。

（9）【镶嵌运算符】为可选，确定镶嵌重叠部分的方法，如默认状态 LAST，表示重叠部分的栅格值取输入栅格窗口列表的最后一个数据的栅格值。

（10）【镶嵌色彩映射表模式】为可选，确定输出数据的色彩模式。默认状态下各输入数据的色彩将保持不变。

（11）单击【确定】，完成操作（图 4.44）。

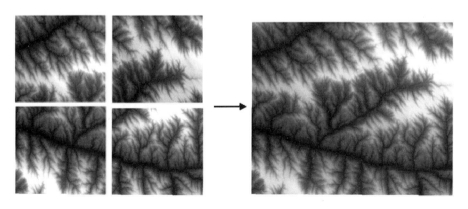

图 4.44 　镶嵌至新栅格的图解表达

4.3.3　数　据　提　取

数据提取是从已有数据中，根据属性表内容选择符合条件的数据，构成新的数据层。可以通过设置 SQL 表达式进行条件选择。

1. 矢量数据的提取

（1）选择【分析工具】|【提取】|【筛选】工具，打开【筛选】对话框（图 4.45）。

图 4.45　【筛选】对话框

（2）在【输入要素】文本框中选择输入的矢量数据。

（3）在【输出要素类】文本框键入输出数据的路径与名称。

（4）单击【表达式】文本框旁边的 ![] 按钮，打开【查询构建器】对话框（图 4.46），设置 SQL 表达式。

图 4.46　【查询构建器】对话框

（5）单击【确定】按钮，完成操作（图4.47）。

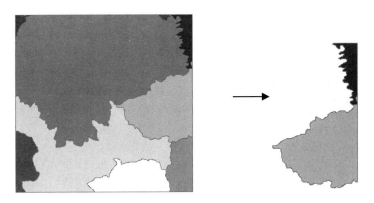

图 4.47　筛选的图解表达

2. 栅格数据的提取

（1）选择【Spatial Analyst 工具】|【提取分析】|【按属性提取】工具，打开【按属性提取】对话框（图4.48）。因为该功能是依据数据的属性进行提取，所以适用于具有属性表的栅格数据。

（2）在【输入栅格】文本框中选择输入的栅格数据。

（3）单击【Where 子句】文本框旁边的 圆 按钮，打开【查询构建器】对话框（图4.49），设置 SQL 表达式。

图 4.48　【按属性提取】对话框　　　　图 4.49　【查询构建器】对话框

（4）在【输出栅格】文本框键入输出数据的路径与名称。

（5）单击【确定】按钮，完成操作[图 4.50（左）为土地利用栅格示意图；图 4.50（右）为利用属性提取出的地块]。

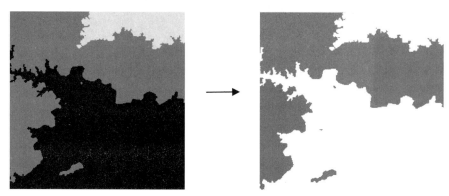

图 4.50 按属性提取的图解示意图

4.4 实例与练习 数据更新变换

背 景

由于空间数据（包括地形图与 DEM）都是分幅存储的，某一特定研究区域常常跨越不同图幅。当要获取有特定边界的研究区域时，就要对数据进行裁切、拼接、提取等操作，有时还要进行相应的投影变换。

目 的

通过练习，掌握数据提取、裁切、拼接及投影变换的方法。

要 求

白水县跨两个 1:25 万图幅，要求提取出白水县行政范围内的 DEM 数据，将数据转换成高斯-克吕格投影系统。

数 据

矢量数据（Vector.shp）：为白水县的行政范围。地理坐标系统，其中大地基准是 D_North_American_1927，参考椭球体是 Clarke 1866，这是 ArcGIS 为 Shapefile 类型的数据假设的地理坐标系统。

DEM 数据（DEM1 和 DEM2）：为地理坐标系统，其中大地基准是 D_Krasovsky_1940，参考椭球体是 Krasovsky_1940。

实验数据存放于 Chp4\Ex1\中，下载数据请扫封底二维码（多媒体：Chp4）。读者可将其拷贝至 E 盘根目录下（图 4.51）。

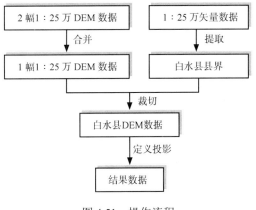

图 4.51　操作流程

操　作　步　骤

1. 白水县行政范围的提取

加载原始数据。直接打开地图文档 E：\Chp4\Ex1\chp4_ex1.mxd（图 4.52）。依据"name"字段，提取出白水县行政范围。

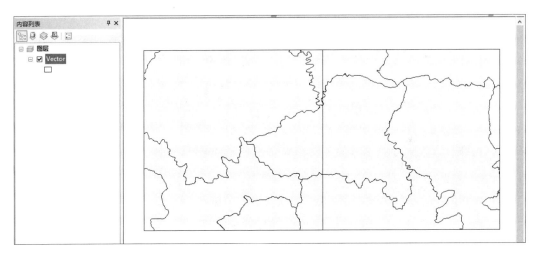

图 4.52　原始数据

（1）选择【分析工具】|【提取】|【筛选】工具，打开【筛选】对话框。

（2）在【输入要素】文本框中选择 Vector.shp。

（3）在【输出要素类】文本框键入输出数据的路径与名称"E：\Chp4\Ex1\Result\Vector_Select"。

（4）单击【表达式】可选文本框旁边的 🔲 按钮，打开【查询构建器】对话框，设置SQL 表达式："'NAME'='白水县'"。

（5）单击【确定】，完成操作。

2. DEM 数据拼接

1）加载横跨白水县的两幅 DEM 数据，DEM1 和 DEM2

2）DEM 数据拼接

（1）选择【数据管理工具】|【栅格】|【栅格数据集】|【镶嵌至新栅格】工具，打开【镶嵌至新栅格】对话框。

（2）在【输入栅格】文本框中选择 DEM1 和 DEM2。

（3）在【输出位置】文本框键入输出数据存储的位置"E：\Chp4\Ex1\Result"。

（4）在【具有扩展名的栅格数据集名称】文本框设置输出数据的名称"DEM.tif"。

（5）在【像素类型】可选窗口，设置输出数据栅格的类型为 16_bit_UNSIGNED。

（6）在【镶嵌运算符】可选窗口，确定镶嵌重叠部分的方法，本次拼接方法选择 MEAN，表示重叠部分的结果数据取重叠栅格的平均值。

（7）单击【确定】，完成操作（DEM 拼接结果如图 4.53 所示）。

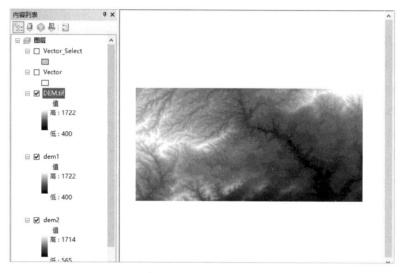

图 4.53　DEM 拼接结果

3）利用白水县范围对 DEM 裁切

（1）选择【Spatial Analyst 工具】|【提取分析】|【按掩膜提取】工具，打开【按掩膜提取】对话框。

（2）在【输入栅格】文本框中选择需要裁切的栅格数据"E：\Chp4\Ex1\Result\DEM"。

（3）在【输入栅格数据或要素掩膜数据】文本框定义进行裁切数据"E：\Chp4\Ex1\Result\Vector_Select"。

（4）在【输出栅格】文本框键入输出数据的路径与名称"E：\Chp4\Ex1\Result\extract_dem"。

（5）单击【确定】，完成操作（DEM 裁切结果如图 4.54 所示）。

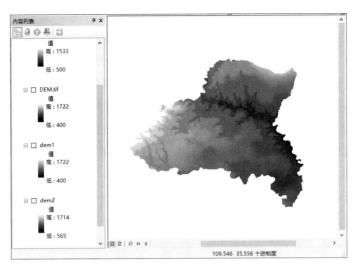

图 4.54　DEM 裁切结果

4）白水县 DEM 的投影变换

从图 4.54 下面状态栏的坐标可以看出，白水县 DEM 是以地理坐标系统显示的，为了便于量算以及与其他数据叠合分析，需把地理坐标系统转换为投影坐标系统。我国大中比例尺地形图规定采用以克拉索夫斯基椭球元素计算的高斯-克吕格投影。因此，投影方式选择 Xian 1980 GK Zone 19.prj（图 4.55），即高斯-克吕格投影，西安 1980 大地基准，中央经线为 111°。

图 4.55　【空间参考属性】对话框

操作如下：

（1）选择【数据管理工具】|【投影和变换】|【栅格】|【投影栅格】工具，打开【投影栅格】对话框。

（2）在输入栅格文本框中选择进行投影变换的栅格数据 extract_dem。

（3）在【输出栅格】文本框键入输出的栅格数据的路径与名称 project_dem。

（4）单击【输出坐标系】文本框旁边的 图标，打开【空间参考属性】对话框，单击【选择】按钮，打开【浏览坐标系】对话框，选择 Xian 1980 GK Zone 19.prj 投影。

（5）【重采样技术】是选择栅格数据在新投影类型下的重采样方式，选择 NEAREST。

（6）单击【确定】，完成操作。

第5章 空间数据的可视化表达

数据可视化,作为一个与许多学科领域相关的现代概念,其目的是清晰有效地传递信息,便于研究者与用户对数据进行分析推理。可视化包括图像综合和定量信息的视觉表达,这就是说,可视化是用来解释输入计算机中的图像数据,并从复杂的多维数据中生成图像的一种工具。

地理时空数据是指以地球表面空间位置为参照的自然、社会和人文经济景观数据,其兼具空间属性和时间属性,随着硬件水平的不断提高和全球传感器网络的建立,地理数据的来源愈发广泛。人的现实行为、互联网行为、传感器数据及物联网数据都成为地理时空数据的一部分。这些数据要被计算机所接受处理就必须转换为数字信息存入计算机中。这些数字信息对于计算机来说是可识别的,但对于人的肉眼来说是不可识别的,必须将这些数字信息转换为人可识别的图形才具有实用的价值。这一转换过程即地理信息的可视化过程,其内容表现在以下几个方面。

(1)地图数据的可视化表示:是地图数据的视觉表达。可以根据数字地图数据分类、分级特点,选择相应的视觉变量(如形状、尺寸、颜色等),制作全要素或分要素表示的可阅读的地图,如 Web 地图、屏幕地图、纸质地图或印刷胶片等。

(2)地理信息的可视化表示:是利用各种数学模型,把各类物联网数据、统计数据、实验数据、观察数据、地理调查资料等地理时空数据进行分级处理,然后选择适当的视觉变量以专题地图的形式表示出来,其表达方式极其多样。在空间可视化方面,可以使用分级统计图、分区统计图等表达;而在统计可视化方面,则有直方图、折线图、箱线图、散点图、饼图等多种表达。每种图表都有独特的构建规则,因而可以从不同的侧面表现地理数据的地理信息,这体现了空间数据可视化的初始含义。

(3)空间分析结果的可视化表示:地理信息系统的一个很重要的功能就是空间分析,包括网络分析、缓冲区分析、叠加分析等,分析的结果往往以专题地图的形式来描述。

本章介绍的空间数据可视化表达主要包括地图数据和地理信息的可视化表示。

5.1 数据符号化

符号化有两个含义:在地图设计工作中,地图数据的符号化是指利用符号将连续的数据进行分类分级、概括化、抽象化的过程。而在数字地图转换为模拟地图的过程中,地图数据符号化指的是将已处理好的矢量地图数据恢复成连续图形,并赋之以不同符号表示的过程。这里所讲的符号化是指后者。

符号化的原则是按实际形状确定地图符号的基本形状,以符号的颜色或者形状区分事物的性质。例如,用点、线、面符号表示呈点、线、面分布特征的交通要素,点表示建筑或者特定地点,线表示公路和铁路,面用来表示地区。

一般来说，符号化方法可分为以下几类：单一符号、分类符号、分级色彩、分级符号、比率符号、点值符号、统计符号等。

（1）单一符号：采用大小、形状、颜色都统一的点状、线状或者面状符号来表达制图要素。这种符号设置方法忽略了要素在数量、大小、比例等方面的差异，只能反映制图要素的地理位置而不能反映要素的定量差异，然而正是由于这种特点，在表达制图要素的地理位置时具有一定的优势。

（2）分类符号：根据数据层要素属性值来设置地图符号的方式是分类符号的表示方法。将具有相同属性值和不同属性值的要素分开，属性值相同的采用相同的符号，属性值不同的采用不同的符号。利用不同形状、大小、颜色、图案的符号来表达不同的要素。这种分类的表示方法能够反映出地图要素的数量或者质量的差异，对地理信息的决策作用提供了支持。

（3）分级色彩：将要素属性数值按照一定的分级方法分成若干级别之后，用不同的颜色来表示不同级别。每个级别用来表示数值的一个范围，从而可以明确反映制图要素的定量差异。色彩选择和分级方案是分级色彩表示方法的重要环节，因为颜色的选择和分级的设置取决于制图要素的特征，只有合理的配色方案和科学的分级方法才能将地图中要素的宏观分布规律体现得清晰明确。

（4）分级符号：与分级色彩设置有所不同，分级符号是采用不同的符号来表示不同级别的要素属性数值。符号形状取决于制图要素的特征，而符号的大小取决于分级数值的大小或者级别高低。这种表示方法一般用于表示点状或者线状要素，多用于表达人口分级图、道路分级图等。它的优点是可以直观地表达制图要素的数值差异。其中，制图要素分级和分级符号表示是关键环节。

（5）比率符号：在分级符号表示方法中，属性数据被分为若干级别，在数值处于某一级别范围内时，符号表示都是一样的，无法体现同一级别不同要素之间的数量差异。而比率符号表示方法是按照一定的比率关系，来确定与制图要素属性数值对应的符号大小，一个属性数值就对应一个符号大小，这种一一对应的关系使得符号设置表现得更细致，不仅能反映不同级别的差异，也能反映同级别之间微小的差异。但是如果属性数值过大，则不适合采用此种方法，因为比率符号过大会严重影响地图的整体视觉效果。

（6）点值符号：使用一定大小的点状符号来表示一定数量的制图要素，表现出一个区域范围内的密度数值，数值较大的区域点较多，数值较小的区域点较少。点值符号是一种用点的密度来表现要素空间分布的方法。

（7）统计符号：这是专题地图中经常应用的一类符号，用于表示制图要素的多项属性。常用的统计图有饼状图、柱状图、累计柱状图等。饼状图主要用于表示制图要素的整体属性与组成部分之间的比例关系、柱状图常用于表示制图要素的两项可比较的属性或者是变化趋势，累计柱状图既可以表示相互关系与比例，也可以表示相互比较与趋势。

以上方法均为矢量数据符号化方法，此外，还有栅格图形符号化方法。专题栅格数据是栅格数据中的一种重要类型，其符号化方法主要有分类栅格符号设置、分级栅格符号设置和栅格影像设置，其中栅格影像设置又分为单波段影像设置和多波段影像设置。如何显示栅格文件，依赖于它所包含的数据类型，以及用户的需要，ArcMap 可以自动选择合适的方法，用户也可以根据需求来调整它。

5.1.1 矢量数据符号化

无论点状、线状还是面状要素，都可以根据要素的属性特征采取单一符号、分类符号、分组色彩、分级符号、比率符号、点值符号和统计符号等多种表示方法实现数据的符号化，编制符合需要的各种地图。ArcMap 系统中设计了一套完整的符号样本系统。本节将对 ArcMap 系统中的符号系统、分类符号设置、分级符号设置和统计符号设置进行介绍和阐述。

1. ArcMap 符号系统简介

ArcMap 系统中有一套完整的符号样本系统，用户可以从该系统中选择需要的符号，或者设计合适的符号加入样本库之中。

（1）点击 ArcMap 主界面上方功能栏中的【自定义】，选择【样式管理器】，进入样式管理器界面。【样式管理器】对话框分为左右两部分（图 5.1），左侧为存储样式符号的数据库，右侧为数据库中所包含的样式符号。在地图制图和可视化的过程中，可以选择合适的地图符号进行制图。

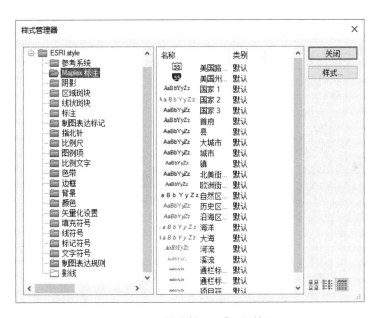

图 5.1　【样式管理器】对话框

（2）但是空间数据的组成和应用场景复杂多样。随着制图需求和用户种类的不同，对地图符号的要求也丰富多彩，ArcMap 系统中的符号样本库可能不足以满足制图者或者地图用户的需求。在这种情况下，ArcMap 系统提供了一套自定义地图符号的功能，制图者可以根据自己的需要进行地图符号的制作。点击【样式管理器】右侧的【样式】按钮，进入【样式引用】对话（图 5.2）。

图 5.2 【样式引用】对话框

（3）点击【创建新样式】，选择合适的文件夹并命名新样式的名称，新样式即可完成创建。在存储方式上，ArcMap 系统新建了一个*.style 文件来保存新样式，同样地，用户也可以通过添加*.style 文件来使用其他用户已经创建好的样式。将新样式命名为 Chapter5，点击【保存】，完成新样式符号库的创建（图 5.3）。

图 5.3 创建新样式符号库

（4）在新样式符号库创建完成之后，可以从【样式管理器】对话框左侧的样式库中选择任意符号库，在右侧空白区域单击右键选择新建，即可自行设计新的样式符号。以线符号为例，在左侧选择线符号样式库，右侧空白处单击右键选择【新建】|【线符号】，即可创建新的线符号（图 5.4）。

图 5.4　创建线符号

（5）在【类型】中选择【制图线符号】，点击左下角 添加新的线符号，将上层符号设置为"太阳黄"和"平端头"，宽度为 2.6，下层符号设置为"电子金色"和"平端头"，宽度设置为 3.4，点击【确定】，完成新符号的创建。

2. 分类符号设置

在现实生活中，道路有着不同的等级，同时也起到了不同的作用。因此，在地图可视化的过程中，我们要根据道路的属性对道路数据进行分类分级设置，实现对道路数据的有效表达。

（1）打开 Chapter5/Chapter5.1.1/上海.gdb/地铁.shp，在道路图层上单击右键选择【属性】，打开【图层属性】对话框（图 5.5），进入【符号系统】选项卡。

（2）在【显示】列表框中选择【类别】，其下出现三个选项，分别是【唯一值】——按照一个属性值进行分类；【唯一值，多个字段】——按照多个属性值的组合分类来确定符号类型；【与样式中的符号匹配】——按照事先确定的符号类型，通过自动匹配来表示属性分类。

（3）选择【唯一值】，在【值字段】中选择 NAME，即街道的分类。

（4）单击【添加值】按钮，出现【添加值】对话框，其中出现了一个类别字段，单击【完成列表】，显示全部字段，即道路共被分为多个等级类型，如图 5.5 所示。

（5）选中所需要的字段，单击【确定】后，在【符号】列表框中会出现所选中的字段，字段前附有它们相应的符号样式。如果想添加所有字段，单击【添加所有值】按钮。其效果与把【完成列表】中的所有街道级别添加进来一样。若所给的字段列表仍不能完全满足需要，则可在【添加值】对话框中使用【新值】文本框，添加字段名称，单击【添加至列表】即可。

（6）至此已对不同类型的道路进行分类，若对系统默认的符号样式不满，可以双击【值】名称前面的符号，打开【符号选择器】对话框（图 5.6），可以选择符号样式（默认为 ESRI 样式)、设置颜色、宽度等信息，也可以单击【编辑符号】按钮改变该符号的一些其他属性，或者通过点击【样式引用】选择符号库中其他样式的符号。

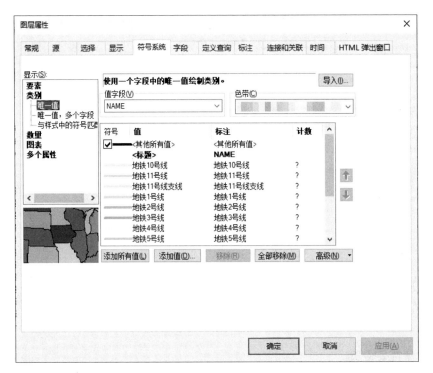

图 5.5　【图层属性】对话框

图 5.6　【符号选择器】对话框

（7）完成设置后返回【图层属性】对话框，单击【确定】按钮，结果如图 5.7 所示。

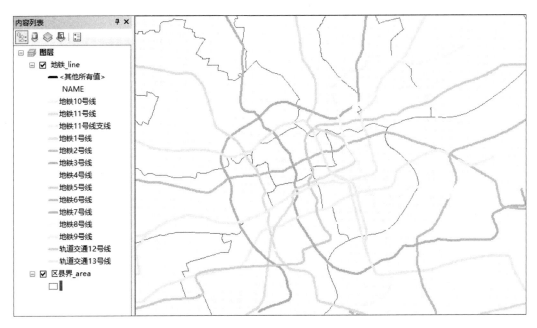

图 5.7　符号化之后的上海市地铁网络图

注：如果用户自己定义了一组符号表示方法，可以将该图层保存为.lyr 文件，在其他类似数据的图层符号化时可使用【导入】功能导入该图层的符号化设置信息。

3. 分级符号设置

1）分级色彩设置

（1）加载 Chapter5/Chapter5.1.1/TestRegion1.shp 数据。

（2）打开图层 TestRegion1 的【图层属性】对话框，进入【符号系统】（图 5.8）。

注：【图层属性】对话框中默认要素的分级方案为【自然间断点分级法】，它是在分级数确定的情况下，通过聚类分析将相似性最大的数据分在同一级，差异性最大的数据分在不同级，这种方法可以较好地保持数据的统计特性，但分级界限往往是任意数，不符合常规制图要求。

（3）将【分类】栏中【类别】设置为 7 类，单击【分类】按钮，打开【分类】对话框（图 5.9）。

（4）确认新的方案后，点击【确定】，返回【图层属性】对话框，可以看到新旧分级方案之间的差异。

现在通过对制图要素的具体设置，得到了一张利用分级色彩方法表示的某一城市群的 GDP 分布图。依据色彩差异，GDP 的宏观分布特征显而易见：颜色越深，则值越高。上述分级色彩方案直接应用了系统中的一种色彩序列，若认为色彩差异还不够明显，则可以手工设置颜色。

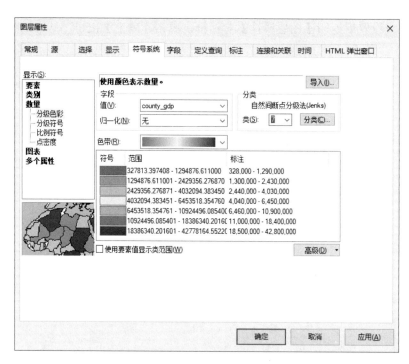

图 5.8　【图层属性】对话框

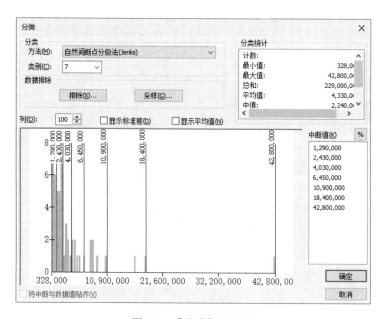

图 5.9　【分类】对话框

　　对矢量数据进行符号化表达的过程中,不同分类方法的选择会产生不同的表达结果,同时每种分类方法所对应的最适宜的数据类型也各有不同。自然裂点法的分类标准是使组内距离最小、组间距离最大,可以理解为一种一维聚类算法。根据自然裂点法产生的GDP 分布图(图 5.10),在该城市群内只有一个主要的高值集中区域,并形成多个层级。标准差法无法控制分类的数量,其会根据高斯分布的条件进行自动分类(图 5.11)。分位数法则是将样本均分成多份，在地图表达的过程中会产生不同的效果。如图 5.12 所示，在分位数法条件下，城市群 GDP 的高值核心范围出现了明显的扩张。

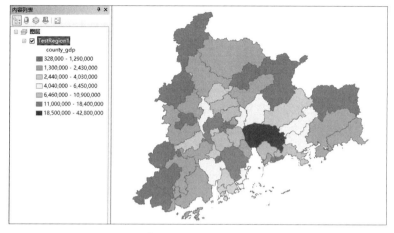

图 5.10　自然裂点法 GDP 分布图

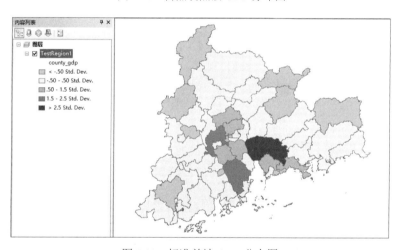

图 5.11　标准差法 GDP 分布图

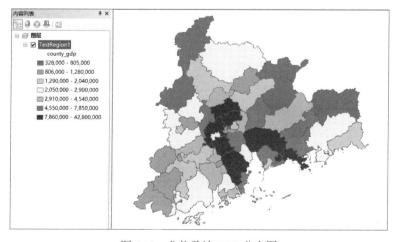

图 5.12　分位数法 GDP 分布图

注：手工定制一个分级色彩方案:

（1）打开【图层属性】对话框，双击【符号】下任意一个色块，打开【符号选择器】对话框，改变其颜色。

（2）在第三个色块上右键，选择【渐变颜色】，分级色彩方案将根据所修改的颜色发生变化。在【色带】文本框中出现了新的分级色彩方案。

（3）如果这样的分级色彩方案令人满意，那么可以在【色带】文本框上单击右键选择【保存为样式】，形成新的分级色彩方案。

上述分级色彩方案的设置过程中，完全采用了手动的方式修改分级色彩方案的数字标注。实际上，系统提供了标注格式的统一编辑方法：在【图层属性】对话框中，在【标注】栏上点击并选择【格式化标注】，打开【数值格式】对话框，可改变标注的格式。

2）分级符号设置

（1）加载 Chapter5/Chapter5.1.1/TestRegion1.shp。

（2）打开 TestRegion1 图层的【图层属性】对话框，进入【符号系统】标签，选择【显示】列表框中【数量】|【分级符号】。

（3）设置【字段】栏中【值】为 county_pop，【归一化】为"无"。设置【分类】为7 级。在【符号大小】中设置符号的由小到大的尺寸（图 5.13）。

图 5.13　【图层属性】对话框

（4）设置分级符号：单击【模板】按钮，打开【符号选择器】对话框，改变符号的尺寸、颜色等，这里重点介绍其中【编辑符号】的设置方法。

（5）在【符号选择器】对话框中单击【编辑符号】按钮，打开【符号属性编辑器】对话框（图 5.14）。

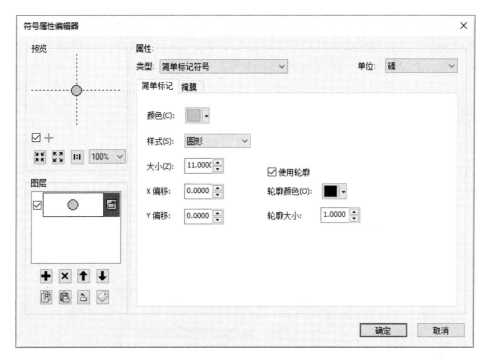

图 5.14 【符号属性编辑器】对话框

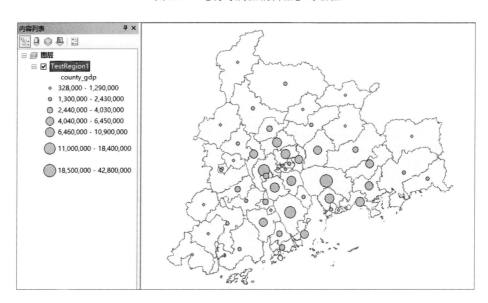

图 5.15 GDP 分级符号显示图

（6）在【符号属性编辑器】对话框中，通过【预览】里的放大缩小按钮，或者显示比例的下拉菜单可以改变符号的显示大小；也可以设置符号的显示类型、显示单位以及其他一些设置，制作或改变符号样式。单击【确定】按钮，应用符号。

（7）完成符号设置后，如果想将此符号样式保存下来以便日后使用，可以在【符号选择器】对话框中单击【另存为】按钮，填入符号名称和所在的组类名称，单击【确定】。

注：在默认状态下，分级符号的大小是一定的，不随地图在屏幕上的缩放而变化，如果想在屏幕缩放的时候使分级符号大小发生相应变化，可以选择图层快捷菜单的【设置参考比例尺】，其前提为地图需有定义的坐标系；若想恢复原来的状态，只要单击【清除参考比例尺】即可。

另外，比率符号、点值符号的设置过程同分级符号相似（图 5.15），在此不做叙述。

4. 统计符号设置

（1）打开 Chapter5/Chapter5.1.1/TestRegion2.shp。

（2）在 TestRegion2 图层上单击右键选择【图层属性】对话框，进入【符号系统】选项卡，在【显示】列表框选择【图表】|【饼图】（图 5.16）。

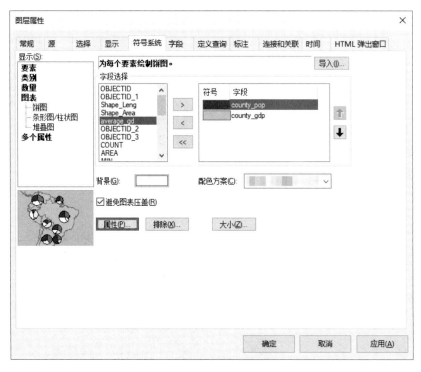

图 5.16　【图层属性】对话框

（3）在【字段选择】一系列字段中，挑选地名类型作为要进行符号设置的字段，单击【符号】下的色块改变符号的颜色和轮廓线。

（4）单击【属性】按钮，进入【图表符号编辑器】对话框（图 5.17）。

（5）在【轮廓】选项组中勾选【显示】，显示符号轮廓线，单击【颜色】色块确定符号轮廓线的颜色，在【宽度】窗口输入符号轮廓线的粗细；在【方向】选项组中选择【算术】确定按照几何坐标绘制统计图，选择【地理】则按照地理坐标绘制统计图；在 3-D 选项组中勾选【以 3-D 方式显示】，确定绘制三维立体统计图。调节【倾斜度】和【厚度】滑动条可以调整符号显示的倾斜角度以及饼的厚度。

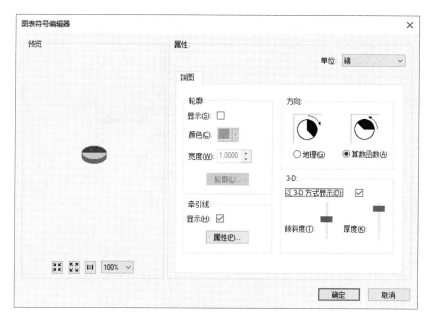

图 5.17 【图表符号编辑器】对话框

（6）在【牵引线】选项组中，单击【属性】按钮，打开【线注释】对话框（图5.18）。

（7）在【线注释】对话框中设置符号拖出线的长度，在【样式】选项组中改变拖出线的符号样式，【边框距】中设置符号拖出线的边界位置，单击【确定】，返回【图表符号编辑器】对话框；单击【确定】，返回【图层属性】对话框，单击【大小】按钮，打开【饼图大小】对话框（图5.19）；在【变化类型】选项组中勾选【固定大小】，绘制固定大小的统计符号；在【符号】选项组中调节统计符号的大小。

图 5.18 【线注释】对话框

图 5.19 【饼图大小】对话框

（8）单击【确定】，返回【图层属性】对话框，单击【应用】查看效果。

图 5.20 为该城市群各个区县人口和 GDP 比例关系图，使用饼图来表示多个要素之

间的数量比例一目了然。

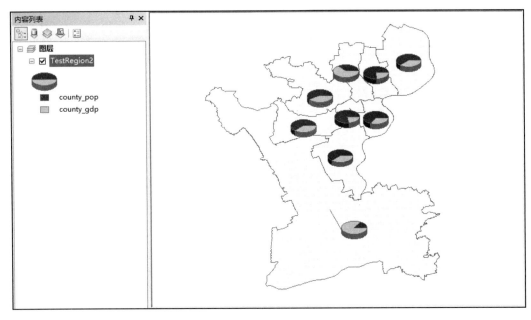

图 5.20　城市群人口与 GDP 比例关系图

5.1.2　栅格数据符号化

1. 分类栅格符号设置

分类栅格符号表示法是表达专题栅格数据的一种常用方法，类似于分类色彩符号法，其是利用不同的颜色来表示不同的专题类别。

（1）加载 Chapter5/Chapter5.1.2/landuse/data/landuse2.tif。

（2）在栅格图像上单击右键打开【图层属性】对话框，进入【符号系统】选项卡（图 5.21）。

（3）在【显示】列表框中选择【唯一值】，在【值字段】下拉列表框中选择属性字段 DLMC，勾选【符号】栏中第一个符号，确定现有图例中未包含的所有其他值均用此符号来表达。在没有值的那一条选项上单击右键，选择【移除值】，将该符号从图例中删除。

（4）读者可以根据需要改变各个图例的颜色，如果想恢复原来的彩色效果，单击【图层属性】对话框中的【默认颜色】按钮。

（5）单击【确定】，完成分类栅格符号设置，返回 ArcMap 窗口。

2. 分级栅格符号设置

分级栅格符号表示法不同于分类栅格符号表示法，它是表示栅格数据数量特征的分级图，多用于制作地势图、植被指数图、地下水位图等。

（1）加载 Chapter5/Chapter5.1.2/testregion3_Clip.tif。

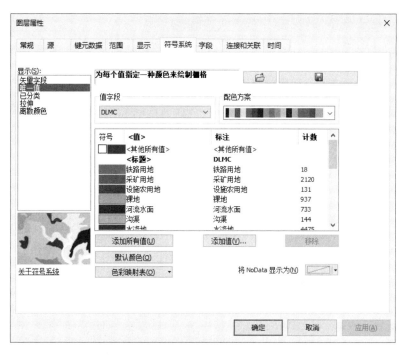

图 5.21 【图层属性】对话框

（2）在内容列表中栅格图像上单击右键打开【图层属性】对话框，进入【符号系统】选项卡（图 5.22）。

（3）在【显示】列表框中选择【拉伸】，设置【类型】为标准差。

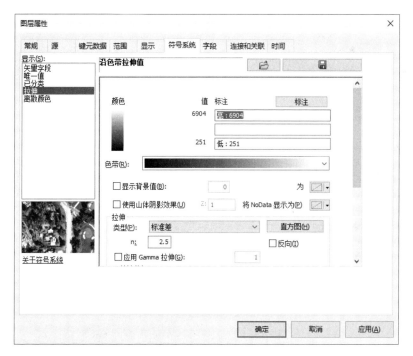

图 5.22 【图层属性】对话框

（4）在【色带】下拉列表框中选择一种色彩方案。

（5）勾选【用像元值显示分类间隔】，可以将栅格单元的值作为分级标注数字，否则默认状态下是以分级方法计算的结果标注数字。

（6）单击【确定】，完成分级栅格符号的设置。

（7）但是已有的显示效果不足以表达地形的高低起伏，因此需要对 DEM 进行进一步处理来反映地形的立体效果。首先生成 DEM 数据的山体阴影。打开【ArcToolbox】工具箱，点击【Spatial Analyst】工具，选择【表面分析】工具包中的【山体阴影】工具（图 5.23），生成 DEM 的山体阴影。为了更好地显示三维效果，将 Z 值设置为 5。

图 5.23 【山体阴影】对话框

（8）对原 DEM 的颜色进行拉伸。右键单击 TestRegion3 图层，选择【属性】进入【图层属性】对话框，点击【符号系统】选项卡，设置拉伸条带颜色（图 5.24）。

图 5.24 【图层属性】对话框设置拉伸色带颜色

（9）依然在【图层属性】对话框中，选择【显示】选项卡，设置透明度为 40%
（图 5.25）。点击【确定】，将 TestRegion3_Clip 图层放置于山体阴影上方，完成之后即可
看到具有立体感的地形显示图（图 5.26）。

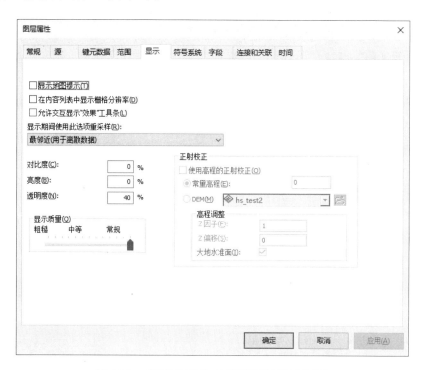

图 5.25　【图层属性】对话框设置图层透明度

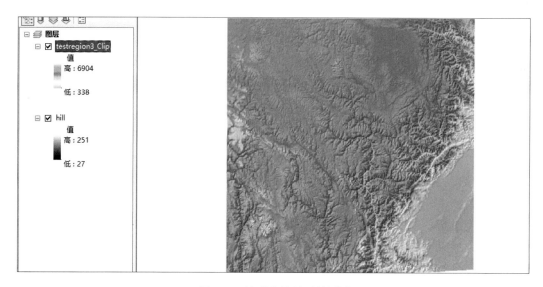

图 5.26　地形立体显示效果图

3. 栅格影像地图设置

栅格影像是栅格数据中的主要类型，组成影像的像元属性值一般在 0～255 连续变

化，对于单波段图像，影像的灰度反映像元的属性值；对于多波段图像，影像的色彩同时取决于红、绿、蓝三个波段的综合作用。所以，栅格影像地图的设置工作主要是像元属性值的灰度或者彩色表达。

多波段影像色彩设置可以通过调整波段的组合来达到理想的效果。

（1）加载 Chapter5/Chapter5.1.2/遥感/MTL。

（2）打开【图层属性】对话框，进入【符号系统】选项卡（图 5.27）。

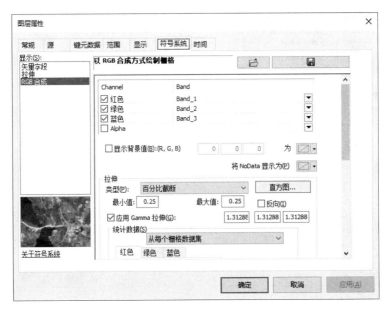

图 5.27　【图层属性】对话框

（3）在【显示】列表框选择【RGB 合成】，在【Channel】列表框中，红色中选择 Band_1，绿色中选择 Band_2，蓝色中选择 Band_3。在【拉伸】列表中选择【标准差】。

（4）单击【直方图】按钮打开直方图对话框。

（5）在直方图对话框中分别调节红、绿、蓝三个波段的直方图，来改变影像的彩色效果。

（6）单击【确定】，返回 ArcMap 窗口（图 5.28）。

5.1.3　地图符号的制作

在地图可视化的过程中，许多地图要素包含着不同的地理学含义，需要使用不同的符号对其地理学含义进行表达。当 ArcGIS 软件中的符号库无法满足地图制作者的需求时，可以自制地图符号来满足制图需要。

1. 点符号的制作

点要素在地理场景中有着非常广泛的分布，大量的地理实体在制图综合的过程中被抽象为点来进行表达。对于点符号的制作有着非常重要的意义。

（1）加载 Chapter5/Chapter_Exersice/县_point.shp 文件，用以表达南京市区县政府的

位置数据。

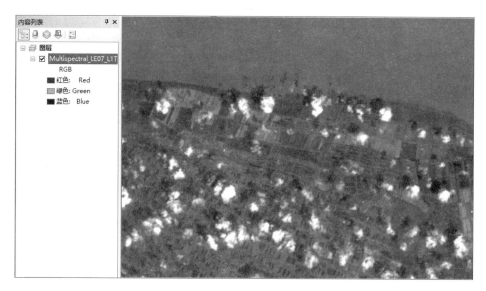

图 5.28 多波段影像色彩设置后的图像

（2）左键双击默认点符号，打开【符号选择器】对话框（图 5.29），自制或选择一个
已有的图标作为新的点符号。

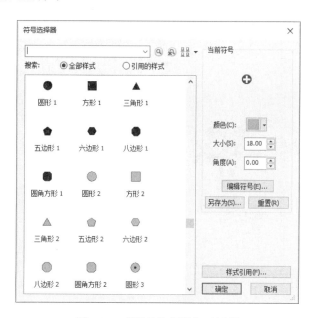

图 5.29 【符号选择器】对话框

（3）点击【样式引用】，勾选【ArcGIS_Explorer】，ArcGIS 中许多已有的符号设计就
会出现，可以从中选择需要的样式作为点符号使用（图 5.30）。

（4）如果已有的符号无法满足制图的需要，则点击【编辑符号】进入符号编辑页面，
根据自己的需要制作符合制图需求的符号（图 5.31）。

图 5.30 【样式引用】对话框

图 5.31 【符号选择器】对话框

（5）完成之后点击【确定】，即可将编辑好的新符号加入地图之中（图 5.32）。

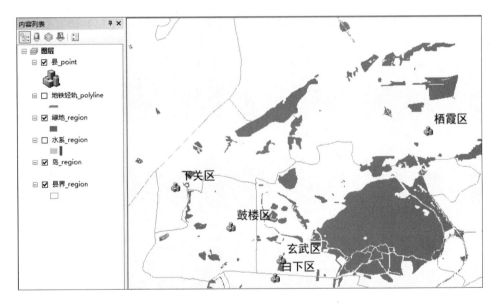

图 5.32 南京市区县政府分布图

2. 线符号的制作

线要素在地理场景中也有着广泛的应用，道路、河流、区域边界和 OD 轨迹数据等在制图综合的过程中往往都通过线条进行表达。

（1）加载 Chapter5/Chapter5.1.3/高速_polyline.shp 文件，用以表达南京市高速公路的分布情况。

（2）左键双击默认点符号，打开【符号选择器】对话框（图 5.33），自制或选择一个已有的图标作为新的线符号。

图 5.33 【符号选择器】对话框

（3）点击【样式引用】，勾选【ArcGIS_Explorer】，ArcGIS 中许多已有的符号设计就会出现，可以从中选择需要的样式作为点符号使用。

（4）如果已有的符号无法满足制图的需要，则点击【编辑符号】进入符号编辑页面，根据自己的需要制作符合制图需求的符号（图 5.34）。

图 5.34 【符号属性编辑器】对话框

（5）完成之后点击【确定】，即可将编辑好的新符号加入地图之中（图5.35）。

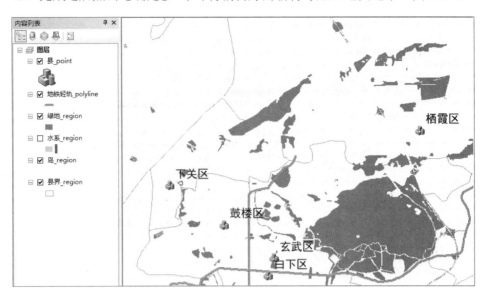

图5.35　南京市部分地区政区交通分布图

3. 面符号的制作

（1）加载 Chapter5/Chapter5.1.3/水系_region.shp 文件，用以表达南京市高速公路的分布情况。

（2）左键双击默认点符号，打开【符号选择器】对话框（图5.36），自制或选择一个已有的图标作为新的线符号。

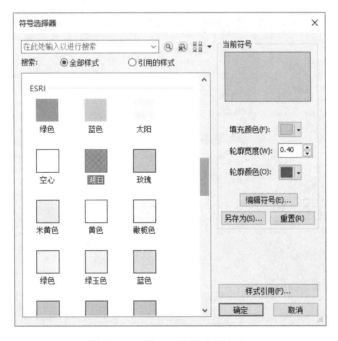

图5.36　【符号选择器】对话框

（3）如果已有的符号无法满足制图的需要，则点击【编辑符号】进入符号编辑页面，根据自己的需要制作符合制图需求的符号（图 5.37）。

图 5.37　【符号属性编辑器】对话框

（4）完成之后点击【确定】，即可将编辑好的新符号加入地图之中（图 5.38）。

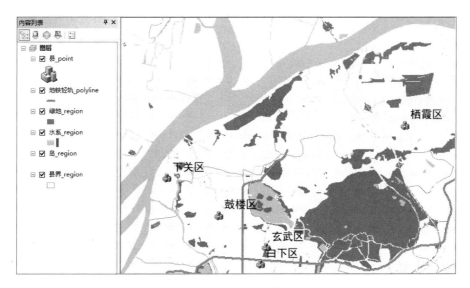

图 5.38　南京市图

4. 符号的管理与共享

在完成了地图符号的创建和制作之后，为了对新的地图符号进行管理、共享和重复利用，需要将地图符号进行进一步处理。

（1）左键单击新符号图层，进入【符号选择器】对话框（图 5.39）。

图 5.39　【符号选择器】对话框

（2）点击【另存为】，进入【项目属性】对话框（图 5.40），对新建的符号进行保存。在【项目属性】对话框中，可以对符号的名称、类别和存储路径进行设置，单击【完成】结束设置。

图 5.40　【项目属性】对话框

（3）此时在【符号选择器】对话框中就会显示完成保存的新符号（图 5.41）。

图 5.41　新样式在【符号选择器】中的显示

（4）在保存的过程中，会生成*.style 文件，其他用户可以在【符号选择器】对话框点击【样式引用】，进入【样式引用】对话框后点击【将样式添加至列表】，就可以共享其他地图制作者的地图符号，进行地图制作的工作（图 5.42）。

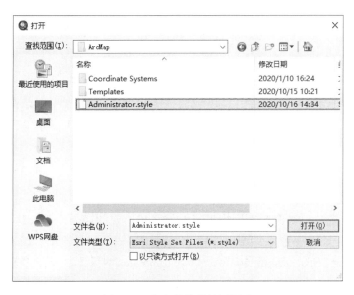

图 5.42　共享其他的地图样式

5.2　专题地图编制

地图编制是一个非常复杂的过程。地图数据的符号化与注记标注，都是为地图的编制准备基础的地理数据。然而，要将准备好的地图数据通过一幅完整的地图表达出来，还有很多工作要做，包括布局纸张的设置，制图范围的定义，制图比例尺的确定，制作图名、图例、坐标网、指北针等。

5.2.1 布 局 设 计

1. 地图模板操作

ArcGIS 系统不仅为用户编制地图提供丰富的功能和途径，还可以将常用的地图输出样式制作成现成的地图模板，方便用户直接调用，减少了很多复杂的程序。

（1）在 ArcMap 窗口主菜单栏中，选择【文件】|【新建】，打开【新建文档】对话框。

（2）点击【我的模板】中的【空白地图】，点击【确定】，创建了空白地图模板（图 5.43），返回 ArcMap 窗口。

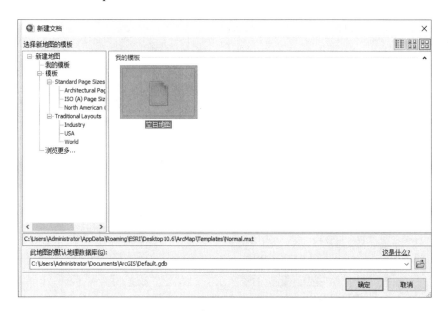

图 5.43　空白地图模板

（3）根据需要进行各种地图布局设置。

（4）单击【文件】下的【另存为】命令，保存经过设置的模板为【design.mxd】。

如果用户希望自己制作的地图模板能够像系统给定的模板文件一样出现在【新建文档】对话框中，只需要在系统默认的模板文件夹路径，如在 C:\Users\Administrator\AppData\Roaming\ESRI\Desktop10.0\ArcMap\Templates 目录下新建一个文件夹 design，将设置的模板文件保存在新建文件夹即可。

2. 图面尺寸设置

ArcMap 窗口包括数据视图和布局视图，正式输出地图之前，应该首先进入布局视图，按照地图的用途、比例尺、打印机的型号等来设置布局的尺寸。这是地图编制过程中一个重要环节，若没有设置，系统会采用默认的纸张尺寸和打印机。

（1）单击主菜单【视图】|【布局视图】，进入布局视图状态。

（2）将鼠标移至【布局】窗口默认纸张边沿以外，单击右键打开图面设置快捷菜单，选择【页面和打印设置】，打开该对话框，如图 5.44 所示。

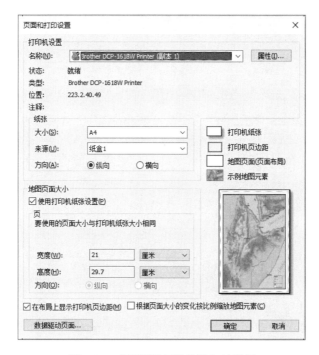

图 5.44　【页面和打印设置】对话框

（3）选择打印机，设置纸张的类型。如果在【地图页面大小】选项组中勾选了【使用打印机纸张设置】，则【页】选项组中默认尺寸为该类型的标准尺寸。若不想使用系统给定的尺寸，可以在【大小】下拉列表中选择 "自定义尺寸"，删除勾选【使用打印机纸张设置】，在【宽度】和【高度】中输入尺寸大小以及单位。

（4）若勾选【在布局上显示打印机页边距】，则在地图输出窗口上显示打印边界；若勾选【根据页面大小的变化按比例缩放地图元素】，则纸张尺寸自动调整比例尺。注意若选择此种方式的话，无论如何调整纸张的尺寸和纵横方向，系统都将根据调整后的纸张参数重新自动调整地图比例尺，如果想完全按照自己的需要来设置地图比例尺就不要选择该选项。

（5）单击【确定】，完成设置。

注：关于尺寸设置中需要注意的问题是两种图面尺寸设置的差异：若按照打印机纸张来设置图面尺寸的话，地图文档就与所选择的打印机建立了联系，当地图文档需要被共享，而接受共享的一方没有同型号的打印机时，地图文档就会自动调整其图面尺寸，变为接受共享一方默认的打印机纸张尺寸，破坏了其原有设置，因此推荐按照标准纸张尺寸或者用户自定义尺寸进行图面设置，这样地图文档与打印机是相互独立的关系，不会因为型号问题而改变原有设置。

3. 图框与底色设置

ArcMap 的输出地图可以由一个或者多个数据框构成，各个数据框可以设置自己的图框和底色。

（1）在需要设置图框的数据框上右键选择【属性】，打开【数据框属性】对话框，进入【框架】选项卡（图 5.45）。

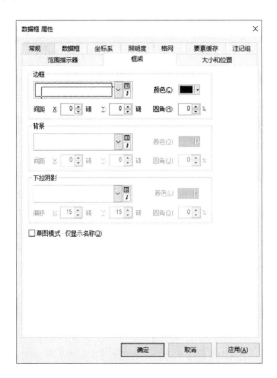

图 5.45　【数据框属性】对话框

（2）图框样式选择，在【边框】选项组单击样式按钮图，打开【边框选择器】对话框（图 5.46），选择所需要的图框类型，如果在现有的图框样式中没有找到合适的，可以单击【属性】按钮，设置图框的颜色和宽度，也可以单击【更多样式】加载其他数据库样式。单击【确定】，返回【数据框属性】对话框。

（3）在【背景】下拉列表中选择需要的底色，若没合适的底色，单击【背景】选项组中的样式按钮图，进入【背景选择器】对话框（图 5.47）进一步设置。若仍无合适的颜色，则可以单击【更多样式】按钮或者单击【属性】按钮（图 5.48），在已有底色的基础上调整其填充颜色、轮廓颜色、轮廓宽度。

（4）在【下拉阴影】选项组中调整数据框阴影和颜色，与调整底色方法类似，可以通过单击【更多样式】按钮，或者单击【属性】按钮对阴影进行进一步的设置。

（5）调整各个组合框中的 X、Y 可以改变图框的大小，调整【圆角】百分比可以调节图框边角的圆滑程度。

（6）点击【确定】，完成设置。

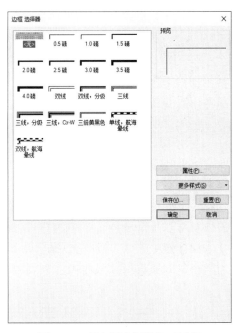

图 5.46 【边框选择器】对话框

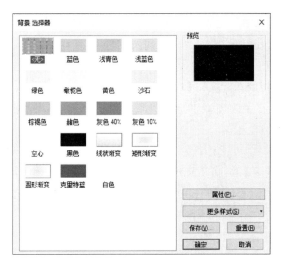

图 5.47 【背景选择器】对话框

图 5.48 【背景】对话框

5.2.2　制图数据操作

一幅 ArcMap 地图通常包括若干个数据框，如果用户需要复制数据框、调整数据框的尺寸或生成数据框定位图，就需要在布局视图直接操作制图数据。

1. 复制地图数据框

（1）在 ArcMap 窗口布局视图单击需要复制的原有制图数据框。

（2）在原有制图数据框上单击右键打开制图要素操作快捷菜单。

（3）单击【复制】命令或者直接使用快捷键 Ctrl+C 将制图数据框复制到剪贴板。

（4）鼠标移至选择制图数据框以外的图面上，单击右键打开图面设置快捷菜单，单击【粘贴】命令或者直接使用快捷键 Ctrl+V 将制图数据粘贴到地图中。

（5）地图输出窗口增加一个复制数据框，同时内容列表中也增加一个新的数据框。

2. 设置总图数据框

根据输出地图中现有的两个数据框，将一个数据框作为说明另一个数据框空间位置关系的总图数据框，这在实际应用中是非常有意义的。当一幅地图包含若干个数据框时，一个总图可以对应若干样图。总图与样图的关系建立起来后，调整样图范围时，总图中的定位框图的位置与大小将同时发生相应的调整。

（1）在 ArcMap 窗口布局视图中，在将要作为总图的数据框上单击右键选择【属性】，打开【数据框属性】对话框，进入【范围指示器】选项卡（图 5.49）。

（2）在【其他数据框】的窗口中选择"新建数据框"，点击右向箭头将其添加到右边的窗口。

（3）单击【框架】按钮，打开【范围指示器框架属性】对话框，选择合适的边框、底色和阴影，单击【确定】返回。完成了设置后，如果调整样图，可以在总图中浏览其整体效果。

3. 旋转制图数据框

在实际应用中，由于制图区域的形状或其他原因，可能需要对输出的制图数据框进行一定角度的旋转，以满足某种制图效果。具体操作如下：

（1）ArcMap 窗口主菜单条中选择【自定义】|【工具条】|【数据框工具】，加载工具条。

（2）在【数据框工具】工具条上单击【旋转数据框】按钮。

（3）鼠标移至布局视图需要旋转的数据框上，左键拖放旋转，也可在文本框中指定旋转角度。

4. 绘制坐标格网

地图中的坐标格网属于地图的三大要素之一，是重要的要素组成部分，反映地图的坐标系统或地图投影信息。

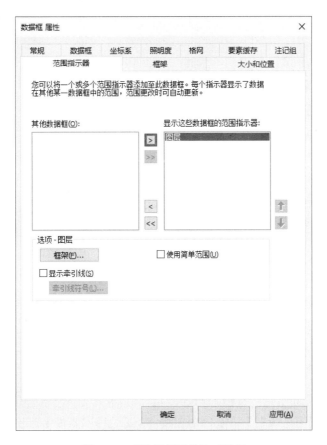

图 5.49　【数据框属性】对话框

不同制图区域的大小有着不同类型的坐标格网：小比例尺大区域地图通常使用经纬线格网；中比例尺中区域地图通常使用投影坐标格网，又叫公里格网；大比例尺小区域地图通常使用公里格网或索引参考格网。下面分别说明不同类型坐标格网的设置。

1）地理坐标格网设置

（1）在需要放置地理坐标格网的数据框上右键选择【属性】，打开【数据框属性】对话框，进入【格网】选项卡。

（2）单击【新建格网】按钮，打开【格网和经纬网向导】对话框。

（3）选择【经纬网：用经线和纬线分割地图】单选按钮，在【格网名称】文本框中输入经纬网的名称。

（4）单击【下一步】，打开【创建经纬网】对话框。选择【经纬网和标注】单选按钮。在【间隔】选项组输入经纬线格网的间隔，如放置纬线间隔：10°0′0″；放置经线间隔：10°0′0″。

（5）单击【下一步】，打开【轴和标注】对话框，如图 5.50 所示。

（6）分别设置【长轴主刻度】和【短轴主刻度】的【线样式】，设置标注线符号。在【每个长轴主刻度的刻度数】微调框中输入主要格网细分数：5。单击【标注】选项组中【文本样式】按钮，设置坐标标注字体参数。

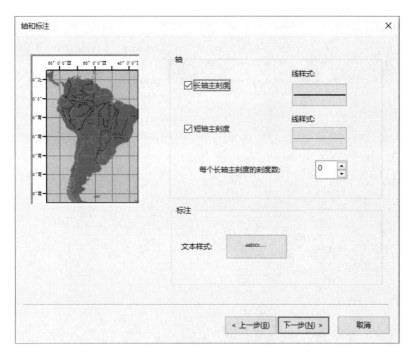

图 5.50 【轴和标注】对话框

（7）单击【下一步】，打开【创建经纬网】对话框，如图 5.51 所示。依据需要设置
【在经纬网边缘放置简单边框】以及内图廓线。在【经纬网属性】选项组选择【存储为随
数据框变化而更新的固定格网】。

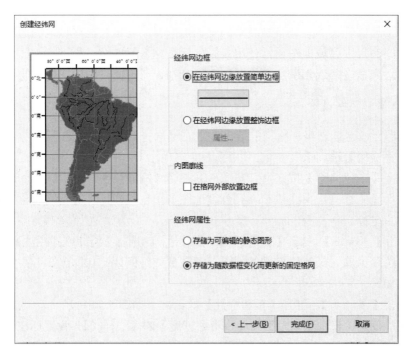

图 5.51 【创建经纬网】对话框

（8）单击【完成】，返回【数据框属性】对话框，所建立的格网文件显示在列表中。单击【确定】，经纬线坐标格网出现在布局视图中。

2）地图公里格网设置

（1）在需要放置地理坐标格网的数据框上右键选择【属性】，打开【数据框属性】对话框，进入【格网】选项卡。

（2）单击【新建格网】按钮，打开【格网和经纬网向导】对话框（图5.52）。选择【方里格网：将地图分割为一个地图单元格网】，在【格网名称】文本框输入：方里格网。

图 5.52　【格网和经纬网向导】对话框

（3）单击【下一步】，打开【创建方里格网】对话框（图5.53）。

（4）选择【格网和标注】（若选择第一项【仅标注】，则只放置坐标标注，而不绘制坐标格网；若选择第二项【刻度和标注】，则绘制格网线交叉十字及标注）。在【间隔】的 X 轴和 Y 轴的文本框中分别输入水平和垂直格网间隔：5000。

（5）单击【下一步】，打开【轴和标注】对话框（图5.54）。选中【长轴主刻度】和【短轴主刻度】，点击【线样式】按钮，设置标注线符号。在【每个长轴主刻度的刻度数】微调框中输入主要格网细分数：5。点击【文本样式】按钮，设置坐标标注字体参数。

（6）单击【下一步】，打开【创建方里格网】对话框（图5.55）。

（7）选中【在格网和轴标注之间放置边框】和【在格网外部放置边框】。在【格网属性】中选择【存储为随数据框变化而更新的固定格网】。

（8）单击【完成】，返回【数据框属性】对话框。所建立的格网文件显示在列表中，单击【确定】，公里格网出现在布局视图中。

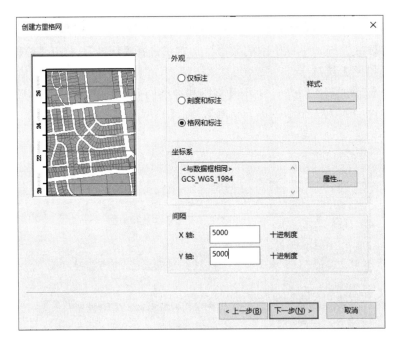

图 5.53 【创建方里格网】对话框（1）

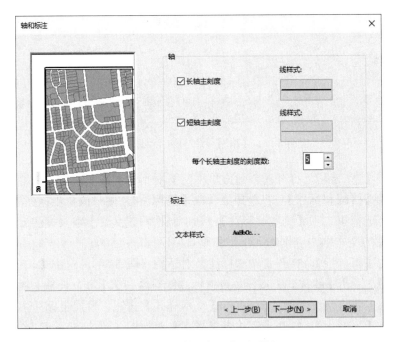

图 5.54 【轴和标注】对话框

图 5.55 【创建方里格网】对话框（2）

3）索引参考格网设置

（1）在需要放置地理坐标格网的数据框上右键选择【属性】，打开【数据框属性】对话框，进入【格网】选项卡。

（2）单击【新建格网】按钮，打开【格网和经纬网向导】对话框。选择【参考格网：将地图分割为一个用于索引的格网】。在【格网名称】文本框输入：索引格网（图 5.56）。

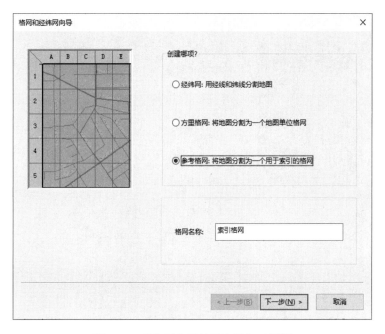

图 5.56 【格网和经纬网向导】对话框

（3）单击【下一步】，打开【创建参考格网】对话框（图5.57）。

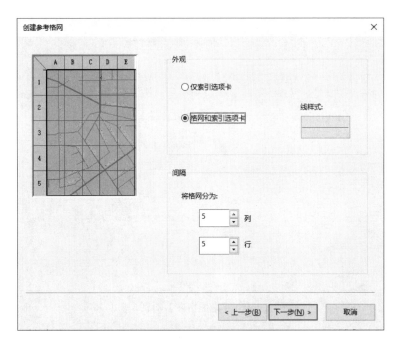

图5.57 【创建参考格网】对话框

（4）选择【格网和索引选项卡】。在【间隔】选项组中输入参考格网的间隔：5列、5行。

（5）单击【下一步】，打开【创建参考格网】对话框（图5.58）。

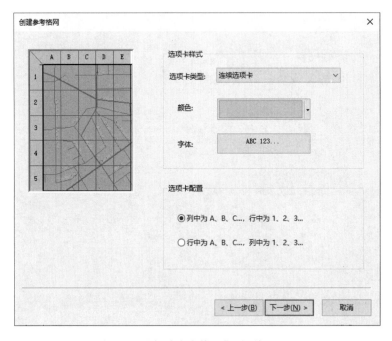

图5.58 【创建参考格网】对话框（1）

（6）设置【选项卡类型】为：连续选项卡。单击【颜色】按钮，定义参考格网标识框底色。单击【字体】按钮，定义参考格网标识字体及其大小。在【选项卡配置】中选择【列中为 A、B、C…，行中为 1、2、3…】。

（7）单击【下一步】，打开【创建参考格网】对话框（图 5.59）。

图 5.59　【创建参考格网】对话框（2）

（8）参考网格边框选择【在格网和轴标注之间放置边框】，内图廓线选择【在格网外部放置边框】，格网属性选择【存储为随数据框变化而更新的固定格网】。

（9）单击【完成】，返回【数据框属性】对话框，所建立的格网文件显示在列表中，单击【确定】，参考格网显示在布局视图中。

5.2.3　地　图　标　注

地图上说明图面要素的名称、质量与数量特征的文字或数字，统称为地图注记。在地图上只有将表示要素和现象的图形符号与说明这些要素的名称、质量、数量特征的文字和数字符号结合起来，形成一个有机整体，即地图的符号系统，才能使地图更加有效地进行信息传输。否则，只有图形符号而没有注记符号的地图，只能是一种令人费解的"盲图"。地图上的注记分为名称注记、说明注记和数字注记三种。名称注记用于说明各种事物的专有名称，如山脉名称，江、河、湖、海名称，居民地名称，地区、国家、大洲、大陆、岛屿名称等。说明注记用于说明各种事物种类、性质或特征，用以补充图形符号的不足，常用简注形式表示。数字注记用于说明事物的数量特征，如地形高程、比高、路宽、水深、流速、承载压力等。同时，借助不同字体、字号、颜色的注记也能够进一步标明事物的性质、种类及数量差异。因此，地图注记在地图图面上与图形符号构成一种相辅相成的整体。

地图注记的形成过程就是地图的标注。根据标注对象的类型以及标注内容的来源，可以分为三种：交互式标注、自动式标注、链接式标注。

使用交互式标注的前提是需要标注的图形较少，或需要标注的内容没有包含在数据层的属性表中，或需要对部分图形要素进行特别说明。在这种情况下，可以应用交互式标注方式来放置地图注记。

大多数情况下使用的是自动式标注方式，它的前提是标注的内容包含在属性表中，且需要标注的内容布满整个图层，甚至分布在若干数据层，在这样的情况下，可以应用自动式标注方式来放置地图注记。可以根据属性表中的一项属性内容标注，也可以按照条件选择其中一个子集进行标注。

整个自动式标注过程可分为以下三个部分。

1. 注记参数设置

自动式标注方式的参数设置与交互式标注一样，同样是借助 ArcMap 绘图工具栏中的注记设置工具来实现对注记字体、大小与颜色等的设置。

2. 注记内容放置

自动式标注实现方式多种多样，下面说明其中几个主要方式的实现步骤。

1）逐个要素标注

（1）在需要放置注记的数据层上单击右键选择【属性】，打开【图层属性】对话框，进入【标注】选项卡（图5.60）。

图 5.60 【图层属性】对话框

（2）标注方法：以相同方式标注所有要素。

（3）标注字段：选择相应的字段名，如 NAME。

（4）如果想对注记字体做进一步的设置，可以单击【符号】按钮进行设置。

（5）单击【比例范围】按钮，设置注记显示比例。

（6）单击【确定】，完成设置，返回 ArcMap 窗口。

2）全部要素标注

（1）打开【图层属性】对话框，进入【标注】选项卡。

（2）选中【标注此图层中的要素】，确定在本数据层上进行标注。

（3）标注方法：以相同方式标注所有要素。

（4）标注字段：选择 NAME。

（5）单击【确定】，完成全部要素的标注。

注：如果不需要全部要素标注，而只要标注一部分要素，可以在【方法】下选择【定义要素类并且为每个类加不同的标注】，单击【SQL 查询】按钮输入条件表达式即可。

3）多种属性标注

（1）打开【图层属性】对话框，进入【标注】选项卡。

（2）选中【标注此图层中的要素】，确定在本数据层上进行标注。

（3）标注方法：以相同方式标注所有要素。

（4）单击【表达式】按钮，打开【标注表达式】对话框（图 5.61）：双击第一个需要

图 5.61　【标注表达式】对话框

标注的属性字段 NAME，该字段自动出现在【表达式】文本框内；双击第二个需要标注的属性字段 POPULATION，在两个字段之间用合法的表达式连接起来，如"［NAME］+［POPULATION］"表示同时标注城市的名称和人口数量。用户可以按照此规律添加更多需要的属性字段。

（5）单击【确定】返回。

以上 3 种标注方式设置好之后，要想使标注出现在视图中，还需要设置标注操作：在要标注的数据层上单击右键打开快捷菜单，选择【标注要素】即可。

3. 注记要素编辑

1）自动式标注的显示比例

默认状态下，注记大小是不随地图的缩放而变化的，若需要在屏幕缩放时注记要素发生相应变化，就必须设置数据框的参考比例尺。在数据框上右键选择【参考比例】|【设置参考比例】。这样，数据框中所有注记都将以当前屏幕比例为参考缩放。若想恢复原来的状态，只需要选择【清除参考比例】即可。

2）重复注记的自动取舍

进行自动式标注时，有时需要将重复的数值舍弃，而有时又需要保留重复的数值，这就需要应用系统提供的重复标注自动取舍功能。

（1）打开【图层属性】对话框，进入【标注】选项卡。

（2）点击【放置属性】按钮，进入【放置属性】选项卡（图 5.62）。

（3）选中【同名标注】中的【移除同名标注】，系统就会自动舍弃重复注记，单击【确定】，完成设置。

图 5.62 【放置属性】对话框

5.2.4 地图整饰

地图整饰就是地图表现形式、表示方法和地图图型的总称，是地图生产过程中的一个重要环节，包括地图色彩与地图符号设计、线划和注记的刻绘、地形的立体表示、图面配置与图外装饰设计、地图集的图幅编排和装帧。地图整饰的目的为：根据地图性质和用途，正确选择表示方法和表现形式，恰当处理图上各种表示方法的相互关系，以充分表现地图主题及制图对象的特点，达到地图形式同内容的统一；以地图感受论为基础，充分应用艺术法则，保证地图清晰易读，层次分明，富有美感，实现地图科学性与艺术性的结合；符合地图制版印刷的要求和技术条件，有利于降低地图生产成本。

数据框是地图的主要内容，一幅完整的地图不仅包含反映地理数据的线划及色彩要素，还包含与地理数据相关的一系列辅助要素，如图名、图例、比例尺、指北针、统计图表等，所有这些辅助要素的放置都作为地图整饰操作来说明。

1. 图名的放置与修改

（1）在 ArcMap 主菜单条上选择【视图】|【布局视图】，进入布局视图。

（2）在主菜单上选择【插入】|【标题】，打开【插入标题】对话框，输入图名。

（3）将图名矩形框拖放到图面合适的位置。

（4）可以直接拖拉图名矩形框调整图名字符的大小，或者在单击了图名矩形框之后，通过【绘图】工具条上的相关工具，来调整图名的字体、大小等参数。

2. 图例的放置与修改

图例符号对于地图的阅读和使用具有重要的作用，主要用于简单明了地说明地图内容的确切含义。其通常包括两个部分：一部分用于表示地图符号的点、线、面样式，另一部分用于对地图符号含义标注和说明。

（1）创建 ArcMap 文档，添加要素图层。

（2）ArcMap 主菜单上选择【视图】|【布局视图】，进入【布局视图】。

（3）ArcMap 主菜单上选择【插入】|【图例】，打开【图例向导】（图 5.63）。

（4）选择【地图图层】列表中的数据层，使用右向箭头将其添加到【图例项】中。

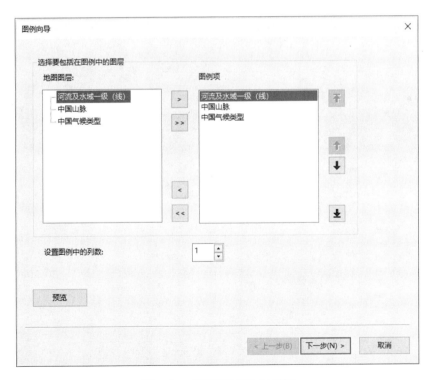

图 5.63 【图例向导】对话框

（5）选择【图例项】列表中的数据层，通过向上、向下方向箭头调整图层顺序，即调整数据层符号在图例中排列的上下顺序。

（6）在【设置图例中的列数】中输入1，确定图例按照一列排列。

（7）点击【下一步】，打开【图例向导】对话框。填入图例标题，设置标题的颜色、字体、大小以及对齐方式等。

（8）点击【下一步】，打开【图例向导】对话框（图5.64），更改图例的边框样式、背景颜色、下拉阴影等。完成设置后点击【预览】按钮，预览图例的效果。

（9）点击【下一步】，打开【图例向导】对话框（图5.65），为每一个数据层图例设置属性。其中，【宽度】和【高度】为图例方框的宽度和高度；【线】表示轮廓线属性；【面积】为图例方框色彩属性。单击【预览】按钮，预览图例符号显示设置效果。一般情况下，可采用默认值，查看效果，若不满意再调整。

（10）单击【下一步】，出现图例符号间隔设置对话框（图5.66）。

标题和图例项：图例标题与图例符号之间的距离。

图例项：分组图例符号之间的距离。

列：两列图例符号之间的距离。

标题和类：分组图例标题与分级符号之间的距离。

标注和描述：图例标注与说明之间的距离。

图面：图例符号之间的垂直距离。

图面和标注：图例符号与标注之间的距离。

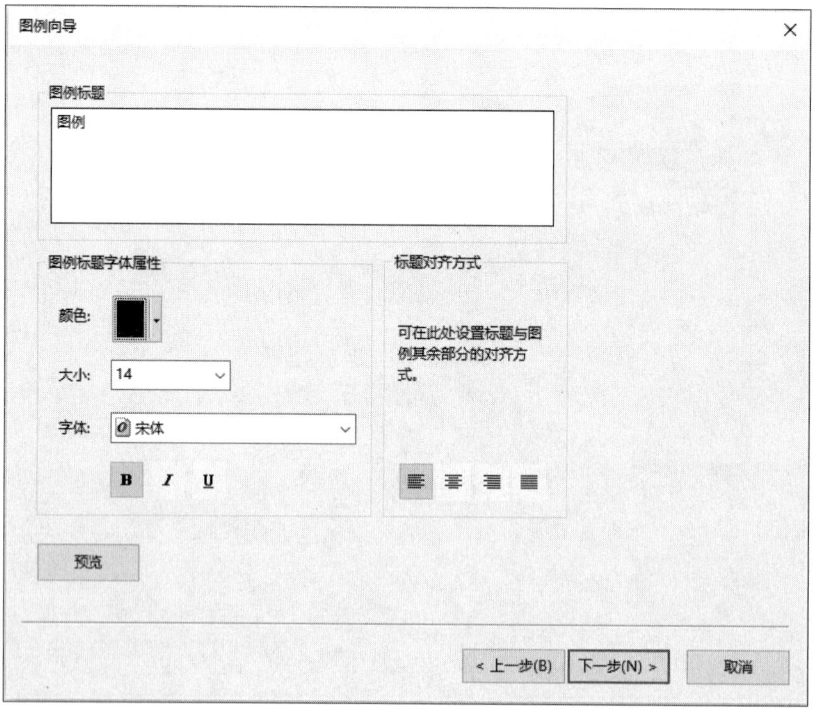

图5.64　【图例向导】对话框（1）

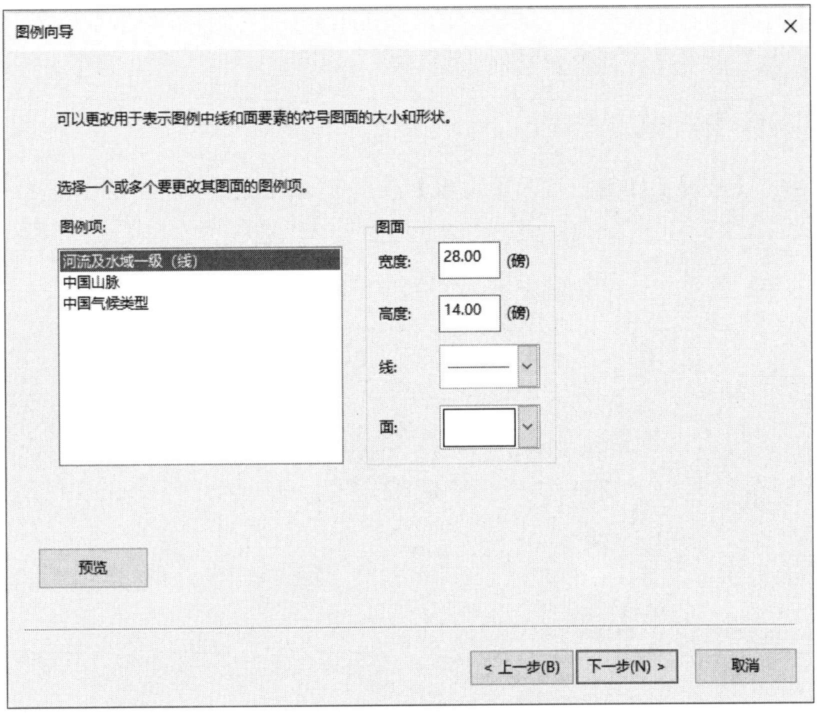

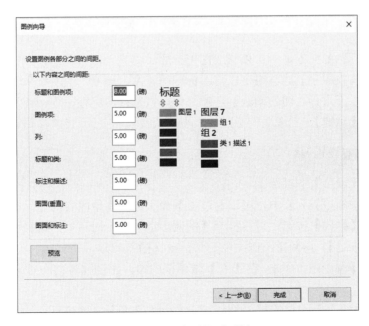

图 5.65　【图例向导】对话框（2）

图 5.66　【图例向导】对话框（3）

（11）单击【预览】，预览图例符号设置效果。单击【完成】，关闭对话框，图例符号及其相应的标注与说明等内容放置在地图布局中。

（12）单击刚刚放置的图例，并按住左键移动，将其拖放到更合适的位置。

如果对图例的图面效果不太满意，可以通过下面的操作进一步调整参数。选中图例，双击左键，打开图例【属性】对话框。

　　1）图例标题与表现形式调整

　　（1）单击【常规】标签，进入【常规】选项卡（图5.67）。

图5.67　【图例属性】对话框（1）

　　（2）在【标题】文本框中可以修改图例标题。
　　（3）在【修补程序】选项组可以修改标题的宽度、高度，改变线和面的符号。
　　（4）在【以下内容之间的间距】选项组中可以输入图例行、列间隔尺寸。
　　（5）单击【确定】，完成图例标题与表现形式设置，关闭对话框。

　　2）图例内容设置调整

　　（1）进入【项目】选项卡。
　　（2）在【图例项】列表中，可以通过上下箭头按钮调整内容的显示顺序。
　　（3）单击【样式】按钮，可以打开【图例项选择器】对话框，选择合适的图例符号类型，单击【确定】，返回【图例属性】对话框（图5.68）。
　　（4）勾选【置于新列中】，在【列】微调框中输入图例列数：2。表示图例内容按两列排列。
　　（5）设置图例与数据层的相关关系，【地图连接】包括4个方面：①仅显示内容表中选中的图层。②新图层添加到地图时向图例添加新项。③地图图层重新排序时重新排序图例项。④设置参考比例时缩放符号。
　　（6）如果要删除图例中的数据层，单击左箭头按钮使其在【图例项】中消失。
　　（7）单击【确定】，完成图例内容的选择设置。

图 5.68 【图例属性】对话框（2）

3）图例背景与定位调整

（1）进入【框架】选项卡（图 5.69）。

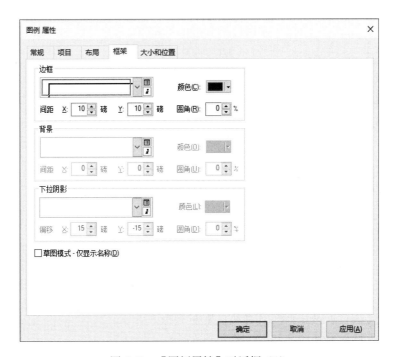

图 5.69 【图例属性】对话框（3）

（2）点击【边框】的下拉箭头，选择合适的边框符号；点击【背景】的下拉箭头，修改图例背景色；点击【下拉阴影】的下拉箭头，调整图例阴影的色彩和偏移量。

（3）进入【大小和位置】选项卡（图5.70），在【位置】选项组中输入横纵坐标（X, Y），确定坐标的定位点（9种定位点）。

图5.70　图例【大小和位置】对话框

（4）单击【确定】，完成图例修改。

3. 比例尺的放置与修改

地图上标注的比例尺有数字比例尺和图形比例尺两种。数字比例尺精确地表达地图要素与所代表的地物之间的定量关系，但不够直观，而且随着地图的变形与缩放，数字比例尺标注的数字无法相应变化，无法直接用于地图的量测；而图形比例尺虽然不能精确地表达制图比例，但可以用于地图量测，而且随地图本身的变形与缩放一起变化。因为两种比例尺标注各有优缺点，所以在地图上往往同时放置两种比例尺。

1）图形比例尺放置

（1）在ArcMap窗口主菜单上选择【插入】|【比例尺】，打开【比例尺选择器】对话框（图5.71）。

（2）选择一种比例尺符号，如Alternating Scale Bar 1。

（3）单击【属性】按钮，打开【属性】对话框（图5.72）。

（4）进入【比例和单位】标签，这里设置比例尺间隔和单位。

主刻度数：设置比例尺的总刻度数量。

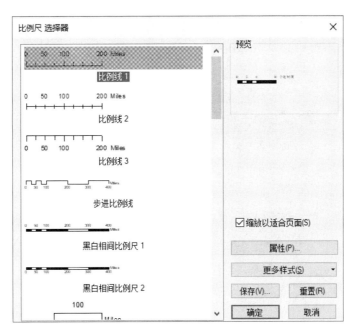

图 5.71 【比例尺选择器】对话框

分刻度数：在第一个主刻度中包含的分刻度数量。

调整大小时：下拉框有 4 个选项，分别是调整宽度（设置比例尺每一段的长度），调整分割值（设置主刻度、分刻度数量），调整分割数（设置主刻度长度和分刻度数量，此时可在图中拉伸比例尺，但主分刻度保持不变），校正分割数和分割值（设置主刻度长度和分刻度数量）。

主刻度单位：比例尺数值单位，来自地图数据单位。

标注位置：选择刻度单位的标注放置位置。

间距：设置标注与比例尺图形之间距离。

（5）单击【确定】按钮，完成比例尺设置，将比例尺放置在合适的位置。

（6）任意移动比例尺图形到合适的位置。

注：上面在放置比例尺符号的过程中，只对比例尺符号类型、单位、分隔等进行了设置，下面还需要对比例尺的数字标注与符号分别做进一步调整。

（1）在 ArcMap 窗口布局视图中，选中比例尺符号，双击左键，打开【Alternating Scale Bar 属性】对话框（图 5.73）。

（2）进入【数字和刻度】标签。

在【数字】选项组中，各个选项的含义如下。

图 5.72 【比例尺之比例和单位】对话框

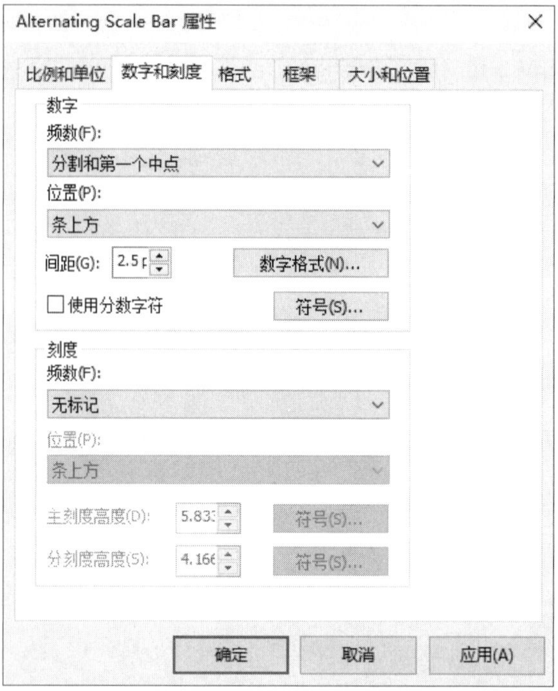

图 5.73 【比例尺之数字和刻度】对话框

频数：选择比例尺的数字标注的方式，如分割和第一个中点，表示数字标识在每一个分割点上以及第一个分割的中点上。

位置：选择标注放置在比例尺条的上方或者下方等位置。

间距：设置标注数字与比例尺符号之间的距离。

可单击【数字格式】按钮，进一步设置标注数字格式。

在【刻度】选项组中，各个选项的含义如下。

频数：设置分割符号数量。

位置：设置分割符号的位置方向。

主刻度亮度：设置分割符号的长度。

分刻度亮度：设置二级分割符号的长度。

可单击【符号】按钮，可进一步设置分割符号特征。

2）放置数字比例尺

（1）在 ArcMap 窗口主菜单上选择【插入】|【比例文本】，打开【比例文本选择器】对话框（图 5.74）。

（2）选择一种系统所提供的数字比例尺类型。

（3）如果需要进一步设置参数，点击【属性】按钮，打开【比例文本】对话框（图 5.75）。

确定比例尺类型：绝对或者相对。如果是相对类型，还需要确定【页面单位】和【地图单位】。

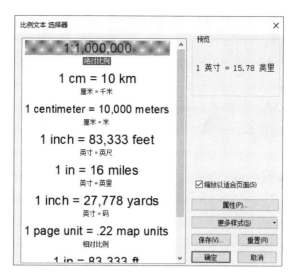

图 5.74 【比例文本选择器】对话框

图 5.75 【比例文本】对话框

（4）点击【确定】，返回【比例文本选择器】对话框，再点击【确定】，移动数字比例尺到合适的位置。

4. 指北针的设置与放置

（1）在 ArcMap 窗口布局视图中，选择主菜单【插入】|【指北针】，打开【指北针选

择器】对话框（图 5.76）。

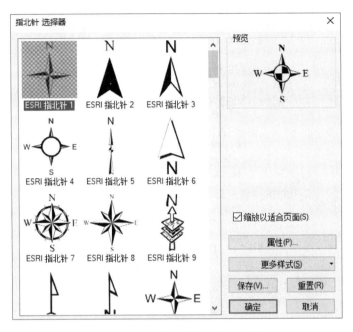

图 5.76　【指北针选择器】对话框

（2）选择一种系统所提供的指北针类型。

（3）如果需要进一步设置参数，单击【属性】按钮，打开【指北针】对话框（图 5.77）。

图 5.77　【指北针】对话框

（4）设置指北针的大小、颜色、旋转角度。

（5）单击【确定】，返回【指北针选择器】对话框，再单击【确定】，移动指北针到合适的位置。

5. 图形要素的设置

地理数据以及图名、图例、比例尺、指北针等是地图的主要内容，是一幅完整地图不可或缺的组成部分。不仅如此，地图中还经常需要放置一些与数据框有关的图形要素，如统计图表和统计报告等，这些要素丰富了地图的内容、扩展了地图的用途。

1）图形要素的放置

在 ArcMap 输出地图放置的图形要素中，最常用的是矩形，因为矩形常常作为地图的外图廓和背景色彩。下面就矩形图形要素的放置与色彩调整进行简要说明。

（1）加载绘图工具。在 ArcMap 菜单条的空白处，单击右键，选择【绘图】，加载【绘图】工具条（图 5.78）。

图 5.78 【绘图】工具条

（2）在【绘图】工具条中单击绘制矩形要素按钮。

（3）在布局视图按住鼠标左键并拖动，给定两点绘制矩形。

（4）双击所绘制的矩形要素，打开【属性】对话框（图 5.79）。

（5）进入【符号】选项卡。可以设置填充颜色、轮廓颜色和轮廓宽度。

图 5.79 【属性】对话框

（6）可进入【大小和位置】进行进一步设置。

（7）单击【确定】，完成图形属性设置，返回 ArcMap 窗口。

注：以上对图形要素本身进行了编辑，由于图形要素是最后放置的，位于其他地图要素的上方，而图形要素又是作为地图的背景而存在的，因此调整图形要素与其他要素的上下关系是非常必要的。

首先，在图形要素上单击右键，打开图面要素操作快捷菜单。

其次，在快捷菜单中指向【顺序】，单击【置于底层】命令。将矩形图形要素放在其他地图要素的底层。

2）统计报表的放置

统计报表是根据空间数据的属性特征值统计而成的，在 ArcMap 中，统计报表输出到地图中的步骤如下。

（1）加载 Chapter5/Chapter5.1.1/TestRegion2.shp。

（2）在 ArcMap 窗口中选择【视图】|【报表】|【创建报表】，打开【报表向导】对话框（图 5.80）。

图 5.80 【报表向导】对话框

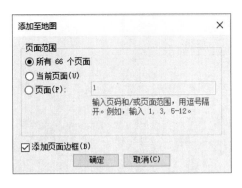

图 5.81 【添加至地图】对话框

（3）根据需要，在【报表向导】对话框中设置统计报表的属性字段、统计指标、报表格式与报表标题等。

（4）设置完成后，在【报表向导】对话框中，选中【预览报表】，点击【完成】。

（5）在【报表查看器】窗口中生成统计报表，并保存报表。

（6）在【报表查看器】中单击 （添加报表至 ArcMap 布局）按钮。打开【添加至地图】对话框（图 5.81）。

（7）选中【所有 66 个页面】，将统计报表所有的页面放置在输出地图中；如果只想放置当前页面，选择【当前页面】；如果想放置指定的页面，选择【页面】，并输入页码。

（8）单击【确定】按钮，关闭【添加至地图】对话框，统计报表放置在输出地图中。

（9）移动统计报表到合适的位置。

3）统计图形放置

根据空间数据的属性特征值绘制各种统计图形是 ArcMap 系统的基本功能，统计图形可以直观地表达制图要素的数量特征，所以是地图中经常出现的要素类型。这里说明如何将统计图形放置到输出地图中。

（1）打开一个州图层文件。

（2）在 ArcMap 主菜单选择【视图】|【图】|【创建】，打开【创建图表向导】对话框。

（3）根据需要选择不同的数据，如在【图表类型】内容表中选择统计图形类型：垂直条块；在数据层内容表中选择 TestRegion2；在【值字段】中选择 county-gdp；【颜色】中选择：选项板等，如图 5.82 所示。

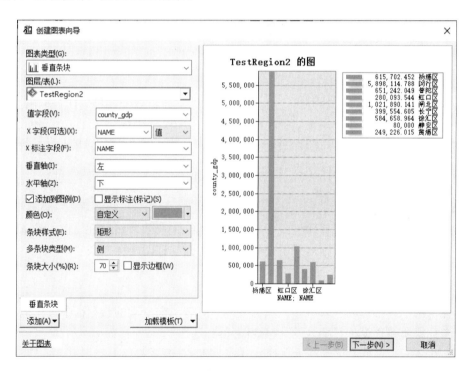

图 5.82　【创建图表向导】对话框

（4）单击【下一步】，继续在【创建图表向导】对话框中填入图表标题【TestRegion2的图】，选中【可见】复选框（图 5.83）。

（5）单击【完成】，完成统计图制作，点击统计图的空白处右键选择【添加到布局】，图被放置在输出地图中。

（6）移动统计图形到合适的位置并调整其大小。

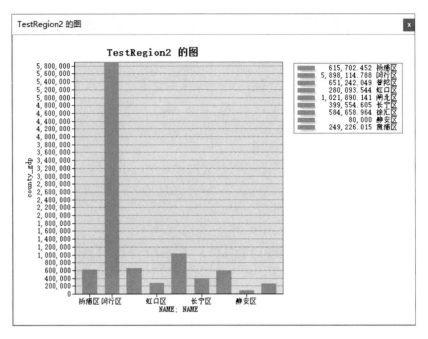

图 5.83　完成后的统计图形

5.2.5　地　图　输　出

编制好的地图通常按两种方式输出：其一，借助打印机或绘图机硬拷贝输出；其二，转换成通用格式的栅格图形，以便于在多种系统中应用。对于硬拷贝打印输出，关键是要选择设置与编制地图相对应的打印机或绘图机；而对于格式转换输出数字地图，关键是设置好满足需要的栅格采样分辨率。

1. 地图打印输出

打印输出首先需要设置打印机或者绘图机及其纸张尺寸，然后进行打印预览，最后打印输出硬拷贝地图。有时则需采用分幅打印或者强制订印两种方式打印。

1）数据视图和布局视图打印

两种视图下，都可以进行打印。数据视图只打印当前活动的数据框中数据的状态，布局视图打印所有数据框和插入的一些地图元素。

（1）在 ArcMap 主菜单选择【文件】|【打印】，打开【打印】对话框。

（2）确认打印机或绘图机型号，如果不正确，单击【设置】。除了设置正确的打印机外，还可以设置纸张大小和地图页面大小。

（3）在【输出质量】中选择打印质量。

（4）单击【确定】按钮，提交打印机打印。

2）将较大的布局调整为适合打印机页

当要打印的布局页面尺寸大于打印机页面时，此时又没有大幅打印机，或者需要生成巨大的墙面挂图时，可以有两种选择（图5.84）：

（1）选择【将地图平铺到打印机纸张上】，地图将被平铺成多个页面进行打印。

（2）选择【缩放地图以适合打印机纸张大小】，地图将以适合打印机纸张的大小进行打印。

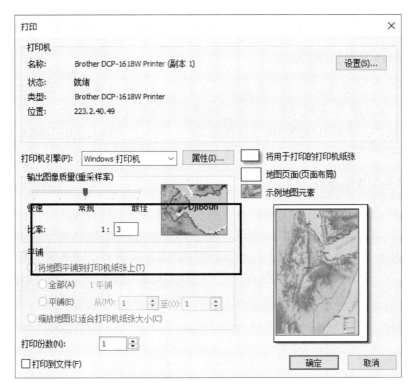

图5.84 打印设置

2. 地图转换输出

ArcMap地图文档是ArcGIS系统的文件格式，不能脱离ArcMap环境来运行，但是ArcMap提供了多种输出文件格式，如EMF、BMP、EPS、PDF、JPG、TIFF以及GIF等，转换以后的栅格或者矢量地图文件就可以在其他环境中应用了。

（1）在ArcMap窗口标准工具条，选择【文件】|【导出地图】，打开【导出地图】对话框。

（2）确定输出文件目录、文件名称（JPEG）、保存类型。

（3）单击【选项】按钮，展开JPEG选项对话框。

（4）进入【常规】选项卡，在【分辨率】微调框中设置输出图形分辨率：300。

（5）进入【格式】选项卡，在【颜色模式】的下拉箭头中选择地图输出的色彩类型。

（6）按下左键拖动JPEG滑动条，调整输出图形质量。

（7）单击【背景色】的下拉箭头，确定输出图形背景颜色。

（8）勾选是否使用渐变色。

（9）单击【保存】，关闭【导出地图】对话框，输出栅格图形文件。

5.2.6　地　图　共　享

在空间数据可视化和地图制图的过程中，很多工作并不是由单一的制图者完成的，而是需要制图者之间的相互合作。同时，一幅完善的地图模板可以有效减少重复性的工作、提高 ArcMap 用户的制图效率。因此，本节将会对地图共享的内容进行初步的介绍。

1. ArcMap 系统的地图模板

打开一个空白 ArcMap 地图，点击左上角【文件】选择【新建】，即可进入【新建文档】对话框（图 5.85）。在对话框的左侧可以看到模板选项中的系统默认模板，用户可以根据制图需要选择合适的地图模板进行制图工作。例如，选择其中的 USA Counties，即可得到图 5.86 的图层。

2. 共享自制地图模板

（1）打开 Chapter5.mdx 工程文件，点击左上角【文件】选择【共享为】中的【地图包】，即可进入【地图包】对话框，在该对话框中，用户可以将自己制作的地图保存为地图模板。其中有两种存储方式，上传至 ArcGIS Online 账户或者直接将地图包保存至本地文件，在本实验中选择将地图包保存为本地文件，路径为 Chapter5.2\南京市区交通图.mpk，这样就可以将设计好的地图文件保存为模板（图 5.87）。

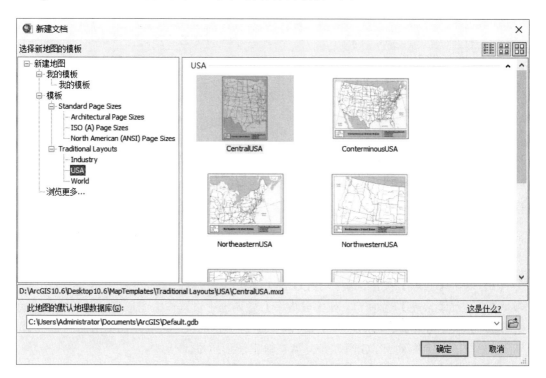

图 5.85　【新建文档】对话框选择所需模板

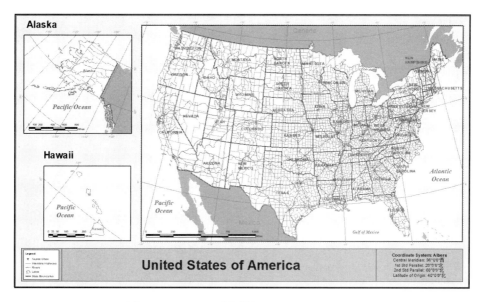

图 5.86　ArcMap 系统模板 USA Counties 展示

图 5.87　对地图包进行打包

（2）点击【地图包】对话框左侧【项目描述】选项卡，对制作好的地图模板添加项目描述，其中摘要、标签和描述是必填选项，目的是方便其他用户更好地了解并使用地图模板（图 5.88）。描述完成之后，点击右上角的【共享】即可完成地图模板的创建。

图 5.88　为地图模板添加描述

5.3　实例与练习　南京市部分地区行政区划图制作

1. 背景

专题地图是突出地表示一种或几种自然现象和社会经济现象的地图。行政区划图表示各级行政区域的划分，反映政府对国界、省界等的标准绘制以及行政区域命名及各类地名的正确表示，是最常用的地图之一。

当确定了一幅地图所包含的数据之后，下一步就是确定地图要素的表示方法，即符号化方法。它是根据数据的属性特征、地图用途和制图比例尺来确定地图要素的表示方法。符号化决定了地图将传递怎样的内容。矢量数据中，无论是点状、线状还是面状要素，都可以依据要素的属性特征采取不同的符号化方法来实现数据的表达。

地图注记是一幅完整地图的有机组成部分，用来说明图形符号无法表达的定量或定性特征，如道路名称、城镇名称等。

坐标格网是地图重要的组成要素，它反映了地图的坐标系统或者地图投影信息。

一幅完整的地图除了上述要素以外，还需要包含与地理数据相关的一系列辅助要素，如图名、图例、比例尺、指北针等。

2. 目的

让读者了解符号化、注记标注、格网绘制以及地图整饰的意义，掌握基本的符号化方法、自动式标注操作以及相关地图的整饰和输出操作，对数字地图制图有初步的认识。

3. 数据

加载南京市部分地区矢量地图（来自互联网），路径为 Chapter5/Chapter_Exercise，其中包含以下内容。

（1）点图层：重点大学（重点大学.shp）。

（2）线图层：地铁线（地铁轻轨_polyline.shp）、铁路（铁路_polyline.shp）、高速公路（高速_polyline.shp）。

（3）面图层：区县界面（县界_region.shp）、水系（水系_region.shp）、岛（岛_region.shp）。

4. 要求

1）数据的符号化显示

（1）加载南京市的区县，并对区县的面数据的边界进一步进行编辑。

（2）对高速公路、地铁轻轨和铁路分别设计线符号进行可视化。

（3）对重点大学选择合适的点符号进行可视化。

2）注记标注

（1）对南京市区的 Name 字段使用自动式标注，标注统一使用黑体样式，大小为 16。

（2）手动标注长江（双线河），使用宋体、斜体、16 号字，字体方向为纵向，使用曲线注记放置。

（3）地铁线使用自动式标注，采用 Country 3 样式。

（4）道路中，对道路的 Class 字段为 GL03 的道路进行标注，字体为宋体，大小为 10。

（5）区县政府使用自动式标注，字体使用宋体，大小为 10。

（6）市政府使用自动式标注，字体为楷体，大小为 14，并将注记放置在符号的上部。

3）绘制格网

采用索引参考格网，使用默认设置。

4）添加图幅整饰要素

（1）添加图例，包括所有字段。

（2）添加指北针，选择 ESRI North 3 样式。

（3）添加比例尺，选择 Alternating Scale Bar 1 样式。

5. 实验步骤

1）数据符号化

（1）打开 ArcMap。

（2）将数据全部加载，图层顺序从上层到下层分别是：重点大学、高速公路、地铁轻轨、铁路、水系、岛、绿地和县界。目的是使地图要素都可以顺利显示并合理地表达地理含义。

（3）在区县界面图层上右键打开【图层属性】对话框。在【标注】中选择字段【标注此图层中的要素】。

（4）在地铁线图层的符号上单击左键，打开【符号选择器】对话框，点击【编辑符号】对地铁符号进行编辑，设置为边缘为黑色的橙色线条（图5.89）。

图5.89　【符号属性编辑器】对话框（1）

（5）在高速公路线图层的符号上单击左键，打开【符号选择器】对话框，点击【编辑符号】对地铁符号进行编辑，设置为底色为黄色的平行三线（图5.90）。

图5.90　【符号属性编辑器】对话框（2）

（6）在铁路线图层的符号上单击左键，打开【符号选择器】对话框，点击【编辑符号】对地铁符号进行编辑，设计为黑白相间的条纹状（图5.91）。

图 5.91　【符号属性编辑器】对话框（3）

（7）在重点大学点图层的符号上单击左键，打开【符号选择器】对话框（图 5.92），点击【编辑符号】对地铁符号进行编辑，设置为红色领带夹。

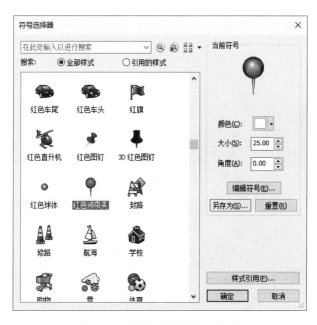

图 5.92　【符号选择器】对话框

（8）将已设置的图层加载在地图中，水系、岛、绿地分别选择合适的颜色，如图 5.93。其中，岛和县界的颜色设置为 RGB 值（248，248，248），只保留县界的边框，其余轮廓设置为【无边框】。点击县界图层，打开【符号编辑器】对话框，点击【编辑符号】，选择【轮廓】，设置县界面图层的轮廓（图 5.94）。

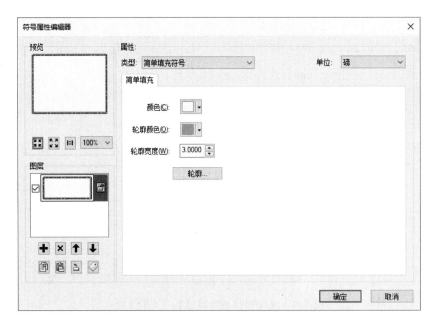

图 5.93 【符号属性编辑器】对话框

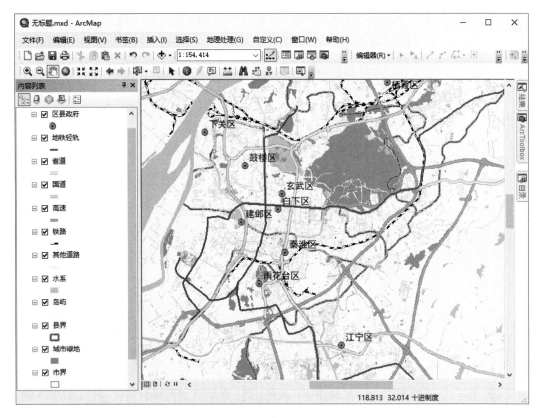

图 5.94 设置完成的符号界面

2）设置格网

（1）打开布局视图，如果布局不符合需要可以通过页面设置来改变图面尺寸和方向，或者通过单击【布局】工具栏上的【更改布局】按钮对布局进行变换 ，应用已有的模板进行设置。

（2）在数据框上右键单击【属性】命令，打开【数据框属性】对话框，进入【格网】选项卡。

（3）单击【新建格网】按钮，打开【格网和经纬网向导】对话框，选择【参考格网】选项，建立索引参考格网。

（4）在【参考系统选择器】中，点击【属性】，选择【参考系统】对话框中的【线】属性卡（图5.95）。

3）添加图幅整饰要素

（1）单击【插入】下的【图例】命令，打开【图例向导】对话框，选择需要放在图例中的字段，由于要素较多，可以使用两列排列图例。单击下一步选择图例的标题名称、标题字体等。

（2）单击下一步设置图例框的属性。设置为黑线白底，放置于地图右下方（图5.96）。

（3）单击下一步改变图例样式。对图例样式进行进一步的设置，使其显示效果更好（图5.97）。

（4）单击完成。将图例框拖放到合适的大小和位置（图5.98）。

（5）单击【插入】下的【指北针】命令，打开【指北针选择器】对话框，选择符合要求的指北针。

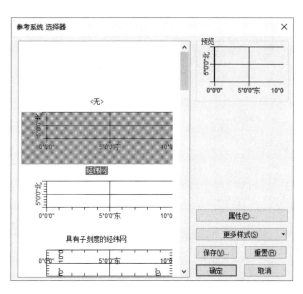

图5.95　【参考系统选择器】对话框

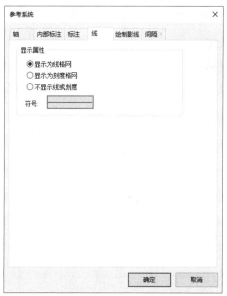

图5.96　【参考系统】对话框

· 211 ·

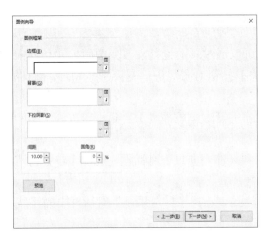

图 5.97　图例边框设置　　　　　　　　　　　图 5.98　图例样式设置

（6）单击【插入】下的【比例尺】命令，打开【比例尺选择器】对话框，选择符合要求的比例尺。

（7）完成整饰要素的添加后，对其位置和大小进行整体调整，以便图面美观简洁（图 5.99）。

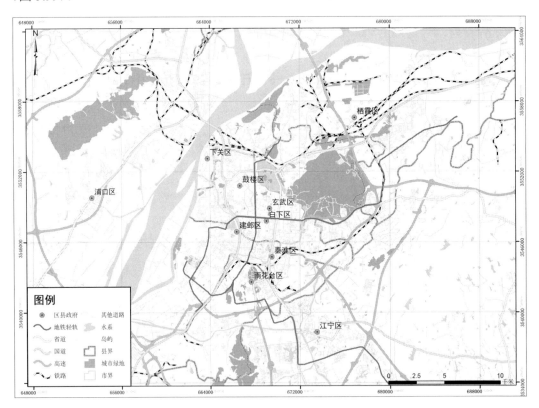

图 5.99　南京市部分地区行政区划图

（8）将设置好的地图文档保存为"NJ_result.mxd"。

第 6 章　GIS 空间分析导论

具有较强的空间分析能力是 GIS 的主要特征，有无空间分析功能是 GIS 与其制图系统相区别的主要标志。空间分析是从空间物体的空间位置、联系等方面去研究空间事物，以对空间事物做出定量的描述。从信息提取的角度来讲，这类分析还不是严格意义上的分析，而是一种描述和说明，是特征的提取、参数的计算。一般地讲，它只回答了"是什么？""在哪里？""有多少？""怎么样？"等问题，但并不回答"为什么？"。空间分析需要复杂的数学工具，其中最主要的是空间统计学、图论、拓扑学、计算几何等，其主要任务是对空间构成的描述和分析。

一般对空间分析的理解是：空间分析是基于地理对象的位置和形态特征的空间数据分析技术，其目的在于提取和传输空间信息；空间分析是地理信息系统的主要特征，同时也是评价地理信息系统功能的主要指标之一；空间分析是各类综合性地学分析模型的基础，为人们建立复杂的空间应用模型提供了基本方法。

6.1　空间分析的数据模型

地理信息系统要对自然对象进行描述、表达和分析，首先要建立合理的数据模型以存储地理对象的位置、属性以及动态变化等信息，合理的数据模型是进行空间分析的基础。这里介绍常见的几种数据模型。

现实世界错综复杂，从系统的角度来看，空间事物或实体的运动状态和运动方式不断发生变化，系统的诸多组成要素之间存在着相互制约、相互作用的依存关系，表现为人口、质量、能量、信息、价值的流动和作用，反映不同的空间现象和问题。为了控制和调节空间系统的物质流、能量流和人口流等，使之转移到期望的状态和方式，实现动态平衡和持续发展，人们开始考虑在建立数据模型表达现实世界的基础上，对其诸多组成要素的空间状态、相互依存关系、变化过程、相互作用规律、反馈规律、调制机理等进行数字模拟和动态分析，客观上为地理信息系统提供良好的应用环境和重要发展动力。

空间分析是基于地理对象的位置和形态特征的空间数据分析技术。空间分析方法必然要受到空间数据表示形式的制约和影响。因此，在进行空间分析时，就不能不考虑空间数据模型。从数据结构层面讲，空间数据模型通常分为矢量数据模型和栅格数据模型两大基本类别。如果考虑维度和其他特殊需求，其还包括三维、时空维等多维度数据模型。在 ArcGIS 中，几乎所有的数据模型都可以视为矢量或栅格类型，其中矢量数据模型一般又称为要素模型。

6.1.1　栅格数据模型

在栅格数据模型中，地理空间被划分为规则单元（像元），空间位置由像元的行列号表示。像元的大小反映数据的分辨率，空间物体由若干像元隐含描述。例如，一条道路由值为道路编码值的一系列相邻的像元表示，要从数据库中删除这条道路，则必须将所有有关像元的值改为该条道路的背景值。栅格数据模型的设计思想是将地理空间看成一个连续的整体，在这个空间中处处有定义。

栅格结构以规则阵列表示空间地物或现象分布的数据组织，组织中的每个数据表示地物或现象的非几何属性特征。在栅格结构中，点用一个栅格单元表示；线状地物则用沿线走向的一组相邻栅格单元表示，每个栅格单元最多只有两个相邻单元在线上；面或区域用记有区域属性的相邻栅格单元的集合表示，每个栅格单元可有多于两个的相邻单元同属一个区域。任何以面状分布的对象（土地利用、土壤类型、地势起伏、环境污染等）都可以用栅格数据逼近。遥感影像就属于典型的栅格结构，每个像元的数字表示影像的灰度等级。

栅格结构的显著特点是：属性明显，定位隐含，即数据直接记录属性的指针或属性本身，而所在位置则根据行列号转换为相应的坐标给出，即定位是根据数据在数据集中的位置得到的。由于栅格结构是按一定的规则排列的，所表示实体的位置很容易隐含在网格文件的存储结构中。在后面讲述栅格结构编码时可以看到，每个存储单元的行列位置可以方便地根据其在文件中的记录位置得到，且行列坐标可以很容易地转为其他坐标系下的坐标。

在栅格文件中每个代码本身明确地代表了实体的属性或属性的编码，如果为属性的编码，则该编码可作为指向实体属性表的指针。图 6.1 表示一个代码为 6 的点实体，一条代码为 9 的线实体，一个代码为 7 的面实体。由于栅格行列阵列容易被计算机存储、操作和显示，因此这种结构容易实现，算法简单，且易于扩充、修改，也很直观，特别是易于同遥感影像结合处理，从而给地理空间数据处理带来了极大的方便，受到普遍欢迎。

栅格结构表示的地表是不连续的，是量化和近似离散的数据。在栅格结构中，地表被分成相互邻接、规则排列的矩形方块（特殊情况下也可以是三角形或菱形、六边形等），每个方块与一个栅格单元相对应。栅格数据的比例尺就是栅格大小与地表相应单元大小之比。在许多栅格数据处理时，常假设栅格所表示的量化表面是连续的，以便使用某些连续函数。由于栅格结构对地表的量化，在计算面积、长度、距离、形状等空间指标时，若栅格尺寸较大，则会造成较大的误差，同时由于在一个栅格的地表范围内，可能存在多于一种的地物，而表示在相应的栅格结构中常只能是一个代码。这类似于遥感影像的混合像元问题，如 Landsat MSS 卫星影像单个像元对应地表 79 m×79 m 的矩形区域，影像上记录的光谱数据是每个像元所对应的地表区域内所有地物类型的光谱辐射的总和效果。因而，这种误差不仅有形态上的畸变，还可能包括属性方面的偏差。虽然栅格数据模型在表示空间要素的精确位置时有缺点，但在诸多算法中，栅格可以看成行与列的矩阵，其单元值储存为二维数组。常用的编程语言易于处理数组变量，栅格数据模型对于数据的操作、集合和分析比矢量数据模型容易。

6.1.2 矢量数据模型

矢量数据模型将地理空间看成一个空间区域，地理要素存在于其间。在矢量数据模型中，各类地理要素根据其空间形态特征分为点、线、面三类，对实体实施位置显式、属性隐式的描述。

点实体包括由单独一对 (x, y) 坐标定位的一切地理或制图实体。在矢量数据结构中，除点实体的 (x, y) 坐标外，还应存储其他一些与点实体有关的数据来描述点实体的类型、制图符号和显示要求等。点是空间上不可再分的地理实体，可以是具体的也可以是抽象的，如地物点、文本位置点或线段网络的结点等，如果点是一个与其他信息无关的符号，则记录时应包括符号类型、大小、方向等有关信息；如果点是文本实体，则记录的数据应包括字符大小、字体、排列方式、比例、方向以及与其他非图形属性的联系方式等信息。对其他类型的点实体也应做相应的处理。

线实体用其中心轴线（或侧边线）上的抽样点坐标串表示其位置和形状；线实体可以定义为直线元素组成的各种线性要素，直线元素由两对以上的 (x, y) 坐标定义。最简单的线实体只存储它的起止点坐标、属性、显示符等有关数据。

面实体用范围轮廓线上的抽样点坐标串表示位置和范围，多边形面（有时称为区域）数据是描述地理空间信息最重要的一类数据。在区域实体中，具有名称属性和分类属性的，多用多边形表示，如行政区、土地类型、植被分布等；具有标量属性的有时也用等值线描述（如地形、降水量等）。

6.1.3　矢量和栅格数据模型的区别与联系

图 6.1 为地理数据模型示意图，其中图 6.1（a）为图形模拟表示的地理对象；图 6.1（b）为该空间对象对应的栅格数据模型表示；图 6.1（c）为对应的矢量模型表示。栅格数据模型和矢量数据模型是描述地理现象最常见、最通用的数据模型。

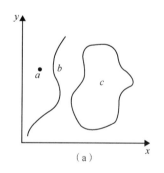

0	0	0	0	9	0	0	0
0	0	0	9	0	0	0	0
0	0	0	9	0	7	7	0
0	0	0	9	0	7	7	0
0	6	9	0	7	7	7	7
0	9	0	0	7	7	7	7
0	9	0	0	7	7	7	0
9	0	0	0	0	0	0	0

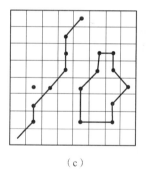

（a）　　　　　　　　　　（b）　　　　　　　　　　（c）

图 6.1　地理数据模型示意图

栅格数据与矢量数据的最大区别是前者用元子空间充填集合表示，后者用点串序列表示边界形状及分布。因此，栅格数据面向空间的数据结构在布尔运算、整体操作特征计算及空间检索方面有着明显的优势，而矢量数据面向目标的数据结构则很容易实现模型生成、目标显示及几何变换。鉴于栅格与矢量两种数据结构的优劣互补性，研究栅格矢量一体化数据结构已成为新一代 GIS 软件开发的基础。

6.1.4　时空数据模型

时空数据模型（spatio-temporal data model），简称时空模型，主要用于表达地理现象或实体的特征或相互关系随时间变化的动态过程和静态结果。在时空数据模型中，空间、时间和属性构成了地理现象或对象的三个基本要素。常用的时空数据模型有时空棱柱和时空立方体。时空棱柱（space-time prism）是对具有时空特征的行为轨迹定量化表达的典型方法，以人的活动轨迹为例，如果以 xy 轴作为二维空间，z 轴作为时间，则一条随时间轴持续向上延伸、随不同的活动行为在二维空间游离的时空路径便能够形象地表达行为个体的时空行为。时空立方体（space-time cube）模型则以三维的欧几里得空间为基础，以 xy 轴为二维空间，采用 z 轴表示时间维度（T 轴），并以指定边长的立方体作为最小划分单元，立方体在 xy 方向上的长度作为二维空间的单位距离，立方体在 T 轴方向上的长度表示单位时间，如图 6.2 所示。由于以 z 轴为时间轴的时空立方体模型被所有的单位立方体所占据，这意味着在任何位置的任何时间，都可以找到与之对应的单位立方体。因此，它属于连续型时空数据模型。

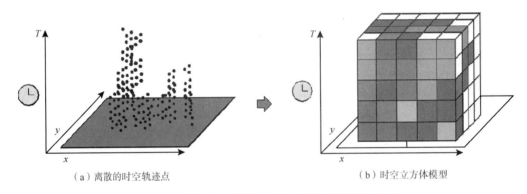

（a）离散的时空轨迹点　　　　　　　　　（b）时空立方体模型

图 6.2　连续型时空模型对时空数据的典型表达方式

6.2　GIS 空间分析的基本原理与方法

根据空间对象的不同特征可以运用不同的空间分析方法，其核心是根据描述空间对象的空间数据分析其位置、属性、运动变化规律以及与周围其他对象的相关制约、相互影响关系。不同的空间数据模型有其自身的特点和优点，应基于不同的数据模型使用不同的分析方法。

6.2.1　栅格数据分析模式

栅格数据由于自身数据结构的特点，在数据处理与分析中通常将线性代数的二维数字矩阵分析法作为数据分析的数学基础，其具有自动分析处理较为简单、模式化很强的特征。一般来说，栅格数据的分析处理方法可以概括为综合与聚类分析、复合分析、追踪分析、窗口分析、统计与量算等几种基本的分析模式。以下分别对这几种模式进行简要的描述与讨论。

1. 栅格数据的综合与聚类分析

栅格数据的综合与聚类分析均是指一个单一层面的栅格数据系统经某种变换而得到一个具有新含义的栅格数据系统的数据处理过程。也有人将这种分析方法称为栅格数据的单层面派生处理法。

栅格数据的综合分析是指依据一定的规则，通过扩展、收缩、滤波和像元合并等操作，实现空间地域的兼并或地域边界的平滑等目标。栅格数据的聚类分析是根据设定的聚类条件，对原有数据系统进行有选择的信息提取而建立新的栅格数据系统的方法。栅格数据的综合与聚类分析处理方法在数字地形模型及遥感图像处理中的应用十分普遍。例如，由数字高程模型转换为数字高程分级模型便是空间数据的综合，而从遥感数字图像信息中提取其一地物的方法则是栅格数据的聚类。图 6.3 为聚合和扩展两种栅格综合方法的实现逻辑示意图。

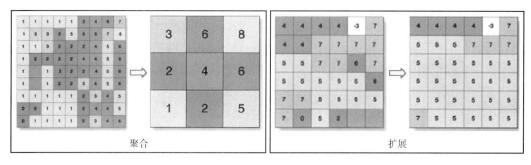

图 6.3　聚合和扩展两种栅格综合方法的实现逻辑示意图

2. 栅格数据的复合分析

栅格数据的复合分析能够极为便利地进行同地区多层面空间信息的自动复合叠置，是栅格数据一个突出的优点。正因为如此，栅格数据常被用来进行区域适应性评价、资源开发利用、规划等多因素分析研究工作。在数字遥感图像处理工作中，利用该方法可以实现不同波段遥感信息的自动合成处理；还可以利用不同时间的数据信息进行某类现象动态变化的分析和预测。因此，该方法在计算机地学制图与分析中具有重要的意义。

例如，利用土壤侵蚀通用方程式计算土壤侵蚀量时，就可利用多层面栅格数据的函数运算复合分析法进行自动处理。一个地区土壤侵蚀量的大小是降雨（R）、植被覆度（C）、坡度（S）、坡长（L）、土壤抗蚀性（SR）等因素的函数，逐栅格的复合分析运算如图 6.4 所示。

类似这种分析方法在地学综合分析中具有十分广泛的应用前景。只要得到对于某项事物关系及发展变化的函数关系式，便可运用以上方法完成各种人工难以完成的极其复杂的分析运算，这也是目前信息自动复合分析法受到广泛应用的原因。值得注意是，信息的复合分析法只是处理地学信息的一种手段，而其中各层面信息关系模式的建立对分析工作的完成及分析质量的优劣具有决定性作用。这往往需要经过大量的试验和总结研究，而计算机自动复合分析法的出现也为获得这种关系模式创造了有利的条件。

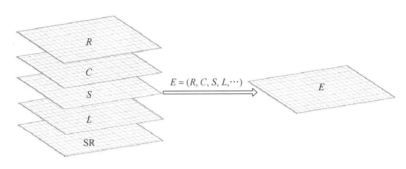

图6.4　复合分析运算示意图

3. 栅格数据的追踪分析

栅格数据的追踪分析指对于特定的栅格数据系统，由某一个或多个起点，按照一定的追踪线索追踪目标或者追踪轨迹信息提取的空间分析方法。如图 6.5 所示，栅格数据所记录的是地面点的高程值，根据地面水流必然向最大坡降方向流动的基本追踪线索，可以得出在以上两个点位地面水流的基本轨迹。此外，追踪分析法在扫描图件的矢量化、利用数字高程模型自动提取等高线、污染源的追踪分析等方面都发挥着十分重要的作用。

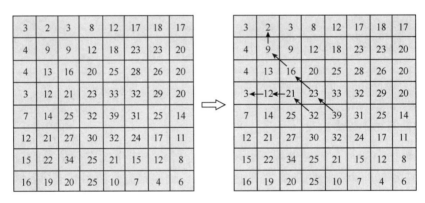

图6.5　追踪分析示意图

4. 栅格数据的窗口分析

地学信息除了在不同层面的因素之间存在着一定的制约关系之外，还表现在空间上存在着一定的关联性。对于栅格数据所描述的某项地学要素，其中的（I, J）栅格往往会影响其周围栅格的属性特征。准确而有效地反映这种事物空间上联系的特点，也必然是计算机地学分析的重要任务。窗口分析是指对于栅格数据系统中的一个、多个栅格点或全部数据，开辟一个有固定分析半径的分析窗口，并在该窗口内进行诸如极值、均值等一系列统计计算，或与其他层面的信息进行必要的复合分析，从而实现栅格数据有效的水平方向扩展分析。

按照分析窗口的形状，可以将分析窗口划分为以下类型，如图 6.6 所示。

（1）矩形窗口：以目标栅格为中心，分别向周围八个方向扩展一层或多层栅格。

（2）圆形窗口：以目标栅格为中心，向周围作等距离搜索区，构成圆形分析窗口。

（3）环形窗口：以目标栅格为中心，按指定的内外半径构成环形分析窗口。

（4）扇形窗口：以目标栅格为起点，按指定的起始与终止角度构成扇形分析窗口。

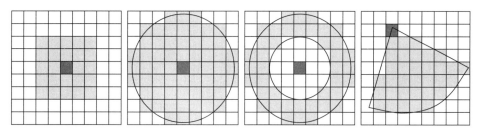

图 6.6　分析窗口示意图

在对具体问题分析的过程中，不限于以上几种类型的窗口，读者可以根据自己的需要设计分析窗口。

5. 栅格数据统计与量算

了解一组栅格数据的整体特征和态势时，通常需要对其进行统计分析。例如，对于一幅 DEM，统计分析其最大高程、最小高程、平均高程以及某给定高程出现的频率，即可对数据有整体的了解。统计分析的目的是了解数据分布的趋势或者通过对趋势的了解回归拟合出某些空间属性之间的关系，以把握空间属性之间的关系和规律。栅格数据常规的统计分析主要指对数据集合的最大值、最小值、均值、中值、总和、方差、频数、众数、范围等参数进行分析。空间信息的自动化量算是地理信息系统的重要功能，也是进行空间分析的定量化基础。栅格数据模型由于自身的特点很容易进行类似面积和体积等属性的量算。例如，基于在 DEM 计算某种属性地形所占的面积，只需统计出这种属性地形所占的栅格数乘以栅格单元面积即可；要求某一区域的体积，只需把对应栅格的高程累加即可，这样计算快捷方便，其在工程土方计算、水库库容估算等方面经常被使用。

6.2.2　矢量数据分析方法

与栅格数据分析处理方法相比，矢量数据一般不存在模式化的分析处理方法，而表现为处理方法的多样性与复杂性。以下选择几种最为常见的分析类型，说明矢量数据分析处理的基本原理与方法。

1. 矢量数据包含分析

确定要素之间是否存在直接的联系，即矢量点、线、面之间是否存在空间位置上的联系，这是地理信息分析处理中常要提出的问题，也是在地理信息系统中实现图形、属性对位置检索的前提条件与基本的分析方法。例如，在计算机屏幕上用鼠标点击对应的点状、线状或面状图形，查询其对应的属性信息；或确定点状居民地与线状河流或面状地类之间的空间关系（如是否相邻或包含），都需要利用矢量数据的包含分析与数据处理方法。

在包含分析的具体算法中，点与点、点与线的包含分析一般先计算点到点、点到线之间的距离，然后利用最小距离阈值判断是否包含。点与面之间的包含分析，可以通过铅垂线算法来解决。

利用包含分析方法，还可以解决地图的自动分色、地图内容从面向点的制图综合、面状数据从矢量向栅格格式的转换，以及区域内容的自动计数（如在某个设定的森林砍伐区内，某一树种的棵数）等。

2. 矢量数据的缓冲区分析

缓冲区分析是根据数据库的点、线、面实体，自动在其周围建立一定宽度范围的缓冲多边形实体，从而使空间数据在水平方向得以扩展的信息分析方法，如图 6.7 所示。点、线、面矢量实体的缓冲区表示该矢量实体某种属性的影响范围，它是地理信息系统重要的和基本的空间操作功能之一。例如，城市的噪声污染源所影响的一定空间范围、交通线两侧所划定的绿化带，即可分别描述为点的缓冲区与线的缓冲带。而多边形面域的缓冲带有正缓冲区与负缓冲区之分，多边形外部为多边形正缓冲区，内部为负缓冲区。

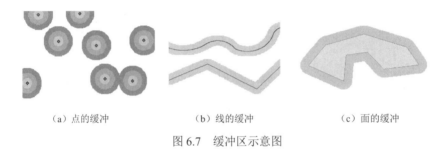

（a）点的缓冲 　　　　（b）线的缓冲 　　　　（c）面的缓冲

图 6.7　缓冲区示意图

建立好缓冲区后，可以与其他图层叠加，进行空间统计、叠置分析等分析操作，以解决实际问题。

3. 多边形叠置分析

多边形叠置分析是指同一地区、同一比例尺的两组或两组以上的多边形要素的数据文件进行叠置。参加叠置分析的两个图层都应是矢量数据结构。若需进行多层叠置，也是两两叠置后再与第三层叠置，以此类推。其中，被叠置的多边形为本底多边形，用来叠置的多边形为上覆多边形，叠置后产生具有多重属性的新多边形。

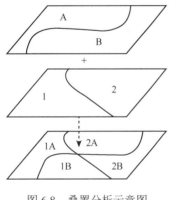

图 6.8　叠置分析示意图

其基本的处理方法是，根据两组多边形边界的交点来建立具有多重属性的多边形或进行多边形范围内的属性特性的统计分析。叠置的目的是通过区域多重属性的模拟，寻找和确定同时具有几种地理属性的分布区域，按照确定的地理指标，对叠置后产生的具有不同属性的多边形进行重新分类或分级；或者是计算一种要素（如土地利用）在另一种要素（如行政区域）的某个区域多边形范围内的分布状况和数量特征，提取某个区域范围内某种专题内容的数据，如图 6.8 所示。

多边形叠置分析应用广泛，诸多地理信息系统中都具备多边形叠置分析的功能。

4. 矢量数据的网络分析

网络分析的主要用途是：选择最佳路径、最佳布局中心以及网络流分析。最佳路径是指从起点到终点的最短距离或花费最少的路线。如图 6.9 所示，最佳布局中心位置是指各中心所覆盖的范围内任一点到中心的距离最近或成本花费最少；网流量是指网络上从起点到终点的某个函数，如运输价格、运输时间等。

网络分析先要建立网络路径的拓扑关系和路径信息属性数据库，即要知道路径在网络中如何分布和经过每一段路径需要的

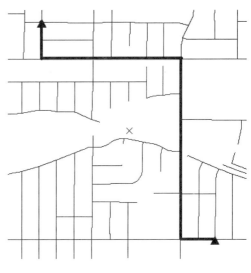

图 6.9　两点间最佳路径

成本值，才能进行后续分析。网络分析的基本思想为人类活动总是趋向于按一定目标选择达到最佳效果的空间位置。这类问题在生产、社会、经济活动中不胜枚举，研究此类问题具有重大意义。

图 6.10　泰森多边形示意图

5. 泰森多边形分析

荷兰气候学家 A. H. Thiessen 提出了一种根据离散分布的气象站的降水量来计算平均降雨量的方法。该方法是将所有相邻气象点连接成三角形，做这些三角形各边的垂直平分线，于是每个气象站周围的若干垂直平分线围成一个多边形，如图 6.10 所示。用这个多边形内所包含的唯一的气象站的降雨强度来代表这个多边形区域的降雨强度，并称这个多边形为泰森多边形。泰森多边形每个顶点是每个三角形的外接圆圆心。泰森多边形也称为 Voronoi 图或者 Dirichlet 图。泰森多边形的特性是：每个泰森多边形内仅含有一个离散点数据；泰森多边形内的点到相应离散点的距离最近；位于泰森多边形边上的点到其两边的离散点的距离相等。泰森多边形可用于定性分析、统计分析、邻近分析等，是某些空间分析一个有用的工具。

6. 矢量数据的量算

矢量数据的量算主要是关于几何形态量算，对于点、线、面、体 4 类实体而言，其含义是不同的。点状对象的量算主要指对其位置信息的量算，如坐标；线状对象的量算包括其长度、方向、曲率、中点等方面的内容；面状对象的量算包括其面积、周长、重心等；体状对象的量算包括表面积、体积的量算等。

6.2.3 空间统计分析

统计分析是空间分析的主要手段，贯穿于空间分析的各个主要环节。空间统计分析是建立在概率论与数理统计基础上的地理数学方法，适用于对各种随机现象、随机过程和随机事件的处理。几乎所有的地学现象、地学过程和地学事件都具有一定随机性，这是由地学对象的复杂性决定的。地学现象的随机性是空间统计方法应用的基础。

空间统计分析包括空间数据的统计分析及数据的空间统计分析。前者着重于空间物体和现象的非空间特性的统计分析，即用传统的统计方法分析数据及其属性的统计特征或建立数学统计模型，如数据的分级分区统计、密度估计与趋势面拟合等。因此，这种空间统计分析与一般数据的统计分析差别不大，但是对结果的解释需要依赖于地理空间。

数据的空间统计分析则是直接从空间物体的空间位置及其联系等方面出发，研究既具有随机性又具有结构性，或具有空间相关性和依赖性的自然现象。凡是与空间数据的结构性和随机性或空间相关性和依赖性或空间格局与变异有关的研究，对这些数据进行最优无偏内插估计，或模拟这些数据的离散性、波动性，都是数据的空间统计分析的研究内容。它既考虑到样本值的大小，又重视样本空间位置及样本间的距离，如检验数据的分布、度量空间自相关、度量空间分布特征与模式，以及地理加权回归等空间关系建模。空间统计表现方式也多种多样，有列表、直方图、云图、回归曲线等。

空间数据往往是根据用户要求所获取的采样点观测值，如地面高程、土地肥力等。这些点的分布一般是不规则、不连续的，在用户感兴趣或模型复杂区域采样点可能多，反之则少。采样获得的数据一般是研究因素在某点的具体数值，是空间的矢量点数据。研究区域某空间因子采样的个数是有限的，不可能布满整个研究区域。当用户需要对未采样点的数值准确了解时，希望能根据已知采样点的信息对附近未知点的属性进行预测或估计，这就导致空间内插技术的诞生。在已存在观测点的区域范围之内估计未观测点的特征值的过程称为内插；在已存在观测点的区域范围之外估计未观测点的特征值的过程称为外插或推估。插值方法大都是基于矢量点数据，但也有线插值和面插值的概念和方法。

内插的目的是根据已知点的属性合理推断和预测附近未知点的属性，如图 6.11 所示，由点数据内插形成表面，得到面上任意点的值（以样条插值为例）。内插的方法有若干种，各自有其特点和不足，常用的有反距离权插值、样条插值和克里格插值。根据具体问题的特征，选择适当的插值方法进行插值，才可能对未知点的属性有较为准确的预测和反映。

6.2.4 三维空间分析

栅格和矢量数据模型都可以进行三维分析，矢量数据模型三维分析方法主要是基于数学分析和图论的思想，栅格数据以矩阵计算为理论基础进行分析。

图 6.11　内插生成表面

二维和三维的本质区别在于数据分布的范围，空间实体的描述在几何坐标上增加第三维的信息——垂向坐标信息。利用基础地形数据生成三维地形透视图，模拟仿真实地环境，并在此基础上进行三维空间分析，是基于高程信息的三维分析的主要内容之一。三维空间分析主要包括三维几何参数计算、地形因子提取、地形剖面图绘制、可见性分析、地形三维可视化等，图 6.12 为三维地形表面可视化效果。第三维信息也可以是降水量、温度、污染物浓度、密度等信息，其进一步扩展了三维空间分析的应用领域，如降水分析、土壤酸碱度分析、气温分析、可视域分析、水文分析等。

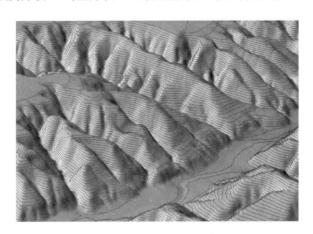

图 6.12　地形的三维显示与分析

此外，面向矢量三维数据的拓扑分析也是三维空间分析的重要内容，包括三维叠加分析、三维缓冲分析、三维邻域分析等。

6.3　ArcGIS 空间分析模块和功能

强大的空间分析功能是 ArcGIS 10 的特点与核心之一。ArcGIS 在社会公共安全与应急服务、国土资源管理、遥感、智能交通系统建设、水利、电力、石油、国防、公共医疗卫生、电信等方面和领域都有广泛的应用。无论是栅格数据还是矢量数据，无论低维的点、线、面对象还是三维动态对象，都可以通过其空间分析功能得到较为理想的结果。空间分析模块是运用 ArcGIS10 进行空间分析的主要模块，但并不包括 ArcGIS 10 的所有空间分析功能，其他的一些模块可以帮助用户进行专题性较强、较有特色的空间分析，如统计分析模块、三维分析模块等。

　　ArcGIS 10 的空间分析功能主要包括空间分析模块、3D 分析模块、空间统计分析模块、时空分析模块、网络分析模块和跟踪分析模块等，如图 6.13 所示。需要注意的是，一些模块被划分为多个子模块，并通过不同的工具箱对这些模块进行组织和管理。例如，空间分析模块，提供了面向矢量数据分析的分析工具箱，同时还提供了主要面向栅格数据生成、分析的 Spatial Analyst 工具箱。空间统计分析模块包括面向对象数据模型的空间统计分析工具箱和面向场数据模型的地统计分析（geostatistical analyst）工具箱。网络分析模块包含分别面向传输网络和效用网络分析的工具箱。空间分析功能的实现，各模块具有各自的特点和优势，以下几章将进行详细介绍，这里就其能够实现的功能和特点做一简要的说明。

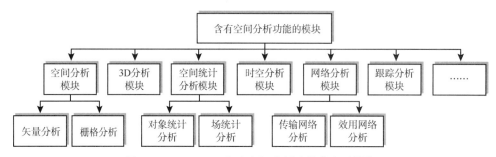

图 6.13　ArcGIS 10 包含空间分析功能的主要模块

　　ArcGIS Spatial Analyst 模块是 ArcGIS Desktop 中一组全面的高级空间建模和空间分析工具，ArcGIS Spatial Analyst 空间分析模块可以进行：①距离分析；②密度分析；③寻找适宜位置；④寻找位置间的最佳路径；⑤距离和路径成本分析；⑥基于本地环境、邻域或待定区域的统计分析；⑦应用简单的影像处理工具生成新数据；⑧对研究区进行基于采样点的插值；⑨进行数据整理以方便进一步的数据分析和显示；⑩栅格矢量数据的转换；⑪栅格计算、统计、重分类等。

　　ArcGIS Spatial Analyst 集成在 ArcGIS Desktop 地理数据处理环境中，对一些复杂问题的分析解决比以往更加容易。地理数据处理模型不仅易于创建和执行，而且是独立存档的，便于迅速理解所进行的空间分析处理。

　　ArcGIS 3D Analyst 扩展模块提供了一组功能全面的工具集，其中包含的丰富工具可完成各种任务，能够对表面数据进行高效率的可视化和分析。ArcGIS 3D Analyst 地理处理工具可以创建并修改不规则三角网（TIN）、栅格和 terrain 表面，然后从这些对象中提取信息和要素。可使用 ArcGIS 3D Analyst 分析工具集执行以下操作：将 TIN 转换为要素和栅格；通过提取高度信息，从功能性表面创建 3D 要素；从栅格插入信息；以数学方式处理栅格；对栅格进行重新分类；从 TIN 和栅格获取高度、坡度、坡向和体积信息。ArcGIS 3D Analyst 模块添加了两个专用的三维可视化应用程序：ArcSceneTM 和 ArcGlobeTM。ArcScene 允许用户制作具有透视效果的场景，在这个场景中可以对地理信息系统数据进行浏览和交互。ArcGlobe 提供在标准计算机硬件上对巨型三维栅格、地形和矢量数据集进行实时漫游和缩放,在此过程中基本不会感觉到速度上的问题。图 6.14 左、图 6.14 右所示分别为在 ArcMap 中和 ArcScene 中的地形可视化效果。

图 6.14　三维表面漫游和查询

空间统计分析模块中的 ArcGIS Geostatistical Analyst 模块是 ArcGIS Desktop 的一个扩展模块,它为探测空间数据、确定数据异常、优化预测、评价预测的不确定性和生成数据面等工作提供各种各样的工具,主要用于研究数据可变性、查找不合理数据、检查数据的整体变化趋势、分析空间自相关和多数据集之间的相互关系以及利用各种地统计模型和工具来做预报、预报标准误差、计算大于某一阈值的概率和分位图绘制等工作。ArcGIS Geostatistical Analyst 是一个完整的工具包,它可以实现空间数据预处理、地统计分析、等高线分析和后期处理等功能,同样包含交互式的图形工具,这些工具带有为缺省模型设计的稳定性参数,可帮助初学者快速掌握地统计分析。

Spatial Statistic Tools 主要用于数据的空间统计与空间建模。其包括度量数据空间分布的统计量,如平均中心、中心要素、标准差椭圆等;空间分布模式的度量,如判断空间分布的集聚性与离散性、局部冷热点、分组分析等;空间关系的建模与探测,如地理加权回归、普通最小二乘法等。

Space-Time Pattern Mining Tools 工具箱用于构建、分析和可视化时空数据。其主要提供了基于时空数据构建时空立方体的工具,还提供了基于所构建的时空立方体分析其时空自相关模式的工具,此外,也提供了对时空立方体和时空模式分析结果进行可视化的工具。

Network Analyst 可以创建和管理复杂的网络数据集合,进行行车时间分析、点到点的路径分析、路径方向、服务区域定义、最短路径、最佳路径、邻近设施、起始点目标点矩阵等分析,可以解决诸如寻找最高效的旅行路线、生成旅行向导,或者发现最邻近设施等实际问题。

Tracking Analyst 提供时间序列的回放和分析功能,可以帮助显示复杂的时间序列和空间模型,并且有助于在 ArcGIS 系统中与其他类型的 GIS 数据集成时相互作用。其还可以完成以下功能:回放历史数据、基于一定原理的制图、数据中的时间模型、在 GIS 系统中积分时间数据、平衡现有的 GIS 数据来创建时间序列可视化、创建分析历史数据和实时数据变化的图表等。

Arc Hydro Tools 水文分析模块通过模拟地表水文过程，提供水流方向、集水网络、子流域划分、坡面信息等一系列面向水文模型的基本地形信息。

ArcGIS 中还有若干包含有某种空间分析功能的模块，如地理编码、逻辑示意图、空间统计、多维分析、宗地结果等，在此不一一列举。本书在第 7～第 11 章着重对上述提到空间分析模块的主要功能、使用方法以及其空间分析的原理进行详细的说明和介绍。

第7章 矢量数据的空间分析

矢量数据模型把 GIS 数据组织成点、线、面、体等几何对象的形式，可以较好地表示有确定位置与形状的离散要素。不同于栅格数据，矢量数据一般不存在模式化的分析处理方法，而表现为处理方法的多样性和复杂性。三维要素分析将在第 9 章进行介绍，本章主要集中于对 ArcGIS 中邻域分析、叠置分析、网络分析以及追踪分析等矢量数据空间分析方法的介绍。

7.1 邻 域 分 析

矢量数据的邻域分析或是确定要素邻近范围，或是识别彼此间最接近的要素，又或是计算各要素之间的距离。在 ArcGIS 中，基于要素的邻域分析工具主要位于邻域（proximity）分析工具箱和缓冲向导（buffer wizard）。

7.1.1 缓 冲 区

缓冲区（buffer）是对一组或一类地图要素（点、线或面）按设定的距离条件，围绕这组要素而形成具有一定范围的多边形实体，从而实现数据在二维空间扩展的信息分析方法。缓冲区常用于表示要素周围受保护的或较为重要的区域。例如，在公路外以 10 m 为距离建立的缓冲区用于表示噪声的影响范围，住宅区应尽量建立在该缓冲区之外。

在 ArcGIS 中，有两种方式可以建立缓冲区：一种是利用自定义命令中的缓冲向导；另一种是利用邻域分析工具箱中的缓冲区工具，包括缓冲区、多环缓冲区（multiple ring buffer）和图形缓冲（graphic buffer）。

1. 基本概念

从数学的角度来看，缓冲区是给定空间对象或集合后获得的它们的邻域。邻域的大小由邻域的半径或缓冲区建立条件来决定。因此，对于一个给定的对象 A，它的缓冲区可以定义为

$$P = \{x \mid d(x, A) \leqslant r\}$$

式中，d 为欧氏距离，也可以是其他的距离；r 为邻域半径或缓冲区建立的条件。

缓冲区建立的形态多种多样，主要依据缓冲区建立的条件来确定。常用的点缓冲区有圆形、环形等；线缓冲区有双侧对称、双侧不对称或单侧缓冲区等形状；面缓冲区有内侧和外侧缓冲区。不同形态的缓冲区可满足不同的应用要求。点状要素、线状要素和面状要素的缓冲区示意图如图 7.1 所示。

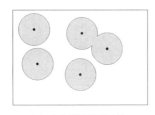

| （a）点状要素的缓冲区 | （b）线状要素的缓冲区 | （c）面状要素的缓冲区 |

图 7.1　点状要素、线状要素和面状要素的缓冲区

2. 缓冲区的建立

缓冲区的建立相对简单。点状要素直接以该点为圆心，以要求的缓冲区距离大小为半径绘圆，所包容的区域即所要求的区域，因为是在一维区域里，所以对于点状要素较为简单；线状要素和面状要素则相对复杂，它们缓冲区的建立是以线状要素或面状要素的边线为参考线作其平行线，并考虑端点处的建立原则，最终生成缓冲区，但在实际中处理起来要复杂得多，主要有以下两种方法。

1）角平分线法

首先对边线作平行线，然后在线状要素的首尾点处，作其垂线并按缓冲区半径 r 截出左右边线的起止点。在其他折点处，用与该点相关联的两段相邻线段的平行线的交点来确定（图 7.2）。

该方法的缺点是在折点处无法保证双线的等宽性，而且当折点处的夹角越大时，d 的距离就越大，误差也就越大，所以要有相应的补充判别方案来进行校正处理。

2）凸角圆弧法

首先对边线作平行线，然后在线状要素的首尾点处，作其垂线并按缓冲区半径 r 截出左右边线的起止点，然后以 r 为半径，分别以首尾点为圆心，以垂线截出的起止点为圆的起点和终点作半圆弧。在其他折点处，首先判断该点的凹凸性，在凸侧用圆弧弥合，在凹侧用与该点相关联的两段相邻线段平行线的交点来确定（图 7.3）。

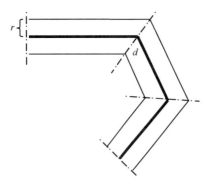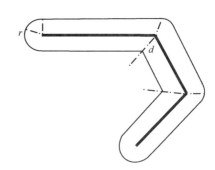

图 7.2　角平分线法　　　　　　　　图 7.3　凸角圆弧法

该方法在理论上保证了等宽性，减少了异常情况的发生概率，在计算机中利用该算法自动建立缓冲区时，对凹凸点的判断是非常重要的，要利用矢量空间直角坐标系的方法来进行判断处理。

在 ArcGIS 中建立缓冲区的方法是基于生成多边形来实现的，它根据给定的缓冲区距离，在点状、线状和面状要素的周围形成缓冲区多边形图层。下面介绍在 ArcGIS 中利用邻域分析工具箱中的缓冲区和多环缓冲区工具建立缓冲区的方法。

缓冲区工具使用示例。

（1）对点文件 station_point.shp 进行分析操作，在 ArcToolbox 中选择【分析工具】|【邻域分析】|【缓冲区】，打开【缓冲区】对话框（图 7.4）；选择【输入要素】和【输出要素类】，【输入要素】即要进行缓冲区计算的要素，【输出要素类】即生成的缓冲区计算结果。

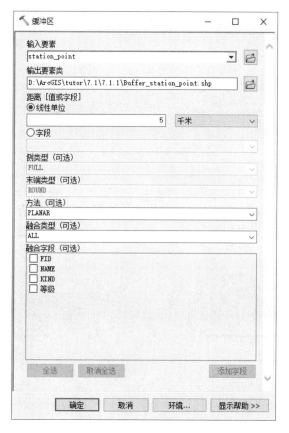

图 7.4　【缓冲区】对话框

（2）缓冲区工具提供两种缓冲区生成方式：一种是根据输入的距离值创建缓冲区；另一种是根据选择的字段创建缓冲区，这里选择以每个站点为中心，建立 5 km 的圆形缓冲区（图 7.5）。

（3）可选项【侧类型】可以设置在输入要素的哪一侧进行缓冲，适用于输入要素为线要素或是面要素的情况。

（4）可选项【末端类型】针对输入要素为线要素的情况，可决定线要素末端的缓冲区形状。

（5）可选项【融合类型】，用于指定要执行的融合操作类型，这里选择 ALL，即将所有的缓冲区融合为一个要素，移除所有重叠。如果选择 LIST，即根据输入要素字段的属性值融合缓冲区，可在【融合字段】进行选择。

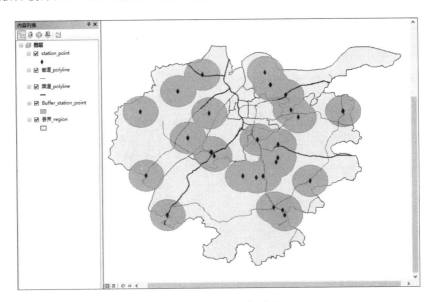

图 7.5　生成的点要素缓冲区

不同的缓冲区建立方法得到的缓冲区也有一定的区别，除了使用距离值建立缓冲区外，还可以使用输入要素的字段值建立缓冲区，结果如图 7.6 所示。

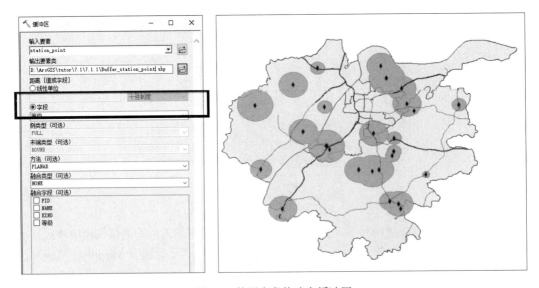

图 7.6　使用字段值建立缓冲区

有时也有同一区域不同性质的要素建立缓冲区的情况，此时要求它们彼此间互不干扰，可以通过设置缓冲区工具中【融合类型】为 NONE 实现，结果如图 7.7 所示。

图 7.7　互不干扰的缓冲区的建立

多环缓冲区工具使用示例。

（1）对点文件 station_point.shp 进行分析操作，在 ArcToolbox 中选择【分析工具】|【邻域分析】|【多环缓冲区】，打开【多环缓冲区】对话框（图 7.8）。

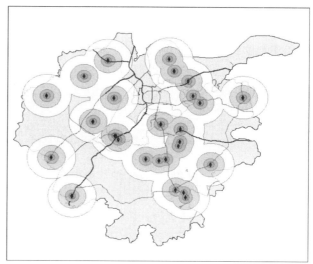

图 7.8　【多环缓冲区】对话框及结果

（2）【距离】可输入缓冲距离列表，输入的每一个数字代表缓冲区的一环。

（3）可选项【缓冲区单位】用于设置距离值的线性单位，如果未指定，将使用输入要素空间参考的线性单位。

（4）可选项【字段名】可以指定输出要素类中用于存储缓冲区距离的字段名称，默认字段名称为 distance。

以上是点状要素缓冲建立。而线状要素的缓冲区，要素的空间形态不同，使得缓冲区的形状不同，但是缓冲区的类型是一样的。它们同样可进行普通、分级、属性权值和独立缓冲区的建立，且建立的操作步骤与点状要素的一样。如果只想在线状要素的某一侧建立缓冲区，可以在缓冲区工具中设置侧类型来达到目的。

面状要素也可以进行建立缓冲区的操作，其中面状要素有内缓冲区和外缓冲区之分。在

ArcGIS 中，面状要素缓冲区的建立有四种选择，主要区别如下：

（1）位于面的内部和外部（内外缓冲区之和）；

（2）仅位于面外部（仅仅只有外缓冲区）；

（3）仅位于面内部（仅仅只有内缓冲区）；

（4）位于面外部并包括内部（外缓冲区和原有图形之和）

图 7.9　原始的面状要素 （图 7.9 和图 7.10）。

（a）位于面的内部和外部　　（b）仅位于面外部　　（c）仅位于面内部　　（d）位于面外部并包括内部

图 7.10　面状要素缓冲区

除了利用缓冲向导和邻域分析工具箱建立缓冲区之外，还可以利用距离制图（mapping distance）的栅格分析方法。缓冲区多边形建立后，下一步将进行缓冲区分析，即将缓冲区多边形与需要进行缓冲区分析的图层叠置分析，得到需要结果，如将面状要素叠加缓冲点，或按照缓冲区域对研究区进行擦除。这些叠置分析过程将在 7.2 节中进行详细介绍。

7.1.2　泰森多边形

泰森多边形（voronoi diagram）是由连接一组点集中的两个相邻点的垂直平分线组成的连续多边形，每个多边形只包含一个关联点，多边形中的任何位置距关联点的距离都比到任何其他点的距离近。泰森多边形是一种剖分空间平面的方法，可用于邻近分析、统计分析、定性分析等。在 ArcGIS 中，可以使用邻域分析（proximity）工具箱中的创建泰森多边形（create thiessen polygons）工具生成泰森多边形。

1. 泰森多边形的特点

下面将举例说明泰森多边形的生成过程。如图 7.11 所示，将点 O 分别同周围的离散点 A、B、C、D、E 连接，并分别作相应

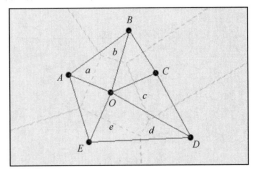

图 7.11　泰森多边形生成过程示例

连线的垂直平分线，这些垂直平分线交点组成的多边形即泰森多边形，它的边分别是 a、b、c、d、e。

由泰森多边形的定义和生成过程可知，它具有以下特点：①每个泰森多边形内有且只有一个关联点；②泰森多边形内的点到相应关联点的距离最近；③泰森多边形的边上的点到其两边的关联点的距离相等。

2. 泰森多边形的建立

在 ArcGIS 中创建泰森多边形的具体步骤如下：

（1）从 ArcToolbox 中选择【分析工具】|【邻域分析】|【创建泰森多边形】工具，打开【创建泰森多边形】对话框（图 7.12）。

图 7.12　【创建泰森多边形】对话框

（2）设置【输入要素】【输出要素类】，【输出字段】为可选，默认为输出 FID 字段，即仅输入要素的 FID 字段将传递到【输出要素类】。

（3）完成操作，创建图 7.13 所示的泰森多边形。

需注意创建泰森多边形使用的输入要素必须为点状要素。

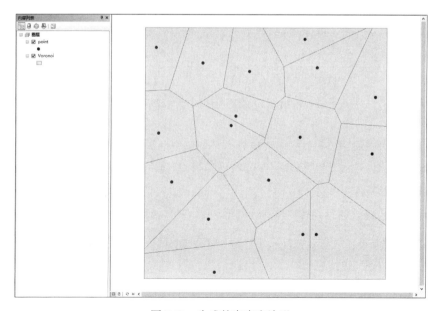

图 7.13　生成的泰森多边形

7.1.3 近邻分析

近邻分析是用于确认输入数据中的每个要素与邻近数据中的最近要素之间距离的分析方法。在 ArcGIS 中，近邻分析主要使用邻域分析工具箱中的近邻（near）分析、点距离（point distance）、生成近邻表（generate near table）和面邻域（polygon neighbors）工具实现。此外，创建泰森多边形也可以用于近邻分析，因为泰森多边形也被称为位于其内的离散点的邻近范围。

近邻分析工具可以根据输入数据，计算其中每一个要素与邻近要素中的最近要素之间的距离和其他邻近性信息，同时还会添加要素标识符和最近要素的坐标及与该最近要素所成的角度。例如，查找距离一组居民点最近的河流。根据输入要素类型和邻近要素类型的不同，近邻分析的计算结果也有所不同，如图 7.14 所示。点距离可计算某一搜索半径内输入点要素与邻近要素中所有点之间的距离，多用于分析两组要素间的邻近关系，结果属性表中每个要素均有到另一要素类中最近点的距离及与这些点的相对方位。近邻分析与点距离不同的是，前者会将计算后的距离信息返回到输入点要素属性表中，而后者则会返回到包含输入要素和邻近要素的独立表中。生成近邻表同样可以将计算结果写成新的独立表。面邻域工具会根据面邻接（重叠、重合边或结点）创建统计数据表。例如，输入包含十三个地级市面要素的江苏省行政区划数据，可以得到每个面要素与其邻接的市。

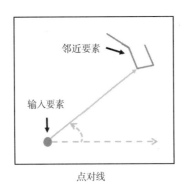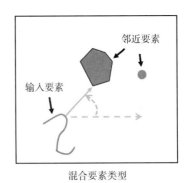

点对线   混合要素类型

图 7.14　近邻分析的两种类型举例

下面在 ArcGIS 中以近邻分析和点距离工具为例进行演示。

加入居民点数据（housing.shp）、医院分布数据（hospitals.shp）和公交站点数据（stations.shp），如图 7.15 所示。

1. 计算小区最近医疗点

（1）在 ArcToolbox 中选择【分析工具】|【邻域分析】|【近邻分析】工具，打开【近邻分析】对话框（图 7.16）。

（2）选择【输入要素】housing.shp，输入要素类型可以为点、折线、面或多点类型。

（3）选择【邻近要素】hospitals.shp，邻近要素可以是一个或多个包含邻近要素候选项的要素图层或要素类，如果指定了多个图层或要素类，则名为 NEAR_FC 的字段将被添加到输入表中，并用于存储含有找到的最近要素的源要素类的路径。输入要素和邻近要素可以来自同一个要素类或图层。

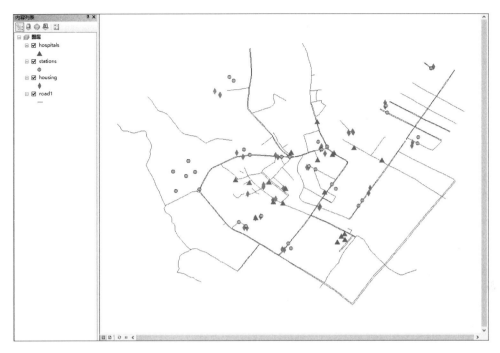

图 7.15　近邻分析对象

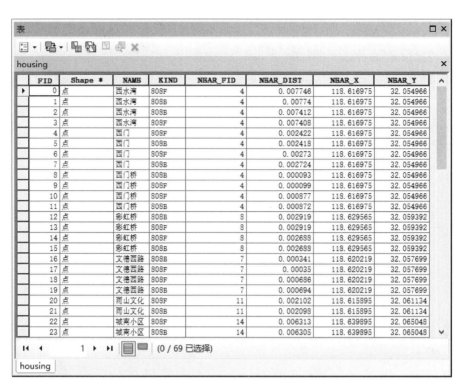

图 7.16　【近邻分析】对话框及结果

（4）可选项【搜索半径】，用于确定搜索邻近要素的半径和单位，默认情况下未考虑所有邻近要素。

（5）可选项【位置】，用于指定是否将邻近要素上最近位置的 x 和 y 坐标写入输出表的 NEAR_X 和 NEAR_Y 字段。

（6）可选项【角度】，用于指定是否计算邻近角，即与直线（该直线连接输入要素和其邻近要素的最近位置）方向间的夹角。如果没有邻近要素或邻近要素与输入要素相交，则该值为 0。

（7）可选项【方法】，默认为 PLANAR，即要素之间使用平面距离。

（8）计算后的各类信息返回到输入点要素属性表中。如图 7.16 所示，NEAR_FID 表示距离小区最近医疗点的 FID，NEAR_DIST 表示小区到最近医疗点的距离。

2. 计算医院与邻近公交站点的距离

（1）在 ArcToolbox 中选择【分析工具】|【邻域分析】|【点距离】工具，打开【点距离】对话框（图 7.17）。

（2）选择【输入要素】hospitals.shp 和【邻近要素】stations.shp。

（3）可选项【搜索半径】指定用于搜索候选邻近要素的半径，如果未指定值，将计算所有输入要素与邻近要素的距离。

（4）计算结果如图 7.17 所示。其中，INPUT_FID 字段为输入要素 FID，NEAR_FID 字段为邻近要素字段，DISTANCE 字段为输入要素和邻近要素之间的距离。

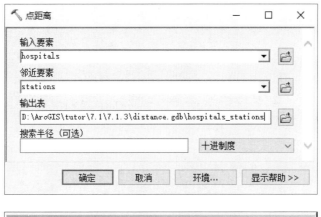

图 7.17　【点距离】对话框及结果

7.2　叠　置　分　析

　　叠置分析是地理信息系统中用来提取空间隐含信息的方法之一。叠置分析是将代表不同主题的各个数据层面进行叠置产生一个新的数据层面，叠置结果综合了原来两个或多个层面要素所具有的属性。

　　叠置分析不仅生成了新的空间关系，而且还将输入的多个数据层的属性联系起来产生了新的属性关系。它要求被叠加的要素层面必须是基于相同坐标系统的相同区域。

　　从原理上说，叠置分析是对新要素的属性按一定的数学模型进行计算分析，其中往往涉及逻辑交、逻辑并、逻辑差等的运算。根据操作要素的不同，叠置分析可以分成点与多边形叠加、线与多边形叠加、多边形与多边形叠加；根据操作形式的不同，叠置分析可以分为空间连接、图层擦除、标识叠加、相交操作、交集取反、图层联合、修正更新、分割以及裁剪，以下就这九种形式分别介绍叠置分析的操作，同时对属性进行一定的操作。

　　在 ArcGIS 中，基于要素的叠置分析工具主要位于叠加（overlay）分析工具箱和提取（extract）分析工具箱。叠加分析工具箱包括空间连接、图层擦除、标识叠加、相交操作、交集取反、图层联合和修正更新工具，提取分析工具箱包括分割和裁剪工具。叠加分析可用于城市规划、土地评估等方面。

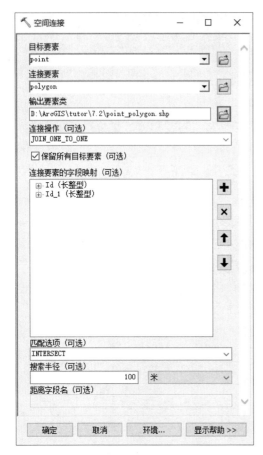

7.2.1 空间连接

1. 基本概念

空间连接指根据空间关系将一个要素类的属性连接到另一个要素类的属性。在 ArcGIS 中,既可以通过属性表的字段进行连接,也可以通过空间位置的关系进行连接。

2. 操作步骤

例如,若要获取点所在位置的多边形的属性,可以在 ArcToolbox 中选择【分析工具】|【叠加分析】|【空间连接】工具,打开【空间连接】对话框,设置如图 7.18 所示。

（1）可选项【连接操作】用于指定输出要素类中目标要素和连接要素之间的连接方式,包含一对一和一对多两种。JOIN_ONE_TO_ONE,即一对一方式,表示如果找到与目标要素存在相同关系的多个连接要素,将使用字段映射合并规则对多个连接要素中的属性进行合并;JOIN_ONE_TO_MANY,即一对多方式,表示如果找到多个与同一个要素存在相同空间关系的连接要素,输出要素类将包含目标要素的多个记录。

图 7.18 【空间连接】对话框

（2）可选项【保留所有目标要素】用于指定保留所有目标要素还是仅保留与连接要素有空间关系的目标要素。

（3）可选项【连接要素的字段映射】可以对输出要素中包含的属性字段进行添加、删除、重命名等操作。

（4）可选项【匹配选项】和【搜索半径】用于确定当目标要素和连接要素存在什么样的空间关系以及距离范围时才进行匹配。在这里,设定【匹配选项】为 INTERSECT,【搜索半径】为 100 m,其含义是当目标要素与连接要素的距离在 100 m 内且两要素相交,将会匹配连接要素中相交的要素。

7.2.2 图层擦除

1. 基本概念

图层擦除指根据擦除参照图层的范围大小,擦除参照图层所覆盖的输入图层内的要素。从数学的空间逻辑运算的角度来说,即 $A - A \cap B$（即 $x \in A$ 且 $x \notin B$, A 为输入图层, B 为擦除层）,具体表现如图 7.19 所示。

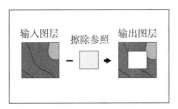
（a）多边形与多边形

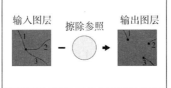
（b）线与多边形

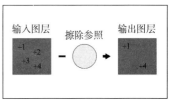
（c）点与多边形

图 7.19　图层擦除的三种形式

2. 操作步骤

实现以上的操作，可在 ArcToolbox 中选择【分析工具】|【叠加分析】|【擦除】工具，打开【擦除】对话框，设置如图 7.20 所示。

图 7.20　【擦除】对话框

需注意在 ArcGIS 中擦除图层必须是多边形图层。

7.2.3　标 识 叠 加

1. 基本概念

输入图层进行标识叠加，是在图形交叠的区域，标识图层的属性将赋予输入图层在该区域内的地图要素，有时交叠区域也有部分图形发生变化，如图 7.21 所示。

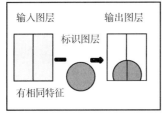
（a）多边形与多边形

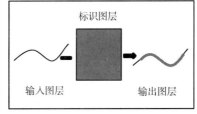
（b）线与多边形

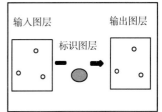
（c）点与多边形

图 7.21　标识叠加的三种形式

2. 操作步骤

例如，若要给位于面要素中的线要素赋予面属性，可以在 ArcToolbox 中选择【分析工具】|【叠加分析】|【标识】工具，打开【标识】对话框后，设置如图 7.22 所示。

需注意在 ArcGIS 中标识图层必须是多边形图层。

图 7.22 【标识】对话框

7.2.4 相 交 操 作

1. 基本概念

相交操作是通过叠置处理得到两个图层的交集部分，并且原图层的所有属性将同时在得到的新的图层上显示出来，即 $x \in A \cap B$（A、B 分别是进行交集的两个图层）。由于点、线、面三种要素都有可能获得交集，因此它们的交集的情形有七种，举例如图 7.23 所示。

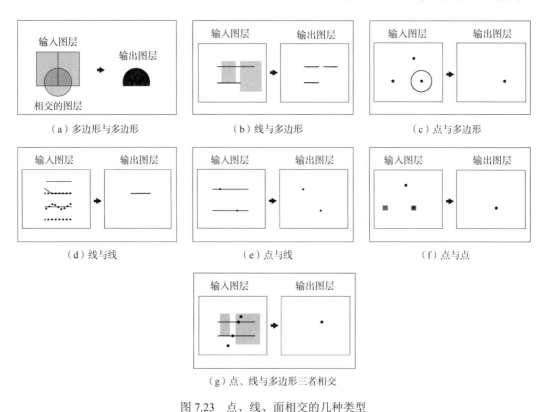

（a）多边形与多边形　　　（b）线与多边形　　　（c）点与多边形

（d）线与线　　　（e）点与线　　　（f）点与点

（g）点、线与多边形三者相交

图 7.23　点、线、面相交的几种类型

2. 操作步骤

例如，若要求两组多边形相交的部分，可以在 ArcGIS 中选择【分析工具】|【叠加

分析】|【相交】工具,打开【相交】对话框
后,设置如图 7.24 所示。

(1)【输入要素】中可以加入多个需要进
行相交计算的图层。

(2)可选项【输出类型】提供了三个选
项,分别是 INPUT、LINE 和 POINT。选择
INPUT,输出结果的几何类型是输入图层中
最低维数的几何形态;选择 LINE,输出要
素的几何类型为线(仅输入要素中不包含点
要素时生效);选择 POINT,输出要素的几
何类型为点(当输入要素的集合类型为线或
面时,输出要素为多点要素)。

图 7.24 【相交】对话框

7.2.5 交 集 取 反

1. 基本概念

在矢量的叠置分析中有时只需获得两个图层叠加后去掉其公共区域后剩余的部分。
新生成的图层的属性也是综合两者的属性而产生的。用逻辑代数运算方式表示为:
$x \in (A \cup B - A \cap B)$($A$、$B$ 为输入的两个图层),图解表示如图 7.25 所示。

需要注意的是,在进行交集取反操作时,无论是输入图层或差值图层都必须是多边
形图层。虽然在理论上,点和线依然可进行此类叠置分析,但从层面的角度来考虑,不
同维数的几何形态进行交集取反的叠置分析最后得到的图层内会存在不同的几何形态,
即一个图层出现两种形态,所以在 ArcGIS 规定了只能对多边形进行此类操作。

2. 操作步骤

实现以上的操作,可在 ArcToolbox 中选择【分析工具】|【叠置分析】|【交集取反】
工具,打开【交集取反】对话框后,设置如图 7.26 所示。

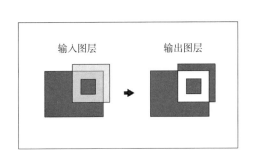

图 7.25 交集取反图解

图 7.26 【交集取反】对话框

【交集取反】工具对原有图层的属性值字段也进行了操作,将更新图层的属性添加在输入图层的后面,进行赋零操作。原有的更新图层添加到输入图层的那部分图形只保留了原有的更新图层的属性,而其他的属性为零。

7.2.6　图　层　联　合

1. 基本概念

图层联合是指通过把两个图层的区域范围联合起来而保持来自输入地图和叠加地图的所有地图要素。在布尔运算上用的是"or"关键字,即输入图层 or 叠加图层。因此,输出图层应该对应于输入图层或叠加图层或两者的叠加范围,同时在图层合并联合时要求两个图层的几何特性必须全部是多边形。

图层联合将原来的多边形要素分割成新要素,新要素综合了原来两层或多层的属性。多

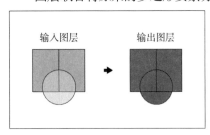

图 7.27　图层联合图解

边形图层联合的结果通常就是按照一个多边形的空间格局分布,对另一个多边形进行几何求交而划分成多个多边形,同时进行属性分配过程,将输入图层对象的属性拷贝到新对象的属性表中,或把输入图层对象的标识作为外键,直接关联到输入图层的属性表中。

图层联合用逻辑代数表示为:$\{x | x \in A \cup B\}$(A、B 为输入的两个图层),如图 7.27 所示。

2. 操作步骤

实现以上的操作,可在 ArcToolbox 中选择【分析工具】|【叠置分析】|【联合】工具,打开【联合】对话框后,设置如图 7.28 所示。

理论上讲,矢量要素的图层联合操作可以对各种形式矢量图形进行合并,而不局限于多边形与多边形。线与线、点与点之间都可以进行联合操作,而不同维数的对象如点与线、点与面、线与面,由于目前的文件格式、操作形式的限制,不能将它们作为同一大类的要素形态在一起进行研究,所以只能对同维形态进行图层合并。在实际中,最常用的是多边形与多边形的联合分析。

7.2.7　修　正　更　新

1. 基本概念

修正更新指首先对输入图层和修正图层进行几何相交的计算,然后输入图层中被

图 7.28　【联合】对话框

修正图层覆盖的那一部分的属性将被修正图层的属性代替。当两个图层均是多边形要素时，两者将进行合并，并且重叠部分将被修正图层所代替，而输入图层的那一部分将被擦去。这主要是利用空间格局分布关系来对空间实体的属性进行重新赋值，可以将一定区域内事物的属性进行集体赋值操作。从地学意义上来说，修正更新是建立了空间框架格局关系和属性值之间的一个间接的联系，图解表示如图7.29所示。

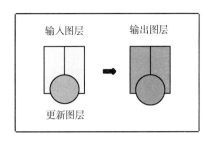

图 7.29　修正更新图解

2. 操作步骤

实现以上的操作，可以在 ArcToolbox 中选择【分析工具】|【叠置分析】|【更新】工具，打开【更新】对话框，设置如图 7.30 所示。

图 7.30　【更新】对话框

（1）设置【输入要素】为需要进行更新的要素，【更新要素】为更新输入要素时使用的要素。

（2）如果勾选【边框】，输出要素中将会保留更新要素的外边界。

7.2.8　分　　割

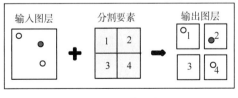

图 7.31　分割图解

1. 基本概念

在矢量的叠置分析中有时只需将要素分割成多个子集，分割后的输入要素、分割字段的唯一值生成输出要素类的名称，图解表示如图7.31所示。

2. 操作步骤

实现以上的操作，可以在 ArcToolbox 中选择【分析工具】|【提取分析】|【分割】工具，打开【分割】对话框，设置如图 7.32 所示。

（1）输入图层为需要分割的要素，分割要素必须选择面要素并指定用于分割输入要素的字符字段。选择目标工作空间，用于存储输出要素类的工作空间。

（2）分割结果如图 7.33 所示。

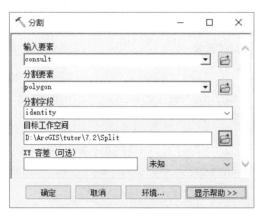

图 7.32 【分割】对话框

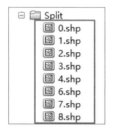

图 7.33 分割结果

7.2.9 裁 剪

1. 基本概念

在矢量的叠置分析中，有时只关注其中的某些感兴趣区，这就需要利用要素类中的一个或多个要素作为蒙版，裁剪出需要的区域，图解如图 7.34 所示。

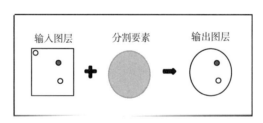

图 7.34 裁剪图解

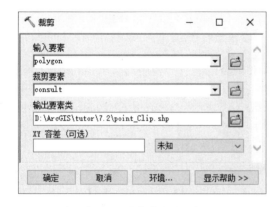

图 7.35 【裁剪】对话框

2. 操作步骤

实现以上的操作，可以在 ArcToolbox 中选择【分析工具】|【提取分析】|【裁剪】工具，打开【裁剪】对话框，设置如图 7.35 所示。

在叠置分析中最常见的误差是破碎多边形，也就是在两个输入地图的相关或共同边界、相交的地方会出现非常细小的多边形区域。这时就需要设置一定的容错量来消除这种细小的多边形，即上述各个对话框中的【XY 容差】设置。

另外，在 ArcGIS 中除了 Shapefile 之外，也可以对 Geodatabase 里面的要素进行叠置分析，操作基本一致。需要 ArcGIS Workstation 软件的支持才能对 Coverage 格式进行叠置分析。

矢量空间叠置分析的内容远远要多于以上 9 种方式，但是将它们逐个细化下来都离不开这 9 种方式。实际中，空间分析是复杂且灵活的，在本章后面将逐步介绍如何综合应用矢量空间叠置分析解决实际中的问题。

7.3 网 络 分 析

网络分析是对地理网络（如交通网络）、城市基础设施网络（如各种网线、电缆线、电力线、电话线、供水线、排水管道等）进行地理分析和模型化的过程，通过研究网络的状态以及模拟和分析资源在网络上的流动和分配情况，解决网络结构及资源等的优化问题。网络分析的理论基础是图论和运筹学，它从运筹学的角度来研究、统筹、策划一类具有网络拓扑性质的工程，安排各个要素运行，使其能充分发挥作用或达到所预想的目标，如资源的最佳分配、最短路径的寻找、地址的查询匹配等。对网络分析的研究在空间分析中有着极其重要的意义。

在 ArcGIS 中，网络分析可以分为传输网络分析和效应网络分析，主要使用两个工具条完成：一个是 Network Analyst 工具条；另一个是几何网络分析（geometric network analyst）工具条。从技术上来说，传输网络基于 Network Dataset，多用于道路、火车等交通网络分析；效应网络基于 Geometric Network，多用于水电、天然气运输等管道网络分析。

以下将从网络的组成、网络分析的基本原理、网络分析工具、传输网络分析和效用网络分析五个方面进行介绍。

7.3.1 网络的组成

网络是现实世界中，由链和结点组成的、带有环路，并伴随着一系列支配网络中流动的约束条件的线网图形。网络中的基本组成部分和属性如下。

1. 线状要素——链

网络中流动的管线包括有形物体，如街道、河流、水管、电缆线等；无形物体，如无线电通信网络等，其状态属性包括阻力和需求。

2. 点状要素

（1）障碍：禁止网络中链上流动的点。

（2）拐角点：出现在网络链中所有的分割结点上状态属性的阻力，如拐弯的时间和限制（如不允许左拐）。

（3）中心：接受或分配资源的位置，如水库、商业中心、电站等。其状态属性包括资源容量（如总的资源量）、阻力限额（如中心与链之间的最大距离或时间限制）。

（4）站点：在路径选择中资源增减的站点，如库房、汽车站等其状态属性有要被运输的资源需求，如产品数。

网络中的状态属性有阻力和需求两项，可通过空间属性和状态属性的转换，根据实际情况赋予到网络属性表中。一般情况下，网络是将内在的线、点等要素在相应的位置绘出后，根据它们的空间位置以及各种属性特征建立拓扑关系，正确的拓扑关系是网络分析的基础。

7.3.2　网络分析的基本原理

网络就是指线状要素相互连接所形成的一个线状模式，它是真实世界中的网络系统的抽象表示，如河流网络、电力网络、管线网络等。网络的作用是将资源移动，这意味着网络系统中必须要有一个合理的体制，才能让资源在网络中顺利流动。

网络分析的基础是图论和运筹学，通过研究网络的状态以及模拟和分析资源在网络上的流动和分配情况，对网络结构及其资源等的优化问题进行研究。在 GIS 中，网络分析就是依据网络拓扑关系（结点与弧度拓扑、弧段的连通性），通过考察网络元素的空间与属性数据，以数学理论模型为基础，对网络的性能特征进行多方面的分析计算。

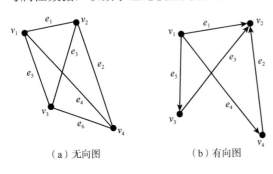

（a）无向图　　　（b）有向图

图 7.36　无向图和有向图

图是由一些点和点之间的连线所组成的，点可以是现实世界中事物的抽象，点之间的连线可以表示事物之间的关系。它是反映现实世界中事物及其相互关系的一种抽象工具。图分为有向图和无向图（图 7.36）。

在无向图的边（或有向图的弧）标上实数，称为该边（或弧）的权，无向图（或有向图）连同它边上的权称为网络赋权图，简称网络。

图是进行网络分析的基础。对于交通网、电力网等不同的网络分析对象，将时间、距离等具体参数赋予图中的边，并规定图中的各节点为分析网络中的起点、终点或中转点，最后可运用图论方法描述网络的结构，研究网络中流量的流动方式。作为图论的重要内容之一，网络分析已经成为对各类网络进行分析和研究的重要工具，常用于解决最小支撑树问题、最短路问题、最大流问题、网络优化问题等。

最短路问题是网络理论中应用最广泛的问题之一，应用于城市布局、交通网设计等多重场景。最短路问题是对一个赋权的有向图 D 中的任意两点 A 和 B，找一条连通两点的路径，使得路径上的所有边的权重总和最小，这条路径被称为最短路，而路径上所有边的权重之和被称为从 A 到 B 的距离。Dijkstra 算法是解决最短路问题的常用方法之一，它的基本思路如下：

设置一个集合 S 存放已经找到最短路径的顶点，S 初始只包含源点 P_0，P 为图中所有点的集合。对于 $P_i \in P\text{-}S$，假设从源点 P_0 到 P_i 的有向边是最短路径，后面每次求得一条最短路径 $P_0, \cdots, P_j$，将 P_j 加入集合 S 中，并将路径 $P_0, \cdots, P_j, P_i$ 与原来的假设相比较，取路径长度较短的为最短路径，直到集合 P 中的全部顶点加入集合 S 中。

使用 Dijkstra 算法求取最短路径的示意图如图 7.37 所示。

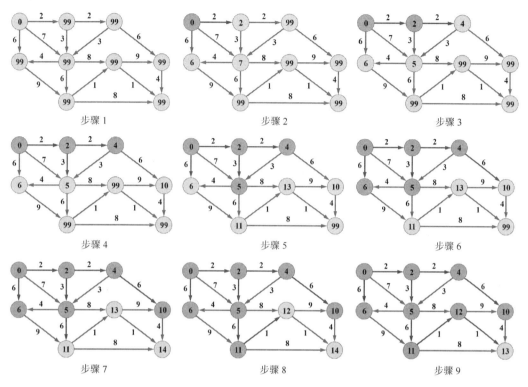

图 7.37　求解最短路径的 Dijkstra 算法步骤示意图

由此能够看出图论是如何在网络分析中进行应用的，有了这一分析方法，可以解决很多现实世界的问题，如管道网络的排查、交通网络的优化等。除了上面提及的最短路径算法，还有破圈算法（求解最小生成树问题）、最大流算法（求解最大流问题）等，这些算法是进行网络分析的基础。

7.3.3　网络分析工具

ArcGIS 网络分析工具分为两类：传输网络分析（network analyst）和效用网络分析（utility network analyst），对应的网络数据分别为网络数据集（network dataset）和几何网络（geometric network）。

传输网络分析常用于道路、地铁等交通网络分析，研究路径、服务范围与资源分配等情况。在传输网络分析中，允许在网络边上双向行驶，网络中的代理（如在公路上行驶的卡车驾驶员）具有主观选择方向的能力。其可解决的主要问题有：计算点与点之间的最佳路径，时间最短或者距离最短；进行多点的物流派送，能够按照规定时间规划送货路径、自由调整各点的顺序；寻找最近的一个或者多个设施点；确定一个或者多个设施点的服务区；绘制起点—终点距离成本矩阵；车辆路径派发等。

效用网络分析主要用于河流网络分析与公用设施网络分析，如水、电、气等管网，研究网络的状态及模拟和分析资源在网络上的流动与分配情况。在效用网络分析中，只允许在网络边上单向同时行进，网络中的代理（如管道中石油的流动）不能选择行进的方向，它行进的路径需要由外部因素来决定：重力、电磁、水压等，如水、电、气被动地由高压向低压输送。其可解决的主要问题有：寻找连通的/不连通的管线；上/下游追踪；寻找环路；寻找通路；爆管分析。

两种网络分析的差别见表 7.1。

表 7.1　传输网络分析与效用网络分析的对比

项目	传输网络分析	效用网络分析
网络数据	网络数据集	几何网络
网络要素	边、连接点和转弯	边和连接点
数据源	数据库要素、Shapefile 或街道地图数据	数据库要素
连接性确定	用户创建连接性	系统指定连接性
权重	更为健全的属性权重模型	要素属性字段作为权重
存在于	存在于要素集或工作空间中	只存在于要素集
模型	单模型或者多模型	单模型
功能	网络求解功能	网络追踪功能
使用模型	传输模型	效用/自然资源模型
是否支持转弯	支持	不支持
所使用的要素	使用点和线等简单要素	使用自定义要素：简单/复杂边要素以及节点要素

7.3.4　传输网络分析

1. 网络数据模型的建立

创建传输网络数据集是传输网络分析的基础，可以使用城市交通网络等数据在 ArcGIS 中进行构建。根据实际情况，在构建传输网络数据集时，除了需要输入道路数据，还可以添加相应的模型或规则来约束数据。例如在建立模型时：

（1）可以输入预先设计好的转弯模型，转弯模型主要用于规定网络中从某一边元素到另一边元素的移动方式，模拟现实中车辆在路口转弯时的具体情况。

（2）网络数据集默认仅在线要素的重合端点处建立连通性，可以根据需求更改连通性策略，边的连通性策略有端点连通和任意折点连通两种（图 7.38），交汇点的连通性策略有依边线连通和交点处连通。

（3）选择是否对网络数据集的高程进行建模，主要用于存在高架桥的路网，保证高程不同的道路数据不处于同一平面。

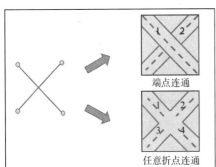

图 7.38　两种边的连通性策略示意图

（4）为网络数据集指定属性，网络属性常用于网络抗阻的成本属性，常见的有数值型（包括"长度"和"时间"等）、逻辑型（包括"单行线"等）和网络限制等。

（5）添加出行模式。如果交通网络中出现两种类别不同的道路，如铁路和公路，可以分别定义它们的出行模式。

（6）为网络数据集设置行驶方向。如果进行设置，在 ArcMap 的【Network Analyst】工具条点击【方向】，将会得到当前路径包含方向在内的导航信息。

（7）选择是否构建服务区索引，若勾选，则会在数据集中构建可加速创建服务区的索引要素类，其一般在对数据量较大的网络进行分析时使用。

完成上述的步骤以后，【新建网络数据集】对话框在最后将会给出一页关于网络数据集创建信息的汇总页，供我们检查是否还有修改的内容，如果没有，可以直接完成创建。

2. 网络分析模型

网络分析是基于几何网络的特征和属性，利用距离、权重和规划条件来进行分析，并将结果应用于实际的方法。在 ArcGIS 中进行网络分析需要建立网络分析模型，而网络分析模型的建立则依赖于网络分析工具条【Network Analyst】，该工具条提供了六种网络分析模型供选择，分别介绍如下。

1）路径分析（route analysis）

最快路径：确定起点、终点，求时间最短的路径。
最短路径：确定起点、终点，求距离最短的路径。
最多场景的最短路径：确定起点、终点和所要求经过的中间点、中间连线，求最短路径或最小成本路径。路径分析的内容可以通过设定阻抗（impedance）实现。
N 条最佳路径分析：确定起点、终点，求代价较小的 N 条路径，在实践中由于种种因素需要选择近似最佳路径。

2）服务区域分析（network service area）

服务区域分析包括所有在设定阈值内可以到达的街道的区域，阈值可以是时间或距离等。例如，某个点的 5 min 服务区域是从该点开始 5 min 之内可以到达的所有街道的区域（region）。

Accessibility 表示从某个点到达其他地点的容易程度。在 ArcGIS 中，Accessibility 可以通过 Travel Time、Distance 和任意其他的阻抗进行设定。

3）最近设施查询（closest facility）

最近设施查询用于查询离某个位置最近的设施，如餐馆、医院或其他公共设施，可以设置一个 Cutoff Cost，一旦超过这个设置，则不再分析。一旦查找到最近设施，则可以实现的功能包括到达最近设施的路径、旅行花费、方向等。

4）源–目标点成本矩阵（origin-destination（OD）cost matrix）

源–目标点成本矩阵是计算从源点到目标点的距离成本，OD 成本矩阵可以用于后勤路线分析模型,以便进行优化选择,如基于 OD 成本矩阵判断哪些商店由哪个仓库提供服务会更理想,从而改进商店配送及提供更好更快的物流服务。

5)车辆路径派发(vehicle routing problem)

车辆路径派发主要针对多车辆、多订单的配送情况,为各车辆分配一组配送的订单,并确定送货的顺序,从而将总运输成本控制在最低,可以考虑订单的时间窗口,可以考虑车辆对某个区域熟悉的程度等。

6)位置分配(location-allocation)

位置分配是根据选址的要求为设施选择最优的位置,使得这些位置能够覆盖尽可能多的居民,并且建设成本能够控制在预算范围里,如选择建商场、建医院的位置等。

【Network Analyst】工具条(图 7.39)包括六种新建网络分析模型和进行分析时的可选项。需要在【自定义】→【拓展模块】中勾选【Network Analyst】才能使用【Network Analyst】工具条。

图 7.39 【Network Analyst】工具条

点击【Network Analyst】→【选项】,打开【Network Analyst 选项】对话框。其中,【常规】选项卡可以设置所选记录的显示颜色、求解后显示的消息等(图 7.40);【位置捕捉选项】可以选择是否需要捕捉到位置,勾选此选项,则后续会根据偏移量自动将点位置捕捉到网络上(图 7.41)。

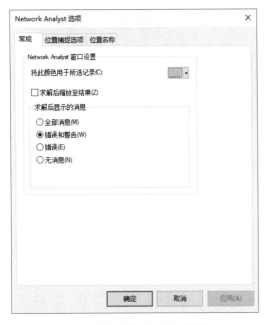

图 7.40 【常规】选项卡对话框

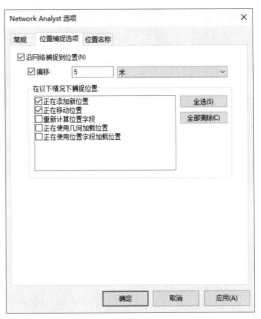

图 7.41 【位置捕捉选项】选项卡对话框

点击  可以显示/隐藏 Network Analyst 窗口，该窗口主要用于管理网络分析图层的内容，包括路径图层中的停靠点、路径和障碍。 可以向网络中添加停靠点、障碍等，用于选择或移动网络中的对象，点击 运行当前分析并获得分析结果。

3. 网络分析参数设置

在菜单栏上选择【自定义】→【拓展模块】，勾选【Network Analyst】选项。利用 ArcGIS 中的【Network Analyst】工具条建立网络分析模型后，点击工具条上的 打开【Network Analyst】窗口。在该窗口上，能够设置网络分析停靠点、路径、障碍等图层的属性以及每一个图层中各对象的属性。

1）网络分析模型属性

图 7.42 为【Network Analyst】窗口，最上方的下拉框可以选择需要进行操作的网络分析模型，点击旁边的 按钮，将弹出【图层属性】对话框，可以在【分析设置】选项卡中设置阻抗、是否允许交汇点的 U 形转弯，以及输出 Shape 类型等信息（图 7.43）。其中，输出 Shape 类型决定了网络分析结果显示的路径形状。

图 7.42　【Network Analyst】窗口

图 7.43　【分析设置】选项卡

【网络位置】选项卡中可以设置网络位置字段映射和查找网络位置（图 7.44）。其中，网络位置字段映射可以通过设置默认值和停靠点的属性值来完成，这一点将在后面的路径分析中进行详细讲解；查找网络位置用于设定添加或移动网络位置时的搜索容差和捕捉环境。

图 7.44　【网络位置】选项卡

2）停靠点、路径、障碍等图层属性

右击【Network Analyst】窗口任意图层，选择【属性】，可以打开其【图层属性】对话框。在各图层单独的【属性】对话框中，可以看到其对象显示的符号系统。例如，停靠点图层默认将点数据分为四种类型，分别为已定位、未定位、错误和时间冲突（图 7.45）。此外，还可以在【属性】对话框中设置所选要素显示颜色、标注、可见字段、图层启用时间等信息。

3）网络分析对象属性

位于停靠点、路径和障碍等图层中的对象，作为网络分析模型的输入，是进行网络分析的基础。任意选择一个对象，右击打开【属性】对话框，都可以单独设置其属性值（图 7.46），包括 Name、RouteName、LocationType 等。

4. 网络分析实例

假设你是一位城市规划人员，请你运用 ArcGIS 网络分析来解决以下问题。

问题一：在进行网络分析之前，需要先建立网络数据集。

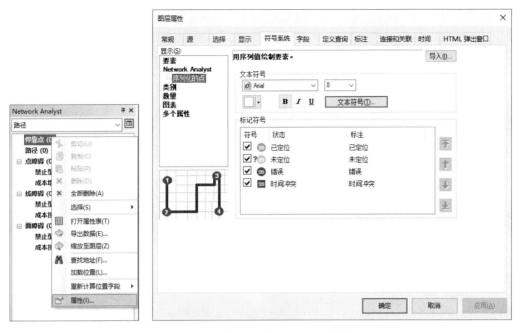

图 7.45 【符号系统】选项卡设置

图 7.46 对象属性对话框设置

（1）在 ArcCatalog 中，或者在 ArcMap 右侧【目录】下选择【新建】|【文件地理数据库】；右键单击新建的地理数据库，选择【新建】|【要素数据集】，坐标系与要建立网络的数据保持一致。右键单击新建的数据集，选择【导入】|【要素类（多个）】，导入参与网络分析要素数据 road（图 7.47）。

（2）数据导入后，右键单击新建的数据集，选择【新建】|【网络数据集】，打开新建网络数据集向导，这里忽略了路口转弯、路网高程等影响，对道路数据进行了一定的简化。

图 7.47　导入路网数据

具体的操作步骤如下。

第一，设置网络数据集名称，命名为 cd_dataset_ND。

第二，选择参与的要素为路网 road.shp。

第三，设置是否需要构建转弯模型，选择"否"。

第四，设置网络要素点线之间的连通性，不进行设置。

第五，选择是否对网络要素的高程建模，选择"无"。

第六，为网络数据集指定属性，默认已有"长度"属性，还需要添加代表每条路上通行时间的时间属性。点击右侧的【添加】按钮，打开【添加新属性】对话框，设置属性名称为时间，单位为分钟（图 7.48）。

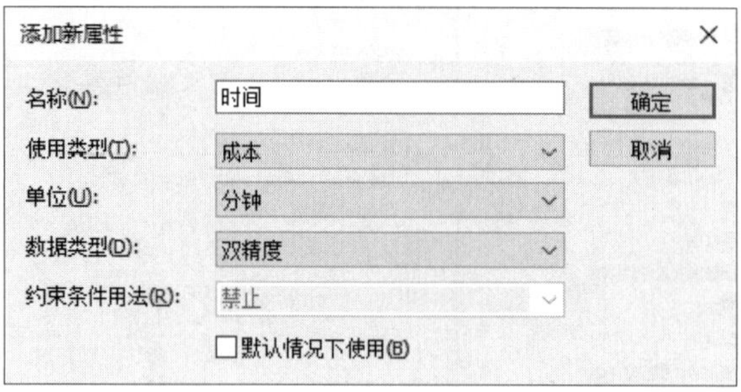

图 7.48　为网络数据集添加时间属性

右击添加好的时间属性，选择【赋值器】，打开对话框，如图 7.49 所示。方向"自-至"和"至-自"的两条边【类型】都设为字段，值都为计算道路通行时间的表达式（图 7.50）。选中值字段，单击【赋值器】对话框右侧的 图标，可以打开【字段赋值器】，在【值】一栏输入表达式"[Shape_Length] * 0.001/[speed] * 60"，点击【确定】，即可完成对时间属性的赋值（图 7.51）。

第七，设置出行模式，选择不设置。

第八，选择是否为网络数据集建立行驶方向，选择否。

第九，构建服务区索引，不勾选。

第十，出现总结对话框，检查是否设置正确，可使用【上一步】回退修改。点击【完成】，提示网络数据集已建立，是否立即构建，选择【是】，即可完成网络数据集的建立（图7.52）。

点击在 ArcMap 空白处右键，选择【Network Analyst】工具条进行加载，即可建立网络分析模型，开始网络分析。

问题二：一校车需要经过四个接送点接到学生后到达学校，请你为司机设置一条满足要求的最短路径；若此时接到通知，部分道路因施工而禁止通行，该如何重新进行路径规划？（最优路径查找）。

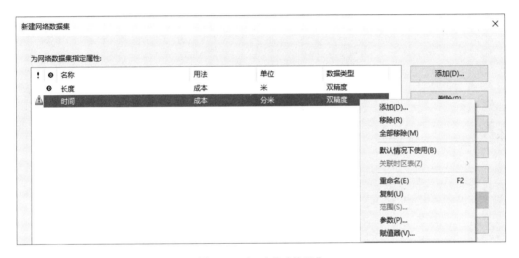

图 7.49　打开【赋值器】

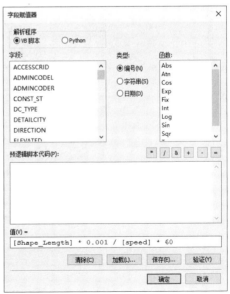

图 7.50　为时间属性赋值

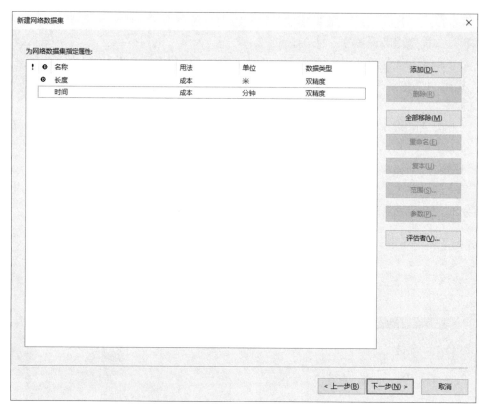

图 7.51 完成网络数据集属性设置

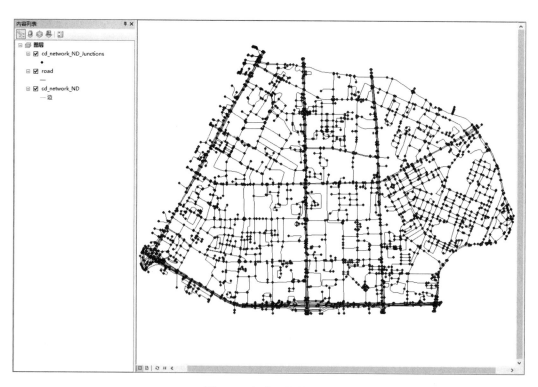

图 7.52 加载网络数据集

（1）首先，选择合适的网络分析模型进行最优路径规划（图 7.53）。在网络分析工具栏选择【Network Analyst】→【新建路径】，生成新的路径图层，单击【Network Analyst】

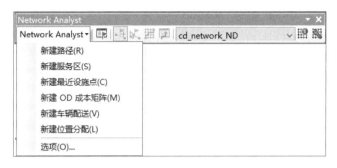

图 7.53　新建网络分析模型

工具栏上 ▣（显示/隐藏 Network Analyst Window）按钮，显示【Network Analyst】窗口，该窗口将显示停靠点、路径、点路障、线路障、面路障的相关信息（图 7.54）。

（2）确定校车停放点、接送点和学校的位置。在网络分析中，点的位置可以通过三种方式设置：①在屏幕上添加点，如果用户添加的点不在路径之上，则系统会根据【捕捉】设置，将该点自动咬合到近处的点，如果点到线的距离大于设置的咬合值，则无法实现，需要重新设置【捕捉】；②通过输入【地址】；③从已经存在的要素或者要素层中导入位置。

（3）添加校车停放点、接送点和学校。选择【Network Analyst】工具栏上 ⋅ᴴ（创建网络位置）按钮，在地图的街道网络图层上依次点击以形成停靠点（停放点、接送点和学校），停靠点按照点击的顺序编号，第一个停靠点被认定为出发点，最后一个停靠点被认定为目的地，经停的顺序可以在【Network Analyst】窗口中更改。

图 7.54　【Network Analyst】窗口

如果想确保停靠点位于网络上，可以在网络分析工具栏中，选择【Network Analyst】→【选项】，进入【位置捕捉选项】标签，用于设置加载位置的捕捉环境，大于捕捉环境设置的距离时，将无法定位于道路网络上，显示出一个"未定位" ？⑨³ 的符号，"未定位"的停靠点可以通过【Network Analyst】工具栏上的【选择移动网络位置工具】将其定位到道路网络上。

（4）设置路径分析属性。点击【Network Analyst】窗口中▣（路径属性）按钮，打开【图层属性】对话框，设置如图 7.55 所示的参数。

（5）点击【Network Analyst】工具条上的（求解）工具，得到路径分析结果，即校车行驶路线（图 7.56）。

（6）现有两段道路正在施工，校车需要绕行，重新规划线路。在网络分析中，可以在行驶路径设置障碍，表示真实情况下该处道路无法通行，在进行最佳路径分析时将会绕开这些路径查找替代路线。在【Network Analyst】窗口中选中【点障碍】，单击 ⋅ᴴ（创建网络位置），在地图的街道网络图层的任意位置上点击以定义障碍，障碍的类型可包括点障碍、线障碍和面障碍。点击 ▦（求解）工具，得到设置了障碍后的路径分析结果（图 7.57）。

图 7.55　【分析设置】选项卡

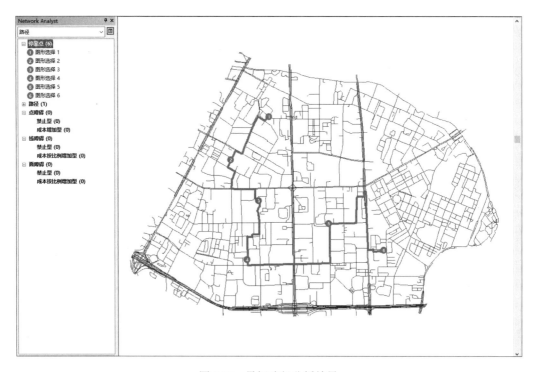

图 7.56　最短路径分析结果

Network Analyst
路径
停靠点 (6)
图形选择 1
图形选择 2
图形选择 3
图形选择 4
图形选择 5
图形选择 6
路径 (1)
图形选择 1 - 图形选择 6
点障碍 (2)
禁止型 (2)
图形选择 7
图形选择 8
成本增加型 (0)
线障碍 (0)
禁止型 (0)
成本按比例增加型 (0)
面障碍 (0)
禁止型 (0)
成本按比例增加型 (0)

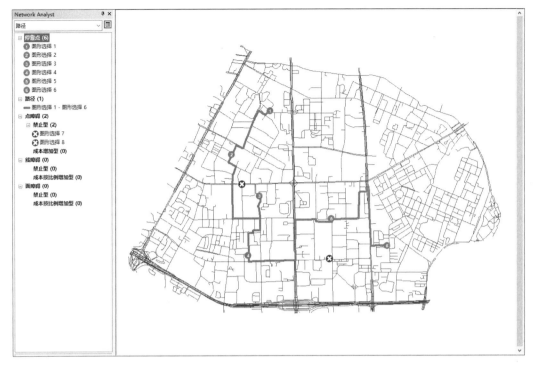

图 7.57　加入点障碍后的最短路径分析结果

（7）此外，还可以对停靠点进行分组后求解路径。右击停靠点，打开其【属性】，将前两个停靠点的 RouteName 值设置为 1，中间两个设置为 2，最后两个设置为 3，即将六个停靠点分为三组（图 7.58）。此时点击▦（求解）工具，得到设置了分组后的路径分析结果（图 7.59）。

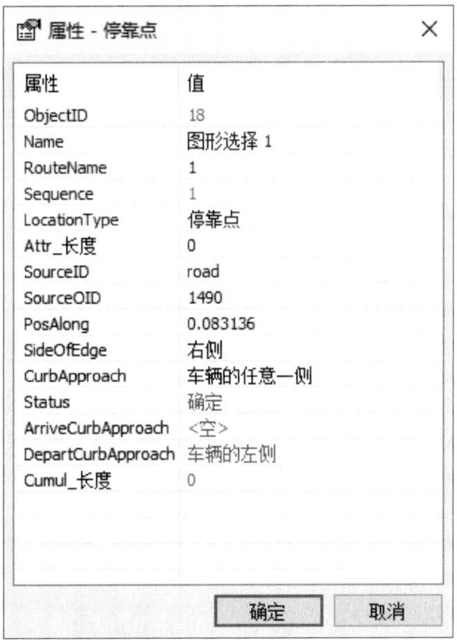

属性 - 停靠点
属性　值
ObjectID　18
Name　图形选择 1
RouteName　1
Sequence　1
LocationType　停靠点
Attr_长度　0
SourceID　road
SourceOID　1490
PosAlong　0.083136
SideOfEdge　右侧
CurbApproach　车辆的任意一侧
Status　确定
ArriveCurbApproach　<空>
DepartCurbApproach　车辆的左侧
Cumul_长度　0
确定
取消

图 7.58　停靠点属性设置

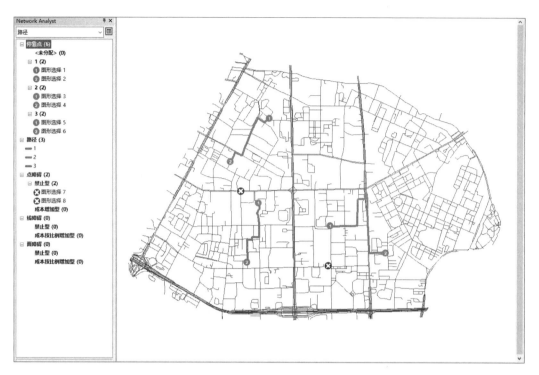

图 7.59　分组后的最短路径分析结果

问题三：按照指定要求，生成商业大厦的服务范围（服务区域分析）。

（1）在网络分析工具栏中选择【Network Analyst】|【新建服务区】，生成新的服务区图层，【Network Analyst】窗口显示【设施点】【面】【线】【点障碍】等相关信息。

（2）添加服务设施点，在【Network Analyst】窗口中，选中【设施点】单击右键，选择【加载位置】，从【加载自】对话框中加载商业大厦点图层（marketplace.shp）（图 7.60）。

（3）点击◙，打开【图层属性】，进入【分析设置】，对【阻抗】进行设置，按照【长度（米）】来查找服务区范围，在【默认中断】中输入框中输入设置的条件，如要求设施点分别生成 300 米、500 米的服务范围，在输入框中输入 300、500，数字用空格或"，"分开。在【图层属性】|【面生成】选项里，可以设置【面类型】【多个设施点选项】【叠置类型】等（图 7.61）。

（4）单击【Network Analyst】工具栏上▦（求解）工具，得到服务范围结果。图 7.62 中，内圈为 300 米服务范围，外圈为 500 米服务范围。

问题四：现有一地发生交通事故，有伤员需要救助，请你通过分析找到距离出事地点较近的几家医院和救护车赶往事故地的路线（最近服务设施查找）。

（1）在网络分析工具条上单击【Network Analyst】→【新建最近设施点】，生成新的最近设施图层，【Network Analyst】窗口显示【设施点】【事件点】【路径】【点障碍】等相关信息。

（2）加载设施点信息医院分布数据（hospital.shp），添加事件点事故发生地（accident.shp）。

图 7.60 添加服务设施点

图 7.61　服务区图层属性设置

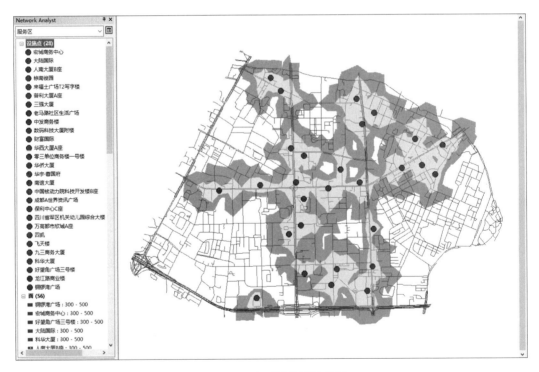

图 7.62　服务区域范围结果图

（3）点击圆，打开【图层属性】进入【分析设置】，对【阻抗】进行设置，按照【长度（米）】来查找最近服务设施，在【默认中断值】中设置中断属性，在【要查找的设施点】中输入要查找的最近服务设施的数量，在【行驶自】属性中设置查找方向为"事件点到设施点"或"设施点到事件点"，设置是否允许【交汇点的 U 形转弯】，设置【输出 Shape 类型】等（图 7.63）。

图 7.63　【分析设置】选项卡

（4）单击点击【Network Analyst】工具栏上器（求解）工具，得到事件点到最近服务设施点的路线，即距离事故地点最近的三家医院派出救护车的路线规划。图 7.64 中●代表设施点，■代表事件点。

问题五：计算从公园停车场到周围汽车修理店的距离成本（进行距离成本分析）。

（1）在网络分析工具条上单击【Network Analyst】→【新建 OD 成本矩阵】，生成新的成本矩阵图层，【网络分析窗口】显示【起始点】【目的地点】【线】【点障碍】等相关信息。

（2）加载起始点公园停车场分布数据（square.shp）和目的地汽车修理店数据（service.shp）。

（3）点击圆，进入【图层属性】|【分析设置】标签，对【阻抗】进行设置，按照【长度（米）】来计算成本矩阵，在【默认中断值】中设置中断属性，在【要查找的目的地】中输入要查找的目的地数量，设置是否允许【交汇点的 U 形转弯】，设置【输出 Shape 类型】等（图 7.65）。

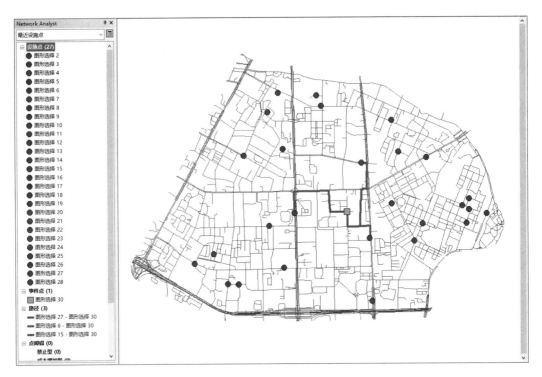

图 7.64　服务区域分析结果

图 7.65　【分析设置】选项卡

（4）点击【Network Analyst】工具栏上 █（求解）工具，得到起始点到目的地点的路径，即公园停车场到最近四家修理店的距离和路线。图 7.66 中●代表起始点，▉代表目的地点。

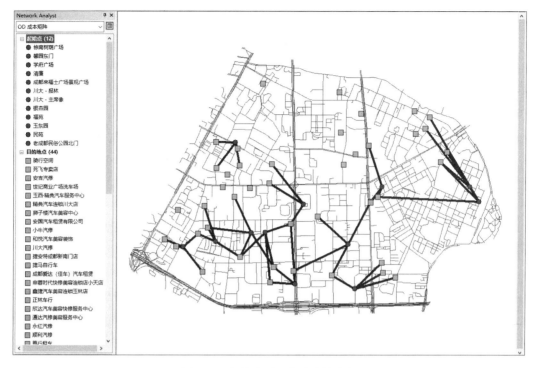

图 7.66　起始点到目的地点的路径

（5）打开【线】的属性表，Total_长度属性记录了每个起始点到其对应的目的地点的
时间（图 7.67）。

ObjectID	Shape	Name	OriginID	DestinationID	DestinationRank	Total_长度
1	折线	棕南树荫广场 - 天地免牌汽车美容专业施工机	1	31	1	354.711443
2	折线	棕南树荫广场 - 捷行天下汽车租赁	1	30	2	780.254119
3	折线	棕南树荫广场 - 遗址展车	1	34	3	882.131993
4	折线	棕南树荫广场 - 精典汽车连锁川大店	1	6	4	1006.568873
5	折线	馨园东门 - 馨尊汽车租赁有限公司	2	44	1	290.948896
6	折线	馨园东门 - 长颈鹿单车	2	41	2	384.655875
7	折线	馨园东门 - 长红汽修	2	20	3	445.156819
8	折线	馨园东门 - 唯旺汽车美容	2	27	4	620.751102
9	折线	学府广场 - 校区洗车园地	3	35	1	178.954367
10	折线	学府广场 - 川大汽修	3	11	2	490.370438
11	折线	学府广场 - 锦宏租车科华店	3	29	3	496.901506
12	折线	学府广场 - 捷安特成都新南门店	3	14	4	722.090612
13	折线	清寒 - 精典汽车服务连锁玉林店	4	28	1	79.802148
14	折线	清寒 - 金虹叶汽车租赁	4	26	2	305.113095
15	折线	清寒 - 长颈鹿单车	4	41	3	407.961954
16	折线	清寒 - 犟行电车	4	22	4	445.116923
17	折线	成都来福士广场景观广场 - 成都爱达（佳车	5	14	1	615.74703
18	折线	成都来福士广场景观广场 - 欣达汽车美容快修	5	18	2	615.74703
19	折线	成都来福士广场景观广场 - 汇和汽车租赁	5	36	3	765.720607
20	折线	成都来福士广场景观广场 - 安吉汽车租赁有限	5	8	4	822.006894
21	折线	川大-报林 - 死飞专卖店	6	2	1	1009.727205
22	折线	川大-报林 - 通达汽修美容服务中心	6	19	2	1164.299374
23	折线	川大-报林 - 通盅轮胎店	6	24	3	1438.965128
24	折线	川大-报林 - 嘉时遗租车成都门店	6	23	4	1483.839155
25	折线	川大-主席像 - 死飞专卖店	7	2	1	1045.83864
26	折线	川大-主席像 - 通达汽修美容服务中心	7	19	2	1200.410809
27	折线	川大-主席像 - 校区洗车园地	7	35	3	1572.330791

I◀　◀　0　▶　▶I　▦　▣　▦　(0 / 48 已选择)

图 7.67　起始点到目的地点路径的属性表

问题六：现有一个货物发送中心需要向商业大厦运送货物，请你根据实际情况，为
其设计车辆派发的路线（创建车辆配送）。

（1）在网络分析工具条上单击【Network Analyst】→【新建车辆配送】，生成新的多路径配送图层，【网络分析窗口】显示【停靠点】【站点】【路径】【站点访问】【中断】【路径区】【路径种子点】【路径更新】【特性】【停靠点对】【点障碍】等相关信息。

（2）加载停靠点商业大厦分布数据（marketplace.shp）。加载的停靠点属性包含每个商业大厦所需的货物总重量（Demand）、运送期间的时间窗（TimeStart1、TimeEnd1），以及访问各商店时所用去的服务时间（ServiceTime），其中的服务时间是卸货所需的时间（图 7.68）。停靠点类中的成员最终将成为车辆路径沿途的站点。

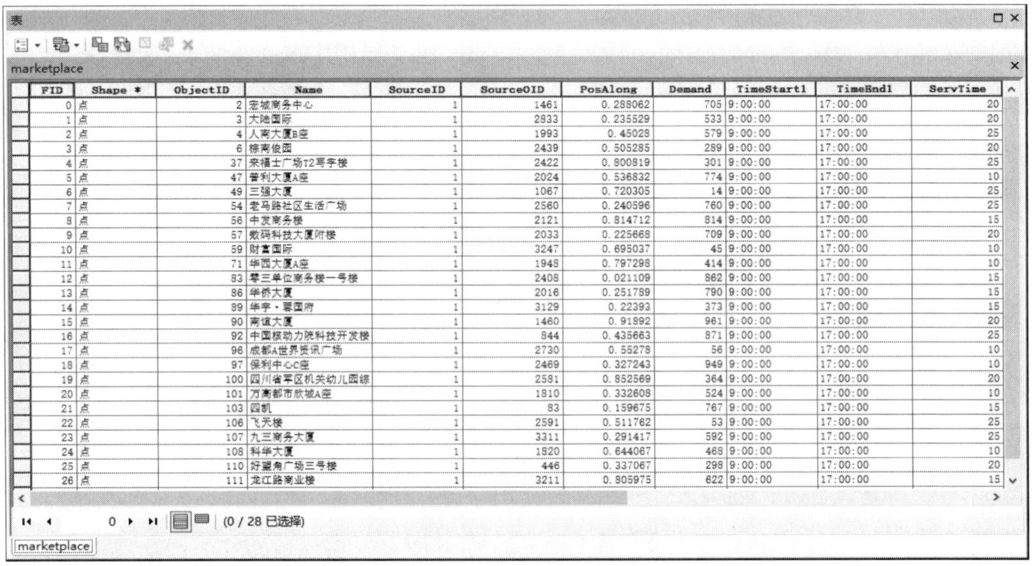

表

marketplace

FID	Shape *	ObjectID	Name	SourceID	SourceOID	PosAlong	Demand	TimeStart1	TimeEnd1	ServTime
0	点	2	宏城商务中心	1	1461	0. 288062	705	9:00:00	17:00:00	20
1	点	3	大陆国际	1	2833	0. 235529	533	9:00:00	17:00:00	20
2	点	4	人南大厦B座	1	1993	0. 45028	579	9:00:00	17:00:00	25
3	点	6	棕南俊园	1	2439	0. 505285	289	9:00:00	17:00:00	20
4	点	37	来福士广场T2写字楼	1	2422	0. 800819	301	9:00:00	17:00:00	25
5	点	47	普利大厦A座	1	2024	0. 536832	774	9:00:00	17:00:00	10
6	点	49	三强大厦	1	1067	0. 720305	14	9:00:00	17:00:00	25
7	点	54	老马路社区生活广场	1	2560	0. 240596	760	9:00:00	17:00:00	25
8	点	56	中发商务楼	1	2121	0. 814712	814	9:00:00	17:00:00	15
9	点	57	数码科技大厦附楼	1	2033	0. 225668	709	9:00:00	17:00:00	20
10	点	59	财富国际	1	3247	0. 695037	45	9:00:00	17:00:00	10
11	点	71	华西大厦A座	1	1948	0. 797298	414	9:00:00	17:00:00	10
12	点	83	零三单位商务楼一号楼	1	2408	0. 021109	862	9:00:00	17:00:00	15
13	点	86	华侨大厦	1	2016	0. 251789	790	9:00:00	17:00:00	15
14	点	89	华宇・蓉国府	1	3129	0. 22393	373	9:00:00	17:00:00	15
15	点	90	南谊大厦	1	1460	0. 91892	961	9:00:00	17:00:00	20
16	点	92	中国核动力院科技开发楼	1	844	0. 435663	871	9:00:00	17:00:00	25
17	点	96	成都A世界资讯广场	1	2730	0. 55278	56	9:00:00	17:00:00	10
18	点	97	保利中心C座	1	2469	0. 327243	949	9:00:00	17:00:00	10
19	点	100	四川省军区机关幼儿园綠	1	2581	0. 852569	364	9:00:00	17:00:00	20
20	点	101	万商都市欣城A座	1	1810	0. 332608	524	9:00:00	17:00:00	10
21	点	103	四凯	1	83	0. 159675	767	9:00:00	17:00:00	15
22	点	106	飞天楼	1	2591	0. 511762	53	9:00:00	17:00:00	25
23	点	107	九三商务大厦	1	3311	0. 291417	592	9:00:00	17:00:00	25
24	点	108	科华大厦	1	1820	0. 644067	468	9:00:00	17:00:00	10
25	点	110	好望角广场三号楼	1	446	0. 337067	298	9:00:00	17:00:00	20
26	点	111	龙江路商业楼	1	3211	0. 805975	622	9:00:00	17:00:00	15

0 (0 / 28 已选择)

marketplace

图 7.68　停靠点属性

（3）在【位置分析属性】中，Name 属性与停靠点中 Name 字段匹配，而 ServiceTime 属性也与 ServTime 字段匹配，将 TimeWindowStart1 的字段值设为 TimeStart1，将 TimeWindowEnd1 的字段值设为 TimeEnd1，将 DeliveryQuantities 的字段值设为 Demand，在 MaxViolationTime1 属性对应的默认值下输入 0（即表示不能违反时间窗）（图 7.69）。

（4）加载站点数据。站点即货物发送中心（distribute），货物会从单个配送中心发出，配送中心的营业时间从 8:00:00 到 17:00:00。【位置分析属性】部分中，Name 属性与站点要素的 Name 字段匹配，在 TimeWindowStart1 属性的默认值下输入 8:00:00，在 TimeWindowEnd1 属性的默认值下输入 17:00:00（图 7.70）。

（5）配送中心有三辆卡车，最大载货重量都是 6000，添加三条路径（每辆车一条）。【Network Analyst】窗口中右键选择【路径】→【添加项目】，新路径“项目 1”会被添加到【Network Analyst】窗口的路径类下，而且会打开该路径的属性窗口。在属性窗口中（图 7.71）指定路径的属性，包括名称、StartDepotName（出发的配送中心名称）、EndDepotName（返回的配送中心名称）、StartDepotServiceTime（卡车货物装载时间）、EarliestStartTime（卡车最早开始工作的时间）、LatestStartTime（卡车最晚开始工作的时间）、Capacities（卡车载重量）、CostPerUnitTime（单位时间内的花费）、CostPerUnitDistance（单位距离内的花费）、MaxOrderCount（卡车能服务的店铺的最大数量）、MaxTotalTime（驾驶员工作的最大时间)、MaxTotalTravelTime（卡车服务某个店铺行驶的最大时间）、MaxTotalDistance（卡车服务某个店铺行驶的最大距离）等。其他属性需要保留它们的默认值。

图 7.69　【位置分析属性】设置

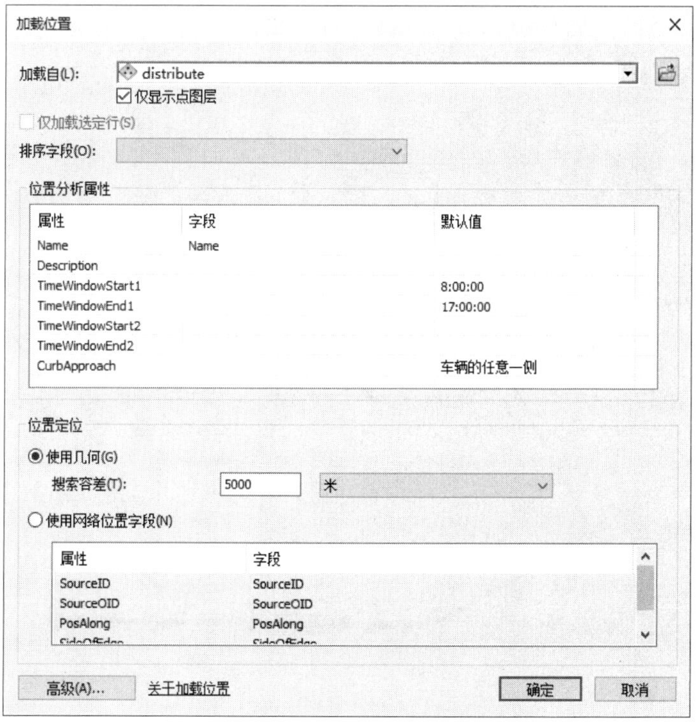

图 7.70　位置分析属性设置

图 7.71　项目属性设置及【分析设置】选项卡

（6）点击圆，进入【图层属性】|【分析设置】标签，设置【时间属性】为时间（分钟），【距离属性】为长度（米），设置【默认日期】【容量计数】【时间字段单位】【距离字段单位】【交汇点的 U 形转弯】【输出 Shape 类型】。

（7）点击【Network Analyst】工具栏上靐（求解）工具，得到多路径派发结果（图 7.72）。三辆卡车派送的路径分别为 truck-1、truck-2 和 truck-3。

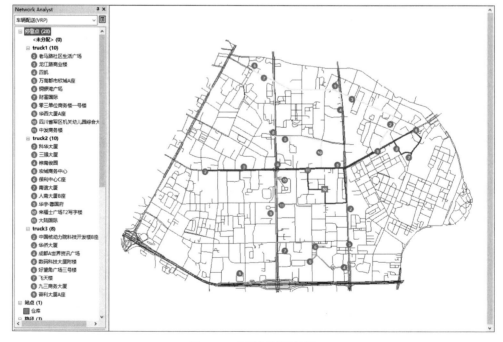

图 7.72　多路径派发结果

问题七：为方便市民通行，现决定在大型商场附近设立公共自行车停放处，请你根据实际情况，从候选点中选取合适点建立停放处的位置（位置分配）。

（1）在网络分析工具栏中选择【Network Analyst】→【新建位置分配】，生成新的位置分配图层，【Network Analyst】窗口中显示【设施点】【请求点】【线】【点障碍】【线路障】【面路障】的相关信息。

（2）添加设施点和请求点。【设施点】为建立公共自行车停放处的候选点（candidate. shp），【请求点】为大型商场分布点图层（marketplace.shp），停放处需要建立在最有效地为现有商场客人服务的位置（图7.73，图7.74）。添加【设施点】时，在【位置分析属性】中设置Name属性字段为Name，设置FacilityType为默认值候选项；添加【请求点】信息时，设置Name属性字段为Name，Weight字段为flow，即以商场人流量作为权重。

（3）点击 ▣ ，进入【图层属性】|【分析设置】标签，设置"阻抗"为"时间（分钟）"，设置"行驶自""交汇点的U形转弯""输出Shape类型"（图7.75）。【图层属性】中【高级设置】，"问题类型"为"最大化人流量"（可以选择"最小化阻抗""最大化覆盖范围""最小化设施点数""最大化人流量""最大化市场份额""目标市场份额"等选项，根据具体需要确定），"要选择的设施点"为"4"（即要确定的设施点数量），"阻抗中断"为"5"（此设置意指人们不愿光顾行程超过5 min的公共自行车停放点），"阻抗变换"为"线性函数"（图7.76）。

（4）单击点击【Network Analyst】工具栏上 ▦（求解）工具，得到位置分配结果图。图7.77中，▦ 为选定的建立公共自行车停放处的位置。

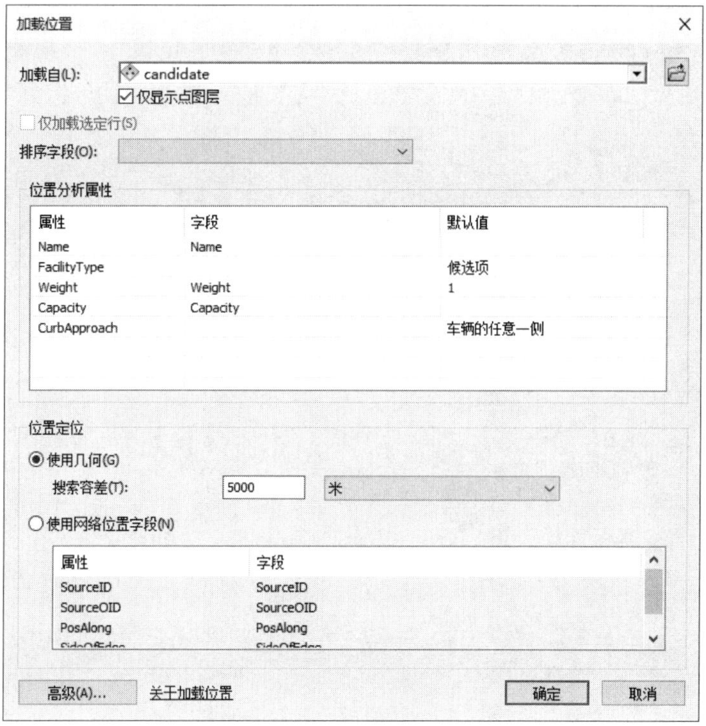

图7.73　加载设施点

图 7.74　加载请求点

图 7.75　【分析设置】选项卡

图 7.76 【高级设置】选项卡

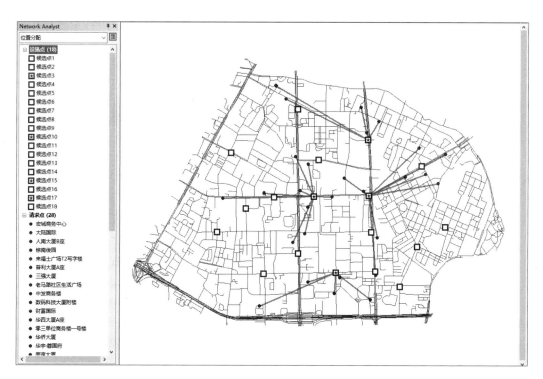

图 7.77 位置分配结果图

7.3.5　效用网络分析

1. 效用网络数据集的建立

创建效用网络数据集是效用网络分析的基础，可以使用水、电、天然气等管网数据在 ArcGIS 中进行构建。在建立模型时，可以设置相应参数。

（1）输入几何网络的名称及是否在指定容差内捕捉要素。

（2）选择要用来构建网络数据集的要素类。

（3）设置是否保留现有的已启用值，选择"否"将启用所有网络要素，选择"是"则使用已启用的现有属性值启用网络要素。

（4）为网络要素类选择角色，点要素类可以设置角色为简单交汇点，线要素类可以设置角色为简单边或复杂边。对于每个简单交汇点要素类，可以设置是否作为源和汇参与流向。

（5）向网络中添加权重，权重是在网络中沿着某条边进行移动所花费的成本，在管网数据中多为管道的长度。

完成上述步骤以后，【新建几何网络】对话框在最后将会给出一页关于根据输入要素创建几何网络的信息汇总页面，供我们检查是否还有修改的内容，点击【完成】，即可创建效用网络数据集。

2. 基本功能

在 ArcGIS 中，效用网络分析主要依靠工具条【几何网络分析】实现，基本功能包括流向分析功能和追踪分析功能（图 7.78）。

图 7.78　几何网络分析工具条

在执行相应功能时必须保证图层处于编辑模式（【编辑器】→【开始编辑】）。

1）流向分析

应用效用网络时，了解网络线段上的资源和要素流动方向是必要的。想要在 ArcGIS 中显示网络流向，必须确保在编辑状态下进行操作（【编辑器】→【开始编辑】）。确定网络流向的方法有两种：一种是使用网络边的数字化方向为流向，另一种是通过定义源或汇流动的交汇点确定流向。其中，前者通过对网络进行数字化时的方向来反映流向，建立网络数据集时可以规定流向是沿数字化方向或与数字化方向相反，可在几何网络工具集中设置；后者的运用状况取决于：①网络的连通性；②网络中起点或终点要素的位置；③网络要素的可运行性，一旦确定了网络流动的起点和终点（即源和汇），就可以推出流是如何沿着网络移动的。

网络中边要素的流向可分为三类：

（1）确定性流向，常用符号 ► 来表示。网络中的流向可以唯一地用网络的连通性、起点和终点的位置以及网络要素的可运行性来确定，而且这个网络边要素被当作有确定的流向，一般来说，边要素的流向既可以与数字化的方向相同，也可以相反。

（2）不确定流向，常用符号 ● 来表示。不确定流向通常发生在循环或封闭回路的情况下，也可能发生在有数个起点及数个终点方向的线段上。

（3）未初始化流向，常用符号 ■ 来表示。如果网络的边要素没有和起点或终点连接，或是即使连接上了，但是该要素为不可运行要素，那么这个边要素就具有未初始化的流向。

确定流向时需注意：城市交通网络中，一般存在着回路（连通图），因此网络中很多边的流向就变成不确定的流向。

ArcGIS 中将网络流向信息储存在网络的线段图征中，使用设施网络分析（utility network analyst）（也称为几何网络分析）工具可以方便地显示网络边要素的流向，具体操作如下：

（1）确保已建立几何网络并加载到 ArcMap 中，确保网络图层处于可编辑状态（【编辑器】→【开始编辑】）。

（2）在工具栏上点右键，选择【几何网络分析】，添加【几何网络分析】工具条，或者在主菜单上选择【自定义】→【工具条】→【几何网络分析】。

（3）在【几何网络分析】工具条中，选择【流向】→【显示目标对象的箭头】，在展开的菜单中选择欲显示流向的要素图层（图 7.79）。

图 7.79　显示目标对象的箭头

（4）选择【流向】→【属性】命令，打开【流向显示属性】对话框（图 7.80），进入【箭头符号】选项卡；选择"流向类别"中的流动类别，设定其符号；进入【比例】选项卡，设置显示范围；点击【确定】按钮。

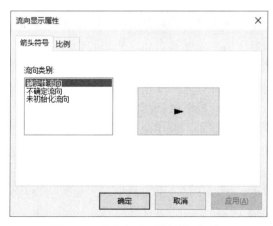

图 7.80　【流向显示属性】对话框

（5）点击工具条上的【设置流向】按钮后，选中【流向】下的【显示箭头】，即可显示流向箭头。

当发生以下情形时，必须对网络流向进行重新设定：

（1）建立了一个新的几何网络。

（2）对几何网络中的要素进行了增加或者删除。

（3）对网络要素进行修改后，使得几何网络中的拓扑关系发生变化。

（4）增加或者删除起点或终点。

（5）网络要素的连通性发生改变。

（6）网络要素的可运行性发生变化。

2）追踪分析

通过对网络要素连接性的追踪，选择周围相互连接的网络要素，形成一个追踪结果。在追踪结果中，一个网络元素均需与其他元素有连接性。追踪成果是指追踪操作后所找到的网络要素配置结果。

追踪分析涉及一系列有关于几何网络要素的基本概念和简单操作，故而在介绍网络追踪分析之前先对追踪分析涉及的概念进行简单的介绍。

A. 旗标与障碍

旗标定义为追踪的起点。旗标可以放置在任何交点或线段上，在执行追踪操作时，使用这些线段或交点作为追踪操作的起点，而连接至这些线段或交点的网络元素就会被包含于追踪结果中。

障碍用于终止网络追踪分析，可以放置在任何交点或线段上。在执行追踪操作时，遇到障碍，就停止追踪，形成一个追踪结果。

B. 不可运行要素和图层

与放置障碍相比，在特定位置改变要素的不可运行性是一个更加永久性的方法，不可运行要素将迫使网络追踪分析停止，形成追踪分析结果。

有时候不需要对几何网络数据中的一个层面进行追踪，此时，可将该层面设置成不可运行层面（【分析】→【禁用图层】），那么追踪分析将不会考虑这个层面上的网络数据。

C. 权重

几何网络中的边和结点要素都可以具有权重，如道路长度、电力网络中的电阻值等。权重用于网络分析时计算费用和路径等。建立网络时，可以设定线段或交点要素的属性值为权重，进而确定追踪分析结果所包含要素的成本。在 ArcGIS 的追踪工具中，只有寻找最佳路径时才使用权重来计算追踪成本。

在使用权重进行最佳路径分析时必须指定使用哪些确定的权重。对于点状要素，仅需要一个权重参数；对于线状要素，应用两个权重参数：一是顺着线状要素的数字化方向（from-to）的权重，二是逆着线状要素数字化方向（to-from）的权重。线状要素的数字化方向是指该要素的端点在地理数据库中的储存顺序，一个线段的每一个方向可以依实际需要指定不同的权重，所以从某一个方向追踪的结果会与从另一个方向追踪的结果有所不同。

D. 权重过滤器

为了限制部分可能被追踪到的网络要素，可采用权重过滤器，通过设置网络要素权重的有效范围（valid ranges）和无效范围（invalid ranges）实现。

E. 已追踪要素与终止追踪要素

追踪分析在计算机中实现的过程是逐步进行的，结果也是随追踪积累得到的，所以在追踪分析的过程当中，需要对已追踪的要素和终止追踪要素进行记录存储。已追踪的要素是指被追踪到的要素，而终止追踪要素是指追踪无法通过而不能继续的要素。这种要素包括不可运行的要素、已经被设置有障碍的要素和虽然已经被追踪到但只是连接到另一条死路的要素，即只有一个要素与其连接。

F. 应用选择集修改追踪目标

在追踪工作进行中，ArcMap 提供了 3 种方式，让您可应用选择集修改追踪目标：

（1）从【几何网络分析】工具条中选择【分析】命令，打开【分析选项】对话框，进入【常规】选项卡，确定要进行追踪分析的要素是全体要素还是部分要素。不参与进行追踪分析的要素，在几何网络中充当着障碍的作用（图 7.81）。

（2）借助 ArcMap 的 ▦▾【选择】下的若干命令，指定哪些图层纳入选择集，可进行追踪分析。

（3）使用交互式的选择——借助 ArcMap 的【选择】菜单，按照一定选择规则交互式地确定追踪分析的结果，可产生一个新的选择集，也可以追加到已有的选择集中去，或从现有选择集中选出追踪操作成果，或从现有选择集中移除追踪操作成果。

图 7.81　【分析选项】的设置

在了解完追踪分析涉及的基本概念之后，将根据【几何网络分析】工具条对追踪分析的操作进行介绍：

网络追踪分析可以实现以下几个方面的分析操作：网络下溯追踪（trace downstream）、网络上溯追踪（trace upstream）、网络上溯积累追踪（find upstream accumulation）、网络上溯起点路径分析（find path upstream）、公共祖先追踪分析（find common ancestors）、网络连接要素分析（find connected）、网络中断要素分析（find disconnected）、网络路径分析（find path）、网络环路分析（find loops）等。根据以上几种操作方法，可以完成简单的网络追踪分析，也可将其综合，完成一些比较复杂的网络分析问题。以下以其中的网络下溯追踪操作方法为例进行介绍。

A. 添加旗标和障碍

（1）在网络分析工具条上，点选旗标和障碍工具板下拉箭头。

（2）点击欲增加至网络的旗标或障碍元素的按钮。

（3）将鼠标移至欲增加旗标或障碍的线状要素或点状要素上。

（4）单击鼠标左键即增加旗标或障碍（图 7.82）。

    ⚑ 点状要素旗标添加工具

    ⚑ 线状要素旗标添加工具

    🚩 点状要素障碍添加工具

    🚩 线状要素障碍添加工具

图 7.82　旗标和障碍添加工具

B. 网络下溯追踪

（1）在网络分析工具条上，点选旗标和障碍工具板下拉箭头。

（2）将旗标放在每一个欲向下游追踪的点。

（3）在追踪工作（track task）下拉菜单中选择网络下溯追踪（图 7.83）。

图 7.83　追踪工作下拉菜单

（4）单击 ⚒【解决】按钮，则由旗标向下游追踪的所有要素将显示出来（图 7.84）。

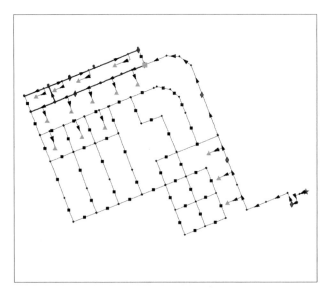

图 7.84　网络下溯追踪分析结果

3. 追踪分析实例

现有一供水管道，对附近小区提供自来水，请你使用几何网络分析工具条对水网运输状况进行分析。

1）数据准备

首先，需要对供水管道数据（net_distribution.shp）、阀门数据（fm.shp）、供水源点（source.shp）和小区分布数据（sink.shp）进行整理，将它们放入数据库中，以便后面进行几何网络数据集的建立。

（1）在 ArcCatalog 目录树中，右键单击已经建好的文件地理数据库 water.gdb，单击【新建】|【要素数据集】命令。

（2）打开【新建要素数据集】对话框，在【名称】文本框中为新建数据集输入名称：water_net。

（3）单击【下一步】按钮，打开【新建要素数据集】对话框设置坐标系统。

（4）单击【导入】按钮，打开【浏览坐标系】对话框，为新建要素数据集匹配坐标系统，选择 net_distribution.shp（供水管道数据）。

（5）单击【添加】按钮，返回【新建要素数据集】属性对话框，单击【下一步】设置容差。

（6）单击【完成】按钮，数据集建立完毕。

（7）在 ArcCatalog 目录树中，右键单击 water_net 数据集，选择【导入】，选择【要素类（多个）】命令。

（8）打开【要素类至地理数据库（批量）】对话框，将 net_distribution.shp、fm.shp、source.shp 和 sink.shp 四个 Shapefile 导入数据集中（图 7.85）。

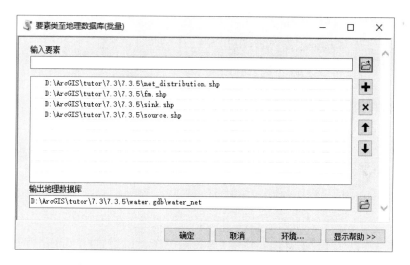

图 7.85　【要素类至地理数据库（批量）】对话框

2）建立几何网络

在 ArcGIS 中【几何网络分析】工具条的使用依托于几何网络数据集，因此需要先使用 water_net 要素集建立几何网络。

（1）在 ArcCatalog 目录树中，右键单击 water_net 要素数据集，单击【新建】，选择【几何网络】命令，打开【新建几何网络】对话框。

（2）单击【下一步】按钮，输入几何网络的名称，并选择是否在指定容差内捕捉要素，如图 7.86 所示。

图 7.86　输入几何网络的名称

（3）单击【下一步】按钮，打开【选择要用来构建网络的要素类】对话框，如图 7.87 所示，选择需要在几何网络中包含的要素类。

图 7.87　选择要用来构建网络的要素类

（4）单击【下一步】按钮，打开【新建几何网络对话框】对话框。选择 No 单选按钮，所有的网络要素有效；选择 Yes 单选按钮，保留 Enabled 字段里现有的属性值。

（5）单击【下一步】按钮，打开【设置连接要素类型】对话框，如图 7.88 所示。如果需要让连接要素类中的一些要素作为源或汇，选择 Yes 单选按钮，并选择需要存储源（source）或汇（sink）的连接要素。在本例中源为供水源点 source.shp，汇为接受供水的小区分布数据 sink.shp，即水流从供水源点经管道流向各小区。

图 7.88　选择需要存储源或汇的连接要素

（6）单击【下一步】按钮，打开设置网络权重对话框，如图 7.89 所示。权重是通过边线或连接的成本，它只能基于长整型或双精度型数据类型创建。如果需要在网络中添加权重，单击【新建】按钮添加新权重，单击【删除】按钮可以删除已经添加的权重。应为添加的权重确定名称和类型；如果不想在网络中添加权重，选择【下一步】按钮。这里添加了一个权重 length，类型是双精度型，关联字段为 net_distribution 中的 Shape_Length 字段。在建好几何网络后，权重将在进行网络分析的最小成本计算时起作用。

（7）单击【下一步】按钮，打开网络设置总结信息框。确认无误后，单击【完成】按钮，完成新的几何网络的建立。

（8）在【目录窗口】中 water 要素集中产生两个新的类：一个是 Water_Net（几何网络类）；另一个是 Water_Net_Junctions（网络上连接要素类）。以此数据集为基础，可以进行几何网络分析（图 7.90）。

3）显示流向

建立几何网络数据集后，需要确定网络的流向。在前面有关网络流向的介绍中，我们已经知道两种确定流向的方式：一种是使用网络边的数字化方向为流向；另一种是通过定义源或汇流动的交汇点确定流向。在建立几何网络数据集时，已经将 source.shp 和

sink.shp 数据设为源和汇，因此使用第二种方式确定流向。

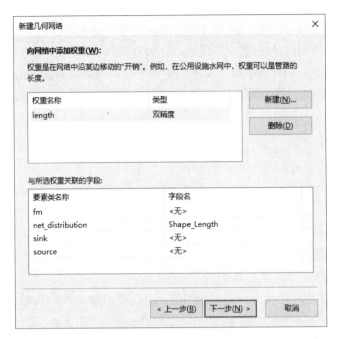

图 7.89　设置网络权重对话框

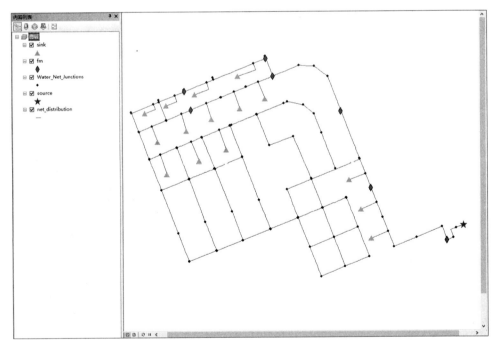

图 7.90　创建完成的几何网络数据集

（1）右击 ArcMap 空白处，打开【编辑器】工具条，选择【编辑器】→【开始编辑】。右击 source.shp 文件，选择【打开属性表】，其中的 AncillaryRole 字段的属性值可以用于标注该交汇点的类型：0 表示 none；1 表示 source（源）；2 表示 sink（汇）。

（2）修改 source.shp 属性表的 AncillaryRole 字段为 1（或直接选择 source），sink.shp 属性表的 AncillaryRole 字段为 2（或直接选择 sink），属性值 1 和 2 会自动转化为 source 和 sink（图 7.91，图 7.92），保存编辑内容。

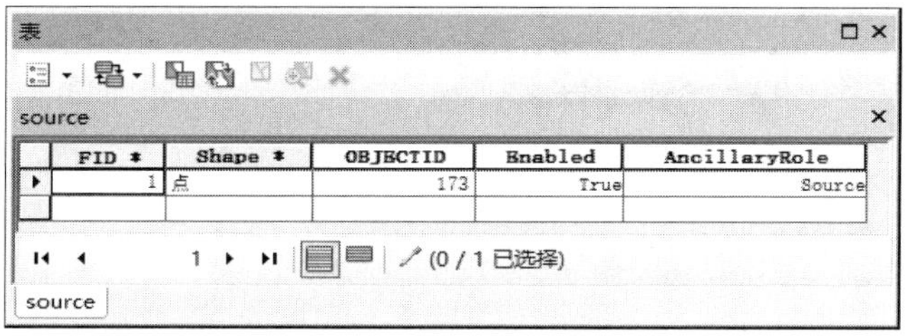

FID *	Shape *	OBJECTID	Enabled	AncillaryRole
1	点	173	True	Source

图 7.91　source 属性表

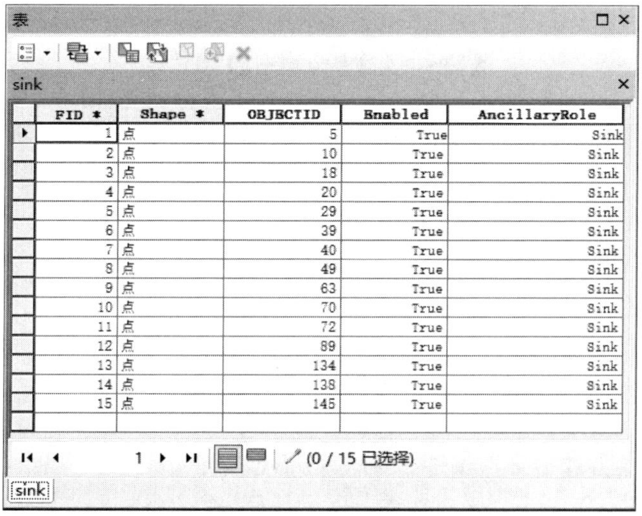

FID *	Shape *	OBJECTID	Enabled	AncillaryRole
1	点	5	True	Sink
2	点	10	True	Sink
3	点	18	True	Sink
4	点	20	True	Sink
5	点	29	True	Sink
6	点	39	True	Sink
7	点	40	True	Sink
8	点	49	True	Sink
9	点	63	True	Sink
10	点	70	True	Sink
11	点	72	True	Sink
12	点	89	True	Sink
13	点	134	True	Sink
14	点	138	True	Sink
15	点	145	True	Sink

图 7.92　sink 属性表

（3）在工具栏上点右键，选择【几何网络分析】，添加【几何网络分析】工具条。或者在主菜单上选择【自定义】→【工具条】→【几何网络分析】。

（4）在【几何网络分析】工具条中，选择【流向】→【显示目标对象的箭头】，在展开的菜单中选择欲显示流向的要素图层（图 7.93）。

图 7.93　显示目标对象的箭头

（5）选择【流向】→【属性】命令，打开【流向显示属性】对话框（图 7.94），进入

【箭头符号】选项卡；选择"流向类别"中的流动类别，设定其符号；进入【比例】选项卡，设置显示范围。

图 7.94　【流向显示属性】对话框

（6）点击工具条上的【设置流向】按钮，选择【流向】→【显示箭头】，即可显示流向箭头（图 7.95）。可以看到，图上有很多未初始化流向，这是因为我们设置的源和汇无法推出该边的流向，也未直接定义边上的水流方向。

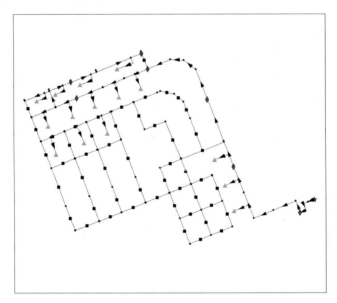

图 7.95　流向示意图

4）寻找阀门控制的管道上游和下游（网络上溯追踪、网络下溯追踪、网络上溯累积追踪）

追踪工作下拉菜单里提供了九种基础几何网络分析模型，我们可以使用网络上溯和下溯追踪来寻找阀门控制的管道上游和下游。

（1）在网络分析工具条上，点选旗标和障碍工具板下拉箭头。

（2）将旗标放在每一个欲向下游追踪的阀门点。

（3）在追踪工作下拉菜单中选择【网络下溯追踪】（图 7.96）。

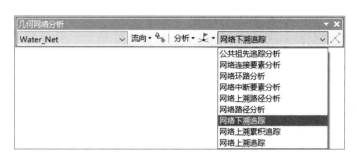

图 7.96　选择网络下溯追踪

（4）单击 ⚒（解决）按钮，则由旗标向下游追踪的所有要素将显示出来，结果在图 7.97 中用红线表示。

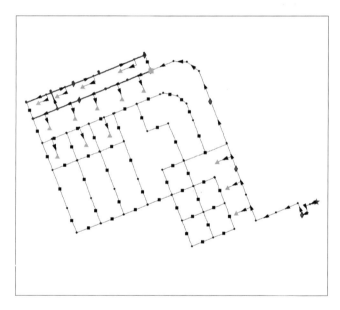

图 7.97　网络下溯追踪分析结果

（5）下拉菜单中选择【网络上溯追踪】，单击 ⚒（解决）按钮，则由旗标向上游追踪的所有要素将显示出来。

（6）选择菜单中的【分析】，可以清除标记、障碍和结果。

（7）此外，还可以通过权重设置计算阀门上游追踪管道的总成本。在欲向上游累积的阀门上设置旗标，点选【分析】→【选项】。在打开的【分析选项】对话框中，选择【权重】标签页，在【边权重】组合框中的【沿边的数字化方向的权重】和【沿边的相反数字化方向的权重】下拉列表中选择将计算的权重字段名为水管长度 length 字段（图 7.98），单击【确定】。

图 7.98　分析选项对话框权重标签

（8）在【追踪任务】下拉菜单选【网络上溯累积追踪】，点击解决键，则由旗标向上游追踪的所有要素将显示出来，而这些图征的总成本将呈现在左下角的状态栏中，在本例中总成本表示源点到阀门通过的管道长度。

5）寻找与阀门相连的管网以及控制小区的阀门（网络连接要素分析、网络中断要素分析、公共祖先追踪分析）

通过网络连接要素分析和网络中断要素分析，可以找到与某一阀门相连的供水管道以及哪些管道与此阀门不直接相连。如果想知道某几处管道有哪个阀门，还可以进行公共祖先追踪分析。

（1）在欲寻找连接要素的阀门点上设置旗标。

（2）点选【追踪任务】下拉菜单选择【网络连接要素分析】。

（3）单击解决键，与设定旗标的图征连接的所有图征将显示出来，即与阀门相连的管道。

（4）在欲寻找与之中断要素的阀门点上设置旗标。

（5）点选【追踪任务】下拉菜单选择【网络中断要素分析】。

（6）单击解决键，与设定旗标的图征中断的所有图征将显示出来，即与阀门不直接相接的管道。

（7）在欲寻找共同阀门的管道上设置好旗标。

（8）点选【追踪任务】下拉菜单选择【公共祖先追踪分析】。

（9）单击解决键，属于所有旗标上游的图征将显示出来，包括控制该两处管道的上游管道和阀门（图 7.99）。

6）爆管分析

供水管网是城市建设中的基础建设，维持了人们日常用水的需求，但由于管网设计、施工质量等一系列原因，可能会出现管网爆管的情况。在事件发生的第一时间进行爆管分析，找出需要关闭的阀门，减少爆管带来的不利影响就显得十分重要。因此，爆管分析的关键是快速找到发生爆管位置的上游阀门。

（1）爆管位置如图 7.100 所示，将旗标放置在该位置，在【追踪工作】的下拉列表中选择【网络上溯追踪】，点击解决按钮后，可以直接目视判断需要关闭的阀门。

（2）当管网比较复杂，目视判读就会出现局限性，此时可以通过综合分析方法找到需关闭的阀门。点击【分析】→【选项】，打开【结果】选项卡，将【结果格式】中的【以下列形式返回结果】更改为【选择】方式，点击【确定】（图 7.101）。

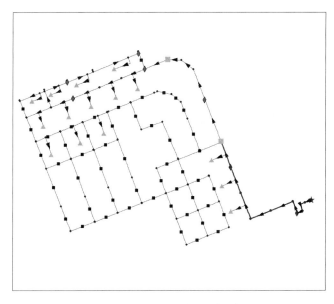

图 7.99　公共祖先追踪分析结果

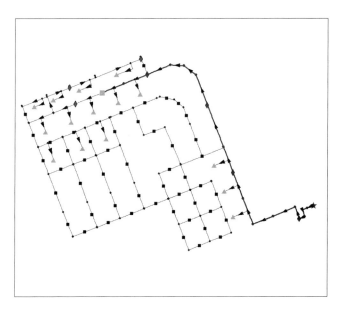

图 7.100　网络上溯累积追踪分析结果

（3）将旗标放置在爆管位置，在【追踪工作】的下拉列表中选择【网络上溯追踪】，点击解决按钮后，得到网络上溯积累追踪分析结果。

（4）打开菜单栏上的【选择】→【按位置选择】，选择与现有管网数据集相交的水管阀门，设置如图 7.102 所示的参数，结果如图 7.103 所示。

还有一些几何网络分析模型在此章节没有进行实例演示，可以在书外自行尝试，诸如对效用网络进行最短路径等网络路径分析，在此也不一一详述，可参考本章的7.3.4 节。

图 7.101 分析选项对话框结果标签

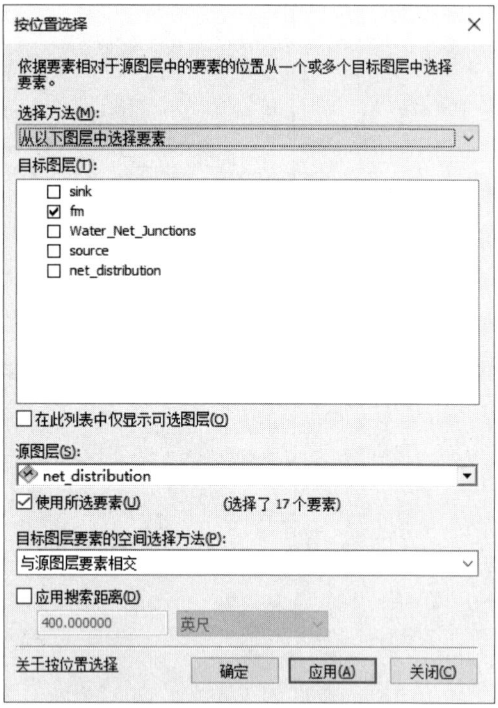

图 7.102 【按位置选择】对话框

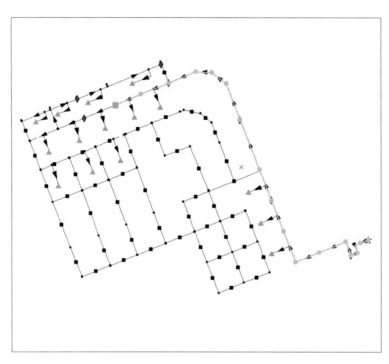

图 7.103 按位置选择结果

7.4　追　踪　分　析

追踪分析是基于时间序列的可视化和分析工具,可以实现带有时间属性的事物和现象变化的历史回放,以及实时数据的动态显示,如用于回放车辆、卫星等的动态位移,离散发生的犯罪、雷击事件,气象台站的风向监测信息,以及社会现象的变化迁移等,其在交通、应急反应、军事以及其他领域具有重要的应用地位。

在 ArcGIS 中,主要使用工具条【Tracking Analyst】来对地图数据进行追踪分析,以下将从追踪分析的相关概念、追踪分析的基本功能以及追踪分析实例演示三方面来介绍。

7.4.1　追踪分析的相关概念

(1) 时态数据:包含地理位置的时间、日期信息,可借助此信息对实时观测结果和以前记录的观测结果进行追踪。这些观测结果可以是离散的(如闪电),也可以是连续的(如货运路线和飞行路线)。

(2) 实时数据:指实时进行记录的时态数据,经过网络连接后,可通过输入数据源经传输在地图上显示,大多为满足紧急响应系统或卫星追踪系统的应用。

(3) 追踪:追踪是同一对象观测的集合。移动对象(如汽车)可以具有一个显示汽车在过去一小时内的移动位置的追踪。静态对象也可以拥有追踪。例如,来自静态气温传感器的温度测量值的集合。在任何情况下,追踪都是通过聚合具有单个追踪 ID 的单个实体的观测形成的。

(4) 追踪线:一条连接追踪中的各个观测的线。追踪线适用于描述实体的大致路径。

(5) 观测:一组在特定时间点为某个实体测量的值。对于要用于进行追踪的观测,其必须具有关联的时间(称为观测时间)。一个追踪图层包含一组观测。

(6) 时间窗:追踪事件在地图上显示的时间段。

(7) 操作:某个追踪事件满足操作触发器的条件时发生的自定义处理。例如,为追踪图层定义图层操作,为实时追踪服务定义服务操作。

(8) 触发器:为执行相应操作,某个追踪事件必须满足的一组条件,可根据属性或位置条件,或者两者的组合构建触发器。

ArcGIS 的追踪分析模块为 Tracking Analyst 扩展模块。Tracking Analyst 是基于时间序列的可视化和分析工具,可以实现带有时间属性的事物和现象变化的历史回放,以及实时数据的动态显示。

在 Tracking Analyst 中,首先要将时间数据添加为 Tracking 图层,这是 Tracking Analyst 所独有的。可以添加为 Tracking 图层实现历史数据回放的数据源包括:Shapefile、Personal Geodatabase、File Geodatabase、ArcSDE,以及由建立 Tracking Server Connection 和 GPS Connection 所获得的实时数据。所有的数据源都必须包含 Data/Time 字段,如果回放的数据是连续的,具备轨迹,则数据源必须包含 EventID 字段,以将时间数据组织成轨迹。Tracking Analyst 可支持公元前 4713 年 1 月 1 日至公元 9999 年 12 月 31 日之间的日期,如图 7.104 所示。

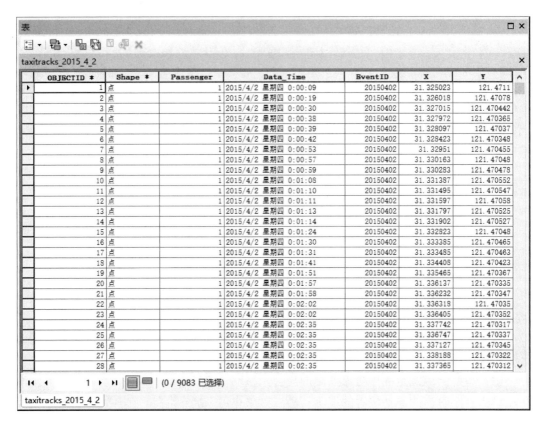

图 7.104　Tracking 图层属性

Tracking Analyst 可接受来自实时源和固定时间源的三种数据结构：简单事件、复杂静态事件、复杂动态事件。

（1）简单事件：对于简单事件，时间观测组件是数据的唯一组件。它至少必须包括观测的日期和时间。包含简单事件的固定时间数据可用一个表格进行组织，该表将包括日期及任何其他存在的属性。简单事件在单个组件中包括 Tracking Analyst 用于事件处理和显示所需的所有元素。

（2）复杂事件：包括两个组件，即观测组件和对象组件。时间观测组件不包括对象的所有必要信息，因此附加信息保存在对象组件中。对象组件的实际内容取决于被追踪的对象是移动对象还是静止对象。理想情况下，对象组件应包括所有静态属性。因此，对象组件可能包含静态事件的形状字段。它至少应包括 ID 字段，可通过该字段将其连接到观测组件。

（3）复杂静态事件：例如，气象站的输入属于复杂静态事件。传感器的地理位置不会改变，因此其地理位置及其他静态信息存储在时间对象组件中。时间对象组件还包括传感器 ID，这样就可连接到正确传感器的观测。

（4）复杂动态事件：例如，飞机信息属于复杂动态事件。其地理位置不断改变，因此必须连同日期和时间信息一起保存在观测对象中。在这种情况下，时间对象表可能包括飞机的品牌和型号、飞机驾驶员与机组成员的信息，以及机身年龄与容量等信息。

7.4.2　追踪分析的基本功能

通过 Tracking Analyst 可实现如下基本功能：

（1）通过将包含日期和时间（时态数据）的地理数据以追踪图层的形式添加到地图中，可使此类地理数据更加生动形象。

（2）实时追踪对象。Tracking Analyst 支持与全球定位系统设备及其他追踪和监视设备进行网络连接，从而可以实时将数据绘制成图。

（3）使用图层属性及其他专用于查看随时间变化的数据的选项对时间数据进行符号化。

（4）使用追踪管理器对轨迹数据进行统一管理，查看轨迹信息或进行显示隐藏轨迹等操作。

（5）使用 Tracking Analyst 回放管理器回放时间数据，可使用不同的速度进行正向和反向数据回放。

（6）通过创建数据时钟来分析时间数据中存在的模式。

（7）针对时间数据创建和应用操作。

（8）使用 Tracking Analyst 动画工具通过动画形式呈现数据。

（9）使用 ArcGlobe 在 3D 模式下查看追踪数据。

7.4.3　追踪分析实例演示

实验时态数据为 2015 年 4 月 2 日的出租车轨迹数据，图层名为 taxitracks_2015_4_2，其属性表中 EventID 为出租车出行日期，Data_Time 字段为出租车记录位置信息时对应的时间，Passenger 对应出租车载客情况，如图 7.104 所示。

1. 加载时态数据

（1）在工具栏上点右键，选择【Tracking Analyst】，添加追踪分析工具条。或者在主菜单上，选择【自定义】|【工具条】|【Tracking Analyst】（图 7.105）。

图 7.105　追踪分析工具条

（2）单击【Tracking Analyst】工具条上添加时态数据按钮 ⊕，打开【添加时态数据向导】（图 7.106）。

（3）保持存储策略下拉列表设置为默认值。选中【包含时间数据的要素类或 Shapefile】，表示希望加载的数据是简单的追踪数据且包含在单个要素类或 Shapefile 中；【要素类以及单独的表，该表中包含此向导将要连接到要素类的时态数据】表示希望加载两个单独的表中所含的复杂追踪数据。

（4）在【数据源】项点击添加数据按钮，添加时间数据。

（5）单击【包含日期/时间的字段】下拉箭头，选择时间属性字段。这将指示 Tracking Analyst 查看此字段，以查找有关每个事件的发生时间信息。

（6）在包含时区的下拉菜单中，选择时态数据的时区，通常时区设置为默认值——协调世界时（UTC），也可选择当地对应的时区；【按夏时制调整值】复选框向 Tracking Analyst 表明此数据是否按夏时制调整的情况下采用选中时区时间收集。

（7）标识时态记录所属轨迹字段将告知 Tracking Analyst 如何将数据组织成追踪。如果追踪数据无法组织成追踪，则可以选择＜无＞指示数据不含任何追踪。添加时态数据向导设置参数如图 7.106 所示。

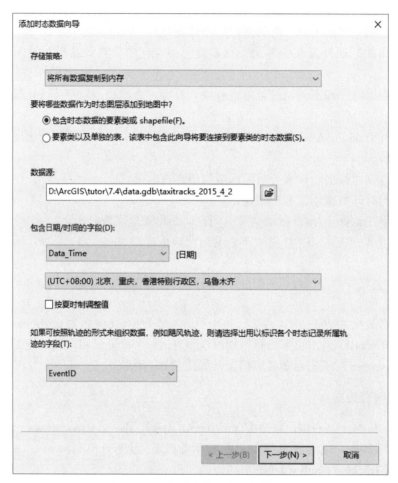

图 7.106　添加时态数据向导参数设置

（8）单击【下一步】，该步为子要素集选取，如图 7.107 所示。单击【查询构建器】（图 7.108）构建选择过滤条件。

（9）单击【完成】。内容列表中将显示一个新追踪图层，并具有默认符号。此时时态数据即以跟踪图层的形式加载了。

2. 操作及分析时态数据

（1）右键单击追踪图层，选择【属性】，打开图层属性对话框，进入【符号系统】选项卡。

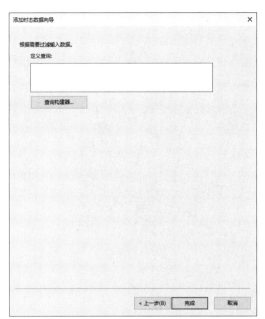

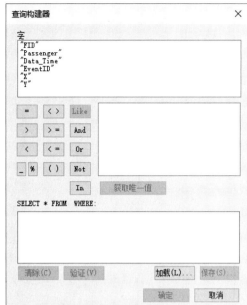

图 7.107 选择子要素参数设置　　　　　　　图 7.108 查询构建器

（2）在【显示】面板中，勾选【追踪】。可以设置要素的符号（图 7.109）。单击【确定】，此时事件点则通过追踪线相连接，如图 7.110 所示。

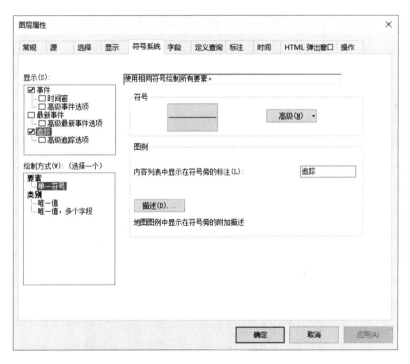

图 7.109 符号系统参数设置

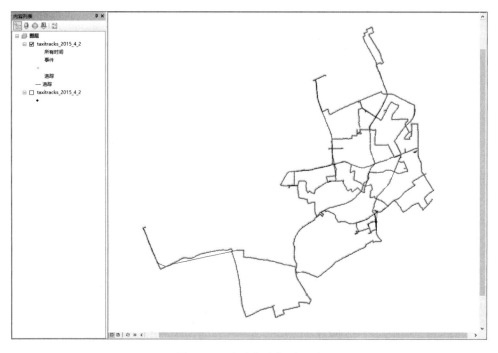

图 7.110　追踪线连接后界面

（3）点击【Tracking Analyst】工具条上的追踪管理器 ，打开如图 7.111 所示的对话框。在上方的选择框内可以选定轨迹，并使用下方的工具栏对选定轨迹进行操作，可

图 7.111　【追踪管理器】对话框

执行的操作有：高亮显示轨迹、隐藏其他轨迹、沿轨迹、缩放至轨迹、分析轨迹、隐藏/显示轨迹和清除/停止清除轨迹。

（4）点击【Tracking Analyst】工具条上的追踪服务监听器图标 ，可打开如图 7.112 所示的对话框，该窗口可以查看和监听实时追踪服务的状态，掌握多个追踪服务的状态信息。时态数据需要使用【添加时态数据向导】将追踪数据添加到地图中，并建立与 ESRI Tracking Server 的实时连接，当从服务器接收数据时，数据将在地图中进行显示。

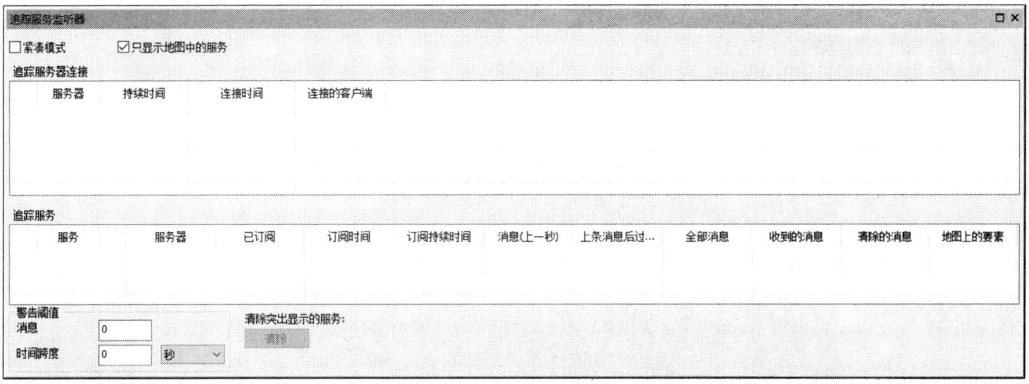

图 7.112　【追踪服务监听器】对话框

3. 创建数据时钟图

数据时钟图是一种用于显示各个时间段的数据时间频率的工具。也就是说，它使你可以查看不同时间所存在的数据量。

操作步骤介绍如下。

（1）在【Tracking Analyst】工具条上选择【Tracking Analyst】|【数据时钟】|【创建数据时钟】，打开【创建数据时钟向导】对话框图（图 7.113）。

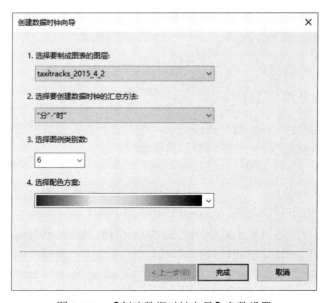

图 7.113　【创建数据时钟向导】参数设置

（2）在【选择要制成图表的图层】中选择用于分析的追踪图层，在【选择要创建数据时钟的汇总方法】中选择汇总方法的时间单位。汇总方法使用不同的时间单位将数据时钟图分割为环和楔形。汇总方法的第一部分针对环分割，第二部分针对楔形分割。例如，"分"-"时"汇总方法将生成由分钟标注的环和按小时标注的楔形组成的数据时钟图。

（3）设置【选择图例类别数】及【选择配色方案】，参数设置情况如图 7.113 所示。单击【完成】，形成数据时钟图（图 7.114）。

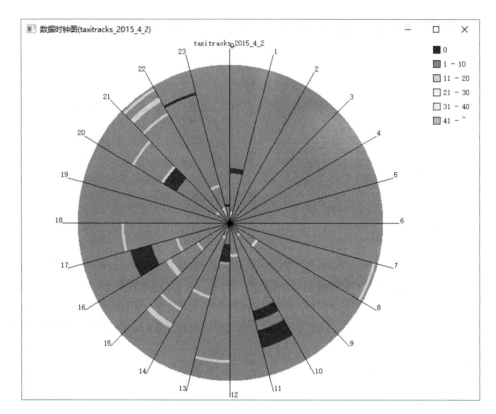

图 7.114 数据时钟图

4. 回放管理器使用

回放管理器可用于设置回放事件的开始和结束时间以及更改回放的速度，此外，还可用于暂停回放、连续循环回放，甚至是倒放事件。

操作步骤介绍如下。

（1）在【Tracking Analyst】工具条上点击【回放管理器】图标 ⊙，打开【回放管理器】对话框，点击右下角的 ⌄ 图标后，如图 7.115 所示。

（2）在【将回放窗口设置为以下图层的时态范围】中选择追踪图层。此设置会调整回放窗口的开始时间和结束时间，以包括所选的一个或多个图层中的所有数据事件。如果您向地图中添加多个追踪图层，则可以采用几种不同的方式设置时间范围、开始时间和结束时间。同时，可将其设置为所有追踪图层、仅可见的图层或单个图层。

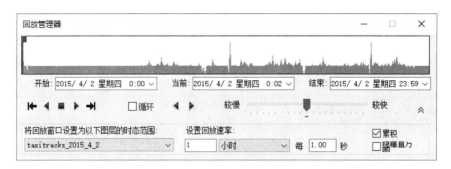

图 7.115 【回放管理器】对话框

（3）在【设置回放速率】输入回放速率。例如，单位为"小时"、每 1.00 秒，表示将回放速率设置为每秒一小时。回放速率如何设置要根据具体数据来确定。

（4）至此，已经准备就绪可以回放出租车轨迹数据了。在单击【播放】按钮（图 7.116）之前，请确保红色时间指示器位于回放窗口的左侧边缘。默认情况下，回放管理器最初将时间设置为回放窗口的开始位置。

（5）当数据正在回放时，通过拖动回放管理器中央的速度指示器来调整回放速度（图 7.117）。

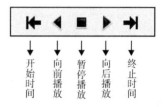

图 7.116 回放管理器播放控制工具

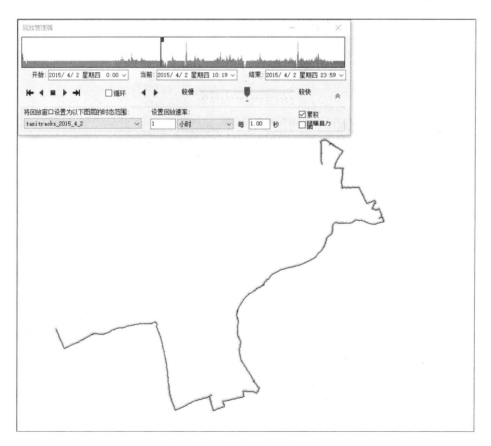

图 7.117 回放管理器操作界面

图 7.118　【动画工具】对话框

此外，与【回放管理器】类似，Tracking Analyst 模块还提供了动画输出功能，单击【Tracking Analyst】|【动画工具】，打开【动画工具】对话框（图 7.118），其基本设置与回放管理器类似。

5. 执行复杂数据处理

每当所追踪事件的属性或位置触发某操作时，即可在 Tracking Analyst 模块中创建该操作以执行复杂数据处理。在下面的部分中，将设置一个高亮显示操作以便能够看到出租车何时处于空闲状态。

具体步骤如下：

（1）在 ArcMap 内容列表中右键单击追踪图层，选择【属性】，打开【图层属性】对话框。

（2）在【图层属性】中进入【操作】选项卡，点击【新建操作】，打开【新建操作】对话框，如图 7.119 所示。在【命名操作】中输入操作名称，同时在【要创建的操作类型】中选择【高亮显示/禁止显示】，单击【确定】。

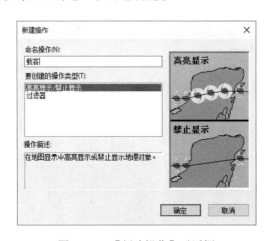

图 7.119　【新建操作】对话框

（3）此时，出现【高亮显示/禁止显示操作参数】对话框，如图 7.120 所示。在【类型】中选择"高亮显示"，设置【高亮显示符号】，【操作触发方式】选择【属性查询】，表示使用属性查询来触发操作。此时，【查询构建器】按钮变为可用状态。

（4）单击【查询构建器】，打开【查询构建器】对话框（图 7.121）。Passenger 字段记录了出租车的载客状态，0 表示载客，1 表示空闲。输入查询表达式，如"Passenger"=1，点击【确定】，返回上一级对话框。

（5）单击【确定】，创建的新操作即显示在【图层属性】对话框的【操作】选项卡的列表框中。单击【图层属性】对话框的【确定】，高亮显示结果如图 7.122 所示。

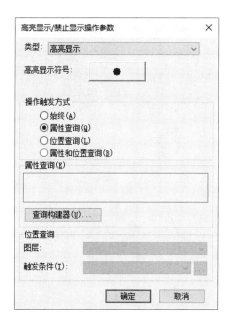
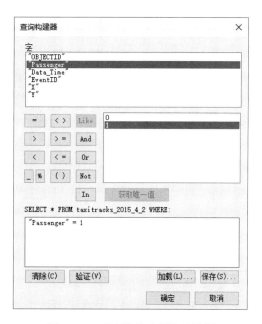

图 7.120　【高亮显示/禁止显示操作参数】对话框　　　图 7.121　【查询构建器】对话框

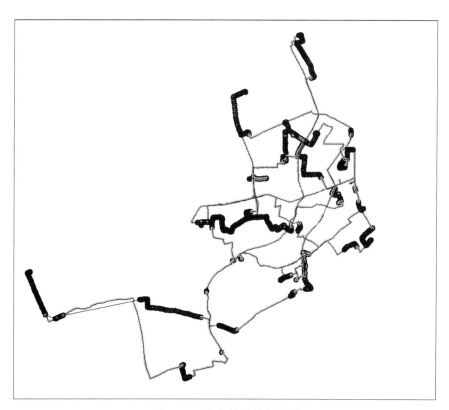

图 7.122　高亮显示结果界面

（6）完成此设置后，单击【回放管理器】对数据进行回放，部分轨迹数据在地图上高亮显示，表示这些位置出租车处于空闲状态，无乘客坐车（图 7.123）。

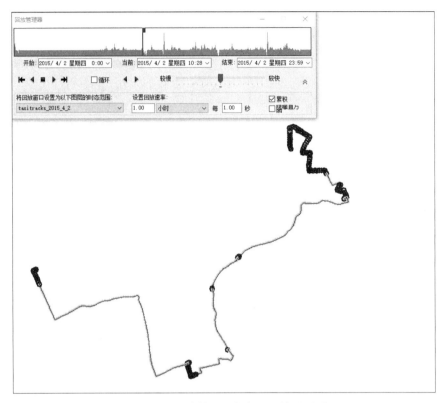

图 7.123　回放管理器高亮显示结果界面

7.5　实例与练习

7.5.1　市区择房分析

1. 背景

如何找到环境好、购物方便、小孩上学方便的居住区地段是购房者最关心的问题，因此购房者就需要从总体上对商品房的信息进行研究分析，选择最适宜的购房地段。

2. 目的

学会利用缓冲区分析和叠置分析解决实际问题。

3. 数据

试验数据位于\Chp7\Ex1，请将练习拷贝至 D:\Chp7\Ex1\，城市市区交通网络图（network.shp）、商业中心分布图（marketplace.shp）、名牌高中分布图（school.shp）、名胜古迹分布图（famousplace.shp），这些文件综合在一起是 city.mxd。

4. 要求

所寻求的市区噪声要小、距离商业中心和各大名牌高中要近、距离名胜古迹要近且环境优雅。综合上述条件，给定一个定量的限定如下。

（1）距主要市区交通要道 200 米之外，交通要道的车流量大，噪声主要源于此（ST 为道路类型中的主要市区交通要道）；

（2）距大型商业中心的影响，以商业中心的大小来确定影响区域，具体是以其属性字段 YUZHI；

（3）距名牌高中在 750 米之内，以便小孩上学便捷；

（4）距名胜古迹 500 米之内。

最后分别将满足上述条件的其中一个条件取值为 1，不满足的取值为 0，即如果满足距主要市区交通要道 200 米之外，取值为 1，反之为 0；其他亦是如此，最后将其累加得到分级，即满足三个条件的累加得到 3，满足 2 个条件的得到 2，最后将全部分成 5 级。

5. 操作步骤

首先打开 ArcMap，打开 Chp7\Ex1\city.mxd 文件，将文件加入窗口中来，这时四个文件全被加入 ArcMap。

1）主干道噪声缓冲区建立

（1）选择交通网络图层（network.shp），打开图层的属性表，在左上角点击【表选项】，在菜单中选择【按属性选择】，在弹出的【按属性选择】对话框中，左边选择"TYPE"双击，将其添加到对话框下面 SQL 算式表中，中间点"="，再单击获得唯一值将 TYPE 的全部属性值加入上面的列表框中，然后选择"ST"属性值，双击添加到 SQL 算式表中，单击【应用】按钮，就将市区的主要道路选择出来了（图 7.124）。

图 7.124　交通道路图通过属性选择要素

（2）对选择的主干道进行缓冲区的建立。打开 ArcToolBox，依次选择【分析工具】|【邻域分析】|【缓冲区】，打开【缓冲区】对话框。首先选择交通网络图层（network）作为输入要素，确定缓冲区文件的存放路径和文件名。

（3）确定尺寸单位为米，以指定的距离建立缓冲区，指定半径为 200 米；侧类型和末端类型均为默认值。

（4）因为不是分别考虑一个图层的各个不同的要素的目的，所以在这里选择的是融合类型为 ALL，单击【确定】，完成主干道噪声缓冲区的建立（图 7.125）。

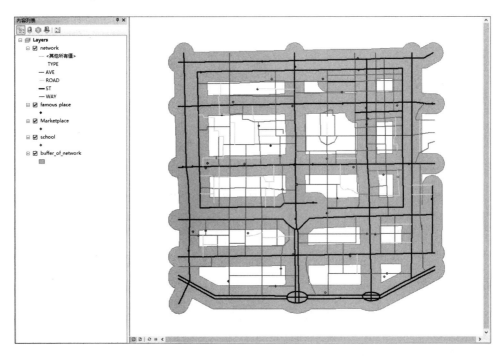

图 7.125　主干道噪声缓冲区

2）商业中心影响范围缓冲区建立

（1）建立大型商业中心的影响范围。选择【分析工具】|【邻域分析】|【缓冲区】，打开【缓冲区】对话框。首先选择商业中心分布图层（marketplace.shp）作为输入要素，确定缓冲区文件的存放路径和文件名。

（2）选择用字段建立缓冲区的方法，指定属性字段 YUZHI 为缓冲区半径；侧类型和末端类型均为默认值。

（3）选择融合类型为 ALL，单击【确定】，完成商业中心影响范围缓冲区的建立（图 7.126）。

3）名牌高中影响范围缓冲区建立

（1）选择【分析工具】|【邻域分析】|【缓冲区】，打开【缓冲区】对话框。选择名牌高中分布图层（school.shp）作为输入要素，确定缓冲区文件的存放路径和文件名。

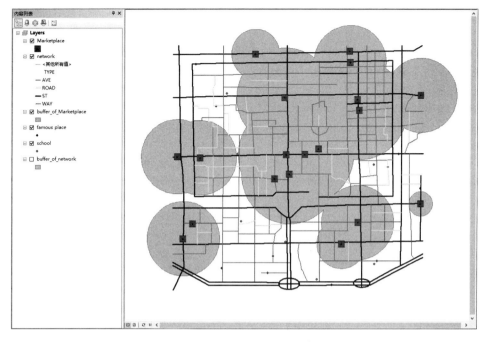

图 7.126　商业中心影响范围缓冲区

（2）确定尺寸单位为米，以指定的距离建立缓冲区，指定半径为 750 米；侧类型和末端类型均为默认值。

（3）选择融合类型为 ALL，单击【确定】，完成名牌高中影响范围缓冲区的建立（图 7.127）。

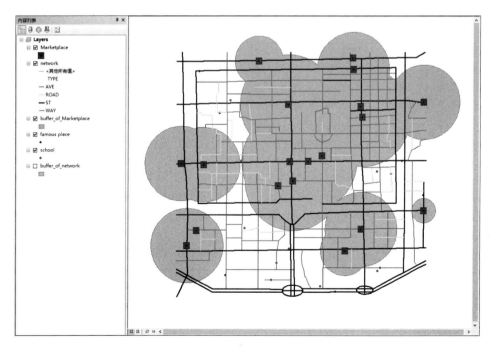

图 7.127　名牌高中影响范围缓冲区

4）名胜古迹影响范围缓冲区建立

（1）选择【分析工具】|【邻域分析】|【缓冲区】，打开【缓冲区】对话框。选择名胜古迹分布图层（famousplace.shp）作为输入要素，确定缓冲区文件的存放路径和文件名。

（2）确定尺寸单位为米，以指定的距离建立缓冲区，指定半径为 500 米；侧类型和末端类型均为默认值。

（3）选择融合类型为 ALL，单击【确定】，完成名胜古迹影响范围缓冲区的建立（图7.128）。

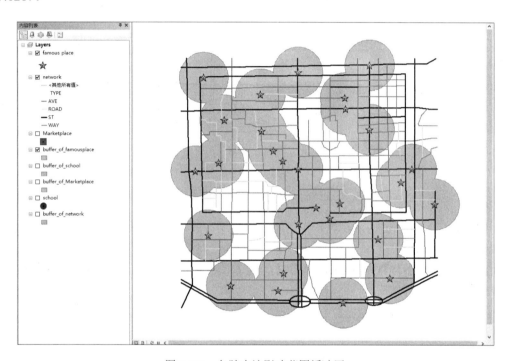

图 7.128　名胜古迹影响范围缓冲区

5）进行叠置分析，将满足上述四个要求的区域求出

（1）对商业中心影响范围、名牌高中影响范围和名胜古迹影响范围三个缓冲区图层进行【叠置分析】的【交集】操作，可将同时满足三个条件的区域求出。打开 ArcToolbox，依次选择【分析工具】|【叠加分析】|【相交】操作，打开【相交】操作对话框。将商业中心影响范围缓冲区、名牌高中影响范围缓冲区和名胜古迹影响范围缓冲区分别进行添加，设定输出文件名并选择全部字段，输出类型和输入类型一样。单击【完成】，可获得同时满足三个条件的交集区域（图 7.129）。

（2）利用主干道噪声缓冲区对获得的三个区域的交集进行图层擦除操作，从而获得同时满足四个条件的区域。打开 ArcToolbox，分别选择【分析工具】|【叠加分析】|【擦除】操作，打开图层【擦除】操作对话框，在输入要素选择三个区域的交集，在擦除要素选择主干道噪声缓冲区，同时设定输出图层的地址和文件名，单击【完成】，就获得了同时满足四个条件的交集区域，即购房者的最佳选择区域（图 7.130）。

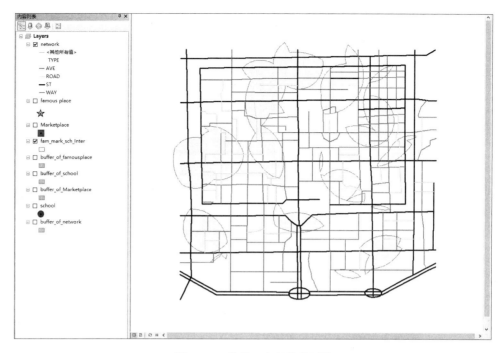

图 7.129 满足三个条件的区域

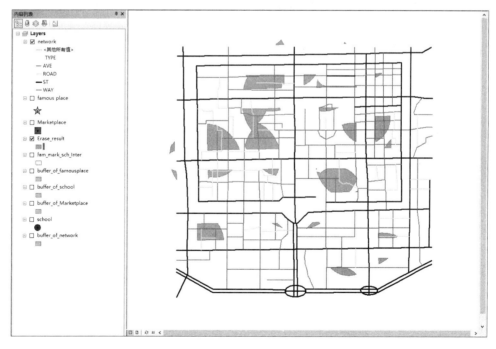

图 7.130 购房者的最佳选择区域

为了使结果更有说服力、更加直观，可以综合上述四个因子，对整个市区进行分等定级，分级标准如下：①满足其中四个条件为第一等级；②满足其中三个条件为第二等级；③满足其中两个条件为第三等级；④满足其中一个条件为第四等级；⑤完全不满足

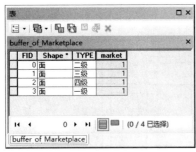

图 7.131　添加 market 字段并赋值为 1

条件的为第五等级。

（1）分别打开商业中心、名牌高中和名胜古迹影响范围缓冲区图层的属性列表，分别添加 market、school 和 famous 字段，并全部赋值为 1（图 7.131）。同时向主干道噪声缓冲区图层的属性列表中添加 voice 字段，并全部赋值为–1。这里取–1 的原因是噪声缓冲区之外的区域才是满足要求的。

（2）打开 ArcToolbox，分别选择【分析工具】|【叠加分析】|【联合】操作，打开图层【联合】操作对话框。将四个缓冲区图层逐个添加进去，同时设定输出图层的地址和文件名 Union，将全部字段连接，单击【完成】，得到四个缓冲区的叠加图。

（3）打开生成的 Union 文件图层的属性列表，添加一个短整型字段 class。在【编辑器】工具栏下拉菜单中选择【开始编辑】，然后在属性列表中的 class 字段上单击右键，选择【字段计算器】。单击之后，打开【字段计算器】对话框，输入运算公式 class=market+voice+school+famous 将其进行分等定级。如图 7.132 所示，分等定级的标准如下：①第一等级数值为 3；②第二等级数值为 2；③第三等级数值为 1；④第四等级数值为 0；⑤第五等级：数值为–1。

（4）最后在 Union 图层的属性中将图层设置成 class 字段的分级显示，得到整个市区的分等定级图。颜色越深，满足的条件就越多，就是优选区域；而颜色相对浅的区域则满足的条件较少，也就不是优选区域（图 7.133）。

图 7.132　分级数值的计算实现

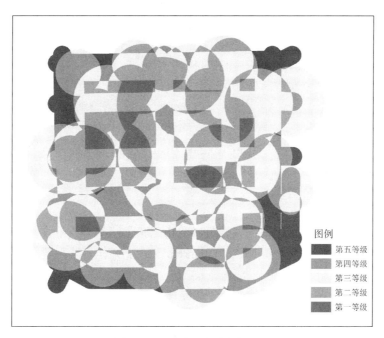

图 7.133　区域居住适宜性分级

以上实例对感兴趣的及格条件进行分析后，得到了很好的分析结果。在现实中，由于考虑到的影响购房的因素较多，可以添加其他限定条件，如房地产价格、交通便利与否、是否是闹市区、离工作地点远近等。读者不妨自己设计阈值和条件，寻找符合自己要求的区域。

7.5.2　超市选址问题

1. 背景

商家在开超市时往往会选择人流量大的地段，以保证更多的营业额。为此，综合分析各商铺的位置优劣。

2. 目的

学会利用叠置分析和网络分析解决实际问题。

3. 数据

试验数据位于\Chp7\Ex2，请将练习拷贝至 D:\Chp7\Ex2，城市市区交通网络（citynet_ND.lyr）、现有超市分布图（marketplace.shp）、商铺分布图（new market.shp）、城市住宅区分布图（community.shp）、施工区域图（construction.shp）。

4. 要求

为得到最大客流量，超市应尽量避开和其他超市竞争或者位于城市施工范围内，同时要靠近人数较多的住宅区。综合上述条件，给定一个定量的限定如下：

（1）避开现有超市的影响，以超市的大小来确定影响区域，具体是以其属性字段YUZHI；

（2）不选择位于城市施工范围内的商铺；

（3）新增超市需设置在能够保证最大客流量的点，即人数较多的住宅区附近。

5. 操作步骤

首先打开 ArcMap，打开 D：\Chp7\Ex2\city.mxd 文件，将文件加入窗口中来，这时五个文件全被加入 ArcMap。

1）现有超市影响范围缓冲区建立

（1）建立现有超市的影响范围。选择【分析工具】|【邻域分析】|【缓冲区】，打开【缓冲区】对话框，选择超市分布图层（marketplace.shp）作为输入要素，确定缓冲区文件的存放路径和文件名。

（2）选择用字段建立缓冲区的方法，指定属性字段 YUZHI 为缓冲区半径；侧类型和末端类型均为默认值。

（3）选择融合类型为 ALL，单击【确定】，完成现有超市影响范围缓冲区的建立（图 7.134）。

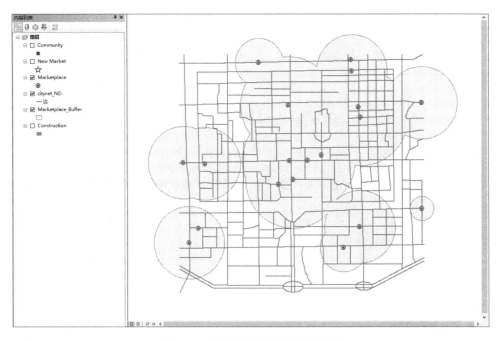

图 7.134　现有超市影响范围缓冲区

2）将现有超市影响范围和城市施工区域合并，剔除不符合条件的商铺

（1）对现有超市影响范围缓冲区和城市施工区域图层（Construction.shp）进行【叠置分析】的【联合】操作，可将两个不满足条件的区域合并。打开 ArcToolbox，依次选择【分析工具】|【叠加分析】|【联合】操作，打开【联合】操作对话框。将超市的缓冲

区、施工区域分别进行添加，连接属性选择所有属性。单击【完成】，可获得不满足条件的区域。

（2）剔除位于已有超市影响范围内和位于施工区域的商铺，即可得到备选商铺位置。打开 ArcToolbox，分别选择【分析工具】|【叠加分析】|【擦除】操作，打开图层【擦除】操作对话框，在输入要素选择商铺分布图，在擦除要素选择上一步得到的不满足条件的区域，同时设定输出图层的地址和文件名，单击【完成】，即可得到备选商铺位置（图 7.135）。

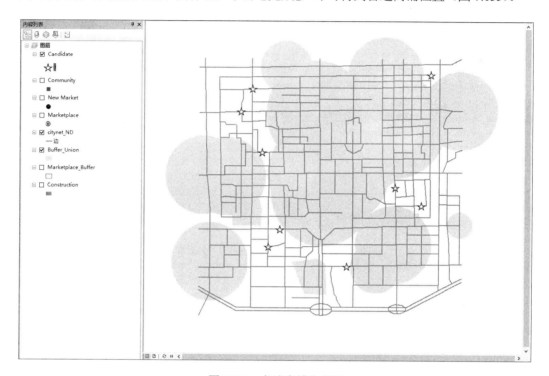

图 7.135　备选商铺分布图

3）创建位置分配分析图层

在空白处右键，选择【Network Analyst】工具条，点击【Network Analyst】，选择新建位置分配。

4）添加设施点和请求点

（1）添加备选商铺作为设施点。点击【Network Analyst】工具条上的【Network Analyst】窗口，右键点击【设施点（0）】，选择加载位置，从【加载自】下拉列表中选择备选商铺分布图，【位置分析属性】可以选择备选商铺中参与位置分配求解的属性。单击【确定】，完成设施点添加（图 7.136）。

（2）添加城市住宅区作为请求点。在【Network Analyst】窗口中，右键点击【请求点（0）】，选择加载位置，从【加载自】下拉列表中选择备选城市住宅区分布图，【位置分析属性】中的 Weight 选择住宅区的 amount 字段，即使用住宅区的人口数对每个请求点进行加权（图 7.137）。单击【确定】，完成请求点添加（图 7.138）。

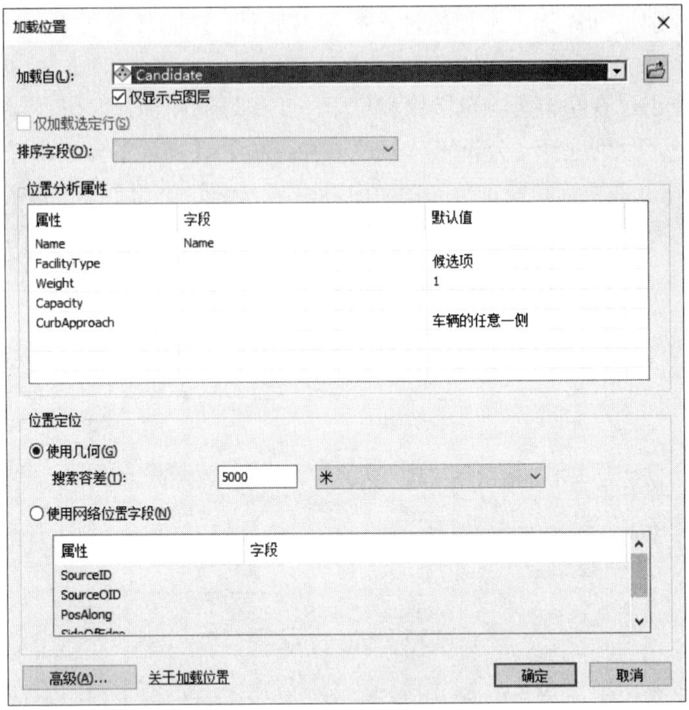

图 7.136　设施点【加载位置】对话框

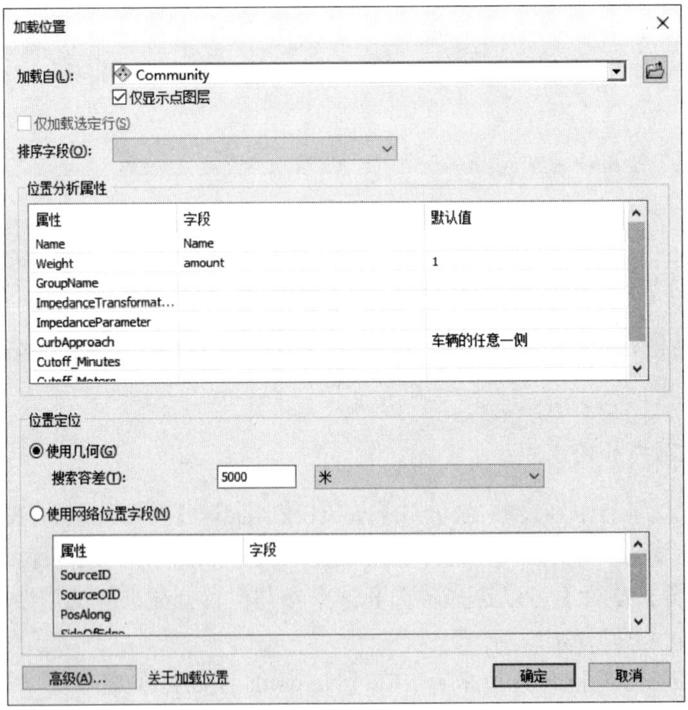

图 7.137　请求点【加载位置】对话框

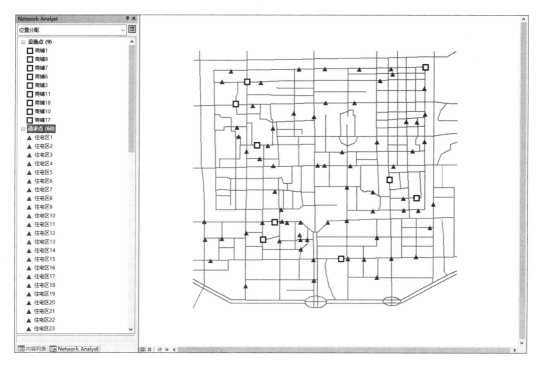

图 7.138　加载设施点与请求点

5）设置位置分配图层的属性

在【内容列表】中，右键单击【位置分配】，选择【属性】，打开位置分配【图层属性】对话框并完成以下设置。

（1）单击【分析设置】选项卡，选择【阻抗】为 Minutes（分钟），【行驶自】选择请求点到设施点，允许【交汇点的 U 形转弯】，【输出 Shape 类型】为直线。勾选【忽略无效位置】，在【限制】对话框中，需要选中 Oneway（图 7.139）。

（2）单击【高级设置】选项卡，在【问题类型】中选择最大化人流量模型。最大化人流量假定人们距离设施点的距离越远，人们越不会利用它，即假定分配至设施点的请求数量会随距离的增加而减少，其适用于超市选址问题。如果对已有超市（竞争对手）的信息有足够多的了解，还可以使用最大化市场份额模型，该模型可以选择一定数量的设施点，以保证存在竞争对手的情况下分配到最多的请求，占据尽可能多的市场份额。

为了找出两个符合条件的商铺以供选择，【要选择的设施点】设置为 2。假设人们不愿意选择超过居民点 6 min 路程的超市，且上一步选择的阻抗为 Minutes（分钟），因此【阻抗中断】设置为 6。【阻抗变换】选择线性函数，即人们选择超市的倾向将会以时间为单位发生线性变化（图 7.140）。

6）超市最佳选址求解

（1）点击【Network Analyst】工具条上的【求解】按钮，就可以得到最适合开超市的商铺位置以及相关住宅点到所选超市的连线（图 7.141）。

图 7.139 【分析设置】选项卡

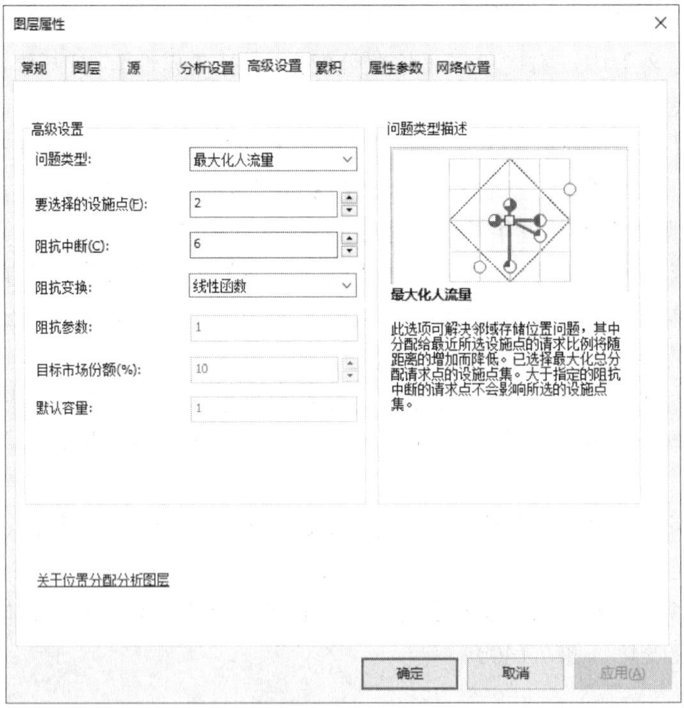

图层属性

常规　图层　源　分析设置　高级设置　累积　属性参数　网络位置

高级设置

问题类型:　　　　　　最大化人流量

要选择的设施点(E):　　2

阻抗中断(C):　　　　　6

阻抗变换:　　　　　　线性函数

阻抗参数:　　　　　　1

目标市场份额(%):　　10

默认容量:　　　　　　1

问题类型描述

最大化人流量

此选项可解决邻域或存储位置问题,其中分配给最近所选设施点的请求比例将随距离的增加而降低。已选择最大化总分配请求点的设施点集。大于指定的阻抗中断的请求点不会影响所选的设施点集。

关于位置分配分析图层

确定　　取消　　应用(A)

图 7.140 【高级设置】选项卡

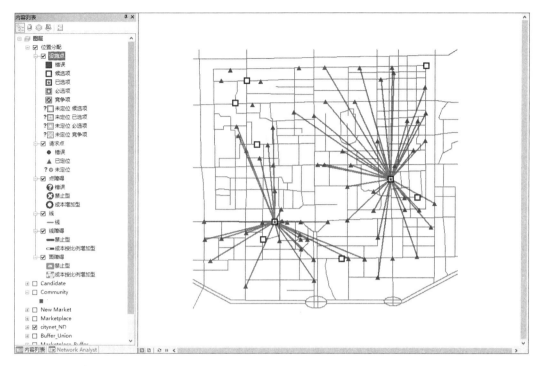

图 7.141　超市最佳选址

（2）在【内容列表】中，右键点击【设施点】，选择【打开属性表】，可看到具体的求解结果，同样也可以选择【请求点】或【线】的属性表进行查看（图 7.142）。

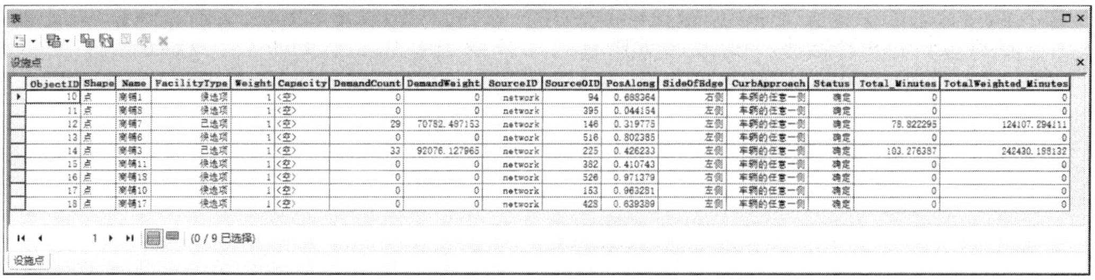

ObjectID	Shape	Name	FacilityType	Weight	Capacity	DemandCount	DemandWeight	SourceID	SourceOID	PosAlong	SideOfEdge	CurbApproach	Status	Total_Minutes	TotalWeighted_Minutes
10	点	商铺1	候选项	1	<空>	0	0	network	94	0.688364	右侧	车辆的任意一侧	确定	0	0
11	点	商铺8	候选项	1	<空>	0	0	network	395	0.044154	左侧	车辆的任意一侧	确定	0	0
12	点	商铺7	已选项	1	<空>	29	70782.487153	network	146	0.319775	左侧	车辆的任意一侧	确定	78.822295	124107.294111
13	点	商铺6	候选项	1	<空>	0	0	network	516	0.802385	左侧	车辆的任意一侧	确定	0	0
14	点	商铺3	已选项	1	<空>	33	92076.127965	network	225	0.426233	左侧	车辆的任意一侧	确定	103.276357	242430.198132
15	点	商铺11	候选项	1	<空>	0	0	network	382	0.410743	左侧	车辆的任意一侧	确定	0	0
16	点	商铺13	候选项	1	<空>	0	0	network	526	0.971379	左侧	车辆的任意一侧	确定	0	0
17	点	商铺10	候选项	1	<空>	0	0	network	153	0.963281	左侧	车辆的任意一侧	确定	0	0
18	点	商铺17	候选项	1	<空>	0	0	network	428	0.638389	左侧	车辆的任意一侧	确定	0	0

图 7.142　设施点属性表

第8章　栅格数据的空间分析

栅格数据是 GIS 常用的空间数据模型，基于栅格数据的空间分析已经形成了一系列分析模式，如叠置分析、窗口分析、追踪分析等，它们是 GIS 空间分析的主要内容。面向栅格数据的空间分析主要集中在 ArcGIS 的空间分析模块。这个模块中包含了丰富的栅格数据分析方法，本章介绍主要的分析工具，包括距离制图、密度制图、表面分析、栅格计算、重分类、统计分析、多元分析等方法。至于常用的空间插值，这一部分将在地统计分析中做详细介绍。本章将对 ArcGIS 栅格数据空间分析模块从原理到实现进行详细说明，并附以具体实例，以引导读者更好的应用。

8.1　设置分析环境

分析环境的设置对空间分析结果产生重要的影响，这是栅格数据本身的特点所决定的。栅格单元的大小决定着对象或场景以及分析结果、多数据源复合表达的精度分析的合理性等问题。分析范围决定着有效操作空间及输出结果的范围。工作路径设置有助于过程数据、结果数据的统一存放与读取。坐标系是数据合理表达和分析的空间参考基准。因此，在进行空间分析之前，要对分析环境进行设置，包括加载分析模块，设置工作路径、分析范围、栅格单元大小等内容。

环境设置有四个级别：应用程序设置、工具设置、模型设置和模型流程设置。环境设置的四个级别逐级向下传递，即每一级环境设置都可以覆盖上一级传递下来的设置，如图 8.1 所示。

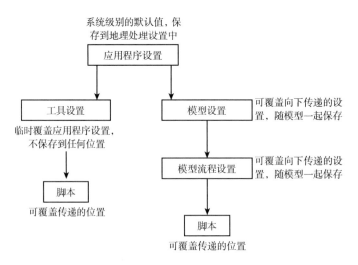

图 8.1　环境设置的四个级别

这里介绍应用程序级别和工具级别的环境设置。其中，应用程序级别设置是默认设置，执行任何工具时均应用该设置，其作用于整个数据分析过程；工具级别设置只会应用于当前运行的工具并且会覆盖应用程序级别设置。

1. 应用程序级别环境设置

在 ArcMap 主菜单上，单击【地理处理】|【环境】，打开【环境设置】对话框，展开包含需要更改设置的环境类别进行设置。

2. 工具级别环境设置

工具级别环境设置继承自应用程序级别环境设置，即打开某个工具的对话框并单击【环境】按钮时，工具级别环境设置初始值与应用程序级别环境设置是相同的，对此进行更改便会改变当前工具的执行环境。

8.1.1 加载分析模块

空间分析模块是 ArcGIS 的扩展模块，虽然在 ArcGIS 安装时已自动挂接到 ArcGIS 的应用程序中，但是并没有加载，只有获得了它的使用许可后，才能加载和有效使用。

启动 ArcMap，点击菜单【自定义】|【扩展模块】，打开【扩展模块】对话框，勾选 Spatial Analyst 可激活空间分析模块，如图 8.2 所示；空间分析模块位于 ArcToolbox 中的【Spatial Analyst 工具】，如图 8.3 所示。

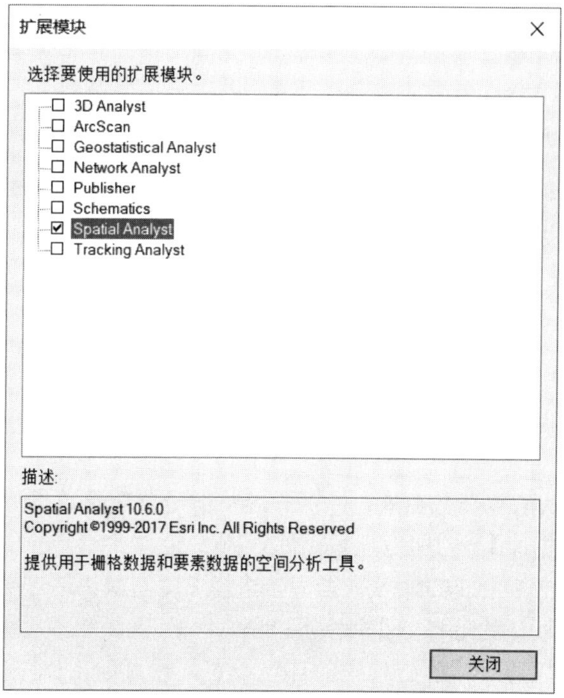

图 8.2　加载 Spatial Analyst 模块

图 8.3 空间分析工具及内容

8.1.2　设置工作路径

ArcGIS 空间分析的中间过程文件和结果文件均自动保存到指定的工作目录中。缺省工作目录通常是系统的临时目录，即 C:\Users\Documents\ArcGIS\Defalut.gdb，也是系统默认的数据库。工作目录可用于保存结果、存储新建数据集和访问基于文件的信息。若所有实验的结果数据都存放在系统默认数据库中，数据不断增加且杂乱无章，则不利于日后所需相关地图数据、文档的提取利用。所以在实际工作中，通常设置和更改地图的"默认工作目录"文件夹或者为每个项目设置新的工作路径，将结果保存到指定位置，方便管理与使用。

设置默认工作目录及默认地理数据库的操作如下：

（1）单击【目录】窗口菜单中的【默认工作目录】按钮，可以访问默认工作目录文件夹。

（2）单击【选项】按钮，打开【目录选项】对话框中的【主目录文件夹】选项卡，设置主目录文件夹的路径，更改默认工作目录文件夹位置，如图 8.4 所示。

注意：新的目录文件夹需要在重启应用程序后才可以生效。

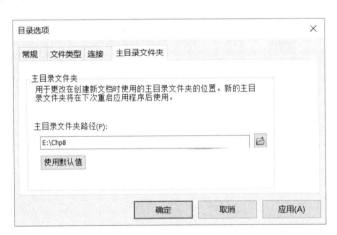

图 8.4　更改工作目录

（3）若要更改默认的地理数据库，可以右键单击需要新建数据库的文件夹，选择【新建】→【文件地理数据库】，创建地理数据库（图 8.5）。

（4）鼠标右键单击新生成的地理数据库，选择【设为默认地理数据库】，此时新建的地理数据库已经成为默认的地理数据库（图 8.6）。

除此之外，还可以通过地理处理中的环境设置，设置新工作路径，操作如下：

（1）在 ArcMap 主菜单上，选择【地理处理】|【环境】，打开【环境设置】对话框。

图 8.5　新建文件地理数据库　　　　　　　图 8.6　设置为默认地理数据库

（2）展开【工作空间】（图 8.7），设置当前工作空间和临时工作空间的路径。当前工作空间为当前会话指定工作空间，是运行空间分析工具时获得输入和放置输出的位置；临时工作空间是指定任何工具生成的临时输出数据集放置的位置。

（3）单击【确定】按钮，完成设置。

8.1.3　设置单元大小

栅格数据由单元组成。单元代表区域特定部分的方块。单元按行列排布，组成了一个笛卡儿坐标系，并且所有的单元是同样大小。单元大小（cell size），也称分析解析度，指栅格数据空间分析中分析结果的缺省栅

图 8.7　设置工作路径

格单元大小。栅格数据的空间分析就是在每一个栅格单元的基础上进行的。单元大小可以是分析需要的任意值。选择合适的单元大小，对实现空间分析非常重要，单元过大则分析结果精确度降低，单元过小则会产生大量冗余数据而且降低计算速度。

单元大小的设置过程如下。

（1）打开【环境设置】对话框，展开【栅格分析】，如图 8.8 所示。

（2）单击【像元大小】下拉箭头，选择合适选项。①最大输入数：取输入的多个栅格数据集中最大的格网单元尺寸。例如，一个栅格数据的格网是 10 m，另一个是 30 m，

图 8.8 设置单元大小对话框

则输出为 30 m。②最小输入数：取输入的多个栅格数据集中最小的格网单元尺寸。③如下面的指定：采用【像元大小】文本框输入的单元大小，或由栅格数据集行列数计算的单元大小值。④与***图层相同：与***同栅格单元大小（***指 ArcMap 视图中已经加载的栅格数据）。⑤也可单击【浏览】按钮选择其他栅格数据，以其栅格单元大小作为分析栅格单元大小。

（3）单击【确定】，完成设置。

8.1.4　设置分析区域

区域指一组相互邻接的单元。在栅格数据的空间分析中，有时需要指定最大的分析范围；有时在指定的范围内，一些区域不需要参与分析，这时就要用到分析掩膜。因此，分析区域的设定分为如下两部分。

1. 设置最大分析范围

在栅格数据的空间分析中，当对多个栅格数据进行函数计算时，默认的计算范围是输入栅格数据的重叠区域，即输入栅格数据的交集。当多个栅格数据范围不一致时，有效的计算范围则小于任何一个输入的栅格数据范围。此外，ArcMap 允许用户依据情况定义自己的分析范围。

设置方法如下：

（1）打开【环境设置】对话框。

（2）展开【处理范围】（图 8.9），单击【范围】下拉箭头，选择分析范围匹配模式：①默认值，在地图的可视区域上进行分析；②与显示相同，在地图的可视区域上进行分析；③输入的交集，在图层的交集上进行分析；④输入的并集，在图层的并集上进行分析；⑤如下面的指定，自己定义分析范围，在上、下、左、右文本框输入分析范围坐标值，也可以单击右边【浏览】按钮，选择其他栅格数据文件，用它们的坐标范围作为当前分析范围。

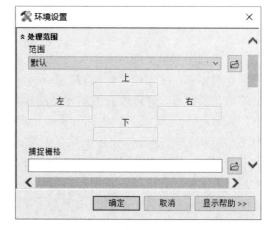

图 8.9　利用坐标设置分析区域

（3）捕捉栅格：用于在工具执行期间捕捉或对齐范围，范围的左下角会捕捉到捕捉栅格的像元角，而右上角将使用输出像元大小进行调整。

（4）单击【确定】，完成设置。

2. 设置局部分析区域

在进行空间分析的过程中，如果分析只是在所选择的单元集或局部区域进行，并不需要在整个单元集上进行，这时就需要设置分析掩膜。分析掩膜标识了分析过程中需要考虑到的分析单元即分析范围，掩膜可以是栅格，也可以是要素数据集。如果掩膜是栅格，将使用所有含有值的像元构成掩膜，栅格掩膜中的 NoData 像元在输出中为 NoData；如果掩膜是要素数据集，在执行时会将要素的内部转换为栅格。

分析掩膜的设定过程如下：

（1）打开【环境设置】对话框，展开【栅格分析】，如图 8.8 所示。

（2）在【掩膜】中选择已创建的掩膜栅格数据。

（3）单击【确定】，完成设置。

设置分析掩膜后，所有的分析只在掩膜范围内进行。

8.1.5　选择坐标系统

ArcGIS 的空间分析中，不同来源、不同坐标系的空间数据在一起使用、相互参照时，需要进行坐标转换，为此，可以在获得新数据时就利用环境设置中的坐标系统为其定义统一的坐标系。"输出坐标系"环境设置用于为新数据定义坐标系（地图投影），支持采用"输出坐标系"环境的工具创建已指定坐标系的输出地理数据集。

如果"输出坐标系"环境不同于输入要素的坐标系，在工具执行期间输入要素会投影到输出坐标系，但不会影响到输入要素类的坐标系；如果输入或输出坐标系处于"未知"状态，则不进行投影，这种情况下，系统将假设输出坐标系和输入要素的所在坐标系相同；如果输入和输出的坐标系需要进行地理变换，需要设置地理（坐标）变换。具体设置过程如下：

（1）打开【环境设置】对话框，展开【输出坐标系】，如图 8.10 所示。

（2）在输出坐标系中选择坐标系：①与输入相同，如果输入的要素有坐标系，则输出要素采用相同的坐标系；②如下面的指定，输出要素采用新的坐标系；③与显示相同，采用当前文档显示的坐标系；④与图层相同，采用与该图层相同的坐标系。

（3）单击【确定】，完成操作。

图 8.10　坐标系设置对话框

8.2　距离制图分析

距离制图是根据每个栅格与其最邻近要素（也称为"源"）的距离进行分析制图，可以反映每一栅格与其最邻近源的相互关系。通过距离制图可以获得很多相关信息，指导人们进行资源的合理配置和利用。例如，飞机失事紧急救援时从指定地区到最近医院的距离；消防、照明等市政设施的布设及其服务区域的分析等。此外，也可以根据某些成本因素找到 A 地到 B 地的最短路径或成本最低路径。本节就 ArcGIS 中距离制图的基本原理和实现过程进行详细阐述。

8.2.1　距离制图基础

ArcGIS 的距离制图提供了许多距离分析工具和函数，不仅可以量测直线距离（欧氏距离），还可以计算许多函数距离。函数距离是描述两点间距离的一种函数关系，如时间、摩擦、消耗等。

在 ArcGIS 中，距离制图主要通过距离分析函数完成。这里首先对距离制图中的基本概念和约定进行简要说明。

1. 源

源即距离分析中的目标或目的地，它表现在 GIS 数据特征上就是一些离散的点、线、面要素。要素可以邻接，但属性必须不同。源可以用栅格数据表示，也可以用矢量数据表示。

2. 成本

成本即到达目标、目的地的花费，包括金钱、时间等，影响成本的因素可以有一个或多个。成本栅格数据记录了通过每一单元的通行成本。

成本数据的制作一般是基于重分类功能（参照 8.6 节重分类）完成的。成本数据是一个单独的数据，但有时也会需要考虑多个成本因素。此时就需要制定统一的成本分类体系，对单个成本按其大小分类，并对每一类别赋予成本量值，通常成本高的量值小，成本低的量值大。最后根据成本影响程度确定单个成本权重，依权重百分比加权求和，得到多个单成本因素综合影响的成本栅格数据。

3. 成本距离加权数据

成本距离加权数据也称成本累计数据，记录每个栅格到距离最近、成本最低的源的最少累加成本。成本距离加权考虑到事物的复杂性，对基于复杂地理特性的分析非常有用。例如，不是所有道路都是平坦的，即使目的地就在山的另一边，其直线距离很近，但翻过高山要比走直路难得多。若将时间作为成本，翻山需要 1 小时，绕路需要 30 分钟，则此时翻山的成本距离就要大于绕路的成本距离。因此，人们会自觉选择绕路而不是翻山。除此之外，成本距离加权还对动物迁移研究、顾客旅游行为、道路、电力管线、输油管道布设等的最低耗费成本计算非常有帮助。

4. 距离方向数据

距离方向数据表示从每一单元出发，沿着最低累计成本路径到达最近源的路线方向。图 8.11 为成本距离加权数据和方向数据的说明图。图 8.11（a）为成本距离加权数据，

图 8.11（b）是与图 8.11（a）相对应的方向数据，图 8.11（c）为方向数据说明图。图 8.11（b）中 3、4、5 分别代表不同的方向数值。ArcGIS 将距离方向分成 8 个部分，分别用数字 1～8 表示，如图 8.11（c）所示。每一个栅格单元将被赋予一个方向值（1～8），记录从当前栅格到最近源的最小成本路径方向。例如，当栅格值为 1 时，它的方向将指向正东方向；当栅格值为 4 时，它的方向将指向西南方向。

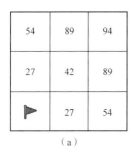
（a）

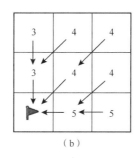
（b）

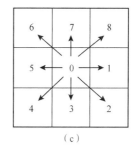
（c）

图 8.11　成本距离加权数据与方向数据的说明图

5. 分配数据

分配数据记录每一单元隶属的最近源信息，单元值就是其最近源的值。在直线距离分析制图中，分配函数用直线距离最邻近分析方法识别单元归属于哪个源；在成本距离加权分析中依据最短距离、最小累加通行成本识别单元归属于哪个源。

6. 距离分析函数

ArcGIS 提供了许多用于量测距离和分析的函数，如直线距离、成本距离，实现各种距离分析与制图，主要包括以下内容。

（1）廊道分析：计算两个输入累积成本栅格的累积成本总和。

（2）成本分配：在累积成本的基础上计算最近源。

（3）成本回溯链接：定义最小成本源的最小累积成本路径上的下一个相邻像元。

（4）成本距离：计算每个单元到成本面上最近源的最小累积成本距离。

（5）成本路径：计算从源到目标的最小成本路径。

（6）欧氏距离：量测每一单元到最近源的直线距离。

（7）欧氏方向：计算每个单元最近源的方向，单位为度。

（8）欧氏分配：赋予每个单元直线距离最近源的值。

（9）路径距离：为每个像元计算与最近源之间的最小累积成本距离，同时考虑表面距离以及水平和垂直成本因素。

（10）路径距离分配：根据成本面上的最小累积成本计算每个像元的最近源，同时考虑表面距离以及水平和垂直成本因素。

（11）路径距离回溯链接：在指向最近源的最小累积成本路径上定义表示下一像元的近邻，同时考虑表面距离以及水平和垂直成本因素。

注意：在执行距离分析函数前，需要先设置分析区域，选择进行距离分析的处理范围，否则可能无法得到所需要的结果。

8.2.2 直 线 距 离

通过直线距离函数，计算每个栅格与最近源之间的欧氏距离，并按距离远近分级。直线距离可以用于实现空气污染影响度分析、寻找最近医院、计算与最近超市的距离等操作。

图 8.12 【欧氏距离】对话框

以寻找最近银行为例，操作过程如下。

（1）在 ArcToolbox 中选择【Spatial Analyst 工具】|【距离】|【欧氏距离】，打开【欧氏距离】对话框，如图 8.12 所示。

（2）以"banks"作为源数据，设置合适的像元大小，输出距离栅格数据与方向栅格数据。

（3）距离栅格数据结果如图 8.13 所示，其显示了每一像元与最近银行之间的距离，可以根据所在位置找到离自己最近的银行；方向栅格数据结果如图 8.14 所示，其显示了每个像元与最近银行之间的方位关系。

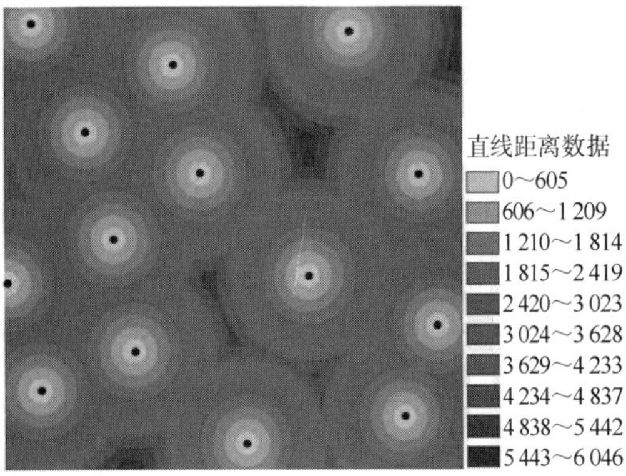

图 8.13 直线距离数据

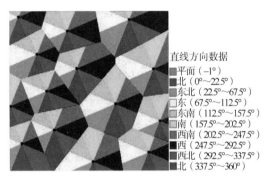

图 8.14 直线方向数据

8.2.3 区 域 分 配

通过分配函数将所有栅格单元分配给离其最近的源。单元值存储了归属源的标识值。分配功能可以用于超市服务区域划分、寻找最邻近学校、找出医疗设备配备不足的地区等分析。

以银行的服务区域划分为例，操作过程如下：

（1）在 ArcToolbox 中单击【Spatial Analyst 工具】|【距离】|【欧氏分配】，打开【欧氏分配】对话框（图 8.15）。

（2）以"banks"作为源数据，设置像元大小，输出分配栅格数据。

（3）区域分配结果直观地表明与每一像元距离最近的银行，显示每个银行所服务的区域范围。

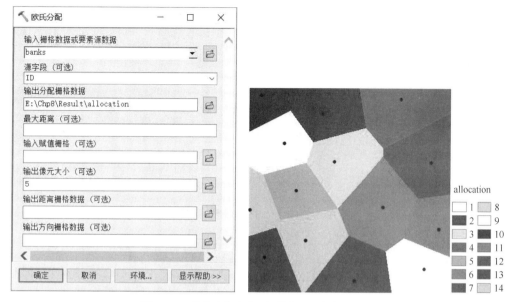

图 8.15　【欧氏分配】对话框及区域分配结果

8.2.4　成　本　距　离

通过成本距离加权函数，计算出每个栅格到距离最近、成本最低源的最少累积成本。同时可生成两个相关输出：成本方向数据和成本分配数据。成本距离加权数据表示每一个单元到它最近源的最小累积成本；成本方向数据表示从每一单元出发，沿着最低累积成本路径到达最近源的具体路线；成本分配数据记录每个单元的隶属源（归属于哪个源）信息。

下面以到达最近源最低成本为例，说明如何实现成本距离加权分析。其中，成本数据为土地利用图。土地利用图根据土地类型的不同划分为七个等级，按照其通达性分别赋以权重 1～7。将通达性高的土地类型，如平地赋权重 1，水体赋权重 2，荒地赋权重 3；通达性一般的建筑用地、农田分别赋权重 4、5；通达性低的林地赋权重 6，沼泽地赋权重 7。利用此成本数据来生成参考了通达成本在内的成本距离加权图。

操作过程如下：

（1）在 ArcToolbox 中单击【Spatial Analyst 工具】|【距离】|【成本距离】。

（2）输入 "banks" 作为源数据，输入土地利用图 "landuse" 作为成本数据。

（3）【成本距离】对话框及结果如图 8.16 所示，结果显示每一像元到达最近银行的最低成本。

成本距离加权函数通过成本因子修正直线距离，获得每一像元到距离最近、成本最低源的最小累积成本。其计算过程中不仅考虑到距离的影响，而且考虑到某种成本的影响。因此，与直线距离分析结果相比，每一像元到其最近源的路径不再是直线方向；而且，在成本分配数据中，不同源区域之间的边界没有基于直线距离函数的分配边界光滑。

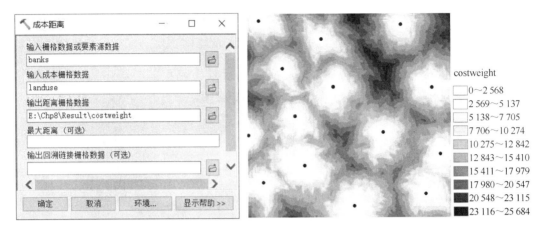

图 8.16　【成本距离】对话框及其结果

8.2.5　最短路径

通过最短路径函数获取从某点或者一组点出发，到达一个目标地或一组目标地的最短直线路径或最小成本路径。最短路径分析可找到通达性最好的路线，或找出从出发地到目标地的最优路径。

最短路径的找寻，首先需要获取成本数据；其次执行成本加权距离函数，获取出发地的成本方向数据和成本距离数据；最后通过执行最短路径功能获取出发地至目标地的最短或最优路径。

以查找某一点数据到达目的地的最短路径为例，实现过程如下。

（1）在 ArcToolbox 中单击【Spatial Analyst 工具】|【距离】|【成本距离】，如图 8.17 所示，得到距离栅格与回溯链接栅格。

（2）单击【Spatial Analyst 工具】|【距离】|【成本路径】，如图 8.18 所示，得到出发地至目的地的最短路径。

图 8.17　【成本距离】对话框

图 8.18　【成本路径】对话框

（3）执行成本路径函数，得到的路径是栅格数据，在 ArcToolbox 中选择【转换工具】|【由栅格转出】|【栅格转折线】，打开【栅格转折线】对话框（图 8.19），将路径数据转成矢量。

（4）图 8.20 为生成的最短路径图。底图是源数据的累积成本数据，圆点表示出发地（源），三角形要素表示目的地，两者之间的连线即所求的源到目的地的最短路径。

图 8.19　【栅格转折线】对话框

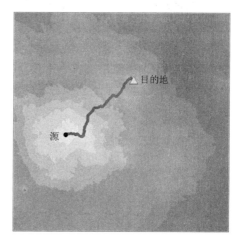

图 8.20　最短路径图

8.3　密度制图分析

8.3.1　基 本 概 念

密度制图根据输入的要素数据集计算整个区域的数据聚集状况，从而产生一个连续的密度表面。密度制图大多由点数据生成，以每个待计算格网点为中心，进行圆形区域搜寻，从而计算每个格网点的密度值。

从本质上讲，密度制图是一个通过离散采样点进行表面内插的过程，根据内插原理的不同，分为核函数密度制图和简单密度制图。

核函数密度制图：在密度制图中，落入搜索区内的点具有不同的权重，靠近格网搜寻区域中心的点或线会被赋予较大的权重，随着其与格网中心距离的加大，权重降低。它的计算结果分布较平滑。

简单密度制图：落入搜索区的点或线被汇总合计后除以搜索区的尺寸得到每个单元的密度值。简单密度制图又包括线密度制图和点密度制图。

线密度制图：在密度制图中，落在搜寻区域内的线有同样的权重，先对其进行求和，再除以搜索区域的大小，从而得到每个点的密度值。

点密度制图：在密度制图中，落在搜寻区域内的点有同样的权重，先对其进行求和，再除以搜索区域的大小，从而得到每个点的密度值。

8.3.2 操 作 步 骤

美国国家环境保护局对加利福尼亚州的大气臭氧浓度进行检测，臭氧浓度值通过遍布全州的监测站测定，对臭氧浓度进行核密度分析，具体过程如下：

（1）在 ArcToolbox 中单击【Spatial Analyst 工具】|【密度分析】|【核密度分析】，打开对话框（图 8.21）。

（2）输入加利福尼亚州的臭氧采样点数据"Ca_Ozone_pts"，在【Population 字段】中选择"OZONE"臭氧浓度作为密度计算字段；设置像元大小和面积单位。

（3）输出结果展示了加利福尼亚州臭氧浓度的密度分布状况。

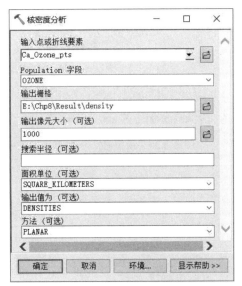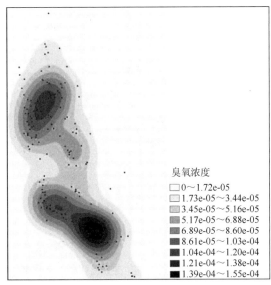

图 8.21　密度制图对话框及结果

8.4　表 面 分 析

表面分析主要通过生成新数据集，如等高线、坡度、坡向、山体阴影等派生数据，获得更多的反映原始数据集隐含的空间特征、空间格局等信息。在 ArcGIS 中，表面分析的主要功能有：查询表面值、从表面获取坡度和坡向信息、创建等值线、分析表面的可视性、从表面计算山体的阴影等。本节主要介绍 ArcGIS 表面分析中的等值线绘制，坡度、坡向、山体阴影的提取等常用的基本分析功能。

8.4.1　等值线绘制

等值线是将表面上相邻的具有相同值的点连接起来的线，如地形图上的等高线、气温图上的等温线。等值线分布的疏密程度在一定程度上表明表面值的变化情况，等值线越密，表面值变化越大，反之越小。因此，通过研究等值线，可以获得表面值变化的基本趋势。

提取等值线的操作过程如下。

（1）在 ArcToolbox 中选择【Spatial Analyst 工具】|【表面分析】|【等值线】。

（2）输入需要生成等高线的"dem"，设置等值线间距。

（3）【等值线】对话框及等高线结果如图 8.22 所示，等高线图的背景为 dem 数据的地形光照晕眩图。

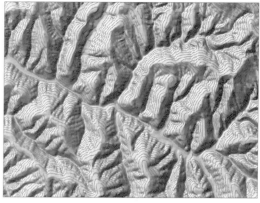

图 8.22　【等值线】对话框及等高线结果

8.4.2　地形因子提取

因子分析方法是 GIS 空间分析，特别是数字地形分析中常用的基本分析方法。不同的地形因子从不同侧面反映了地形特征。从其所描述的空间区域范围来看，常用的地形因子可以划分为微观地形因子与宏观地形因子两种基本类型（图 8.23）。

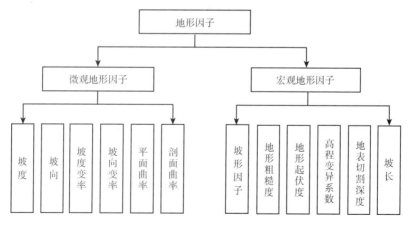

图 8.23　依据空间区域范围的地形因子分类体系

按照提取地形因子差分计算的阶数，又可将地形因子分为一阶地形因子、二阶地形因子和高阶地形因子（图 8.24）。其中，坡度、坡向、平面曲率、剖面曲率在 ArcGIS 中可直接提取，其他因子的提取则需要进行一系列的复合计算。后者的具体提取过程可以参阅相关资料，这里不做介绍。

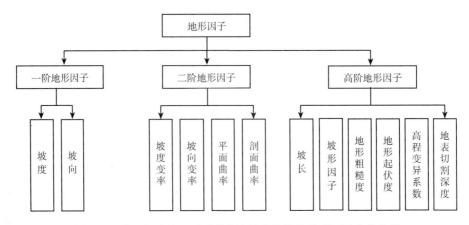

图 8.24　基于提取地形因子差分计算的阶数的地形因子分类体系

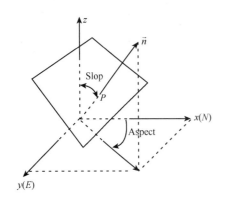

图 8.25　地表单元坡度坡向示意图

1. 坡度的提取

地表面任一点的坡度是指过该点的切平面与水平地面的夹角（图 8.25）。坡度表示地表面在该点的倾斜程度。

坡度的提取过程如下。

（1）在 ArcToolbox 中选择【Spatial Analyst 工具】|【表面分析】|【坡度】，打开【坡度】对话框（图 8.26）。

（2）输入"dem"，设置【输出测量单位】：①DEGREE，即水平面与地形面之间的夹角；②PERCENT_RISE，即高程增量与水平增量的百分比。

图 8.26　【坡度】对话框

（3）输出结果如图 8.27 和图 8.28 所示。其中，图 8.27 是以度表示的坡度图，图 8.28 是以坡度百分比表示的坡度图。

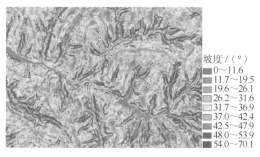

坡度 / (°)
- □ 0~11.6
- □ 11.7~19.5
- □ 19.6~26.1
- □ 26.2~31.6
- □ 31.7~36.9
- □ 37.0~42.4
- □ 42.5~47.9
- □ 48.0~53.9
- ■ 54.0~70.1

图 8.27　坡度结果图

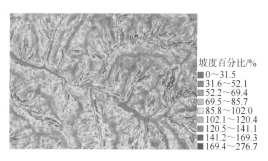

坡度百分比/%
- □ 0~31.5
- □ 31.6~52.1
- □ 52.2~69.4
- □ 69.5~85.7
- □ 85.8~102.0
- □ 102.1~120.4
- □ 120.5~141.1
- □ 141.2~169.3
- ■ 169.4~276.7

图 8.28　坡度百分比结果图

2. 坡向的提取

坡向指地表面上一点的切平面的法线矢量在水平面的投影与过该点的正北方向的夹角。对于地面任何一点来说，坡向表征该点高程值改变量的最大变化方向。在输出的坡向数据中，坡向值有如下规定：正北方向为 0°，按顺时针方向计算，取值范围为 0°~360°。

坡向的提取过程如下。

（1）在 ArcToolbox 中选择【Spatial Analyst 工具】|【表面分析】|【坡向】。

（2）【坡向】对话框及输出的坡向结果如图 8.29 所示。

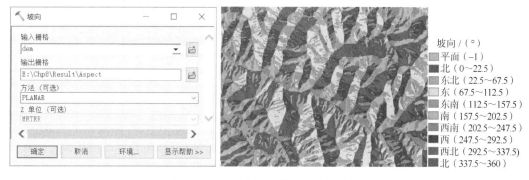

坡向 / (°)
- □ 平面（−1）
- ■ 北（0~22.5）
- □ 东北（22.5~67.5）
- □ 东（67.5~112.5）
- □ 东南（112.5~157.5）
- □ 南（157.5~202.5）
- ■ 西南（202.5~247.5）
- ■ 西（247.5~292.5）
- ■ 西北（292.5~337.5）
- ■ 北（337.5~360）

图 8.29　【坡向】对话框及坡向结果

3. 平面曲率、剖面曲率的提取

地面曲率是对地形表面一点扭曲变化程度的定量化度量因子，它在垂直和水平两个方向上的分量分别称为剖面曲率和平面曲率。

剖面曲率是对地面坡度的沿最大坡降方向地面高程变化率的度量。平面曲率指在地形表面上，具体到任何一点，过该点的水平面沿水平方向切地形表面所得的曲线在该点的曲率值。平面曲率描述的是地表曲面沿水平方向的弯曲、变化情况，也就是该点所在的地面等高线的弯曲程度。

平面曲率、剖面曲率的提取过程如下。

（1）在 ArcToolbox 中选择【Spatial Analyst 工具】|【表面分析】|【曲率】，打开【曲

率】对话框（图 8.30）。

（2）曲率输出结果如图 8.31～图 8.33 所示。

图 8.30　【曲率】对话框

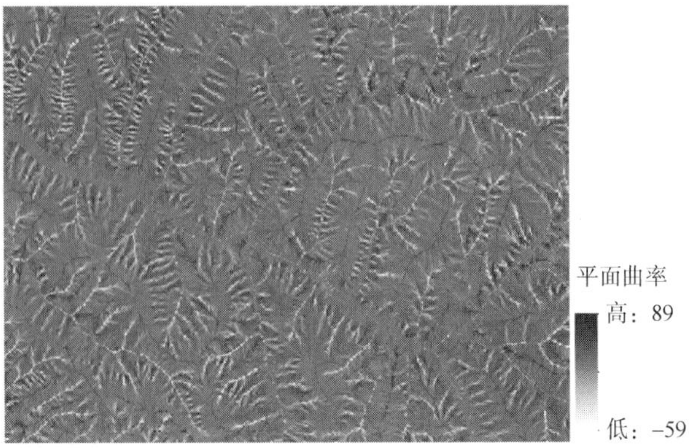

图 8.31　平面曲率结果图

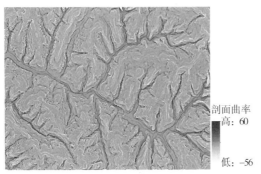

图 8.32　剖面曲率结果图

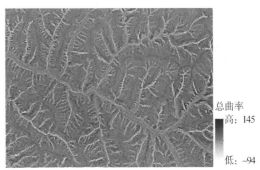

图 8.33　总曲率结果图

8.4.3　山　体　阴　影

山体阴影是根据假想的照明光源对高程栅格图的每个栅格单元计算照明值。山体阴影图不仅很好地表达了地形的立体形态，而且可以方便提取地形遮蔽信息。其计算过程中包括三个重要参数：太阳方位角、太阳高度角、表面灰度值。

太阳方位角以正北方向为 0°，按顺时针方向度量，如 90°方向为正东方向（图 8.34）。由于人眼的视觉习惯，通常默认方位角为 315°，即西北方向。

太阳高度角为光线与水平面之间的夹角，同样以度（°）为单位（图 8.35）。为符合人眼视觉习惯，通常默认为 45°。默认情况下，ArcGIS 中提取的光照灰度表面值的范围为 0°～255°。

山体阴影的实现过程如下。

（1）在 ArcToolbox 中选择【Spatial Analyst 工具】|【表面分析】|【山体阴影】。

（2）设置方位角、高度角、Z 因子。

（3）【山体阴影】对话框及山体阴影结果如图 8.36 所示，展示了太阳入射方位角为 315°、高度角为 45°时该区域的地貌晕渲栅格。

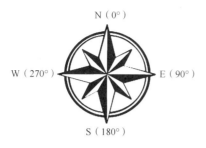

图 8.34　太阳方位角度量示意图　　　　图 8.35　太阳高度角示意图

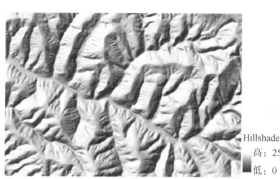

图 8.36　【山体阴影】对话框及其结果

8.5　栅　格　计　算

栅格计算是数据处理和分析最为常用的方法，也是建立复杂的应用数学模型的基本模块。ArcGIS 提供了非常友好的图形化栅格计算器。利用栅格计算器，不仅可以方便地完成基于数学运算符和数学函数的栅格运算，还可以直接调用 ArcGIS 自带的栅格数据空间分析函数，并可以方便地实现多条语句的同时输入和运行。同时，栅格计算器支持地图代数运算，栅格数据集可以作为算子直接和数字、运算符、函数等在一起混合计算，不需要做任何转换。

8.5.1　栅格计算器

在 ArcToolbox 中选择【Spatial Analyst 工具】|【地图代数】|【栅格计算器】工具。栅格计算器由四部分组成（图 8.37），左上部"图层和变量"选择框为当前 ArcMap 视图中已加载的所有栅格数据层列表，双击任一个数据层名，该数据层名便可自动添加到左下部的公式编辑器中；中间部分是常用的算术运算符、0～9、小数点、关系和逻辑运算符面板，单击所需按钮，按钮内容便可自动添加到公式编辑器中；右边区域为常用的数学运算函数面板，同样单击任何一个按钮，内容便可自动添加到公式编辑器中。

图 8.37　栅格计算器

8.5.2　数　学　运　算

数学运算针对具有相同输入单元的两个或多个栅格数据逐单元进行。其主要包括三组数学运算符：算术运算符、布尔运算符和关系运算符。

1. 算术运算符

算术运算符主要包括加、减、乘、除四种，可以完成两个或多个栅格数据相对应单元之间的加、减、乘、除运算。

2. 布尔运算符

布尔运算符主要包括和（&）、或（|）、异或（!）、非（^）。它基于布尔运算来对栅格数据进行判断，判断若为"真"，则输出结果为1；若为"假"，则输出结果为0。

（1）和：比较两个或两个以上栅格数据层，如果对应的栅格值均为非0值，则输出结果为真（赋值为1），否则输出结果为假（赋值为0）。

（2）或：比较两个或两个以上栅格数据层，对应的栅格值中只要有一个或一个以上为非0值，则输出结果为真（赋值为1），否则输出结果为假（赋值为0）。

（3）异或：比较两个或两个以上栅格数据层，如果对应的栅格值在逻辑真假互不相同（一个为0，一个必为非0值），则输出结果为真（赋值为1），否则输出结果为假（赋值为0）。

（4）非：对一个栅格数据层进行逻辑"非"运算。如果栅格值为0，则输出结果为1；如果栅格值非0，则输出结果为0。

3. 关系运算符

关系运算以一定的关系条件为基础，符合条件的为真，赋予1值，不符合条件的为假，赋予0值。关系运算符包括六种：=，<，>，<>，>=，<=。

8.5.3 函 数 运 算

栅格计算器除了提供简单的数学运算符外，还提供了一些相对复杂的函数运算，包括数学函数运算和栅格数据空间分析函数运算。数学函数主要包括：算术函数、三角函数、对数函数和幂函数。

1. 算术函数（arithmetic）

算术函数主要包括六种：Abs（绝对值函数）、Int（整数函数）、Float（浮点函数）、Ceil（向上舍入函数）、Floor（向下舍入函数）、IsNull（输入数据为空数据者以 1 输出，有数据者以 0 输出）。

2. 三角函数（trigonometric）

常用的三角函数包括：Sin（正弦函数）、Cos（余弦函数）、Tan（正切函数）、Asin（反正弦函数）、Acos（反余弦函数）、Atan（反正切函数）。

3. 对数函数（logarithms）

对数函数可对输入的格网数字做对数或指数的运算。指数部分包括：Exp（底数 e）、Exp10（底数 10）、Exp2（底数 2）三种；对数部分包括：Log（自然对数）、Log10（底数 10）、Log2（底数 2）三种。

4. 幂函数（powers）

幂函数可对输入的格网数字进行幂函数运算。幂函数包括三种：Sqrt（平方根）、Sqr（平方）、Pow（幂）。

5. 栅格数据空间分析函数

栅格计算器也直接支持 ArcGIS 自带的大部分栅格数据分析与处理函数，如栅格表面分析中的 slope、hillshade 函数等，在此不一一列举，具体用法请参阅相关文档。它与数学函数不同的是，这些函数并没有出现在栅格计算器图形界面中，而需要手动输入。

下面以梯田的构建与分析为例，讲述栅格计算器的具体操作。

梯田改造的任务就是将连续的地形设计成阶梯状地形，即相当于将地形经过某种变换后的取整操作。依据梯田之间的高程距离，可以按照如下表达式计算得到阶梯状的地形：int（DEM/Δh）$\times \Delta h$。梯田 DEM 的构建步骤如下：

（1）添加 "dem" 数据。

（2）打开【Spatial Analyst 工具】|【地图代数】|【栅格计算器】工具，如图 8.38 输入相应的公式，此处 Δh 取值为 10。

（3）输出结果命名为 "terrace"，得到梯田栅格，图 8.38 展示了梯田的山体阴影效果。

（4）利用【栅格计算器】，对梯田和原始 dem 做减法运算，差值运算公式及运算结果如图 8.39 所示，结果图中的 0 表示此处不需要削平；负值则表示梯田高程低于原始高程，需要将原始地形削平为梯田。

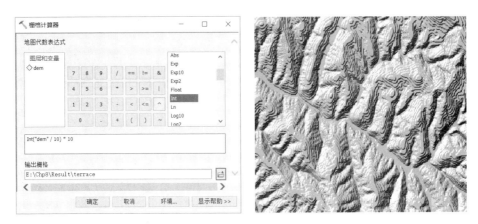

图 8.38　取整运算及梯田结果（地貌渲染图）

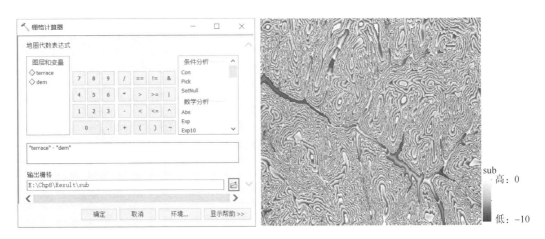

图 8.39　差值运算及其结果

（5）然后利用 SetNull 函数，对差值结果进行运算 SetNull（"Sub==0，1"），表示差值等于 0 的像元设置为空值，差值不为 0 的像元设置为 1，运算过程及其输出结果如图 8.40 所示，1 表示需要削平的位置。

图 8.40　函数运算及其结果

8.6 重 分 类

重分类即对原数值进行重新分类整理，从而得到一组新值并输出。根据用户的不同需要，重分类一般包括四种基本分类形式：新值替换（用一组新值取代原来值）、空值设置（把指定值设置为空值）、旧值合并（将原值重新组合）、重新分类（以一种分类体系对原始值进行分类）。

8.6.1 新 值 替 换

事物总是处于不断发展变化中的，地理现象更是如此。因此，为了反映事物的实时真实属性，数值需要经常更新。例如，气象信息的实时更新、土地利用类型的变更等。

以土地利用类型的变更为例，现有土地利用数据"landuse"（1-Brush/transitional，2-Water，3-Barren land，4-Built up，5-Agriculture，6-Forrest，7-Wetland），随着退耕还林政策的实施，需要将农业用地更新为林业用地，进行新值替换的过程如下。

（1）在 ArcToolbox 中选择【Spatial Analyst 工具】|【重分类】|【重分类】工具，打开【重分类】对话框。

（2）输入"landuse"作为需要变更值的图层，选择变更字段为"VALUE"，以6（表示林地）代替5（表示农地），其他值与旧值保持一致，如图8.41所示。

（3）输出新值替换后的土地利用类型结果图，图中的农地已经变更为林地。

图 8.41 新值替换操作及其结果

8.6.2 空 值 设 置

有时需要将栅格数据中的某些值设置为空值来控制栅格计算，如将农业用地变更为林业用地后，需要查找用地类型变化的区域，操作过程如下。

（1）选择【Spatial Analyst 工具】|【地图代数】|【栅格计算器】，对新旧土地利用类型做减法操作（图 8.42），得到的结果中 0 值表示其土地利用类型未改变，非 0 值表示土地利用类型已改变。

图 8.42　栅格计算器减法运算

（2）选择【Spatial Analyst 工具】|【重分类】|【重分类】工具，打开重分类对话框。

（3）将旧值中的 0 值（即未改变利用类型的土地）所对应的新值设置为 NoData，操作过程及输出结果如图 8.43 所示，显示了土地利用类型改变的区域。

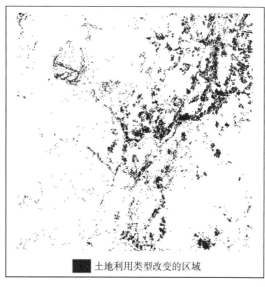

图 8.43　设置空值操作及其结果

8.6.3 旧 值 合 并

在实际操作中有时需要简化栅格中的信息。例如，将林地、耕地、水体等土地利用类型合并为自然用地，这时就需要用到旧值合并操作，具体操作过程如下。

（1）选择【Spatial Analyst 工具】|【重分类】|【重分类】，打开重分类对话框。

（2）输入"landuse"，将旧值中的 4（Built up）设置为 1 作为建设用地，将旧值中的剩余几类全部设置为 0 合并为自然用地，操作过程及合并结果如图 8.44 所示。

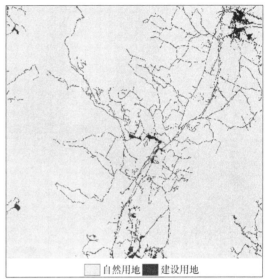

图 8.44　旧值合并操作及其结果

8.6.4 重 新 分 类

在栅格数据的使用过程中，经常会因为某种需求，要求对数据采用新的等级体系分类，或需要将多个栅格数据用统一的等级体系重新归类。例如，以平坡 0°～5°、缓坡 6°～15°、斜坡 16°～25°、陡坡 26°～35°、急坡 36°～45°、险坡＞45°为标准，对坡度进行划分，操作过程如下。

（1）添加"slope"。

（2）选择【Spatial Analyst 工具】|【重分类】|【重分类】，打开重分类对话框。

（3）单击【分类】按钮，在【分类】选项组【方法】文本框的下拉菜单中选择一种分类方法，包括：手工分类、相等间距、自定义间距、分位数、自然间断点分级法、几何间距、标准差等，设置【类别】个数。此外，其还提供了数据直方图，可以修改右侧的【中断值】列表框中的值，完成对旧值的重新分类，如图 8.45 所示。

（4）点击【确定】按钮，返回【重分类】对话框，新旧值对照表相应改变，这种分类往往完成栅格从数量特征到类别、级别特征的转换，如图 8.46 所示。

（5）坡度分级结果如图 8.47 所示。

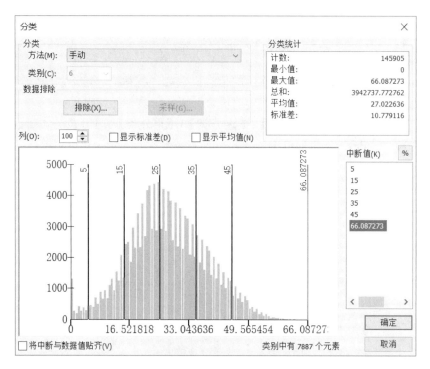

图 8.45　分类设置

图 8.46　重新分类新旧值对照表

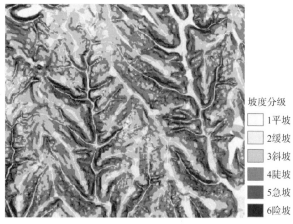

图 8.47　坡度分级结果

8.7　统 计 分 析

统计分析可以从 GIS 数据中提取只靠查看地图无法获得的额外信息,如数据的分布情况、空间趋势等,这些信息可以显示一组要素的整体特征。

统计分析常用来探索数据,如检查特定属性值的分布或者查找异常值(极高值或极低值)、获得数据的统计信息,这有助于对数据进行重分类或者查找错误数据。统计分析的另一个用途是汇总数据,通常按照类别进行汇总,如分别计算每种土地利用类型的总面积;也可以创建空间汇总,如计算每个小流域的平均高程。统计分析还可以用于识别和确认空间模式,如判断一组要素的中心、方向趋势或者要素是否聚集。

8.7.1　像 元 统 计

多层面栅格数据叠合分析时,经常需要以栅格像元为单位进行像元统计(cell statistics)分析。例如,分析一些随时间变化的现象,诸如 10 年来的土地利用变化或者不同年份的温度波动范围。像元统计的输入数据集必须来源于同一个地理区域,并且采用相同的坐标系统。

图 8.48 是计算变异度的统计示意图。其中,每个格子代表一个栅格单元,左图为需要统计分析的栅格数据,右图为每个栅格单元中的唯一值数目的统计结果。

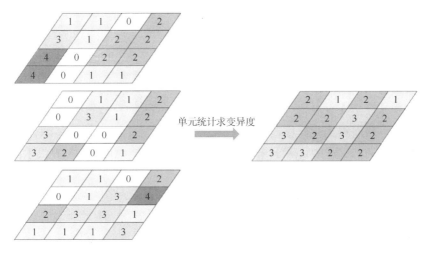

图 8.48　像元统计示意图

像元统计功能常用于同一地区多时相数据的统计,通过像元统计分析得出所需数据。例如,同一地区不同年份的人口分析,同一地区不同年份的土地利用类型分析等。

以新疆 1995～2015 年每五年的土地利用类型变化分析为例,像元统计的操作过程如下。

(1)在 ArcToolbox 中单击【Spatial Analyst 工具】|【局部分析】|【像元统计数据】,打开【像元统计数据】对话框。

(2)输入 1995～2015 年新疆的土地利用栅格数据,【叠加统计】选项中选择"VARIETY",计算输入的五个土地利用图层的变异度。

(3)对话框及统计结果如图 8.49 所示,结果共分成五类,展示了新疆 1995～2015 年土地利用类型的变化情况,其中 1 表示五个图层中的土地利用类型相同,5 表示在五个图层中该像元处每一年的土地利用类型都不同。

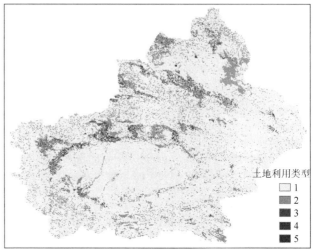

土地利用类型
1
2
3
4
5

图 8.49　单元统计操作过程及结果

8.7.2　邻　域　统　计

邻域统计是以待计算栅格为中心，向其周围扩展一定范围，基于这些扩展栅格数据进行函数运算，从而得到此栅格的值。

在邻域统计计算过程中，对于邻域有不同的设置方法，ArcGIS 中提供了四种邻域分析窗口（图 8.50），分别如下。

（1）Rectangle（矩形）：需要设置矩形窗口的长和宽，缺省的邻域大小为 3×3 单元。

（2）Annulus（环形）：需要设置邻域的内半径和外半径。半径通过 x 轴或 y 轴的垂线的长度来指定，中心位于环形内的所有像元将参与邻域统计运算。

（3）Circle（圆形）：只需要输入圆的半径，中心位于圆内的所有像元参与运算。

（4）Wedge（楔形）：需要输入起始角度、终止角度和半径三项内容。起始角度和终止角度可以是 0°～360°的整型或浮点值，角度值从 x 轴的正方向 0°开始，逆时针逐渐增加至走过一个满圆又回到 0°。中心位于楔形内的所有像元都将包括在邻域的处理范围内。

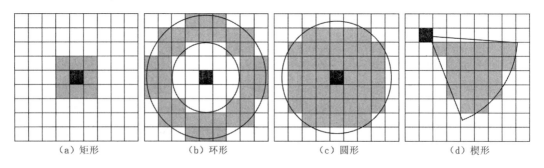

（a）矩形　　　　　　　（b）环形　　　　　　　（c）圆形　　　　　　　（d）楔形

图 8.50　邻域分析窗口类型

邻域统计是在单元对应的邻域范围指定的单元上进行统计分析，然后将结果值输出到该单元位置。图8.51为统计平均值的邻域统计示意图。

在数字地形分析中，利用邻域统计平均值，可以划分正负地形。其中，正地形是相对高于邻区或新构造上升地区的地形，山地、高原、丘陵都是正地形；负地形是相对低于邻区或新构造下沉地区的地形，洼地、盆地、沟等都是负地形。

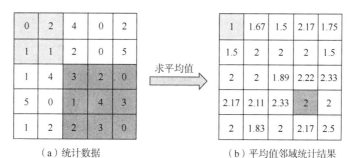

（a）统计数据　　　　　　　　　　（b）平均值邻域统计结果

图 8.51　邻域统计示意图

以正负地形的划分为例来运用邻域统计，其过程如下：

（1）在 ArcToolbox 中选择【Spatial Analyst 工具】|【邻域分析】|【焦点统计】，打开【焦点统计】对话框（图8.52）。

（2）在【邻域分析】中选择邻域分析窗口类型，并输入窗口参数。

（3）选择统计类型为"MEAN"。

（4）选择【地图代数】|【栅格计算器】工具，输入"dem-meandem"，得到差值；再将差值结果重分类为两类，小于0的设置为0即负地形，大于0的设置为1即正地形，最终正负地形结果如图8.53所示。

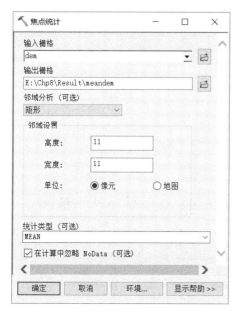

图 8.52　邻域统计的分析过程

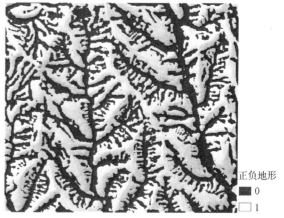

图 8.53　正负地形结果图

8.7.3 分类区统计

分类区统计，即以一个数据集的分类区为基础，对另一个数据集进行数值统计分析，包括计算数值的取值范围、最大值、最小值、标准差等。分类区统计是在每一个分类区的基础上运行操作，所以输出结果是同一分类区被赋予相同的单一输出值。

图8.54为分类区统计示意图，图8.54（a）是分类区数据层，图8.54（b）是被统计数据层，图8.54（c）为求和统计结果。

 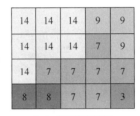

（a）分类区数据层　　（b）被统计数据层　　（c）求和统计结果

图8.54　分类区统计示意图

利用分类区统计能够根据一个分区数据计算分区范围内所包含的另一个栅格数据的统计信息。例如，对某区域进行降水量统计分析时，需构建全区的降水量空间分布数据，再以分区数据对降水量进行空间统计（图8.55）。

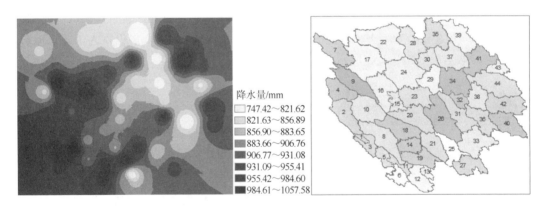

降水量/mm
747.42～821.62
821.63～856.89
856.90～883.65
883.66～906.76
906.77～931.08
931.09～955.41
955.42～984.60
984.61～1057.58

图8.55　降水量数据与用于统计的区域面积

操作过程如下：

（1）在ArcToolbox中选择【Spatial Analyst 工具】|【区域分析】|【分区统计】，打开【分区统计】对话框。

（2）输入"zone"作为分类区数据，选择"index"表示分类区类别，设置"rainfall"作为需要统计的栅格数据。

（3）输出全区的降水量分区统计结果（图8.56），可直观地看出区域降水量的空间差异。

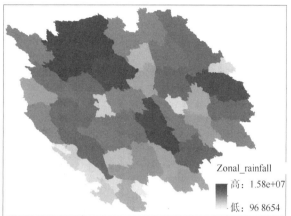

图 8.56 【分区统计】对话框及其结果

如果把统计结果以表格形式输出,可以在【区域分析】工具集中,选择【以表格显示分区统计】工具,统计结束后该表自动加载到 ArcMap 内容表中,以按源列出形式显示,右键选择【打开】,打开属性表,结果如图 8.57(a)所示;在上方工具栏中选择【视图】→【图表】→【创建图表】工具,可绘制统计直方图,结果如图 8.57(b)所示。

表 □ ×

Zonal_rainfall ×

Rowid	INDEX	COUNT	AREA	MIN	MAX	RANGE	MEAN	STD	SUM
1	1	1005	25125	947.4	1021.2	73.8	963.83	21.15	968654.05
2	2	9091	227275	896.51	953.77	57.26	941.56	12.79	8559688.42
3	3	3978	99450	932.59	1024.99	92.4	975.65	21.33	3881122.72
4	4	7436	185900	851.1	965.84	114.75	896.97	26.28	6669863.17
5	5	3369	84225	905.38	980.86	75.49	927.62	15.37	3125145.22
6	6	4034	100850	935.54	1013.99	78.45	989.39	14.22	3991200.04
7	7	9893	247325	850.14	921	70.86	874.61	16.44	8652532.59
8	8	11911	297775	890.17	1007.04	116.86	931.8	21.29	11098701.87
9	9	10175	254375	880.45	1014.38	133.93	958.04	29.22	9748097.54
10	10	11393	284825	928.44	965.89	37.45	941.8	6.96	10729952.86
11	11	2770	69250	916.79	1006.95	90.15	968.58	21.78	2682955.37
12	12	6560	164000	830.66	966.13	135.48	904.55	22.74	5933869.32
13	13	1702	42550	792.25	916.72	124.48	835.65	25.41	1422274.82
14	14	5043	126075	881.65	997.71	116.06	914.41	18.88	4611385.43
15	15	3602	90050	905.15	1004.14	98.98	960.76	15.88	3460659.78

I◄ ◄ 0 ► ►I ▤ ▥ (0 / 44 已选择)

Zonal_rainfall

各管理区降雨量总量

(a)【以表格显示分区统计】工具得到的统计表

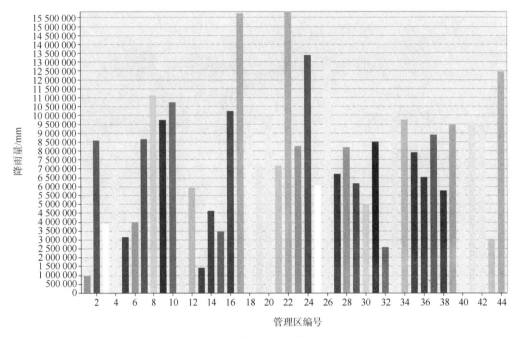

（b）以【区域直方图】工具得到的直方图

图 8.57　分区内降雨信息

8.8　多　元　分　析

通过多元分析可以探查许多不同类型的属性之间的关系。在 Spatial Analyst 中有两种类型可以用多元分析，分别是"分类"（监督和非监督）和"主成分分析"（PCA），其中分类的目的是将研究区域中的每个像元都分配到已知的类别中。使用监督分类需要了解研究区域的具体情况，并且能够识别每个类的代表性区域或样本。而非监督分类是指人们事先对分类过程不加入任何人的先验知识，仅凭遥感图像中地物的光谱特征，即自然聚类的特性进行的分类。这一节主要内容包括 ISO 聚类、最大似然分类、树状图等。

8.8.1　ISO　聚　类

1. 基本概念

ISO（interactive self-organization）聚类，即迭代式自组织聚类方法，是最常用的非监督分类算法。首先设定初始聚类中心和聚类数，然后定义相似度准则函数，对全部样本进行调整，调整完毕后重新计算样本均值，将其作为新的聚类中心。在每次迭代期间将所有像元分配给现有的聚类中心，计算最小欧氏距离，将各个像元聚集到多维属性空间中最接近的平均值，并为每个聚类中心重新计算新的平均值；通过多次合并与分裂过程最终完成对像元的聚类分析，从而得到类数比较合理的聚类结果。

ISO 聚类的过程通常需要指定的最佳聚类数是未知的，建议输入一个较大的数，分析所生成的聚类，然后使用较少的类数重新执行函数。

在 ArcGIS 软件多元分析中【ISO 聚类】工具是使用 ISODATA（interactive self-organization data analysis and techniques algorithm）聚类算法来确定多维属性空间中像元自然分组的特征，可将结果输出存储在 ASCII 特征文件中。特征文件中包含关于所标识聚类的像元子集的多元统计信息，其计算结果可以确定出像元位置与聚类之间的所属关系、聚类的平均值以及方差、协方差矩阵。影像分类中通常使用【ISO 聚类非监督分类】方法。

2. 操作步骤

对城市遥感影像数据执行非监督分类的操作过程如下。

（1）在主菜单空白处点击右键，勾选【影像分类】，打开影像分类模块，如图 8.58 所示。

图 8.58　影像分类模块

（2）在该模块上选择【分类】|【ISO 聚类非监督分类】，打开对话框，输入栅格波段，设置类数目、最小类大小和采样间隔，在【输入栅格波段】中选择城市遥感影像数据，设置类数目为 5，【ISO 聚类非监督分类】对话框及其结果如图 8.59 所示，结果图中已将影像分成五类。

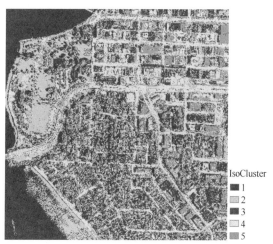

图 8.59　【ISO 聚类非监督分类】对话框及其结果

8.8.2　最大似然分类

1. 基本概念

通过对工作地区图像的目视判读、实地勘查或结合 GIS，获得部分地物的分类信息，利用已知地物的信息对未知地物进行分类的方法称为监督分类。最大似然分类是基于贝叶斯准则的分类错误概率最小的一种非线性分类，是应用比较广泛、比较成熟的一种监督分类方法。

最大似然分类的基本原理是：假定训练样本中地物的光谱特征和自然界大部分随机现象一样，近似服从正态分布，利用训练样本可求出各类均值、方差以及协方差等特征参数，从而可求出总体的先验概率密度函数。在此基础上，对于任何一个像素，可反过来求它属于各类的概率，取最大概率对应的类为分类结果。当总体分布不符合正态分布时，其分类可靠性将下降，这种情况下不宜采用最大似然分类法。

在最大似然分类中需要特征文件。将各个像元指定给以特征文件表示的类时，同时考虑类特征的方差和协方差。假设类样本呈正态分布，可使用均值向量和协方差矩阵作为类的特征。如果给定每个像元值的这两个特征，则可计算每个类的统计概率，以确定像元能否作为该类的成员。这里涉及【先验概率权重】参数。

（1）当"先验概率权重"为 EQUAL 时，每个像元将被分配给它最有可能具有成员资格的类。

（2）当"先验概率权重"为 FILE 时，需要同时输入先验概率文件。表示某些类出现的可能性大于（或小于）平均值，具有特殊概率的类的权重在先验概率文件中指定。先验概率文件有助于对处于两个类的统计重叠内的像元进行分配，这些像元会更精确地分配给相应的类，从而获得更理想的分类。这种权重分类方法就称为贝叶斯分类法。

（3）当"先验概率权重"为 SAMPLE 时，在特征文件中进行采样的所有类所分配到的先验概率与按各个特征捕获的像元数量成正比。当像元数少于样本平均值时类所获得的权重将小于平均值，当像元数大于样本平均值时类所获得的权重将大于平均值。结果相应类所分配到的像元数有多有少。

2. 操作步骤

对城市遥感影像数据进行最大似然分类，将其划分为 Water、Tree、Grass、Buildings、Road/Paved 五类，操作过程如下。

（1）在【影像分类】工具条中通过绘制多边形创建训练样本（**注意：一定要选择最好的代表其类型的地方，太多或太少的多边形都会产生更坏的分类结果**），一旦选好后，将多边形合并至上述五类，如图 8.60 所示，并点击【创建特征文件】，生成特征文件用于影像分类。

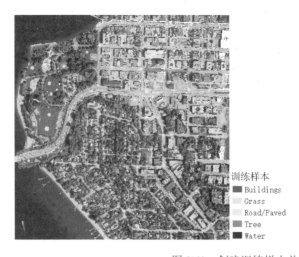

图 8.60 创建训练样本并生成特征文件

（2）在 ArcToolbox 中单击【Spatial Analyst 工具】|【多元分析】|【最大似然法分类】，打开像元统计对话框。或者点击菜单栏右键，调出【影像分类】模块，点击影像分类菜单中【分类】|【最大似然法分类】（图 8.61）。

图 8.61　【最大似然法分类】对话框

（3）输出的影像分类结果和置信栅格结果如图 8.62 所示，影像分成了 Water、Tree、Grass、Buildings、Road/Paved 五类，置信栅格数据共有 14 类，显示了不同的分类置信

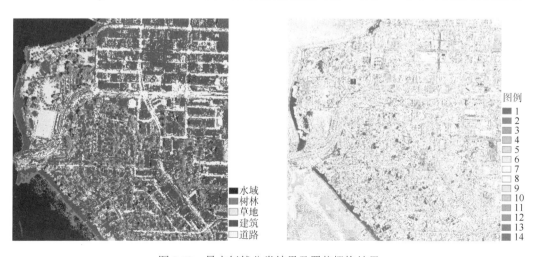

图 8.62　最大似然分类结果及置信栅格结果

度。在置信栅格数据中，像元值为 1 的置信度中所包含的像元与输入特征文件中所存储的任意均值向量距离最短，表示这些像元的分类具有最高确定性；在置信栅格中最低的置信度值是 14，表示像元的分类结果最不准确。

8.8.3 树状图

1. 基本概念

树状图是显示特征文件中类别之间的属性距离的示意图，输出文件包括两部分：表和图形，第一部分是以合并顺序显示各类别之间距离的表，第二部分是演示合并关系和等级的图形。

ArcGIS 中的【树状图】工具采用等级聚类算法，其原理是首先计算输入特征文件中每对类别之间的距离，以迭代方式合并最近的一对类别，完成后对各类别之间的距离进行更新，之后继续合并下一对最近的类别、更新距离……重复操作直到合并完所有的类别。合并类特征时采用的距离将用于构建树状图。

2. 操作步骤

在 ArcToolbox 中单击【Spatial Analyst 工具】|【多元分析】|【树状图】，其操作过程和结果如图 8.63 所示，输出结果是以 txt 文件形式，展示各等级之间的关系。

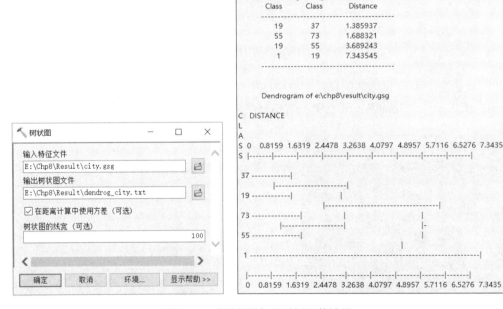

图 8.63　【树状图】对话框及其结果

在树状图结果中，类别 19（表示 Tree）和类别 37（Grass）是属性空间中的最邻近的类别，它们最终在 1.385937 处进行合并，该值显示了类别之间的相似性程度，也可将其视为多维空间中的距离。然后，将两个类别合并成为一个类，计算其统计数据以及它到其他类的距离。继续识别下一对最近的两个类，分别是类别 55（Buildings）和类别 73（Road/Paved），它们之间的距离是 1.688321，将它们合并……这个过程将迭代进行，所有的类相继合并成较大的类，直到最终所有的类合并成一个类。

8.9　实例与练习

8.9.1　学　校　选　址

1. 背景

合理的学校空间位置布局有利于学生的上课与生活。学校的选址问题需要考虑地理位置、学生娱乐场所配套设施、与现有学校的距离等因素，从总体上把握这些因素能够确定出适宜性比较好的学校选址区。

2. 目的

通过练习，熟悉 ArcGIS 栅格数据距离制图、成本距离加权、数据重分类、多层面合并等空间分析功能；熟练掌握利用 ArcGIS 空间分析功能，分析和结果类似学校选址的实际应用问题。

3. 数据

（1）landuse（土地利用图）；
（2）dem（地面高程图）；
（3）rec_sites（娱乐场所分布图）；
（4）school（现有学校分布图）；
所有原始数据存放于 Chp8\Ex1\ 目录下，下载数据请扫封底二维码（多媒体：Chp8）。

4. 要求

（1）新学校选址需要注意以下几点：①新学校应位于地势平坦处；②新学校的建立应结合现有土地利用类型综合考虑，选择成本不高的区域；③新学校应该与现有娱乐设施相配套，学校距离这些设施越近越好；④新学校应避开现有学校，合理分布。

（2）各数据层权重比为：距离娱乐设施占 0.5，距离学校占 0.25，土地利用类型和地势位置因素各占 0.125。

（3）实现过程运用 ArcGIS 的扩展模块中的空间分析部分功能，具体包括：坡度计算、直线距离制图、重分类及栅格计算器等功能完成。

（4）给出适合新建学校的适宜地区图，并做简要分析。

5. 实现流程图

ArcGIS 中实现学校选址分析，首先利用现有学校数据集、现有娱乐场所数据集和高程数据派生出坡度数据以及到现有学校、娱乐场所距离数据集。然后重分类数据集到相同的等级范围，再按照上述数据集在学校选址中的影响率赋权重值，最后合并这些数据即可创建显示新学校适宜位置分布的地图。学校选址的逻辑过程主要包括四个部分（图8.64，结果中深色部分为学校候选区）。

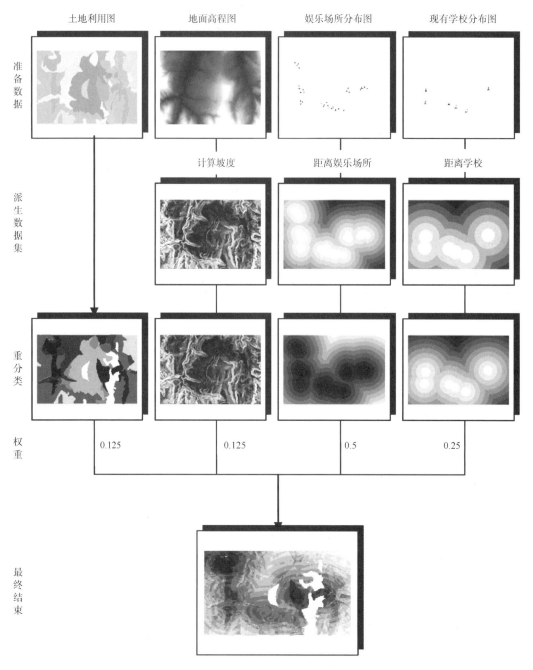

图 8.64　学校选址逻辑过程

（1）准备数据，确定需要哪些数据作为输入，包括高程数据（dem）、土地利用数据（landuse）、现有学校数据（school）、娱乐场所数据（rec_sites）。

（2）派生数据集，从现存数据派生出能提供学校选址的原始成本数据，包括坡度数据、到现有学校距离数据集和到娱乐场所距离数据集。

（3）重分类各种数据集，消除各成本数据集的量纲影响，使各成本数据具有大致相同的可比分类体系。各成本数据均按等间距分类原则分为1~10级，级数越高适宜性越好。

（4）给各数据集赋权重。必要的话对适宜性模型中影响比较大的数据集赋予比较高的权重，然后合并各数据集以寻找适宜位置。

6. 操作步骤

（1）运行 ArcMap，如果 Spatial Analyst 模块未能激活，单击【自定义】|【扩展模块】，选择 Spatial Analyst，单击【关闭】。

（2）打开地图文档。在 ArcMap 主菜单上选择【文件】|【打开】，选择 E：\Chp8\Ex1\school.mxd。

（3）设置空间分析环境。ArcToolbox 工具栏中选中 ArcToolbox 右键选择【环境】，打开环境设置对话框，设置相关参数：①展开【工作空间】，设置工作路径为："E：\Chp8\Ex1\Result\"；②展开【处理范围】，在范围下拉框中选择"与图层 landuse 相同"；③展开【栅格分析】，在像元大小下拉框中选择"与图层 landuse 相同"。

（4）从 DEM 数据提取坡度数据集。选择【Spatial Analyst 工具】|【表面分析】|【坡度】，输入 dem 数据，生成 slope 数据集（图8.65）。

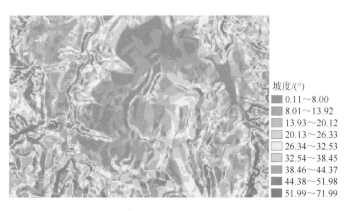

坡度/(°)
- 0.11~8.00
- 8.01~13.92
- 13.93~20.12
- 20.13~26.33
- 26.34~32.53
- 32.54~38.45
- 38.46~44.37
- 44.38~51.98
- 51.99~71.99

图 8.65　坡度图

（5）从娱乐场所数据"rec_sites"提取娱乐场所直线距离数据。选择【Spatial Analyst 工具】|【距离】|【欧氏距离】，设置输出像元大小为5，生成 dis_recsites 数据集；同理，从现有学校位置数据"school"提取学校直线距离数据，得到 dis_school 数据集，结果如图8.66所示。

（6）重分类数据集，分为四种不同类型的数据集（图8.67）。

第一，重分类坡度数据集。学校的位置在平坦地区比较有利。因此，采用等间距分级把坡度分为10级。平坦的地方适宜性好，赋予较大的适宜性值，陡峭的地区赋予较小的值，得到坡度适宜性数据 recalssslope。

第二，重分类娱乐场所直线距离数据集。考虑到新学校距离娱乐场所比较近时适宜性好，采用等间距分级分为10级，距离娱乐场所最近适宜性最高，赋值10；距离最远的地方赋值 1，得到娱乐场所适宜性图 reclassdisr。

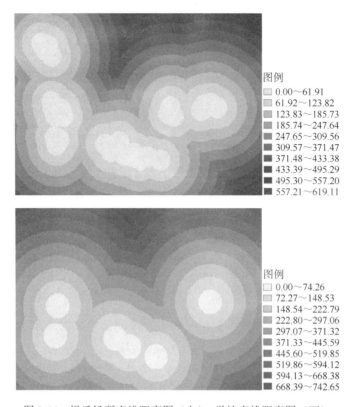

图例
- 0.00～61.91
- 61.92～123.82
- 123.83～185.73
- 185.74～247.64
- 247.65～309.56
- 309.57～371.47
- 371.48～433.38
- 433.39～495.29
- 495.30～557.20
- 557.21～619.11

图例
- 0.00～74.26
- 72.27～148.53
- 148.54～222.79
- 222.80～297.06
- 297.07～371.32
- 371.33～445.59
- 445.60～519.85
- 519.86～594.12
- 594.13～668.38
- 668.39～742.65

图 8.66　娱乐场所直线距离图（上）、学校直线距离图（下）

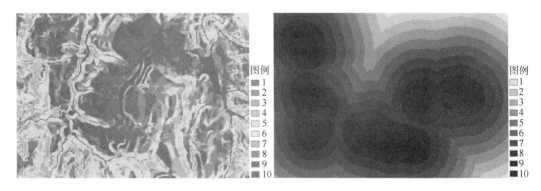

图例
1
2
3
4
5
6
7
8
9
10

图例
1
2
3
4
5
6
7
8
9
10

图 8.67　重分类坡度图（左）、重分类娱乐场所直线距离图（右）

　　第三，重分类现有学校直线距离数据集。考虑到新学校距离现有学校比较远时适宜性好，仍分为 10 级，距离学校最远的单元赋值 10，距离最近的单元赋值 1，得到重分类学校距离图 reclassdiss。

　　第四，重分类土地利用数据集。在考察土地利用数据时，容易发现各种土地利用类型对学校适宜性也存在一定的影响。例如，学校不适合在有湿地、水体、草地的分布区建立，于是在重分类时删除这两个类别，实现如下：在重分类新旧值对照表中，按 Ctrl 键，选择 "water" "wetland" "grass"，点击【删除条目】，删除 "water" "wetland" "grass"

三个类别，并勾选【将缺失值更改为 NoData】。然后，根据用地类型给各种类型赋值，新值如图 8.68 图例，得到 reclassland，深色部分为比较适宜区，浅色部分为适宜性比较差的区域，空白部分为该处不允许建学校区域。

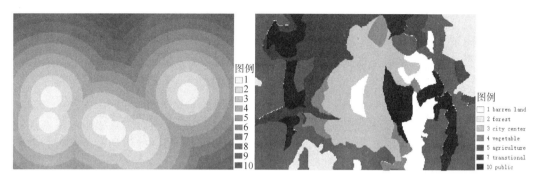

图 8.68　重分类学校直线距离图（左）、重分类土地利用图（右）

（7）适宜区分析。重分类后，各个数据集都统一到相同的等级体系内，且每个数据集中那些被认为比较适宜的属性都被赋予比较高的值，现在开始给四种因素赋予不同的权重，然后合并数据集以找出最适宜的位置。

选择【Spatial Analyst 工具】|【地图代数】|【栅格计算器】，各个重分类后数据集的合并计算，最终适宜性数据集的加权计算公式为

suit（最终适宜性）= reclassdisr（娱乐场所）* 0.5 + reclassdiss（现有学校）* 0.25 + reclassland（土地利用数据）* 0.125 + reclassslope（坡度数据）* 0.125

打开【重分类】工具，将 Suit 重分类为两类，适宜性较高区域（suit＞8）分成一类，设置为 1，适宜性较低区域（Suit＜8）设置为 NoData，即得到最终适宜性数据集（图 8.69），适宜性较高区域（深色部分）为推荐学校选址区域。

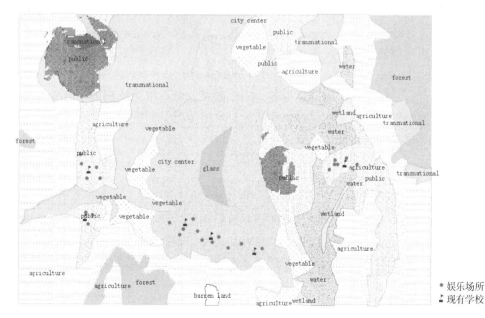

图 8.69　适宜性学校选址结果图

8.9.2　寻找最佳路径

1. 背景

随着社会经济的发展，公路的重要性日益提高。在一些交通欠发达的地区，公路建设迫在眉睫。如何根据实际地形情况设计出比较合理的公路，是一个值得研究的问题。

2. 目的

通过练习，熟悉 ArcGIS 栅格数据距离制图、表面分析、成本权重距离、数据重分类、最短路径等空间分析功能，熟练掌握利用上述 ArcGIS 空间分析功能，分析和处理类似寻找最佳路径的实际应用问题。

3. 数据

（1）dem（高程数据）；
（2）startPot（路径源点数据）；
（3）endPot（路径终点数据）；
（4）river（小流域数据）。
所有原始数据存放于 Chp8\Ex2\目录下，下载数据请扫封底二维码（多媒体：Chp8）。

4. 要求

（1）新建路径成本较少；
（2）新建路径为较短路径；
（3）新建路径的选择应该避开主干河流，以减少成本；
（4）新建路径的成本数据计算时，考虑到河流成本（reclass_river）是路径成本中较关键的因素，先将坡度数据（reclass_slope）和起伏度数据（reclass_rough）按照 0.6 : 0.4 权重合并，然后与河流成本进行等权重的加和合并，公式描述如下：

cost = reclass_river +（reclass_slope×0.6 + reclass_rough * 0.4）

（5）寻找最短路径的实现需要运用 ArcGIS 的空间分析中距离制图中的成本路径及最短路径、表面分析中的坡度计算及起伏度计算、重分类及栅格计算器等功能完成；
（6）提交寻找到的最短路径路线图。

5. 实现流程图

ArcGIS 中实现最佳路径分析，首先，利用高程数据派生出坡度数据以及起伏度数据。然后，重分类流域数据、坡度、起伏度数据集到相同的等级范围，再按照上述数据集在路径选择中的影响率赋权重值，之后合并这些数据即可得到成本数据集。再次，基于成本数据集计算栅格数据中各单元到源点的成本距离与方向数据集。最后，执行最短路径函数提取最佳路径。

具体逻辑过程如图 8.70 所示。

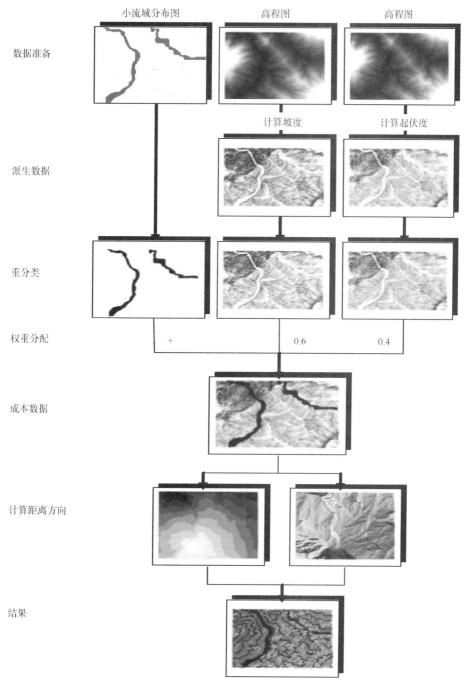

数据准备 小流域分布图 高程图 高程图

派生数据 计算坡度 计算起伏度

重分类

权重分配 + 0.6 0.4

成本数据

计算距离方向

结果

图 8.70 寻找最佳路径逻辑过程

6. 操作步骤

（1）运行 ArcMap，如果 Spatial Analyst 模块未能激活，单击【自定义】|【扩展模块】，勾选 Spatial Analyst，点击【关闭】。

（2）打开地图文档。ArcMap 主菜单上选择【文件】|【打开】，选择"E：\Chp8\Ex2\road.mxd"。

（3）设置空间分析环境。ArcToolbox 中选中 ArcToolbox 右键选择【环境】，设置相关参数：①展开【工作空间】，设置工作路径为："E：\Chp8\Ex2\Result\"；②展开【处理范围】，在范围下拉框中选择"与图层 dem 相同"；③展开【栅格分析】，在像元大小下拉框中选择"与图层 dem 相同"。④创建成本数据集。

考虑到山地坡度、起伏度对修建公路的成本影响比较大，其中尤其山地坡度更是人们首先关注的对象，则在创建成本数据集时，可考虑分配其权重比为 0.6∶0.4。但是在有流域分布的情况下，河流对成本影响不可低估。因此，成本数据集为合并山地坡度和起伏度之后的成本，再加上河流对成本的影响。

1）坡度成本数据集

使用 DEM 数据层，选择【Spatial Analyst 工具】|【表面分析】|【坡度】，生成坡度数据集，记为 Slope。

使用 Slope 数据层，选择【Spatial Analyst 工具】|【重分类】|【重分类】，选择【分类】命令实施重分类。重分类的基本原则是：采用等间距分为 10 级，坡度最小一级赋值为 1，最大一级赋值为 10，得到图 8.71 所示坡度成本数据（reclass_slope）。

2）起伏度成本数据集

选择【Spatial Analyst 工具】|【邻域分析】|【焦点统计】，参数置如图 8.72 所示参数，单击【确定】，生成起伏度数据层，记为 rough。

图 8.71　坡度成本数据

图 8.72　生成起伏度

选择【Spatial Analyst 工具】|【重分类】|【重分类】，输入 rough 数据层，选择【分类】命令，按 10 级等间距实施重分类，地形越起伏，级数赋值越高，最小一级赋值为 1，最大一级赋值为 10，得到图 8.73 所示地形起伏度成本数据（reclass_rough）。

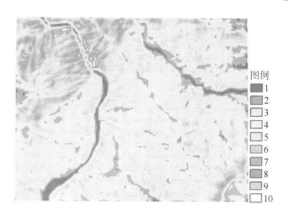

图 8.73　起伏度成本数据

3）河流成本数据集

选择【Spatial Analyst 工具】|【重分类】|【重分类】，选择 river 数据层，按照河流等级进行分类：4 级为 10，如此依次为 8、5、2、1；生成图 8.74 所示河流成本（reclass_river）。

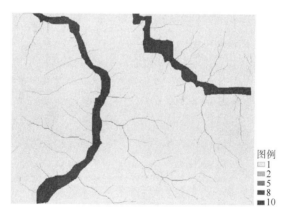

图 8.74　河流成本数据

4）加权合并单因素成本数据，生成最终成本数据集

选择【Spatial Analyst 工具】|【地图代数】|【栅格计算器】工具合并数据集，计算公式如下：

cost=reclass_river（重分类河流成本数据）+[reclass_slope（重分类坡度成本数据）×0.6+reclass_rough（重分类地形起伏度成本数据）* 0.4]

根据以上公式得到图 8.75 所示最终成本数据集，其中深色表示成本高的部分。

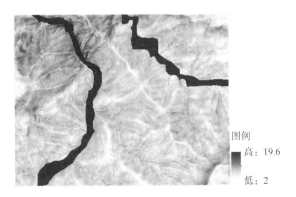

图例
高：19.6
低：2

图 8.75　最终成本数据集

5）计算成本权重距离函数

选择【Spatial Analyst 工具】|【距离】|【成本距离】，设置参数如图 8.76 所示，单击【确定】，生成图 8.77 所示成本距离图，其中三角形为源点；图 8.78 为回溯链接图，三角形为源点。

成本距离
输入栅格数据或要素源数据
startPot
输入成本栅格数据
cost
输出距离栅格数据
E:\Chp8\Ex2\Result\distance
最大距离（可选）
输出回溯链接栅格数据（可选）
E:\Chp8\Ex2\Result\backlink
源特征
确定
取消
环境...
显示帮助 >>

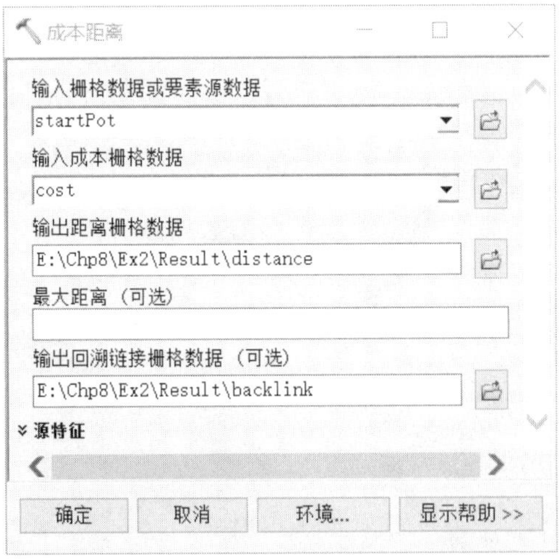

图 8.76　计算成本权重数据对话框

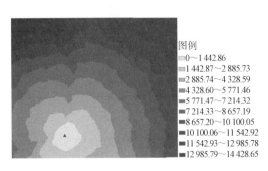

图例
0～1 442.86
1 442.87～2 885.73
2 885.74～4 328.59
4 328.60～5 771.46
5 771.47～7 214.32
7 214.33～8 657.19
8 657.20～10 100.05
10 100.06～11 542.92
11 542.93～12 985.78
12 985.79～14 428.65

图 8.77　成本距离

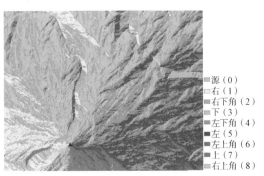

源（0）
右（1）
右下角（2）
下（3）
左下角（4）
左（5）
左上角（6）
上（7）
右上角（8）

图 8.78　回溯链接图

6）求取最短路径

选择【Spatial Analyst 工具】|【距离】|【成本路径】，参数设置及最终的最短路径图如图 8.79 所示，其中黑色粗线部分为确定的路径。

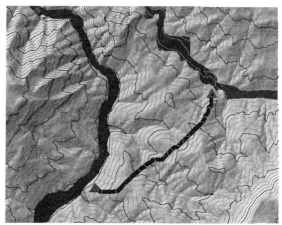

图 8.79 生成最短路径对话框及其结果

8.9.3 熊猫分布密度制图

1. 背景

大熊猫是我国国家级珍稀保护动物，熊猫的生存必须满足一定槽域（独占的猎食与活动范围）条件。因此，科学准确地分析熊猫的分布情况，对合理制定保护措施和评价保护成效具有重要的意义。

2. 目的

通过练习，熟悉 ArcGIS 密度制图函数的原理及差异性，掌握如何根据实际采样数据特点，结合 ArcGIS 提供的密度制图和其他空间分析功能，制作符合要求的密度图。

3. 数据

野外实采的熊猫活动足迹数据，一个足迹代表一个熊猫曾在此处活动过，相同足迹只记载一次。数据存放于 Chp8 \ Ex3 \ 目录下，下载数据请扫封底二维码（多媒体：Chp8）。

4. 要求

（1）熊猫活动具有一定的槽域范围，一个槽域范围只有一个或一对熊猫，在此练习中，假设熊猫槽域半径为 5 km。

（2）虽然一个采样点代表一个熊猫，但由于熊猫的生存具有确定槽域特征，不同的采样点具有不同的空间控制面积。假定熊猫活动范围分布满足以采样点为中心的泰森多边形，如何将这一信息加入密度分布图是本练习的重点。

（3）在野外实采的熊猫活动足迹数据的基础上，以每个熊猫槽域范围为权重，运用ArcGIS中的区域分配功能和密度制图功能制作该地区熊猫分布密度图。

5. 计算原理

首先，利用栅格数据空间分析模块提供的区域分配功能提取熊猫的槽域范围；然后，用理论最大槽域面积（假定是半径为 5 km 的圆，面积为 3.1415927×5 km×5 km）除以所提取的熊猫实际槽域面积，作为采样点的加权值（记为 Power 字段），从而生成熊猫分布密度图。

6. 操作步骤

（1）运行 ArcMap，如果 Spatial Analyst 模块未能激活，单击【自定义】|【扩展模块】，勾选 Spatial Analyst。

（2）打开地图文档。ArcMap 主菜单上选择【文件】|【打开】，选择 "E：\Chp8\Ex3\Xmpoint.mxd"。

（3）设置空间分析环境。单击【地理处理】，选择【环境】，工作空间设置 "E：\Chp8\Ex3\Result\"，处理范围选择 "与显示相同"。

（4）生成槽域范围。选择【Spatial Analyst 工具】|【距离】|【欧氏分配】，输入熊猫活动足迹数据图层 XMpoint，参数设置及其输出结果如图 8.80 所示，输出文件名记为 FP，槽域范围图中的白色区域表示没有熊猫出现。

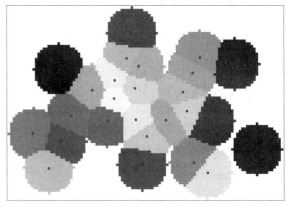

图 8.80　区域分配操作及其结果

（5）选择 FP 数据层，单击鼠标右键并选择【打开属性表】，打开 FP 属性表，如图 8.81 所示。

（6）该表中 VALUE 字段值来自 XMpoint 点文件的 ID 字段，表示槽域的编号；

COUNT 为每个槽域的栅格数，因此每个槽域的面积可以通过栅格数与栅格单元面积乘积获得。具体操作如下：点击表选项按钮，在下拉菜单中选择【添加字段】，打开对话框；设置字段名称为 AREA，类型为"长整型"，点击【确定】，该字段添加到属性表中。选中该字段右键选择【字段计算器】，在字段计算器中设置表达式为"COUNT*500*500"，500 为栅格单元边长，如图 8.82 所示。

图 8.81　属性表

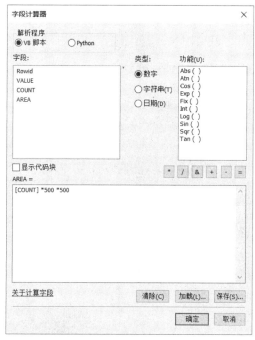

图 8.82　字段计算

（7）选择熊猫活动足迹数据图层（XMPoint），右键单击选择【连接和关联】|【连接】，弹出【连接数据】对话框，参数设置如图 8.83 所示，单击【确定】，完成熊猫采样数据与槽域范围数据的连接。

（8）选择熊猫活动足迹数据图层（XMPoint），单击鼠标右键并选择【打开属性表】，打开 XMPoint 属性表，可看到属性表中已经出现了 AREA 字段，接下来要新建一个字段用于计算槽域的权重，操作如下：点击表选项按钮，选择【添加字段】，设置字段的名称为 power，类型为"浮点型"，点击【确定】，在属性表中出现 Xmpoint.power 字段。选中该字段右键选择【字段计算器】，在【字段计算器】对话框中输入计算公式：3.1415926*5000*5000/[fp.vat：AREA]，其中 3.1415926*5000*5000 为假定的最大槽域面积，计算每个采样点的权重值，作为计算密度的权重值。

（9）单击【Spatial Analyst 工具】|【密度分析】|【核密度分析】，参数设置如图 8.84 所示，提取密度。

（10）上述密度以平方米为面积单位，数据值太小。单击【Spatial Analyst 工具】|【地图代数】|【栅格计算器】，输入计算公式：XMDensity10 = "XMDensity"*10000000，将面积单位换算为 10 km^2，结果如图 8.85 所示。

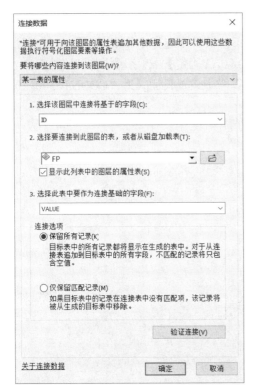

图 8.83　【连接数据】参数设置　　　　　图 8.84　【核密度分析】参数设置

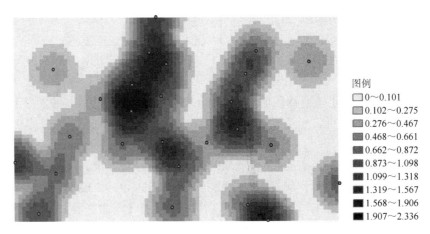

图 8.85　熊猫密度图

第9章 三维分析

随着 GIS 技术以及计算机软硬件技术的进一步发展,三维分析技术渐趋成熟,已经成为 GIS 空间分析的重要内容。相比二维分析,三维分析更注重对第三维信息的分析。基于高程信息的三维分析主要包括三维几何参数计算、地形因子提取、地形剖面图绘制、可见性分析、地形三维可视化等。第三维信息也可以是如降水量、温度、污染物浓度、密度等信息,进一步扩展了三维分析的应用领域。

ArcGIS 具有一个能为三维表面的创建、分析、可视化以及三维要素的构建与分析提供高级分析功能的扩展模块 3D Analyst,可以用它创建动态三维模型和交互式地图,从而更好地实现地理数据的可视化和分析处理。3D Analyst 扩展模块的核心是 ArcScene 应用,它可以更加高效地创建三维要素、管理三维 GIS 数据、进行三维分析以及建立具有三维场景属性的图层。

本章主要介绍如何利用 ArcGIS 三维分析模块进行三维表面的创建与分析、三维要素的创建与分析及在 ArcScene 中数据的三维可视化。此外,还设计了多个实例与练习帮助读者掌握常用的 ArcGIS 三维分析的理论与方法。

要使用三维分析工具,首先必须激活该模块。在 ArcMap 主菜单中,选择【自定义】菜单下的【扩展模块】,勾选 3D Analyst。此时,位于 ArcToolbox 中的三维分析 "3D Analyst 工具" 即可以使用了。

9.1　创建三维表面

具有空间连续特征的地理要素,其值的表示可以借鉴三维坐标系统 X、Y、Z 中的 Z 坐标,一般通称为 Z 值,在一定范围内的连续 Z 值构成了连续的表面。由于表面包含无数个点,在应用中不可能对所有的点进行度量并记录,因此最常见的三维表面构建模型是通过对区域内不同位置的点进行采样,并对采样点插值生成栅格表面,以实现对真实表面的近似模拟。图 9.1 为某区域大气污染指数表面栅格模型,图中点为大气污染指数的采样点。

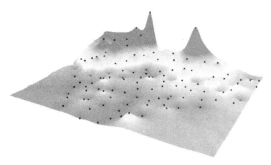

图 9.1　某区域大气污染指数表面栅格模型

利用 ArcGIS 三维分析模块可以从现有数据集中创建新的三维表面，可以用规则空间格网（栅格模型）或不规则三角网（TIN 模型）两种形式来创建三维表面以适合于某些特定的数据分析。创建三维表面模型主要有插值法和三角测量法两种方法。主要的插值方法包括：①反距离权重法；②克里金法；③自然邻域法；④样条函数法；⑤地形转栅格法；⑥趋势面法。欲建立三角网表面，可以用矢量要素生成不规则三角网（包括"硬"或"软"隔断线、集群点等），也可以通过向现有表面中添加要素来创建。创建好的表面模型数据可用于进一步分析。同时，在 ArcGIS 中，还可以实现栅格表面和 TIN 表面的格式相互转换。

本部分所涉及的练习数据位于 Chp9\tutor\surfacecreation.gdb 中，下载数据请扫封底二维码（多媒体：Chp9）。

9.1.1　栅格表面的创建

栅格表面的创建主要是指用规则空间格网，即栅格数据结构来创建表面，其主要方法是基于点数据利用插值方法来生成栅格表面，因此本节将主要介绍基于插值方法的栅格表面创建。

插值是利用有限数目的样本点值来估计未知样本点值的一种方法，这种估值方法可用于生成高程、温度、降水量、化学污染程度、噪声、湖泊水质等连续表面。插值的前提是空间地物具有一定的空间相关性，距离较近的地物，其值更为接近，如气温、水质等。通常不可能对研究区内每个点的属性值都进行测量，而是选择离散的样本点进行测量，通过插值得到未采样点的值。采样点可以随机选取、分层选取或规则选取，但必须保证这些点代表区域的总体特征。例如，某一地区的气象观测站，一般都是在该地区内具有一定控制意义的观测点，由它们采集所得到的温度、气压、大气污染指数等数据是在空间上离散的点，同时代表该地区内这种指标的总体特征，因此可以插值生成连续且规则的栅格面。点插值的一个典型的例子是利用一组采样点来生成高程面，每个采样点高程值由某种测量手段得到，区域内其他点的高程通过插值得出（图 9.2）。

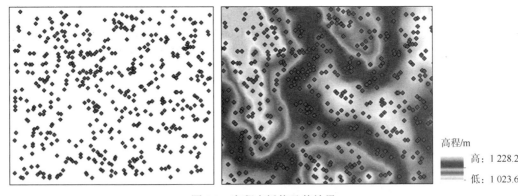

高程/m
高：1 228.2
低：1 023.6

图9.2　高程点插值及其结果

由点数据插值生成栅格表面的方法有很多，常用的有反距离权重法、克里金法、自然邻域法、样条函数法、地形转栅格法和趋势面法等。根据所要建模的现象及采样点的分布，每种方法进行预测估值时都有一定的前提假设及其适用的前提条件。但是，不论采用哪种方法，通常采样点数目越多，分布越均匀，插值效果就会越好。由于在第 10 章会系统地详细介绍所有插值方法的原理及应用，因此此处只简单介绍 ArcGIS 三维分析模块提供的反距离权重和克里金两种插值方法。

1. 反距离权重法

反距离权重法的假设前提是每个采样点间都有局部影响，并且这种影响与距离大小成反比，即离目标点近的点其权值比远处点的权值大。这种方法适用于变量影响随距离增大而减小的情况。例如，计算某一超市的消费者购买力权值，因为人们通常喜欢就近购买，所以距离越远权值越小。反距离权重法又分为可变搜索半径的反距离权重法和固定搜索半径的反距离权重法。可变搜索半径的反距离权重法是在设置搜索半径时指定插值计算中使用的点数。固定搜索半径的反距离权重法是使用指定搜索半径内所有的点作为输入点。

1）可变搜索半径的反距离权重法

可变搜索半径的反距离权重法是通过设置指定点数来进行插值。这使得对于每个插值单元来说，其搜索半径都是变化的，搜索半径的大小依赖于搜索到指定点数时的距离。如果已知采样点在某些区域比较稀疏，可指定最大距离来限制搜索半径，以避免影响插值精度。如果在达到最大搜索距离时，搜索到的点数还没有达到指定的数目，将停止搜索，用已经搜得的点计算插值单元。选择【3D Analyst 工具】|【栅格插值】|【反距离权重法】，打开相应的对话框[图 9.3（左）]。

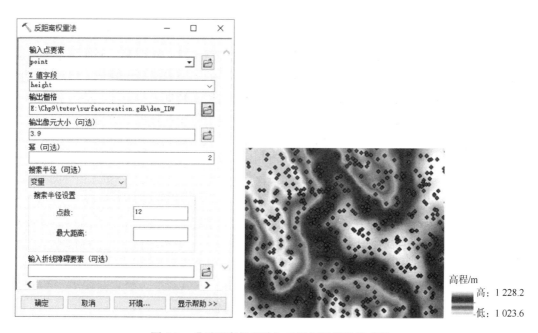

图 9.3　【反距离权重法】对话框及其结果表面

（1）设置输入的点要素及插值的字段，设置输出栅格位置及名称。

（2）输出像元大小：像元大小可以人为设置也可以采用默认大小。人为设置分为两种：一种是手动输入像元大小的数值，如直接指定像元大小 30 m；另一种是与文件夹中已有栅格数据的分辨率保持一致，如选择 30 m 分辨率的 dem 数据。默认像元大小的计算方法是输入点数据外接矩形的宽度或者高度除以 250 之后得到的较小值，本实验采用默认值。

（3）设置权重幂：在反距离权重插值中，可根据已知点离未知点的距离来决定某点在插值中的影响，这里的权重即距离的指数，幂越大，点的距离对每个处理单元的影响越小；幂越小，表面越平滑。通常认为，幂的合理范围是 0.5～3。

（4）搜索半径："变量"，表示可变搜索半径，这里需要设置"点数"，表示参与插值计算的点数是固定的，此时对于每个插值点来说，搜索半径长度是变化的，取决于达到规定点数所需的搜索长度；此外"最大距离"用于规定一个搜索半径不能超出的最大范围。若某一邻域在达到最大半径时仍未搜索到足够的点，则利用该最大半径内搜索到的所有点进行插值。

（5）输入障碍折线要素：某些线性要素，如断层或悬崖，在对各个输入栅格单元插值时，可用来限制输入点的搜索。

（6）点击【确定】，生成的结果图如图 9.3（右）所示。

2）固定搜索半径的反距离权重法

与可变搜索半径操作方法的不同之处在【搜索半径】参数处选择"固定"搜索半径类型，并设置搜索半径"距离"，此时将使用指定搜索半径内所有的点作为输入点。需要注意的是，如果在搜索半径内没有任何点，这时将自动增加栅格单元的搜索半径，直到达到指定的最少点数为止，即"最小点数"的设置。

2. 克里金法

常用的克里金法（Kriging）分为普通克里金法和泛克里金法两种。普通克里金法应用最普遍，它假定均值是未知的常数，普通克里金法的半变异模型包括球面函数、三角函数、指数函数、高斯函数和线性函数。泛克里金法用于数据趋势已知并能够对数据进行科学判断的情况，其半变异模型分为：与一次漂移函数呈线性关系、与二次漂移函数呈线性关系。半变异函数的理论知识详见第 10 章。同时，克里金法也分为可变搜索半径或固定搜索半径两类，其原理与反距离权重法中的可变与固定搜索半径的原理一致，此处不再赘述。

选择【3D Analyst 工具】|【栅格插值】|【克里金法】，打开对话框[图 9.4（左）]。输入点要素"point"并指定插值字段为"height"，设置输出位置，半变异函数选择普通克里金法，设置半变异模型为"球面函数"，输出单元大小采用默认值，选择可变半径参数"变量"，设置搜索半径中的点数为 12，点击确定生成图 9.4（右）所示的结果。

9.1.2 TIN 表面的创建

TIN 通常是从多种矢量数据源中创建的，可以用点、线与多边形要素作为创建 TIN 的数据源。创建 TIN 的输入要素可以包含不同属性，这些属性值也将在输出的 TIN 要素

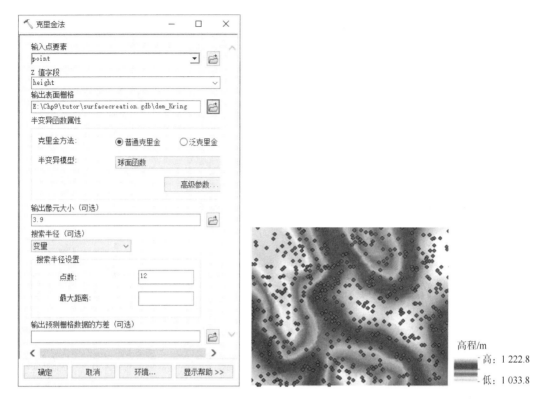

图 9.4　【克里金法】对话框及其结果

中保留，如不同输入数据源的相对精度，或用来识别要素（如道路与湖泊等）的属性。

1. 创建 TIN 的基本矢量元素

在 ArcGIS 中，可以使用一种或多种输入要素直接一步创建 TIN 模型，也可以分步创建，还可以通过向已有 TIN 模型添加要素实现对已有模型的改进。TIN 表面可以从点集、隔断线与多边形中生成。点集用来提供高程，作为生成的三角网络中的结点。

1）点集

如图 9.5 所示，点集是 TIN 的基本输入要素，决定了 TIN 表面的基本形状。TIN 表面可以有效地对异质表面建立模型，在变化大的地方，使用较多的点；对于较平坦的表面，则使用较少的点。需要注意的是，等高线也可以用于创建 TIN 表面，它通过提取等高线上的点来创建 TIN，此方式为散点形式；同时等高线也可以作为隔断线来创建 TIN 表面。

2）隔断线

隔断线是线状要素，通常用来表示自然要素，如山脊线、溪流，或用来创建如道路之类的要素。它可以是具有高度的线，也可以是没有高度的线，在 TIN 中构成一条或多条三角形的边序列。隔断线有"软"隔断线和"硬"隔断线两种。

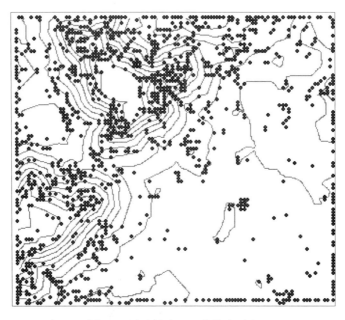

图 9.5 用于创建 TIN 的基本要素

"硬"隔断线表示表面上突然变化的特征线,如山脊线、悬崖及河道等。在创建 TIN 的时候,"硬"隔断线限制了插值计算,它使得计算只能在线的两侧各自进行,而隔断线上的点同时参与线两侧的计算,从而改变 TIN 表面的形状。

"软"隔断线即添加在 TIN 表面上用以表示线性要素但并不改变表面形状的线,它不参与创建 TIN。例如,要标出当前分析区域的边界,可以在 TIN 表面上用"软"隔断线表示出来,其不会影响表面的形状。

3)多边形

用来表示具有一定面积的表面要素,如湖泊、水体,或用来表示分离区域的边界。边界可以是群岛中单个岛屿的海岸线或某特定研究区的边界。多边形表面要素有以下四种类型。

(1)裁剪多边形:定义插值的边界,处于裁切多边形之外的输入数据将不参与插值与分析操作。

(2)删除多边形:定义插值的边界,与裁切多边形的不同之处在于多边形之内的输入数据将不参与插值与分析操作。

(3)替换多边形:对边界与内部高度设置相同值,可用来对湖泊或斜坡上底面为平面的开挖洞建模。

(4)填充多边形:它的作用是对落在多边形内所有的三角形赋予整数属性值。其表面的高度不受影响,也不进行裁切或删除。

在 ArcGIS 中,多边形也分"软"和"硬",用于定义输出表面是平滑过渡("软")还是具有明显的中断("硬"),在 TIN 表面中使用隔断线与多边形,可以更好地控制 TIN 表面的形状。

2. 创建 TIN 的操作

1）创建 TIN 表面

地形表面数据能让人直观地了解当地的地表起伏状况。从地形图上得到了某地的等高线数据，并且经过实地测量也获取到部分高程点数据，可利用等高线和高程点数据创建此地的 TIN 表面。

选择【3D Analyst 工具】|【数据管理】|【TIN】|【创建 TIN】，打开对话框[图 9.6（左）]。

（1）选择创建 TIN 所要使用的输入要素图层并设置输出路径及名称。

（2）对每个输入要素类，都需要设置相应的属性以定义表面。①输入要素：用于构造 TIN 的输入要素，输入要素可以是点要素、线要素以及面要素；此处选择了 TIN_point、TIN_contour 两种输入要素。②高度字段：选择具有高程值的字段。③类型：定义要素以何种类型构建 TIN，包括离散多点、隔断线或多边形；点要素为离散多点类型，线要素既可以是离散多点类型，也可以是隔断线类型；面要素为多边形类型。此处将 TIN_contour 线要素的类型设置为了离散多点。④Tag field：标签字段，若使用该字段，则面的边界将被强化为隔断线，且这些面内部的三角形会将标签值作为属性。如果不使用标签值，则指定＜无＞。⑤约束型 Delaunay（可选）：如果不选中该项，三角测量将完全遵循 Delaunay 规则，即隔断线将由软件进行增密，导致一条输入隔断线线段将形成多条三角形边。如果选中该项，Delaunay 三角测量将被约束，不会对隔断线进行增密，并且每条隔断线线段都作为一条单边添加。⑥点击【确定】，生成的结果如图 9.6（右）所示。TIN 表面支持多个渲染器，用户可以在【图层属性】|【符号系统】|【添加】中查看和使用高程、坡度、坡向和山体阴影着色的三角形，还可以查看三角化网格面的隔断线、三角边以及结点。本例中通过高程来进行渲染。

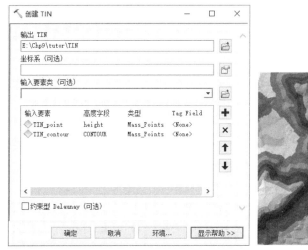
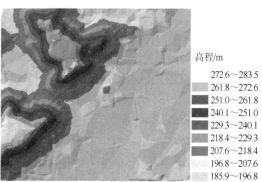

图 9.6 【创建 TIN】对话框及其结果

2）编辑 TIN

地形原始表面创建完成之后，若想在此修建道路和水库，为了直观地查看修建之后的效果，需要将道路和水库数据嵌入原始地形中以改变其原始表面形状，并且按照感兴趣区域生成最终的地形表面。

选择【3D Analyst 工具】|【数据管理】|【TIN】|【编辑 TIN】，打开【编辑 TIN】对话框[图 9.7（左）]。输入原始 TIN，加入道路、水库和感兴趣范围等要素类数据；【类型】参数同创建 TIN 中的类型字段含义一样，如此处将 TIN_road 道路数据作为"硬"隔断线参与编辑表面，TIN_reservoir 水库数据作为"硬"替换多边形数据参与编辑，TIN_bounder 面数据作为"软"裁剪多边形参与编辑，编辑过后的结果如图 9.7（右）所示。

图 9.7　【编辑 TIN】对话框及其编辑后的结果

3. 将 TIN 转换成栅格表面

若想根据地形表面数据得到水库的流域范围，则需要较为复杂的地形分析手段。而在地形分析中，基于栅格数据结构的分析方法丰富多样，因此在对 TIN 生成的地形表面进行较为复杂的分析时，一般会将 TIN 转换成栅格表面。

选择【3D Analyst 工具】|【转换】|【由 TIN 转出】|【TIN 转栅格】，打开【TIN 转栅格】对话框[图 9.8（左）]，具体设置如下：

（1）选择输入的 TIN 数据，指定输出栅格的路径和文件名。

（2）选择输出数据类型（可选）为浮点型或者整型。默认情况下，输出栅格是浮点型。

（3）选择方法（可选），默认情况下，使用 LINEAR 方法计算像元值：①LINEAR——基于 TIN 三角形，通过线性内插法计算输出栅格的像元值，适用于连续型数据，如地形数据；②NATURAL_NEIGHBORS——基于 TIN 三角形，通过自然邻域法计算输出栅格的像元值，适用于类别型数据，如土地利用数据。

（4）选择采样距离（可选）表示输出像元大小，可采用两种方式进行定义：①OBSERVATIONS——指示输出数据所需列数的整数，然后基于输出范围和列数确定像元大小，默认情况为 OBSERVATIONS 250，此方法使用较少。②CELLSIZE——输出栅格的像元大小，常用此方法确定栅格的采样距离。对于由等高线创建的表面，为了更好地反映地形数据的细节信息，一般推荐像元大小依据等高线数据的疏密程度和等高距来确定，其取值应不大于等高线最密集处两条等高线平面距离的 1/2，否则对地形数据的综合作用较大，无法体现细节信息，但此举也会增加数据的存储量。当数据精度要求不高时，或者指定了栅格数据分辨率，也可以直接输入指定值，如本例中规定栅格大小为 5 m。

（5）Z 因子（可选）：TIN 的高度转换为输出栅格的高度时所乘的系数，也就是，当二维平面坐标和三维高度坐标度量单位不一致时，用于转换 Z 单位以匹配 XY 坐标的单位。如果输入栅格数据为地理坐标（以度为单位），则此处的 Z 因子为根据当地地理位置将地理坐标转换为投影坐标的转换系数，一般建议此种情况在转换前为栅格数据添加上投影；如果输入栅格为投影坐标（以米为单位），则此处的 Z 因子为 1。或者也会遇到以下情形：平面 XY 坐标以米为单位，高程信息以厘米为单位，此时 Z 因子就为厘米向米转换的系数 0.01。

（6）点击【确定】，生成的结果图如图 9.8（右）所示。

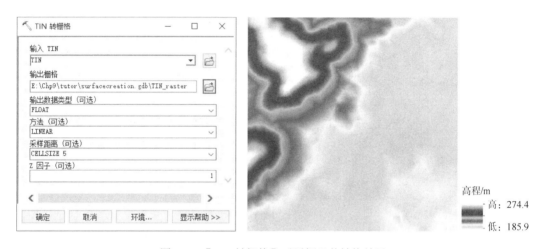

图 9.8　【TIN 转栅格】对话框及其转换结果

4. 栅格转换成 TIN

TIN 模型可以减少规则格网方法创建表面带来的数据冗余，同时能更好地表达特征点、线、面信息，因此在表面建模过程中，有时也需要将栅格表面转换成 TIN 表面。

选择【3D Analyst 工具】|【转换】|【由栅格转出】|【栅格转 TIN】，打开【栅格转 TIN】对话框（图 9.9）。选择来源栅格图层，设置输出 TIN 路径和文件名。【Z 容差】表示输入栅格与输出 TIN 之间所允许的最大高度差；默认情况下，Z 容差是输入栅格 Z 范围的 1/10；在一定程度上，Z 值越大，生成的三角表面越粗糙，Z 值越小，生成的三角表面越平滑。【最大点数】参数指示在处理过程终止前添加到 TIN

图 9.9　【栅格转 TIN】对话框

的最大点数；默认情况下，该过程将一直持续到所有点被添加完；【Z 因子】参数表示输入 TIN 的高度转换为输出 TIN 的高度时所乘的系数，具体知识详见 TIN 转栅格中相关知识。点击【确定】，得到的结果如图 9.10（b）所示。

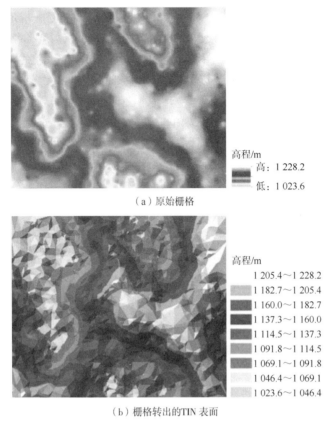

高程/m
高: 1 228.2
低: 1 023.6

（a）原始栅格

高程/m
1 205.4～1 228.2
1 182.7～1 205.4
1 160.0～1 182.7
1 137.3～1 160.0
1 114.5～1 137.3
1 091.8～1 114.5
1 069.1～1 091.8
1 046.4～1 069.1
1 023.6～1 046.4

（b）栅格转出的TIN表面

图 9.10　输入要素与输出结果

9.1.3　地形（Terrain）数据集创建与管理

1. Terrain 概念

Terrain 数据集是一种多分辨率的基于 TIN 的表面数据结构，它是基于作为要素存储在地理数据库中的测量值构建而成的。地理数据库中的 Terrain 数据集引用原始要素类，它不会实际地将表面存储为栅格或 TIN，但是它会对数据进行组织以获得较快的检索速度，并会动态生成 TIN 表面，加快其显示速度。

通常，Terrain 数据集适用于大数据量数据。用作 Terrain 数据源的通用要素类包括以下三项：

（1）通过数据源（激光雷达或声呐）创建的 3D 离散多点的多点要素类。

（2）在摄影测量工作站使用立体影像创建的 3D 点和线要素类。

（3）用于定义 Terrain 数据集界限的研究区域边界面要素类。

Terrain 数据集规则用于控制如何使用要素来定义表面。例如，包含道路路面边缘线的要素类可以通过将其要素用作"硬"隔断线的规则来进行控制。这样，就会产生在表面上创建线性不连续 Terrain 的预期效果（图 9.11）。同时，Terrain 数据集还可以通过Terrain 金字塔确定一系列比例尺下要素类的参与方式。例如，只有在对中到大比例尺的表面制图表达时才可能需要路面边缘要素，可通过一定的规则来指定在使用小比例尺时不显示这些要素，从而改善性能。对于感兴趣区域（AOI）的表面，Terrain 金字塔可以在数据库中通过一系列适当的分辨率等级，快速检索并创建出不同细节层次的表面数据，以满足不同精度要求。Terrain 金字塔有助于加快显示速度，尤其是在数据量大而比例尺很小的情况下。

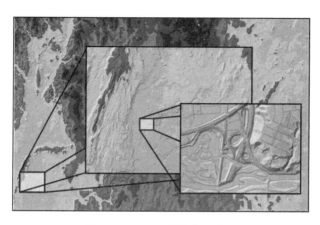

图 9.11　Terrain 数据集示意图

2. 构建 Terrain 数据集

为了监测某流域系统中地形的侵蚀状况，需要获取当前该流域的地形现状。利用无人机获取该流域的雷达点云数据，同时基于该地遥感影像数字化得到该流域的水系数据，希望依据感兴趣区域生成该地的地形表面。

由于用于构建 Terrain 数据集的雷达源数据一般以 ASCII 或 LAS 文件格式存在，因此在创建地形数据集之前需要利用【3D Analyst 工具】|【转换】|【由文件转出】|【3D ASCII 文件转要素类】或者【LAS 转多点】工具先将 ASCII 文件或 LAS 文件转为要素类数据并存放在要素集中。

由于本实验中雷达源数据以 LAS 文件存储，因此选择【3D Analyst 工具】|【转换】|【由文件转出】|【LAS 转多点】工具，打开【LAS 转多点】对话框（图 9.12），设置输入输出数据，此处直接将输出多点数据存放进要素集中；【平均点间距】参数指的是输入雷达点数据中点与点之间平面距离的平均值，此距离可以为一个近似值，如果以不同的密度对区域进行采样，此处应该指定较小的间距；并且此处提供的值需要使用输出坐标系的投影单位；本实验根据样点距离设置间距为 1 m。在滚动框下拉菜单中，推荐使用【坐标系】参数给输出数据提供投影信息，因为原始雷达点数据没有投影信息，但是在构建地形数据集中创建金字塔的时候投影信息必不可少。如果此处坐标信息没有设置，则可以选择【数据管理工具】|【投影和变换】|【定义投影】工具为其添加投影信息。若无特殊需求，其他参数默认即可成功。

将原始雷达数据转为多点要素类之后，创建地形数据集可以按照如下步骤进行：①创建地形；②添加地形金字塔等级；③向地形添加要素类；④构建地形。需要说明的是，必须严格按照这个顺序运行上述各地形处理工具才能成功构建 Terrain 数据集。

图 9.12 【LAS 转多点】对话框

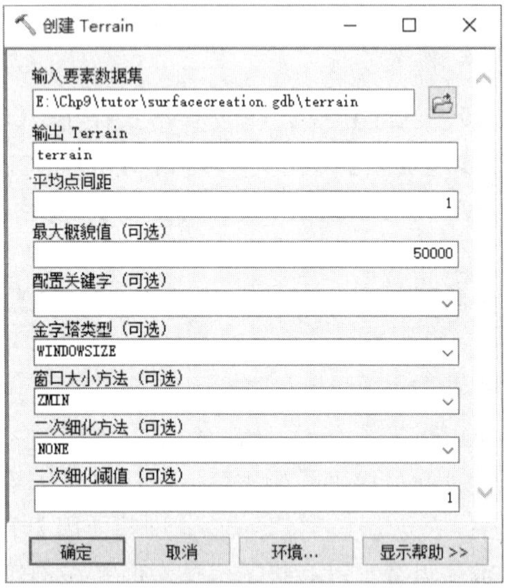

1）创建 Terrain

选择【3D Analyst 工具】|【数据管理】|【Terrain 数据集】|【创建 Terrain】，打开对话框（图 9.13）。此时地形数据集中还没有放置输入要素，因此得到的结果只是一个索引文件，用于之后存放结果数据，且加载进内容列表中不显示。

（1）输入用于存放 Terrain 数据集的要素数据集，设置输出 Terrain 名称，这是最后生成的 Terrain 数据集的名称。

（2）设置平均点间距：需要根据用于构建地形数据集的数据来确定平均点间距参数。对于摄影测量、雷达和声呐测量采集的数据，其间距通常为已知量，直接使用该值。如果在不

图 9.13 【创建 Terrain】对话框

同位置上以差异极大的密度收集数据，则应该考虑在高密度区域设置较小的间距。

（3）根据需要，设置可选参数，包括最大概貌值、配置关键字、金字塔类型、窗口大小方法、二次细化方法和二次细化阈值。其中，最大概貌值是地形数据集的最粗略表示；配置关键字用于优化企业级数据库中 Terrain 存储的参数；金字塔类型指的是构建 Terrain 金字塔的点细化方法，包括指定窗口大小和指定垂直精度两种类型；窗口大小方法用于在由窗口大小定义的区域中选择插值点的条件，但此参数仅适用于在金字塔类型

中指定窗口大小时才行；二次细化方法指的是通过外加的细化选项来减少平坦区域上所用的点数，该参数同样仅适用于使用窗口金字塔。

（4）点击【确定】，生成 Terrain 索引文件，此时内容窗口中无内容显示。

2）添加 Terrain 金字塔等级

选择【3D Analyst 工具】|【数据管理】|【Terrain 数据集】|【添加 Terrain 金字塔等级】，打开对话框（图 9.14）。此工具设置的金字塔等级决定了要素能够显示的细节的详细程度。创建金字塔等级需要数据有投影信息。

图 9.14　【添加 Terrain 金字塔等级】对话框

（1）输入步骤 1）中创建的地形数据集。

（2）在金字塔等级定义窗口输入第一个金字塔等级。金字塔等级指的是 Z 容差或窗口大小以及关联的参考比例。输入的每个金字塔等级包括一对金字塔等级分辨率和参考比例，并以空格分隔。例如"20 24000"表示窗口大小为 20，参考比例为 1∶24000；或者"1.5 10000"表示 Z 容差为 1.5，参考比例为 1∶10000。Z 容差值表示处于全分辨率下时可能出现的距 Terrain 高程的最大偏差；窗口大小值定义细化高程点所用的 Terrain 切片区域，细化高程点即基于创建 Terrain 过程中定义的窗口大小从切片区域中选择一个或两个点；参考比例表示强制显示金字塔等级所使用的最大地图比例，以大于此值的比例显示 Terrain 时，将显示下一个最高的金字塔等级。参考比例的设置可以基于地图比例工具，通过不断放大缩小原始数据查看当前状态的比例尺来确定，此处采用此种方式设置了三个参考比例；或者根据具体应用目的指定的分辨率要求来设置。

（3）单击添加数据按钮将第一个定义的金字塔等级添加到显示窗口。

（4）重复步骤（2）和（3），继续定义地形数据集的每个金字塔等级。

当添加完金字塔之后，如果觉得某一等级金字塔不合适，可以通过【移除 Terrain 金字塔】工具移除不合适的金字塔等级，再重新添加。如果想保留某一金字塔等级但是想改变该等级下的参考比例，可以通过【更改 Terrain 参考比例】工具不移除该金字塔等级而是直接修改参考比例。

3）向 Terrain 添加要素类

可以向 Terrain 数据集添加一个或多个要素类，这些要素类必须与 Terrain 数据集位于同一个要素数据集中。选择【3D Analyst 工具】|【Terrain 数据集】|【向 Terrain 添加要素类】，打开对话框（图 9.15）。此时才是真正在 Terrain 数据集中添加用于构建数据集的输入要素。

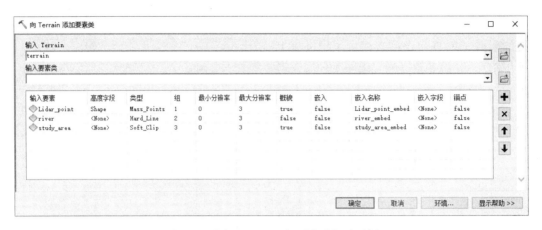

图 9.15 【向 Terrain 添加要素类】对话框

（1）添加地形数据集。

（2）添加第一个输入要素类，并为添加的要素类设置相应属性。①输入要素：表示要添加至 Terrain 数据集的输入要素类的名称。②高度字段：高度值所在的字段，三维数据会自动识别几何字段；二维数据可以有高度信息也可以没有高度信息，如果有高度信息，则自行指定高度字段。③类型：定义要素如何构成 Terrain 表面的要素类型，有散点多点、"软""硬"隔断线和"软""硬"多边形之分，详见创建 TIN 表面中相关知识的讲解。④组：是主题相似的数据，表示相同的地理要素，但细节层次程度不同。⑤最小分辨率和最大分辨率：用于界定在表面中实施各要素时所处的金字塔等级的范围，可以自己设置感兴趣要素显示的分辨率范围，只有在指定的金字塔范围内，数据才会显示。⑥概貌：指示是否要将数据强制为 Terrain 数据集中的最粗略表达，仅适用于线和面类型的数据，一般情况下仅将那些必须在概貌中呈现的要素设置为 TRUE。⑦嵌入式：仅适用于多点要素类，如果设置为 True 的话，表示将要素复制到由 Terrain 引用且仅对 Terrain 可用的隐藏要素类，它们包含在 Terrain 数据集中，在 Catalog 中看不见，仅能通过 Terrain 数据集的相关工具访问和修改它。⑧嵌入字段：如果嵌入了多点要素类，并通过【LAS 转多点】工具为该类创建了 LAS（激光雷达）属性，则在此处可以指定这些属性；这些属性可用于符号化 Terrain。⑨锚点：仅适用于单点要素类，指定了锚点的这些要素在 Terrain 数据集的所有金字塔等级中均不会被过滤或者稀疏掉，这些点将保持不变。

（3）为每个要添加的要素类重复步骤（2），继续定义数据集。当添加完要素之后，如果发现不合适的要素被错误添加进去，可以通过【从 Terrain 中移除要素类】工具去掉不合适的要素。同时，还可以通过【更改 Terrain 分辨率界限】工具更改某要素显示的金字塔分辨率上限（最大金字塔分辨率）和下限（最小金字塔分辨率），当金字塔分辨率超过上限或者小于下限分辨率时，该要素都不显示，从而达到控制要素参与形式的效果。

4）构建 Terrain

构建 Terrain 是最后一步，确保 Terrain 数据集在初始定义以后可以使用。当修改 Terrain 后可用此功能进行更新。

选择【3D Analyst 工具】|【数据管理】|【Terrain 数据集】|【构建 Terrain】，打开对

话框[图9.16（左）]。输入创建好的地形数据集；根据需要设置【更新范围】参数，此选项默认为 NO_UPDATE_EXTENT，表示采用原先的范围；若选择 UPDATE_EXTENT，则重新计算 Terrain 数据集的空间范围；单击【确定】，执行构建操作。构建完成的 Terrain 地形表面（重新从数据库中加载，不然不会显示）在符号系统中以表面高程显示的效果图如图9.16（右）所示。

图9.16　【构建 Terrain】对话框及 Terrain 地形效果图

9.2　三维表面分析

三维表面相较于二维表面实现了高度维的增值，充分利用三维表面的三维特征可以得到很多有用的信息。通过对表面进行简单的视觉浏览可以从总体上了解表面特征。同时，可以计算表面的体积、表面积等基本三维几何参数，为城市规划管理和决策提供帮助；也可以进一步进行一些更为复杂的分析，如两点之间的通视性分析等。本节三维表面分析主要分为计算三维表面几何参数、交互式三维表面分析和可见性分析三块内容。本部分所涉及的练习数据位于 Chp9\tutor\ surfaceanalysis.gdb 中，下载数据请扫封底二维码（多媒体：Chp9）。

9.2.1　三维表面几何参数

三维表面相较于二维平面增加了表面高度的信息，三维表面数据的几何参数，如最常用的表面积与体积信息是由其高度信息衍生出来的两大基本特征信息，对自然规划如评估山体土方量和城市规划如建筑物体积等都有较大的意义。

使用三维分析模块的【表面体积】工具，可以计算相对于某个参考平面的二维面积、表面面积及体积。平面上某矩形区的面积为其长与宽的乘积。与此不同，表面积是沿表面的斜坡计算的，考虑了表面高度的变化情况。除非表面是平坦的，通常表面积总是大于其二维底面积。比较表面积与其二维底面积还可以获得表面糙率指数或表面的坡度，两者的差异越大，意味着表面越粗糙。体积指表面与某指定高度的平面（参考平面）之间的空间大小，按照表面与参考平面的上下关系体积分为两种，分别是参考平面之上的体积和参考平面之下的体积，如某山体的土方量或某水库的库容。此处以计算山体土方量为例介绍此工具。

选择【3D Analyst 工具】|【功能性表面】|【表面体积】，弹出对话框[图9.17（左）]。输入用于计算面积和体积的栅格、TIN 或 Terrain 数据集表面，此处输入 dem 栅格表面。【参考平面】参数指计算指定高度以上（ABOVE）还是以下（BELOW）的面积参数，如山体的土方量选择 ABOVE，水库的库容选择 BELOW。【平面高度】参数指计算面积和体积时所用的起算平面高度值，其取值和参考平面相关，当参考平面为 ABOVE 时，平面高度的默认值为输入数据的最小值；当参考平面为 BELOW 时，平面高度的默认值为输入数据的最大值。【Z 因子】参数指二维和三维信息单位不一致时的转换系数，具体讲解见 TIN 转栅格中相关内容。【金字塔等级分辨率】仅适用于 Terrain 数据集的金字塔等级参数。点击【确定】后，生成的文本文档如图9.17（右）所示。

图9.17　表面体积对话框及其结果文档

9.2.2　交互式三维表面分析

在浏览查看三维表面数据的过程中常会遇到感兴趣的区域并希望将其提取出来，ArcGIS 提供了一套交互式表面分析工具，能让工作者实时提取感兴趣的区域，达到所做即所得的效果。交互式分析适用于栅格数据、TIN 表面或 Terrain 数据集。在交互式三维表面分析中，包括创建等值线、下游追踪、创建高程点、创建视线、通视分析和提取剖面分析。同时，在交互状态创建的点和线均为图形元素，可以利用【绘图】工具下的【将图形转换为要素】工具转换成要素类，从而为进一步更为复杂的分析提供基础数据。

首先在 ArcMap 菜单栏空白处右击，打开【3D Analyst】工具条（图9.18）。在 ArcMap 中添加地形栅格数据 dem，然后在【3D Analyst】工具条上选择该数据。

图9.18　【3D Analyst】工具条

1. 创建等值线

在实时查看该地 dem 数据时，想获取某个感兴趣区域的等高线数据，【创建等值线】

工具 可实现此目的。此工具能够在选择的表面图层的特定位置上创建等值线，先点击此工具，再单击感兴趣区域即可，如图9.19所示。同时，生成的等值线可以通过【基础工具】条上的【选择元素】工具选中之后直接删除。

2. 下游追踪

在实时查看该地dem数据时，想模拟水滴从某一特定位置流入最远处下坡位置所流经的路径，可利用【创建最陡路径】工具 完成。此工具主要用于生成某查询点的最陡路径，先点击此工具，再单击感兴趣点位置即可生成，如图9.20所示。删除方式与【创建等值线】相同。同时，可以利用【绘图】工具下的【将图形转换为要素】工具转换成要素类，从而为进一步更为复杂的分析提供基础数据。

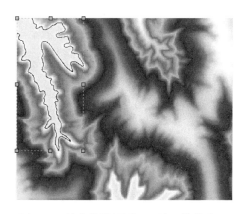
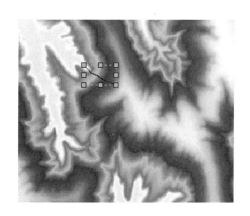

图9.19　等值线结果图（黑线即等值线）　　图9.20　下游追踪结果图（黑线即下游追踪线）

3. 创建高程点

在实时查看该地dem数据时，想挑选某些兴趣点作为预选观景台之用，可以利用【插入点】工具 创建备选点，如图9.21所示。这些元素导出为要素类之后默认是三维要素，要想看到该要素的高程信息，可以通过【3D要素】工具里面的【添加Z信息】信息批量获取点的高程信息。

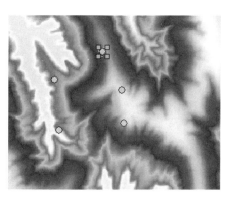

图9.21　创建高程点结果

4. 通视分析

通视分析用来表示观察者从其所处位置观察表面时，沿视线的表面是可见的还是遮挡的（图9.22）。利用通视分析可以判断某点相对于另外一点是否可见，如果地形遮挡了目标点，则可以分析得出这些障碍物，以及通视线上哪些区域可见、哪些区域不可见。在通视线上，可视与遮挡的部分分别以不同的颜色表示。

图9.22（a）中视线瞄准线较细的部分表示通视，较粗的部分表示视线被遮挡。图9.22（b）中 A 点为观察点，偏离地面一定高度（实际应用中通常观察点不会紧贴地面），B 点为目标点，从连接 A、B 两点的直线段可以判别 AB 之间哪部分地形遮挡了目标点。

视线瞄准线是表面上两点间的连线，用以表示该视线的遮挡情况。

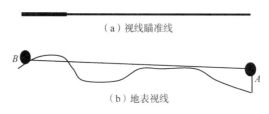

（a）视线瞄准线

（b）地表视线

图 9.22　视线瞄准线示意图

单击【创建视线】工具 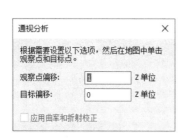，打开【通视分析】对话框[图 9.23（左）]，其中【观察点偏移】表示观察者距离地面的高度，即观察者在什么高度位置观察目标；【目标偏移】表示目标点距离地面的高度；设置完成之后敲击回车键，在地形表面上分别点击两点以示观测者和目标点的位置，点击完成之后就出现视线[图 9.23（右）]，红色表示不可视，绿色表示可视；黑色点表示观察点，蓝色点表示障碍点，红色点表示目标点。

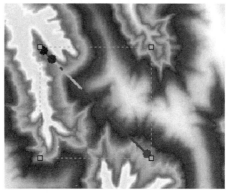

图 9.23　【通视分析】对话框及分析结果

5. 提取剖面

在工程（如公路、铁路、管线工程等）设计过程中，常常需要提取地形断面，制作剖面图。例如，在规划某条铁路时需要考虑线路上高程变化的情况，以评估在其上铺设轨道的可行性。剖面图表示沿表面上某条线前进时表面高程变化的情况。制作剖面图的步骤如下：

（1）使用【插入线】工具 创建线，实时确定剖面线的起终点；或者，在【3D Analyst】工具条下拉箭头的【选项】中，选择提前规划好的线要素类数据。

（2）点击【剖面图】工具 ，生成剖面图[图 9.24（右）]。

（3）在生成的剖面图标题栏上点击右键，选择属性项，进行布局调整与编辑；同时也可以在剖面图任意位置右击，将剖面图导出为图片等其他格式用于展示或者分析。

9.2.3　可见性分析

研究地表某点的可视范围在通信、军事、房地产等应用领域有着重要的意义。ArcGIS

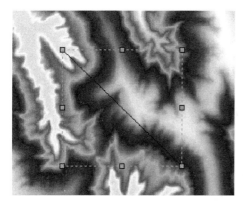
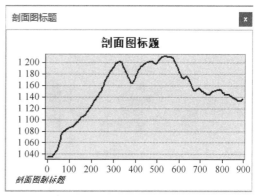

图 9.24　剖面线及其对应剖面图

三维分析模块可以进行沿视觉瞄准线上点与点之间可视性的分析或整个表面上的视线范围内的可见情况分析。可见性分析包括视点分析、视域分析、构造视线、通视性、通视分析、天际线分析。

1. 视点分析

已知某景区的地形数据和山峰点数据，想在该景区修建一个观景台，要求此观景台能看到的山峰数量最多，可以用【视点分析】工具来完成最佳观景台的选址问题。

选择【3D Analyst 工具】|【可见性】|【视点分析】，弹出对话框（图 9.25）；输入地形 dem 数据和观测山峰点数据，其中观测点数据不能超过 16 个，点击【确定】生成的结果数据就能看到每个栅格能看到的山峰点个数。同时此工具还可以输出地平面以上的栅格（简称 AGL），AGL 栅格中每个像元值都记录了为保证像元至少对一个观测点可见而需要向该像元添加的最小高度（若不添加此高度，像元不可见）。

图 9.25　【视点分析】对话框

图 9.26（a）为地形数据和作为观测点的 12 个山峰点数据的分布情况，图 9.26（b）为视点分析结果，使用【识别】工具，点击结果栅格图像中任一位置，会发现栅格中记录了 12 个点中每一个点的可视情况，属性值为 1 代表该点可视，属性值为 0 代表该点不可视。需要注意的是，视点分析结果栅格的 Value 值中存储的是哪些观测点能够看到该栅格像元的二进制编码信息（图 9.27），二进制编码方式为：第 n 个点可见的二进制编码方式为 2^{n-1}，Value 取值为 $\sum_{0}^{n} 2^{n-1}$，点不可见时 Value 值为 0。如图 9.27 视点分析结果属性表中高亮显示的 Value 值为 6 的像元，表示第二个点和第三个点可见，其二进制编码信息为 $2^1+2^2=6$；Value 值为 7 的像元，表示前三个点可见，其二进制编码信息为 $2^0+2^1+2^2=7$；Value 值为 8 的像元，表示第四个点可见，其二进制编码信息为 $2^3=8$。

（a）原始数据（红色三角形表示山峰点）

（b）视点分析结果

图 9.26　视点分析结果

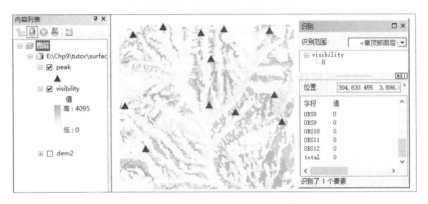

OBJECTID *	Value	Count	OBS1	OBS2	OBS3	OBS4	OBS5	OBS6	OBS7	OBS8	OBS9	OBS10	OBS11	OBS12	total
7	6	580	0	1	1	0	0	0	0	0	0	0	0	0	2
8	7	2	1	1	1	0	0	0	0	0	0	0	0	0	1
9	8	1020	0	0	0	1	0	0	0	0	0	0	0	0	1
10	9	124	1	0	0	0	0	0	0	0	0	0	0	0	2
11	10	169	0	1	0	0	0	0	0	0	0	0	0	0	2
12	11	129	1	1	1	0	0	0	0	0	0	0	0	0	3

图 9.27　视点分析结果属性表

同时，视点分析结果属性表中为每一个观测点均添加了一个字段来存储该点的可视情况，利用此可以达到下面两种应用目的：①显示指定观测点能看到的区域，如指定显示观测点 1 和观测点 8 看到的所有区域，打开栅格属性表，选择视点 1（OBS1）和视点 8（OBS8）均等于 1 而其他所有视点均等于 0 的行；②显示能够观测到最多点的区域，在属性表中新建一列用于累计每个视点的可视情况，累计值最大的像元位置即可以观测到最多点的区域，也即本实验中的最佳观景台选址点。如图 9.28 所示，本实验中有多个最佳观景台备选点，此时可以根据其他条件，如交通便利程度等选出唯一的最佳观景台

位置。由于栅格数据不利于查看和分析某些特定属性值,可将其转为矢量点要素查看,其具体做法为在属性表中新建一列 total 用于统计像元的累计值(total=OBS1+…+OBS12),选中 total 中属性值最大的栅格,再利用【转换工具】|【由栅格转出】|【栅格转点】工具将其转为矢量点。

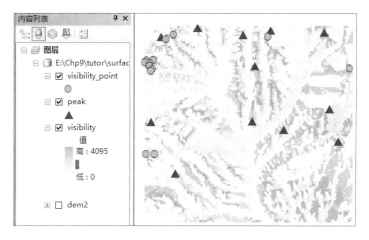

图 9.28   最佳观景台选点结果(圆点为备选点,三角形为山峰点)

2. 视域分析

已知该区域内有一段公路经常发生滑坡,需要建立一个观测哨,要求这个观测哨尽可能多地能观测到该段公路的情况,可以通过【视域分析】工具来完成此任务。视域分析工具可以计算地形表面上单点视域或者多个观测点的共同视域,也可以将线作为观测位置,此时线的节点集合即观测点。计算结果为视域栅格图,对于单个观测点,栅格单元值表示该单元对于观测点是否可见;对于多个观测点,栅格单元值记录的是输入表面栅格中每个像元被观测点观察到的次数,按照通视原理,栅格单元值也可以表达从该像元看到观测点的个数。

选择【3D Analyst 工具】|【可见性】|【视域】,弹出对话框(图 9.29);选择地形表面数据,设置道路折线要素,设置输出路径及文件名,点击【确定】即可得到分析结果。图 9.30(a)为该段公路和其所处地形数据,图 9.30(b)为视域分析结果,属性值为 0 的区域为不可见区域,也即意味着该区域无法被任何一个观测点观测到,属性值为 1,2,3,…,n 的区域分别表示能看到公路一个、两个、三个、…、n 个折点的区域,属性值最大的区域即最佳观测哨的选址点,可以选中属性值最大的栅格导出为矢量点要素以便于查看,具体方法参照视点分析相关操作。

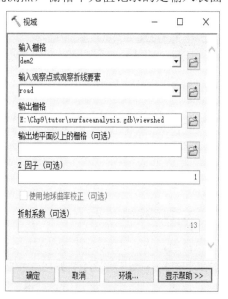

图 9.29   【视域】对话框

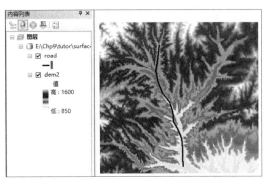
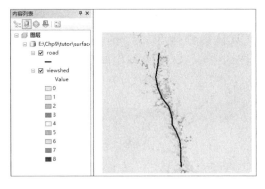

(a) 原始数据（图中黑线为公路数据）　　　　　　　　（b）视域分析结果

图 9.30　视域分析结果

　　视点分析和视域分析两者既有相同点，又各有侧重点，相同点是两者均能实现最佳选址分析，两者的不同之处主要有以下两点：①两者的观测方向存在差异，视点分析侧重于面向观测点，视线从区域出发到达观测点；视域分析更侧重于面向区域，视线从观测点出发达到区域。②视点分析能得到每个观测点的通视情况，这在多个观测点具有不同重要性等级或者观测点具有类型之分或属性之分的情况下大有用武之地，如可以分别获得城市某区域对其自然遗产景点、文化遗产景点、自然文化双重遗产景点的可视情况；

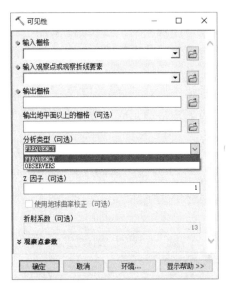

图 9.31　【可见性】对话框

但是视域分析中的观测点都具有无差性，不存在类型或者重要性等的区别，因此视域分析的结果是一个综合结果，只表达可见的观测点的个数，无法得知具体哪些观测点可见。

　　需要注意的是，ArcGIS 中还提供了一个名为【可见性】的工具（图 9.31），此工具相当于视点分析工具和视域分析工具的综合体，具体表现如下：①当【分析类型】参数选择"FREQUENCY"时，输出栅格记录的是输入表面栅格中每个像元位置对于观测要素可见的次数，此时相当于视域分析工具，且这是默认设置。②当【分析类型】选择"OBSERVERS"时，输出将精确识别从各栅格表面位置进行观察时可见的观察点，此时相当于视点分析工具，输出结果包括每个观察点的可视情况。

3. 构造视线

　　目前，许多大城市对城市主要街道两侧的建筑物和重点地区的临街建筑物的屋顶和窗外吊挂晾晒影响市容的物品进行处罚。已知某街道有几户需要重点观测的居民，因此在街道建立了两个观测点对这几栋建筑物的屋顶进行长期观测，要想确定观测点的位置到住户的房顶能否通视，首先需要构建观测点到住户的视线，利用【构造视线】工具可以达到此目的，该工具构造一个或多个视点要素到目标要素类中每个要素的视线。该工具结合通视性工具可以有更大的用处，详见通视性工具讲解。

在 ArcToolbox 中，选择【3D Analyst 工具】|【可见性】|【构造视线】，打开对话框 [图 9.32（左）]。【视点分析】中输入观测点 sight_pt 数据，此处只能输入单点要素；【目标要素】选择需要观测的目标要素 sight_target 数据，此处输入点、多点、线或面要素均可；如果是三维数据，【观察者高度字段】和【目标高度字段】会自动识别几何字段；二维数据需要指定高度字段。点击【确定】即可生成视线，如图 9.32（右）所示。

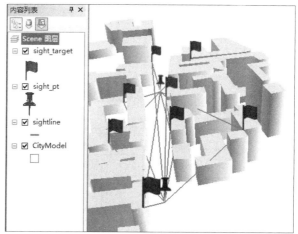

图 9.32　【构造视线】对话框及分析结果

4. 通视性

在大城市利用观测点监测影响市容的居民案例中，要想确定观测点到底能否观测到重点住户是否还在继续悬挂影响市容的物件，除了构建观测点和住户间的视线，更重要的是需要判断视线是否通视。可采用【通视性】工具完成此工作，通视性工具可以确定视线穿过潜在障碍物的可见性。

在 ArcToolbox 中，选择【3D Analyst 工具】|【可见性】|【通视性】，打开对话框 [图 9.33（上）]，输入视线和障碍物数据，点击【确定】即可。此工具会在视线数据的属性表中新加一个名为"VISIBLE"的字段，0 表示不通视，1 表示通视，如图 9.33（下）所示。可以看出，在该案例中设置的两个监测点不能完全覆盖这个区域的重点检测住户，需要进一步调整位置。

5. 通视分析

地形表面的起伏形态将极大地影响人的视线，在确定通信塔位置或军事力量的分布时，确定某位置能否看到目标点非常重要；在不通视情况下，确定造成不通视的障碍点信息也具有重要作用。在交互式三维表面中已涉及通视分析，但是交互式分析主要用于实时处理，需要即时手动创建视线要素。除此之外，ArcGIS 三维分析模块中还提供了

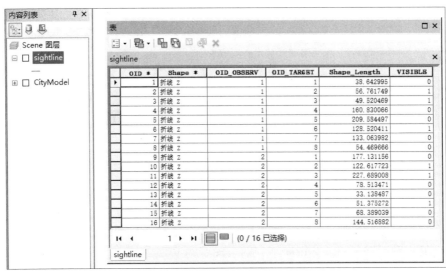

图 9.33 【通视性】对话框及结果

可以直接利用已有线数据进行通视分析的工具，适用于数据量大、批量处理情况。例如，已知某地经常发生滑坡的位置，为了减少滑坡导致的人员伤亡和财产损失，设置了若干监测哨位置，想要判断监测哨与其对应滑坡之间是否通视，可以以监测哨为起点、滑坡点为终点连接成线，然后使用【通视分析】工具判断观测哨的位置是否合理。

选择【3D Analyst 工具】|【可见性】|【通视分析】，打开对话框，参数如图 9.34 所示，点击【确定】生成结果（图 9.35），可以看出该地滑坡监测哨的选址极其不合理，监测哨与每一个滑坡之间的视线均被阻碍。

图 9.34 【通视分析】对话框

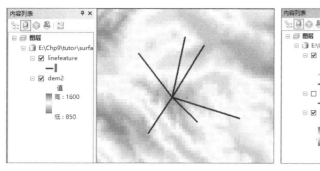
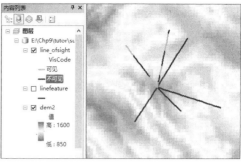

（a）原始数据　　　　　　　　　　　　　　（b）通视分析结果

图 9.35　通视分析结果

由于以上六个工具在名称和适用范围上容易让人混淆，因此总结出表 9.1 供读者对比。

表 9.1　可见性分析工具特征汇总

工具名称	工具简介	输入要素要求	输出结果	应用场景
构造视线	创建从一个或多个视点到目标要素类的线要素	观察点数据只支持单点要素，不支持多点要素；目标要素可以是点、多点、线和面要素	输出包含视线的要素类，无法判断是否可视	确定从起点到终点连线的任何场景，通常与通视性工具配合使用达到是否通视的结果
通视性	确定穿过潜在障碍物并由 3D 要素和表面组合定义的视线可见性	潜在障碍物是阻碍视线的栅格、TIN、多面体和拉伸成面的任意组合；视线必须为 3D 线	在输入视线的属性表上新增字段或更新现有字段表示此视线通视与否，无法知道具体何处不通视	判断已有视线是否通视的场景
通视分析	确定穿过由表面和多面体要素构成的障碍物的视线的可见性	表面可以是 LAS 数据集、栅格、TIN 或 Terrain 数据集，视线可以是 2D 或 3D 线	生成的线要素分为通视线段和不通视线段；与通视性工具最大的区别在于可以知道导致不通视的障碍区域到底在哪里	判断已有视线是否通视，并想知道通视的障碍点出现在何处的场景
视点分析	识别从各栅格表面位置进行观察时可见的观察点	观察点要素允许的最大点数为 16	输出栅格可精确识别从各输入栅格表面进行观测时可见的具体观察点，即输出栅格为每个观察点新建了一个字段表示该观察点的可视情况	如果给定一组火警瞭望塔的位置，则视域覆盖整个区域所需的最少塔数是多少？如何确定哪些栅格位置具有最佳视野？
视域分析	确定对一组观察点要素可见的栅格表面位置	观察点要素可以是点或线要素，线要素取其折点参与分析	输出栅格只记录输入表面栅格中每个像元位置对于观察点可见的次数	从 15 m 高的火警瞭望塔可看到哪些区域？从现有高速公路看到所提议的垃圾堆置场的频率？某系列中的下一个通信中继塔应位于何处？
可见性	确定对一组观察点要素可见的栅格表面位置，或者识别从各栅格表面位置进行观察时可见的观察点；可见性工具是视点分析和视域分析工具的综合体	输入表面只能是栅格表面，观察点数据既可以是点数据也可以是折线数据	分析类型参数不同，输出的结果也不同。分析类型选择 FREQUENCY，输出结果同视域分析结果；分析类型选择 OBSERVERS，输出结果同视点分析结果	视点分析和视域分析的场景均适用

6. 天际线分析

天际线是城市总体形象的轮廓，在城市特色的构筑过程中，城市轮廓是城市空间形态最典型、最形象的表现方式。天际线是西方城市规划的定型理念，在当今许多城市规划和布局分析中扮演着重要的角色。ArcGIS 三维分析中提供了天际线的相关分析功能。

1）天际线

已知某区域的建筑物分布情况，想知道从指定观察点看到的该区域天际线是否符合城市空间规划的要求，可使用【天际线】工具完成。该工具生成一个 3D 折线，该折线是天空与各观察点周围的表面以及要素相分离的界限。此工具也可以和其他工具结合使用，尤其是与天际线障碍工具一起使用时，可以创建阴影体。

选择【3D Analyst 工具】|【可见性】|【天际线】，打开对话框（图 9.36）。

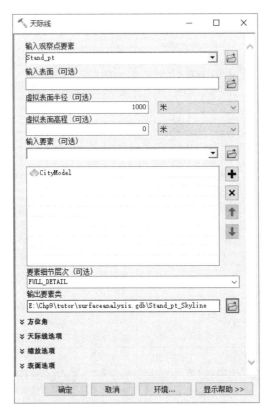

图 9.36　【天际线】对话框

（1）【输入观察点要素】中添加 3D 点数据：Stand_pt。如果提供了多个观察点，则会为每个点创建单独的天际线。生成的每条线都具有一个属性值，用于指示与其关联的观察点的 FID。

（2）【输入表面】选择不输入表面，也可以添加 Terrain、栅格数据和图层文件。如果未提供输入表面，工具会通过虚拟表面半径和虚拟表面高程参数采用虚拟表面；建议在未提供表面的情况下，在【输入要素】中提供要素类。

（3）确定【虚拟表面半径】：未提供地形表面时，用于定义地平线的虚拟表面的半径，此处默认设置为 1000 m；【虚拟表面高程】：代替实际表面来定义地平线的虚拟表面的高程，此处默认设置为 0 m。如果提供了实际表面，则可忽略这两个参数。未提供实际表面时，变换虚拟半径大小，观察点向四周地平线的视线半径改变，但是输入要素所在位置的天际线不会改变。

（4）选择【输入要素】：CityModel。这些要素可以是多面体、折线和面的任意组合，但折线和面需具有 z 值或基本高度和拉伸信息。

（5）【要素细节等级】：默认选择 FULL_DETAIL。

（6）设置【输出要素类】的文件名及文件存储位置：Stand_pt_Skyline。

（7）【方位角】等其他条件按需要进行设置。若要生成要素的轮廓，则必须选中【表面选项】中的【使用折射】。本例选择默认设置，生成要素的天际线。

（8）点击【确定】，分析结果如图 9.37 所示。

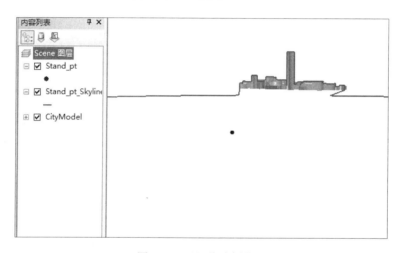

图 9.37　天际线分析结果

2）天际线图

该工具计算天空的可见性，并选择性地生成角度表和极限图。所生成的表和图表示从观察点到天际线上每个折点的水平角和垂直角。当需要定量刻画天空的可视程度和可视细节时，此工具大有用途。

选择【3D Analyst 工具】|【可见性】|【天际线图】，打开对话框（图 9.38）。输入观察点要素类 Sun_pt，输入线要素选择天际线数据 Sun_pt_Skyline，基本可见角参数默认为 0，设置输出角度表和输出图表名称，点击确定可以得到极限图和角度表。极限图创建的是

图 9.38　【天际线图】对话框

第一个观察点的天际线的轮廓，该图代表可以从该观察点的位置看到潜在天空，如图 9.39（a）所示，选中该图点击鼠标右键可以导出图片；角度表记录的是从观察点到天际线上每个折点的水平角和垂直角，如图 9.39（b）所示。

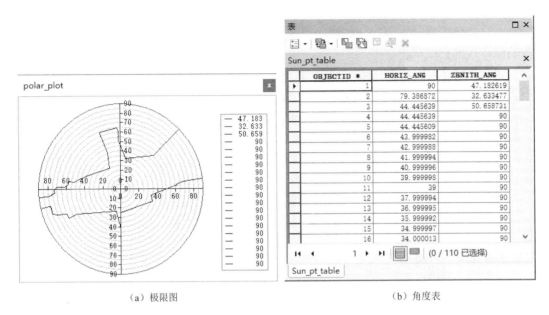

（a）极限图　　　　　　　　　　　　　　（b）角度表

图 9.39　天际线图分析结果

3）天际线障碍

该工具生成一个表示天际线障碍物或阴影体的多面体要素类。此障碍物从某种意义上说是个表面，而且看起来类似于从观察点到天际线的第一个折点画一条线，然后扫描通过天际线的所有折点的线所形成的三角扇，可选择添加裙面和底面来形成一个封闭的多面体，呈现出实体外观。也可将此封闭的多面体创建为阴影体。如果输入是轮廓（多面体要素类）而不是天际线（折线要素类），那么会将多面体拉伸为阴影体。

选择【3D Analyst 工具】|【可见性】|【天际线障碍】，打开对话框（图 9.40）。【输入观察点要素】选择：Sun_pt。选择【输入要素】：可以选择表示天际线的线要素类或表示轮廓的多面体要素类，本例添加天际线要素类 Sun_pt_Skyline。指定【输出要素类】的文件名及存储位置：Sun_pt_Shadow。根据需要，设置【最小半径】【最大半径】以控制阴影体的投影长度，本例默认都为 0。【基础高程】是指封闭多面体的底面高程，如果障碍物不封闭则忽略，默认为 0。选中【闭合】，生成的多面体添加裙面和底面，从而形成一个封闭的实体。根据需要选择是否【投影到平面】，选中后将使得闭合多面体的前面和后面成为垂直的平面，而天际线将投影到垂直平面上，本例不选中。点击【确定】，分析结果如图 9.41 所示。

图 9.40 【天际线障碍】对话框

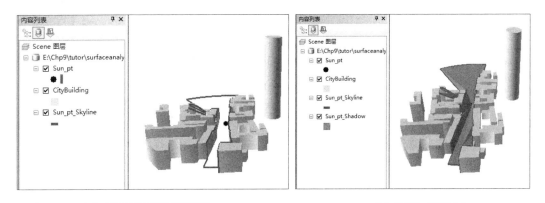

（a）观察点和天际线轮廓要素 （b）阴影体（深灰色）

图 9.41 天际线障碍图

9.3 三维要素构建

尽管可通过设置某表面为基准高程对二维要素进行三维可视化显示，但是很多时候具有三维几何的要素更有用，其可不依赖于表面数据独立地快速显示。ArcGIS 的三维分析模块提供了三维要素的创建方法，主要利用 ArcToolbox 中三维分析下的数据转换工具来实现，包括：将二维要素转换为三维要素、栅格转换为三维要素以及 TIN 转换为三维要素。本部分所涉及的练习数据位于 Chp9\tutor\ feature2Dto3D.gdb 中，下载数据请扫封底二维码（多媒体：Chp9）。

9.3.1　二维要素三维化

有三种方法能实现将二维要素转换为三维要素数据：①由某一表面获取要素的高程属性值；②将要素的某一属性值作为高程值；③根据 3D 图层转三维要素类。

1. 由某一表面获取要素的高程属性值

由于表面数据带有三维属性，因此可以利用表面来创建三维要素。例如，可以根据地形数据的高程信息创建出随着地形起伏分布的三维河流数据，创建位于山顶的三维观察哨数据等。【插值 Shape】工具可通过为表面的输入要素插入 Z 值来将二维点、折线或面要素类转换为三维要素类。

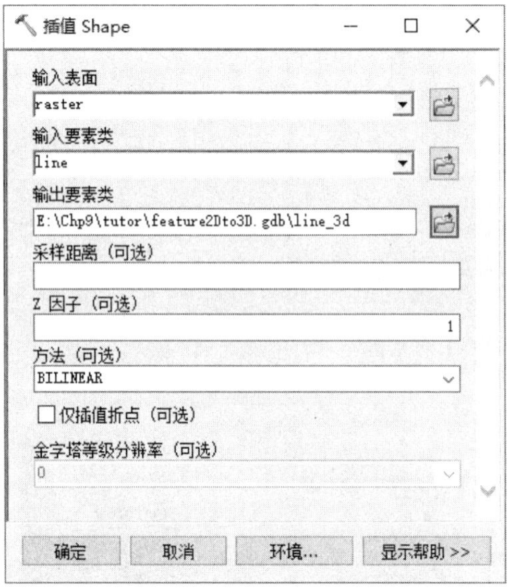

在 ArcToolbox 中，选择【3D Analyst 工具】|【功能性表面】|【插值 Shape】，打开对话框（图 9.42）。输入表面和要素类，表面可以是栅格、不规则三角网（TIN）或 Terrain 数据集；设置输出要素类的文件名和路径；【采样距离】参数指的是用于内插 Z 值的间距，默认情况是栅格的像元大小或 TIN 的自然增密；【Z 因子】参数指的是转换 Z 单位以匹配 X、Y 单位的系数，转换方法详见 TIN 转栅格相关内容；【方法】参数指的是为输入要素定义 Z 值的插值方法，包括 BILINEAR、LINEAR、NATURAL_NEIGHBORS、CONFLATE_ZMIN 等方法，其中 BILINEAR 方法是使用双线性插值法来确定要素的值，如果输入表面为栅格数据，

图 9.42　【插值 Shape】对话框

则这是默认选项，此方法适用于连续型分布数据；LINEAR 方法是 TIN、Terrain 和 LAS 数据集的默认插值方法，根据由三角形定义的平面获取高程；NATURAL_NEIGHBORS 方法使用自然邻域插值法来确定要素的值，适用于不连续的类别数据；默认不选择【仅插值折点】参数，该参数表示插值将忽略采样距离，并使用输入要素的折点进行插值。点击【确定】，完成操作，结果如图 9.43 所示。

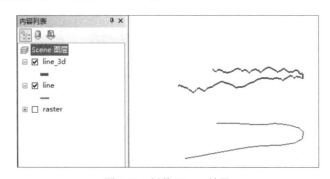

图 9.43　插值 Shape 结果

2. 将要素的某一属性值作为高程值

实地测量数据通常会带有高程属性，可以利用已有的高程属性将其转为三维要素。在 ArcToolbox 中，选择【3D Analyst 工具】|【3D 要素】|【依据属性实现要素转 3D】，打开的对话框如图 9.44（左）；输入带有高度字段的二维要素，设置输出要素类路径和名称，点击【确定】，完成操作，结果如图 9.44（右）所示。

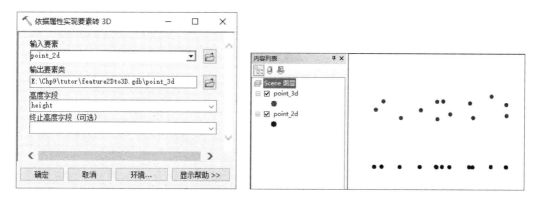

图 9.44　【依据属性实现要素转 3D】对话框及效果

3. 根据 3D 图层转三维要素类

二维矢量数据在 ArcScene 中经过拉伸的方式可达到三维显示的效果，此时可以将这种三维可视化效果转变成具有三维几何的三维数据。二维的点可以拉伸成线，线可以拉伸成面，面可以拉伸成体，拉伸过后的线、面、体可分别转为三维线、三维面和三维体。同时，在属性符号表达中通过设置"3D 标记符号"表达之后的二维要素也可通过此方式转为三维要素类。

下面以二维建筑物的底面轮廓数据拉伸成立方体，并转为三维多面体要素为例。首先，保证二维面数据经过了一定的拉伸（具体拉伸方法见 9.5.1 节）；然后，在 ArcToolbox 中，选择【3D Analyst 工具】|【转换】|【3D 图层转要素类】，打开的对话框如图 9.45 所示；最后，输入经过拉伸后的图层，设置输出名称，点击【确定】即可。

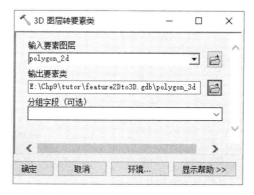

图 9.45　【3D 图层转要素类】对话框

从转换前效果图 9.46（a）可以看出，虽然建筑物被拉伸成立方体的效果，但其属性表中的 Shape 字段显示的为"面"，其本质还是二维面；图 9.46（b）中，转换过后的数据属性表中 Shape 字段就变为"多面体"，表明此时的数据才是真正的三维体数据。

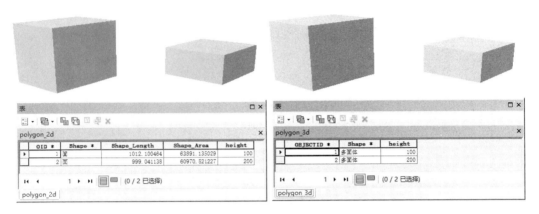

（a）拉伸的二维面　　　　　　　　　　　　　　　　　　（b）真实三维面

图 9.46　3D 转要素类图层结果

9.3.2　栅格转换为三维要素

三维表面中包含大量有用的信息，有时需要将其用于基于矢量的 GIS 操作中，本小节将就栅格数据转换为矢量数据的方法稍作介绍。

1. 栅格转矢量范围

栅格数据的范围在某些情况下是有用的，如将地形栅格数据的边界线拉伸成围墙的效果，以此让地形数据的三维显示更加美观，此种情况就需要用到栅格数据的三维边界线。首先在 ArcToolbox 中，选择【3D Analyst 工具】|【转换】|【由栅格转出】|【栅格范围】，打开的对话框如图 9.47（左）所示，然后放入栅格数据即可，该工具生成的栅格范围矢量数据为三维矢量数据，效果如图 9.47（右）所示。

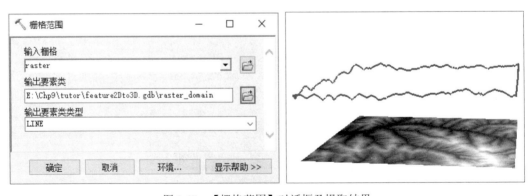

图 9.47　【栅格范围】对话框及提取结果

2. 栅格转三维多点数据

不同于数据管理工具中【栅格转点】工具生成的结果为二维点数据，三维分析中的此工具得到的是三维点数据。在 ArcToolbox 中，选择【3D Analyst 工具】|【转换】|【由栅格转出】|【栅格转多点】，打开的对话框如图 9.48（左）所示，放入栅格数据即可，该工具生成的点要素为三维矢量数据，效果如图 9.48（右）所示。

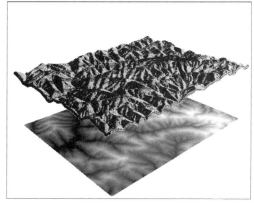

图 9.48　【栅格转多点】对话框及结果

9.3.3　TIN 转换为三维要素

TIN 表面也可以像栅格表面一样转出为三维矢量边界，转换方式和栅格表面转出矢量边界一样，此处不再赘述。此外，ArcGIS 三维分析中还提供了可以将 TIN 数据集的结点提取为三维点要素、将 TIN 三角形的边创建为三维线要素、将 TIN 数据集的隔断线导出为三维线要素的功能。此处以将 TIN 结点提取为三维点要素为例进行说明。选择【3D Analyst 工具】|【转换】|【由 TIN 转出】|【TIN 结点】，弹出对话框，设置如图 9.49（左）所示。输入数据 TIN2 在 tutor 文件夹中，点字段（可选）参数表示输出要素类的高程属性字段的名称，如果指定名称将生成二维要素类，高程值记录在指定名称的字段中；否则直接生成三维要素类。

图 9.49　【TIN 结点】对话框及结果

9.4 三维要素分析

三维要素分析是对立体空间数据进行的分析，主要包括叠置分析、邻域分析。叠置分析是将代表不同主题的各个数据进行叠置产生一个新的数据，叠置结果不仅综合了原来多个数据所具有的属性，还会产生新的空间关系和新的属性关系。邻域分析主要是解决 GIS 中"什么在什么附近"的问题，它用于确定一个或多个要素中或两个要素类之间的要素的邻近性。本部分所涉及的练习数据位于 Chp9\tutor\ 3danalysis.gdb 中，下载数据请扫封底二维码（多媒体：Chp9）。

9.4.1 叠 置 分 析

三维要素的叠置分析包括 3D 差异、3D 相交、3D 线与多面体相交以及 3D 联合等。

1. 3D 差异

3D 差异分析首先计算两个多面体的几何并集，然后消除输入要素与剪除要素体积重叠的多面体要素，并将结果生成一个新的要素。例如，在城市规划中需要拆除某地区特定位置的违规建筑物，根据此工具就可以消除特定空间内的违规建筑物。

选择【3D Analyst 工具】|【3D 要素】|【3D 差异】，打开对话框（图 9.50）。【输入要素】中指定为 CityModel，表示被剪除的多面体要素；【剪除要素】中指定为 model_minus，表示要剪除的多面体要素范围；指定【输出要素类】的位置和文件名称：minus_result；【输出表】为可选项，保存有关输入要素和差异输出之间关系的信息。点击【确定】，分析结果如图 9.51 所示。

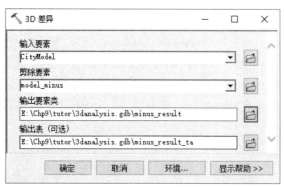

图 9.50 【3D 差异】对话框

（a）被剪除的多面体要素　　　（b）要剪除的多面体要素范围　　　（c）剪除后的多面体要素

图 9.51 3D 差异结果

2. 3D 相交

3D 相交分析计算多面体要素的几何交集，根据重叠体积生成闭合多面体，或根据公共表面积生成非闭合多面体要素，或根据相交边生成线要素。例如，想知道化工厂等爆炸物形成的污染物影响了多少户居民就可以使用此工具。

选择【3D Analyst 工具】|【3D 要素】|【3D 相交】，打开对话框（图 9.52）。指定参与相交运算的两个多面体要素：CityModel 和 model_intersect；指定【输出要素类】的文件位置和名称：intersect_result；【输出几何类型】为可选项，表示创建的输出要素的几何类型，SOLID 表示创建输入要素之间重叠体积的闭合多面体，SURFACE 创建表示输入要素之间共享面的多面体表面，LINE 创建表示输入要素之间共享边的线；点击【确定】，分析结果如图 9.53 所示。

图 9.52　【3D 相交】对话框

（a）输入多面体要素 1　　　　　（b）输入多面体要素 2（红色）　　　　　（c）相交结果

图 9.53　3D 相交结果

3. 3D 线与多面体相交

计算 3D 线和多面体要素之间几何交集的数量，并且还提供用于表示相交点的可选要素，以及在交点处对 3D 线进行分割后形成的多条线要素。

选择【3D Analyst 工具】|【3D 要素】|【3D 线与多面体相交】，打开（图 9.54）。指

图 9.54　【3D 线与多面体相交】对话框

定线要素和参与相交运算的多面体要素：line3d 和 CityModel；【连接属性】用于指定输入线要素类中的属性存储到输出线要素类中，此处选择"IDS_ONLY"，表示仅存储输入要素的标识号属性到输出要素中；根据需要设置【输出点要素】和【输出线要素类】的文件位置及文件名称：intersect_pt 和 intersect_line；点击【确定】，分析结果如图 9.55 所示。

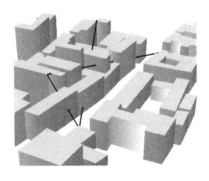 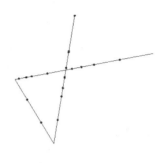

（a）输出线要素和多面体　　　　　　　　（b）输出点要素和线要素

图 9.55　3D 线与多面体相交结果

4. 3D 联合

3D 联合分析是基于输入要素类对闭合的重叠多面要素进行合并，此分析需要闭合的多面体要素。该工具通过使要素相交并移除多余的部分的方式，将包含重叠体积的多面体要素合并，可以使得在计算群体要素的体积时不出现误差。

选择【3D Analyst 工具】|【3D 要素】|【3D 联合】，打开对话框（图 9.56）。【输入多面体要素】：model_unite。在【分组字段】中指定用于将输入多面体要素组合到一起进行聚合的字段 Unite_ID，即用于标识应归到一组的要素的字段。指定【输出要素类】的位置及文件名称：unite_result。指定【输出表】的位置名称：unite_table，这个表是一个多对一表，用于描述输入要素及这些要素聚合所生成的输出要素。如果选中【输出所有实体】，则将所有输入要素一并输出，对于重叠要素先联合到一起，未重叠的要素将不经修改直接输出；如果不选此项，则仅将联合的要素输出。点击【确定】，分析结果如图 9.57 所示。

图 9.56　【3D 联合】对话框

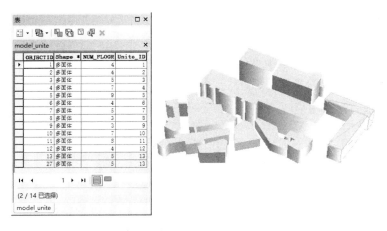

（a）参与联合的两个多面体要素

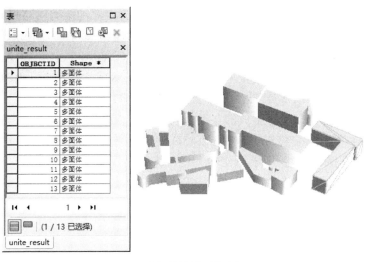

（b）联合后的新多面体要素

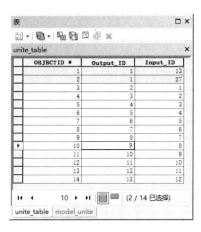

（c）输出表——联合的多面体要素关系表

（Input_ID 为参与联合要素的 ID；Output_ID 为联合后新要素的 ID）

图 9.57　联合分析结果

9.4.2　邻　域　分　析

邻域分析主要是解决 GIS 中"什么在什么附近"的问题,它用于确定一个或多个要素中或两个要素类之间的要素的邻近性。邻域分析包括 3D 缓冲、3D 邻近分析。

1. 3D 缓冲

3D 缓冲分析是围绕点或线创建三维缓冲区以生成球形或柱形的多面体要素。例如,想知道气体在空间中扩散的范围或者模拟已知煤气管道的三维形状都可以使用此工具。

选择【3D Analyst 工具】|【3D 要素】|【3D 缓冲】,打开对话框(图 9.58)。【输入要素】选择待缓冲的点要素:model_bufferpoint;【输出要素类】指包含 3D 缓冲区的输出多面体:buffer_result;【距离】指输入要素的缓冲距离,可以是线性距离或从输入要素属性表中的数值字段获取。如果已经通过输入字段指定缓冲距离,则将通过要素空间参考获得其测量单位,如果已经将线性距离指定为数值,则支持 INCHES(英寸)、FEET(英尺)、CENTIMETERS(厘米)、METERS(米)、KILOMETERS(千米)等;【联合类型】为可选项,指线段折点之间的缓冲区形状,有 STRAIGHT 和 ROUND 之分,STRAIGHT 指折点之间的连接线段是平直的,ROUND 指折点之间的连接线段的形状为圆形。【缓冲质量】用于表示生成的多面体要素的线段数,默认为 20,但可以输入 6～60 的任何数字。缓冲质量值越大,生成的 3D 要素越平滑,但同时也会增加处理时间。【简化(最大允许偏移量)】用于简化输入线,方法是保持它们在其原始形态的指定偏移范围内的形状;如果未指定则不会进行简化。点击【确定】,生成的结果图如图 9.59所示。

图 9.58　【3D 缓冲】对话框

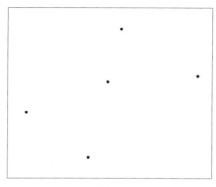
（a）缓冲输入要素

（b）缓冲结果

图 9.59　3D 缓冲结果

2. 3D 邻近

　　3D 邻近工具计算输入要素类中每个要素到一个或多个邻近要素类中的最近要素的三维距离，同时也可以得到最近要素的编号，此工具可以应用于寻找最近要素。

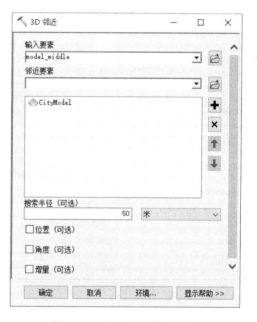

图 9.60　【3D 邻近】对话框

　　选择【3D Analyst 工具】|【3D 要素】|【3D 邻近】，打开对话框（图 9.60）。【输入要素】选择 model_middle；【邻近要素】指用于计算到输入要素邻近性的一个或多个要素。如果指定了多个要素类，则将向输入要素类额外添加一个名为 NEAR_FC 的字段，以识别包含最近要素的邻近要素类：此处选择 CityModel（可以指定多个要素或图层）；【搜索半径】指根据给定输入为其确定最近要素的最大距离，如果未指定值，则将确定在任意距离处的最近要素：此处输入 50 米；【位置】【角度】【增量】为可选项，分别指是否将输入要素和邻近要素上的最近点的坐标添加到输入属性表中，是否将输入要素与最近要素之间的算术水平角和垂直角添加到输入属性表中，是否向输入属性表中添加输入要素与最近要素之间沿 X、Y 和 Z 轴的距离。点击【确定】，分析结果为向输入要素类的属性表中添加 NEAR_FID 字段（最邻近要素的索引），以及 NEAR_DIST 字段（与最邻近要素的距离），如图 9.61（a）所示。有了 NEAR_FID 字段就可以通过空间连接，在空间上显示出输入要素与邻近要素最相近的一个要素。例如，本例中，通过 CityModel 的 OBJECTID 字段和 model_middle 的 NEAR_FID 字段进行属性连接，就可以在空间上显示 CityModel 中与 model_middle 最近的要素的分布，如图 9.61（c）所示。

（a）输入要素（红色）和邻近要素（灰色）

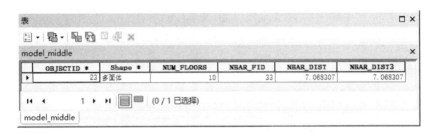

（b）输出结果表

（c）邻近效果（高亮显示的即为最邻近要素）

图 9.61　3D 邻近效果

9.5　ArcScene 三维可视化

在三维场景中浏览数据更加直观和真实，可提供一些平面图上无法直接获得的信息，还可直观地对区域地形起伏的形态及沟、谷、鞍部等基本地形形态进行判读，其比二维图形如等高线图更容易为大部分读图者所接受。

ArcScene 应用程序是 ArcGIS 三维分析的核心扩展模块，通过在 3D Analyst 菜单条中点击 ⬤ 按钮启动。它具有管理 3D GIS 数据、进行 3D 分析、编辑 3D 要素、创建 3D 图层，以及将二维数据转换为 3D 要素等功能。本部分所涉及的练习数据位于 Chp9\tutor\visualization.gdb 中，下载数据请扫封底二维码（多媒体：Chp9）。

9.5.1　要素的立体显示

有时需要将要素数据在三维场景中以透视图的形式显示出来进行观察和分析。要素数据与表面数据的不同之处在于，要素数据描述的是离散的对象如点对象、线对象、面对象（多边形）等。它们通常具有一定的几何形状和属性。常见的点要素有通信塔台、烟囱、泉眼等，在地图上通常表现为点状符号；线状要素如道路、水系、管线等；多边形要素如湖泊、行政区及大比例尺地形图上的居民地等。

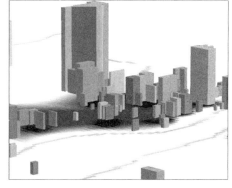

在三维场景中显示要素的先决条件是要素本身必须具有高程信息或被以某种方式赋予高程值。因此，要素的三维显示主要有两种方式：①具有三维几何要素，在其属性中存储有高程值，可以直接使用其要素几何属性中的高程值，实现三维显示；②对于缺少高程值的要素，可以通过叠加或突出两种方式在三维场景中显示。所谓叠加，即将要素所在区域的表面模型的值作为要素的高程值，对其做立体显示；突出则是指根据要素的某个属性或任意值突出要素,若要想在三维场景

图 9.62　建筑物二维图形按高度属性突出

中显示建筑物要素，则可以使用其高度或楼层数这样的属性来将其突出显示（图9.62）。

另外，有时研究分析可能需要使用要素的非高程属性值作为三维 Z 值，在场景中显示要素。最常见的是在社会、经济领域的应用，如对某省行政范围内每个市县的经济总量值作为 Z 值进行三维立体显示（图9.63），可直观地观察和分析全省经济的总体情况。

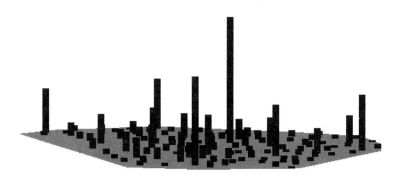

图 9.63　某地区各个城镇人口数突出显示

如前所述，添加到三维场景中的数据并不一定会自动以三维方式显示。栅格影像和二维要素在添加进入场景中时，会放置在一个平坦的三维平面上，若要以三维方式查看它们，需首先定义其 Z 值。而具有三维几何的要素及 TIN 表面将自动以三维方式进行绘制。

ArcGIS 提供了要素图层在三维场景中的三种显示方式：①使用要素的属性设置图层的基准高程；②在表面上叠加要素图层设置基准高程；③突出要素，还可以结合多种显示方式，如先使用表面设置基准高程，然后在表面上突出显示要素建筑物，可以更加自然真实地显示城市景观。

1. 通过属性设置基准高程

点击等高线"countour"要素图层，右键选择【属性】，打开【图层属性】对话框；进入【基本高度】选项卡；选中"使用常量值或表达式"作为基准高程，点击按钮，弹出【表达式构建器】对话框；在表达式构建器选择提供 Z 值的字段或表达式即可，如图 9.64 所示。之后，二维要素将以所设定属性或表达式的值为 Z 值在三维场景中显示，图 9.65 是以等高线的高程属性作为基准高程显示的等高线三维透视图。

图 9.64　设置要素图层的基准高程

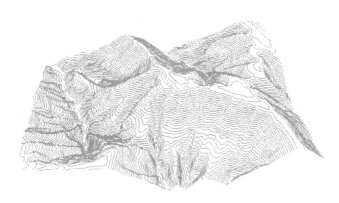

图 9.65　等高线要素的三维显示

2. 使用表面设置基准高程

如果有地形表面或者其他栅格表面，可以在三维场景中使用该方法将表面显示为立体景观。在"raster"图层的【基本高度】选项卡中，在"从表面获取的高程"选项组中，选中"在自定义表面上浮动"单选框，并设置所需表面即可（图 9.66）。要素将会以表面所提供的高程在场景中显示。

图 9.66　使用表面设置要素的基准高程

当表面根据基准高程浮动之后，表面会三维显示。并且，在图层的【显示】选项卡中将"显示期间使用此选项重采样"设置为"双线性（用于连续数据）"，如图 9.67 所示；同时在【渲染】选项卡中将"效果"中的"相对于场景的光照位置为面要素创造阴影"的勾选上，如图 9.68 所示，这样可以让表面三维显示的效果更加逼真。

图 9.67　设置图层的显示选项卡

图 9.68　设置图层的渲染选项卡

图 9.69（a）就是某地区地形数据浮动在自定义表面上并设置显示和渲染选项卡的效果图。

（a）设置显示和渲染前效果图　　　　　　（b）设置显示和渲染后效果图

图 9.69　设置显示和渲染前后的地形表面图

3. 要素的拉伸显示

通过将要素属性用作拉伸高度来将 2D 要素拉伸为不同高度的 3D 对象。拉伸仅适用于点、线和面类型。在"building"图层的【图层属性】对话框的【拉伸】标签中，选中"拉伸图层中的要素"复选框（图 9.70），并且在文本框中填写或点击 █ 按钮打开突出表达式构建器建立突出表达式（图 9.71）。图 9.72 为将二维平面建筑按照建筑高度拉伸为三维建筑的效果图。

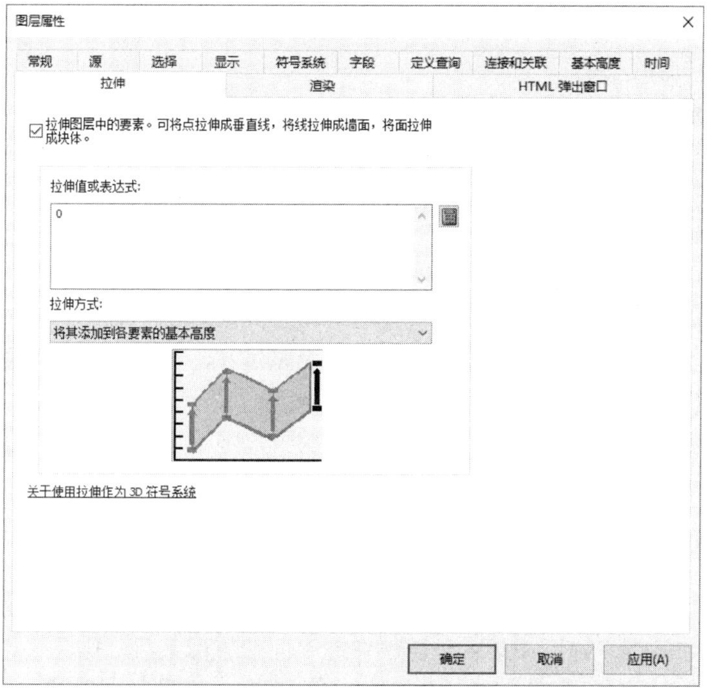

图 9.70 设置对要素进行突出显示

图 9.71 突出表达式生成器

图 9.72 建筑物的三维显示效果图

9.5.2　设置场景属性

在实现要素或表面的三维可视化时，需要注意以下一些问题：

（1）添加到场景中的图层必须具有坐标系统才能正确显示。

（2）为更好地表示地表高低起伏的形态，有时需要进行垂直拉伸，以免地形显示得过于陡峭或平坦。

（3）为全面地了解区域地形地貌特征，可以进行动画旋转。

（4）为增加场景真实感，需要设置合适的背景颜色。

（5）根据不同分析需求，设置不同的场景光照条件，包括入射方位角、入射高度角及表面阴影对比度。

（6）为提高运行效率，需要尽可能地减小场景范围，去除一些不需要的信息。

以下就 ArcScene 中常用的场景设置内容做简单介绍。

1. 场景坐标系统

如果场景中要显示的数据都处于相同的坐标系统之下，则直接添加数据即可，不需考虑图层的叠加是否正确。如果各个图层存在不同的坐标系统，则需进行适当的转换以确保 ArcScene 能够正确显示它们。通常，当在一个空的场景中加入某图层时，该图层的坐标系统就决定了场景的坐标系统。在这之后可以根据应用需求再对场景的坐标系统进行更改。当其随后加入其他图层到场景中时，ArcScene 将会自动转换新加图层的坐标系统，使之与场景的坐标系统一致。若新加入图层没有坐标系统，则不能正确显示，此时可人为地确定数据的坐标系统。

如果数据本身没有任何坐标系统的信息，ArcScene 会检查图层的坐标值，判断其 X 值是否落在$-180\sim180$，Y 值是否在$-90\sim90$。如果满足上述条件，则 ArcScene 认其为经纬度坐标数据。否则，将认其为平面坐标数据。

1）查询当前场景坐标系统

打开【场景属性】对话框（图 9.73），进入【坐标系】选项卡，将显示当前使用的坐标系统的详细信息。

图 9.73　打开【场景属性】

2）设置场景坐标系统

在【坐标系】对话框中，双击【自定义】，选择自定义坐标系统之后，所有加载到场景中的数据都将使用该坐标系统进行显示。需要注意的是，改变场景的坐标系统，并不会改变图层源数据坐标系统，只是以场景坐标系统对其进行显示。

2. 垂直夸大

垂直夸大常用于强调表面的细微变化。在进行表面的三维显示时，如果表面的水平范围远大于其垂直变化，则表面的三维显示效果可能不太明显，此时，可以进行垂直夸大以利于观察分析。另外，当表面垂直变化过于剧烈不便于分析应用时也可以进行垂直夸大，此时垂直夸大系数应设置为分数。垂直夸大对场景内所有图层都产生作用，如果要对单个图层做垂直夸大，可以通过改变图层的高程转换系数来实现。

打开【场景属性】对话框，在【常规】选项卡中选择垂直夸大系数（图9.74），或者点击"基于范围进行计算"按钮，系统将根据场景范围与高程变化范围自动计算垂直拉伸系数。

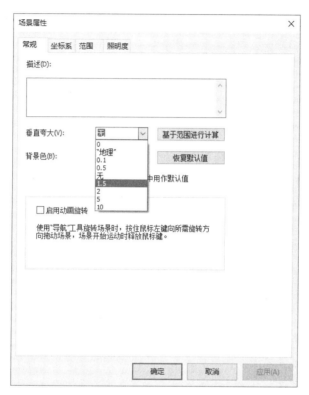

图9.74　垂直夸大系数选择

图9.75为原始表面与设置垂直夸大系数为2时的显示效果对比。

（a）原始表面图　　　　　　　　　　（b）夸大后表面

图9.75　原始表面与垂直夸大后的表面

3. 使用动画旋转

通过对场景进行旋转观察，可以获得表面总体概况。ArcScene可以使场景围绕其中心旋转，旋转速度与察看角度可以人为调整，并可以在旋转的同时进行缩放。

欲使用动画旋转，需先激活该功能。打开【场景属性】对话框，在【常规】选项卡中勾选【启用动画旋转】选项，即可激活动画旋转功能。

激活之后，可以使用场景漫游工具左右拖动场景，即可开始旋转，旋转的速度取决于鼠标释放前的速度，在旋转的过程中也可以通过键盘的 Page Up 键和 Page Down 键进行增、减速调节。点击场景即可停止其转动。

4. 设置场景背景颜色

打开【场景属性】对话框，在【常规】选项卡中，选择背景色，还可以将所选颜色设置为场景默认背景色（选中在"所有新文档中用作默认值"复选框）。

5. 改变场景的光照

通过设置光源的方位角、高度角及对比度可以调整场景的照明情况。在【场景属性】对话框的【照明度】选项卡中，可以手工输入方位角和高度或通过鼠标滑动改变这两个参数，另外，还可设置对比度。以上操作如图 9.76 所示。

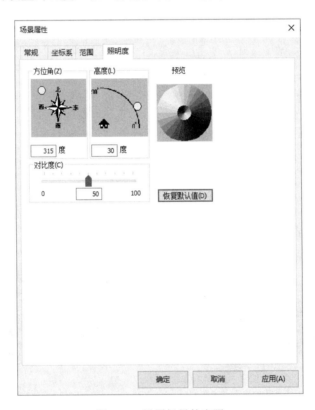

图 9.76　设置场景的光照

6. 改变场景范围

设置合适的场景范围，可以消除一些无关信息，增加绘图时的性能。默认情况下，场景的范围为场景中所有图层的范围。可以根据应用需求改变场景的范围，使之与某个图层的范围一致，或通过 X、Y 坐标的最大最小值来指定。

打开【场景属性】对话框，进入【范围】选项卡，设置场景范围有两种方式：①在图层下拉列表中选择某一图层，如此处选择 dem50 图层[图 9.77（a）]；②点击自定义，输入最大最小 X、Y 坐标，从而确定场景范围[图 9.77（b）]。

（a）以图层范围为场景范围　　　　　　　（b）自定义场景范围

图 9.77　设置场景范围的两种方式

9.5.3　飞行动画

使用动画，可以使场景栩栩如生，能够通过视角、场景属性、地理位置以及时间的变化来观察对象。例如，可以创建一个动画来观察运动着的卫星在它们的轨道上是如何相互作用的，也可以用动画来模拟地球的自转及随之发生的光照变化。不管是在 ArcMap 中还是在 ArcScene 中，都可以利用以下 5 种方式来生成飞行动画：①创建关键帧；②录制动画；③基于时间属性图层创建时间动画；④基于图层组创建动画；⑤通过导入路径的方法创建动画。

1. 如何制作动画

在 ArcScene 中提供了制作动画的工具条。默认情况下，它没有添加到 ArcScene 的视图中，可以在工具栏上点击右键，选择【动画】，打开动画工具条。它能够制作数据动画、视角动画和场景动画。动画由一条或多条轨迹组成，轨迹控制着对象属性的动态改变，如场景背景颜色的变化、图层视觉的变化或者观察点的位置的变化。轨迹是由一系列帧组成的，而每一帧是某一特定时间的对象属性的快照，是动画中最基本的元素。在

ArcScene 中可以通过以下几种方法生成三维动画。

1）通过创建一系列关键帧组成轨迹来形成动画

在动画工具条中提供了创建帧的工具。可以通过改变场景的属性（如场景的背景颜色、光照角度等）、图层的属性（图层的透明度、比例尺等），以及观察点的位置来创建不同的帧。然后用创建的一组帧组成轨迹演示动画。动画功能会自动平滑两帧之间的过程。例如，可以改变场景的背景颜色由白变黑，同时改变场景中光照的角度来制作一个场景由白天到黑夜的动画。

实现过程如下：

（1）设置动画第一帧的场景属性；

（2）点击动画下拉菜单，选择【创建关键帧】，打开【创建关键帧】对话框（图 9.78）；

图 9.78 【创建关键帧】对话框

（3）在类型栏中选择帧类型为"照相机"，即由不同场景构成动画的帧［图 9.81（右）］；

（4）点击【新建】按钮，创建一个目标轨迹动画；

（5）点击【创建】抓取一个新的帧；

（6）再次改变场景属性，之后点击【创建】，抓取第二帧，根据需要抓取全部所需的帧；

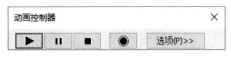

图 9.79 【动画控制器】工具条

（9）点击播放按钮，预览动画。

（7）抓取完全部的帧之后，点击【关闭】，关闭创建帧对话框；

（8）点击动画控制器按钮 📼，弹出【动画控制器】工具条（图 9.79）；

2）通过录制导航动作或飞行创建动画

点击动画控制器上的录制按钮 ⏺ 开始录制，在场景中通过导航工具 ✥ 进行操作或通过飞行工具 🛩 进行飞行，操作结束后再次点击录制按钮停止录制。这个工具类似录像器，将场景中的导航操作或飞行动作的过程录制下来形成动画。

飞行工具  可用以实现对场景的飞行浏览。选择该工具后，鼠标将变为一只小鸟的形状；单击场景，鼠标会再次变形；此时，可以通过移动鼠标控制飞行方向与速度；再次单击鼠标，则可从当前视点沿鼠标所指方向向下飞行，途中，点击鼠标左键加快飞行速度，点击右键减速飞行，点击中键暂停飞行。

3）通过启用时间属性的图层创建时间动画轨迹

当图层属性表中有时间字段时，可以启用时间属性并设置参数，通过创建时间动画（图9.80），就可以根据时间演变形成一个完整的动画过程。

图9.80　创建时间动画

4）通过改变一组图层的可视化形成动画效果

通过动画制作工具条中的【创建组动画】命令，选择图层组，控制一组图层使它们按照顺序逐个显示，通过效果调整实现动画效果。例如，可以用一组显示洪水淹没前后的图层通过此方法还原洪水发生的动画。

实现过程如下：

（1）在场景中添加相关图层，并按照动画设计的播放顺序从上到下依次调整图层顺序；

（2）选择【动画】|【创建组动画】，弹出【创建组动画】对话框（图9.81）；

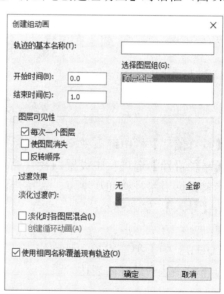

图9.81　【创建组动画】对话框

（3）在轨迹的基本名称栏中键入动画名称；

（4）设置起止时间；

（5）根据需要调整图层出现的方式【图层可见性】；

（6）利用动画控制工具条对生成的动画进行预览。

5）通过导入路径的方法生成动画

在场景中加入表示飞行路径的矢量线要素，先选中一条线要素，并在动画工具条中选择【动画】|【根据路径创建飞行动画】，制作沿路径飞行的动画效果，此时可以设置飞行时的一些参数来控制飞行过程中的视觉效果。或用【沿路径移动图层】命令制作某一图层沿路径移动的动画轨迹。此方法一般用来制作场景行走动画。

实现过程如下：

（1）选中场景中表示飞行路径的矢量线要素；

（2）选择【动画】|【根据路径创建飞行动画】，弹出沿路径飞行动画对话框（图9.82）；

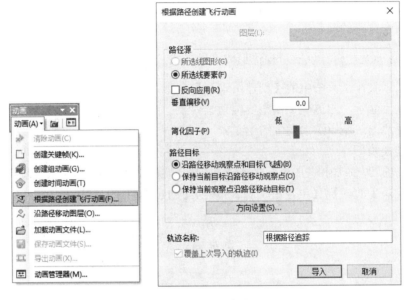

图9.82　导入路径生成动画工具

（3）在【垂直偏移】栏中键入视高（视点距离地面的垂直距离）；

（4）在【路径目标】选项栏中设置路径目的地，有三种方式：沿路径移动观察点和目标、保持当前目标沿路径移动观察点、保持当前观察点沿路径移动目标。

（5）点击【导入】，输入路径；

（6）预览动画，方法同前。

以上是 ArcGIS 中五种基本的动画制作方法。读者可以根据具体的工作需要进行选择，也可组合搭配，达到最好的表达效果。

2. 编辑和管理动画属性

动画的帧或轨迹创建完成之后，可以用动画管理器编辑和管理组成动画的帧和轨迹。另外，还可改变帧的时间属性，并能预览动画播放效果。

（1）启动动画管理器。选择【动画】|【动画管理器】；

（2）打开的动画管理器如图9.83所示。

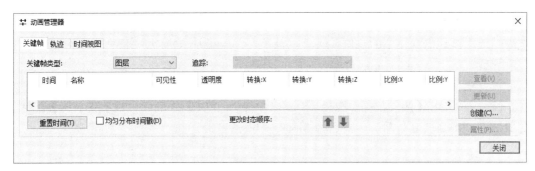

图 9.83 动画管理器

3. 保存动画

在 ArcScene 中制作的动画可以存储在当前的场景文档中，即保存在 SXD 文档中；也可以存储成独立的 ArcScene 动画文件（*.asa），用来与其他的场景文档共享；同时还可以将动画导出成 AVI 文件，被第三方软件调用。选择【动画】|【保存动画文件】命令或者【导出动画】命令即可。

9.6 实例与练习

9.6.1 地形指标提取

1. 背景

地形指标是最基本的自然地理要素，也是对人类的生产和生活影响最大的自然要素。地形指标的提取对水土流失、土地利用、土地资源评价、城市规划等方面的研究起着重要的作用。根据研究区域尺度的不同，地形指标有许多因子。基于 ArcGIS 的地形指标的提取，大多均是基于 DEM 数据完成的。

2. 目的

通过本实验，读者可以加深对各基本地形指标的概念及其应用意义的理解。熟练掌握使用 ArcGIS 软件提取这些地形指标的方法和步骤。

3. 实验数据

本实验采用某区域栅格 DEM，其存放于 Chp9\Ex1\中，下载数据请扫封底二维码（多媒体：Chp9）。

4. 要求

利用所提供 DEM 数据，提取该区域坡度变率、坡向变率、地形起伏度、地面粗糙度四个基本地形指标的栅格图层。

1）坡度变率

地面坡度变率，是地面坡度在微分空间的变化率，是依据坡度的求算原理，在所提取的坡度值的基础上对地面每一点再求算一次坡度，即坡度之坡度（slope of slope，SOS）。坡度是地面高程的变化率的求解，因此，坡度变率表征地表面高程相对于水平面变化的二阶导数。

坡度变率在一定程度上可以很好地反映剖面曲率信息，其提取方法如下。

（1）选中 DEM 图层数据，选择【Spatial Analyst 工具】|【表面分析】|【坡度】工具，提取坡度，得到坡度数据层，命名为 Slope（图 9.84）。

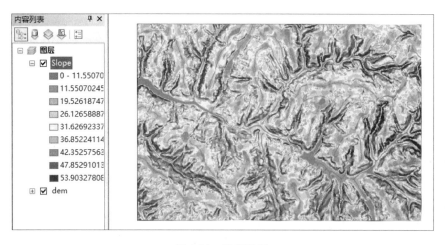

图 9.84　坡度数据

（2）选中坡度数据层 Slope，再对其用上述的方法提取坡度，得到坡度变率数据，命名为 SOS（图 9.85）。

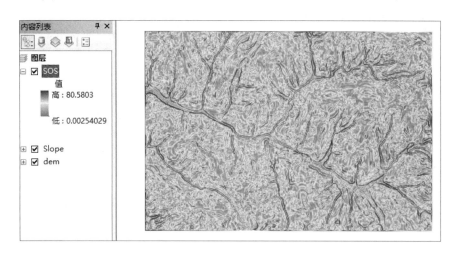

图 9.85　坡度变率

2）坡向变率

地面坡向变率，是指在提取坡向基础上，提取坡向的变化率，即坡向之坡度（slope of aspect，SOA）。它可以很好地反映等高线弯曲程度。

地面坡向变率在所提取的地表坡向矩阵的基础上沿袭坡度的求算原理，提取地表局部微小范围内坡向的最大变化情况。需要注意：坡向变率在提取过程中在北面坡将会有误差产生。北面坡坡向值范围为 $0°\sim90°$ 和 $270°\sim360°$，在正北方向附近，如 15° 和 345° 两个坡向之间坡向差值只是 30°，而计算结果却是 330°（图 9.86）。所以要将北坡地区的坡向变率误差进行纠正，具体的操作方法如下。

（1）求取原始 DEM 数据层的最大高程值，记为 H，在图层属性的【源】选项卡中可以查看数据的最值；

（2）打开【Spatial Analyst 工具】|【地图代数】|【栅格计算器】工具，公式为（H–DEM），得到与原来地形相反的 DEM 数据层，即反地形 DEM 数据；

（3）打开【Spatial Analyst 工具】|【表面分析】|【坡向】工具，基于反地形 DEM 数据求算坡向值；

（4）打开【Spatial Analyst 工具】|【表面分析】|【坡度】工具，求算反地形的坡向变率，记为 SOA2；由原始 DEM 数据求算出的坡向变率值为 SOA1；

（5）再次使用栅格计算器，公式为 SOA=[（[SOA1]+[SOA2]）–Abs（[SOA1]–[SOA2]）]/2，即可求出没有误差的 DEM 的坡向变率，如图 9.87 所示。

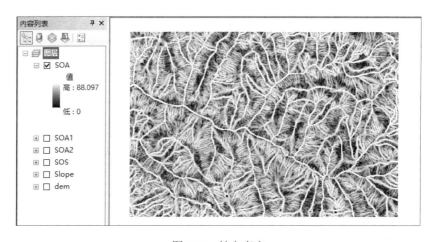

图 9.87　坡向变率

3）地形起伏度

地形起伏度是指特定的区域内，最高点海拔与最低点海拔的差值。它是描述一个区域地形特征的宏观性指标。求地形起伏度的值，可先求出一定范围内海拔的最大值和最小值，然后对其求差值即可。可以使用【Spatial Analysis】|【邻域分析】|【焦点统计】工具求得最大值和最小值，邻域的设置可以为圆、矩形、环、楔形等，邻域的大小可根据自己的要求来确定。

地形起伏度的提取方法如下：

（1）选中 DEM 数据，打开【Spatial Analysis 工具】|【邻域分析】|【焦点统计】工

具。设置统计类型为"最大值"，邻域的类型为"矩形"（也可以为圆），邻域的大小为11×11（这个值也可以根据自己的需要进行改变），则可得到一个邻域为11×11的矩形的最大值层面，记为A。

（2）重复第1步，只是把统计类型值设置为"最小值"，即可得到DEM数据的最小值层面，记为B。

（3）打开【Spatial Analyst工具】|【地图代数】|【栅格计算器】工具，公式为[A]−[B]，即可得到一个新层面，其每个栅格的值是以这个栅格为中心确定的邻域的地形起伏值。地形起伏度提取的结果如图9.88所示。

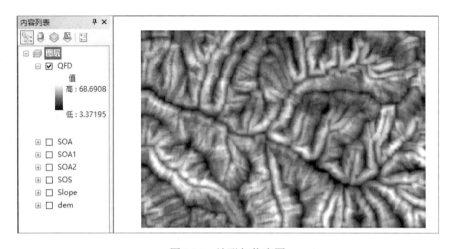

图9.88　地形起伏度图

4）地面粗糙度

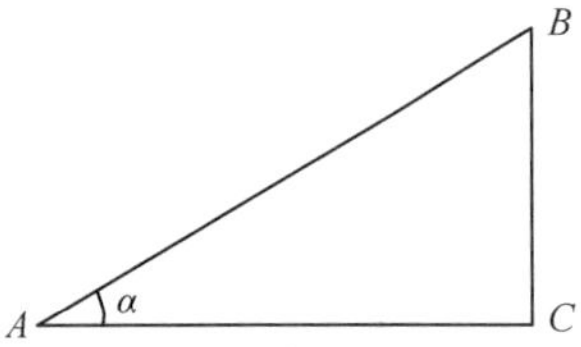

地面粗糙度是特定的区域内地球表面积与其投影面积之比。它也是反映地表形态的一个宏观指标。根据地面粗糙度的定义，求每个栅格单元的表面积与其投影面积之比，可以用如下方法来完成。如图9.89所示，假如ABC是一个栅格单元的纵剖面，α为此栅格单元的坡度，则AB面的面积为此栅格的表面积，AC面的面积为此栅格的投影面积（也是此栅格的面积），此栅格单元的地面粗糙度M为

图9.89　栅格中剖面图

$M = AB$面的面积/AC栅格单元的面积

$\quad = (AC \times AB) / (AC \times AC) = 1/\cos\alpha$

地面粗糙度的提取步骤如下。

（1）点击DEM数据层，选择【Spatial Analyst工具】|【表面分析】|【坡度】工具，提取得到坡度数据层，命名为Slope；

（2）点击Slope数据层，打开【Spatial Analyst工具】|【地图代数】|【栅格计算器】工具，公式为：1/cos（[Slope]×3.14159/180），即可得到地面粗糙度数据层，如图9.90所示。

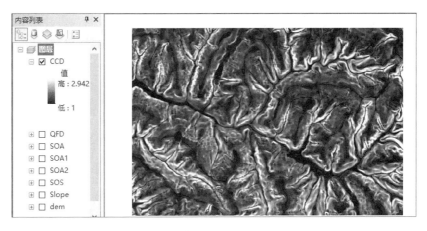

图 9.90 表面粗糙度

需要注意的是，在 ArcGIS 中，cos 使用弧度值作为角度单位，而提取得到的坡度是角度值，所以在计算时必须把角度转为弧度。

此外，地形指标还包括一些常用的水文因子，如坡长、沟壑密度等，该类因子的提取一般通过水文方法实现。

9.6.2 地形特征信息提取

1. 背景

特征地形要素，主要是指对地形在地表的空间分布特征具有控制作用的点、线或面状要素。特征地形要素构成地表地形与起伏变化的基本框架。与地形指标的提取主要采用小范围的邻域分析不同的是，特征地形要素的提取更多地应用较为复杂的技术方法，如山谷线、山脊线、沟沿线等的提取采用了全局分析法，其成为栅格数据地学分析中很具特色的数据处理内容。

特征地形要素从表示的内容上可分为地形特征点和特征线两大类。地形特征点主要包括山顶点、凹陷点、脊点、谷底点、鞍点、平地点等。利用 DEM 提取地形特征点，可利用一个 3×3 或更大的栅格窗口，通过中心格网点与 8 个邻域格网点的高程关系来进行判断后获取。

山脊线和山谷线构成了地形起伏变化的分界线（骨架线），因此它对于地形地貌研究具有重要的意义。另外，对于水文物理过程研究而言，由于山脊、山谷分别表示分水性与汇水性，山脊线和山谷线的提取实质上也是分水线与汇水线的提取。

下文通过对山脊线和山谷线的提取，进一步介绍如何基于 ArcGIS 完成地形特征信息的提取。

自动提取山脊线和山谷线的主要方法都是基于规则格网 DEM 数据的，从算法设计原理上来分，大致可以分为以下五种：

（1）基于图像处理技术的原理；

（2）基于地形表面几何形态分析的原理；

（3）基于地形表面流水物理模拟分析原理；

（4）基于地形表面几何形态分析和流水物理模拟分析相结合的原理；

（5）平面曲率与坡形组合法。

其中，平面曲率与坡形组合法提取的山脊、山谷的宽度可由选取平面曲率的大小来调节，方法简便、效果好。该方法基本处理过程为：首先利用 DEM 数据提取地面的平面曲率及地面的正负地形，取正地形上平面曲率的大值即山脊，负地形上平面曲率的大值即山谷。实际应用中，由于平面曲率的提取比较烦琐，而坡向变率在一定程度上可以很好地表征平面曲率。因此，下面的提取过程以坡向变率代替平面曲率。

2. 目的

通过本实例，读者可以掌握山脊线和山谷线这两个基本地形特征信息的理论及其基于 DEM 的提取方法与原理。同时，熟练掌握利用 ArcGIS 软件对这两个特征信息进行提取。

3. 实验数据

某区域栅格 DEM，数据存放于 Chp9\Ex2 中，下载数据请扫封底二维码（多媒体：Chp9）。

4. 要求

利用所给区域 DEM 数据，提取该区域山脊线、山谷线栅格数据层。

5. 操作步骤

（1）点击 DEM 数据，使用【Spatial Analyst 工具】|【表面分析】|【坡向】工具，提取 DEM 的坡向数据层，命名为 A。

（2）点击数据层 A，使用【Spatial Analyst 工具】|【表面分析】|【坡度】工具，提取数据层 A 的坡度数据，命名为 SOA1。

（3）求取原始 DEM 数据层的最大高程值，记为 H；使用【Spatial Analyst 工具】|【地图代数】|【栅格计算器】计算，公式为（H–DEM），得到与原来地形相反的 DEM 数据层，即反地形 DEM 数据。

（4）基于反地形 DEM 数据求算坡向值。

（5）利用 SOA 方法求算反地形的坡向变率，记为 SOA2。

（6）使用【栅格计算器】计算，公式为 SOA=[（[SOA1]+[SOA2]）–Abs（[SOA1]–[SOA2]）]/2，即可求出没有误差的 DEM 的坡向变率 SOA。

（7）再次点击初始 DEM 数据，使用【Spatial Analysis 工具】|【邻域分析】|【焦点统计】工具；设置统计类型为平均值，邻域的类型为矩形（也可以为圆），邻域的大小为 11×11（这个值也可以根据自己的需要进行改变），则可得到一个邻域为 11×11 的矩形的平均值数据层，记为 B。

（8）使用【栅格计算器】计算，公式为 C=[DEM]–[B]，即可求出正负地形分布区域（图 9.91）。

（9）使用【栅格计算器】计算，公式为 shanji=[C]＞0 & SOA＞70，即可求出山脊线（图 9.92）。

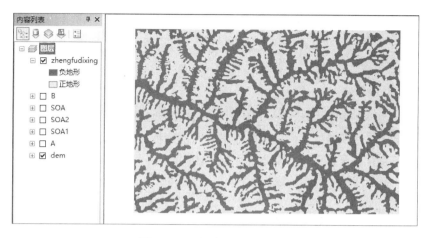

图 9.91　正负地形分布示意图

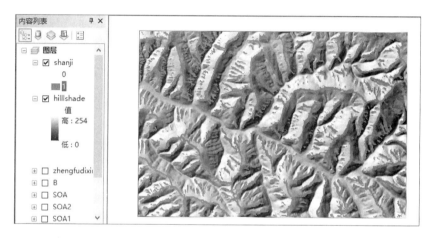

图 9.92　山脊线

（10）同理，使用【栅格计算器】计算，公式为 shangu =[C]＜0 & SOA＞70，即可求出山谷线（图 9.93）。

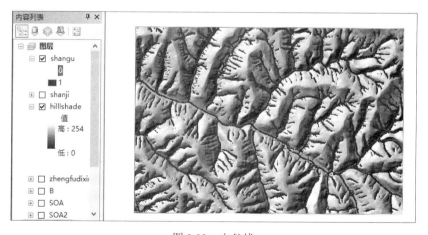

图 9.93　山谷线

9.6.3　表面创建及景观图制作

1. 背景

随着社会经济的发展，旅游业在国民经济中所占比重越来越大。开发某一地区的旅游资源，制作景区的三维景观图，直观形象地向游客展示该区域的地形地貌、秀美景观，对于加强景区监管具有重要的意义和实际应用价值。

2. 目的

通过本实验，读者可以加深对表面概念及生成方法的理解，掌握三维场景中表面及矢量要素的立体显示原理与方法，熟练掌握 ArcGIS 软件中表面生成、表面及矢量要素在场景中的三维显示及其叠加显示的方法。此外，本实例还允许读者自行设计要素的符号化显示方案。

3. 实验数据

（1）景区等高线矢量数据 Arc_Clip（…\Chp9\Ex3）；
（2）景区道路矢量数据 Arc_Clip_road（…\Chp9\Ex3）；
（3）景区水系矢量数据 Arc_Clip_river（…\Chp9\Ex3）；
（4）景区休憩地数据层 Arc_Clip_urb（…\Chp9\Ex3）。

4. 要求

（1）利用所给等高线数据建立景区栅格表面；
（2）在 ArcScene 三维场景中，实现表面与其他要素叠加三维显示；
（3）设计各要素，如道路、水系等的符号化显示；
（4）综合考虑表面及各要素，生成美观大方的区域景观图。

5. 实验方法及其制作步骤

1）启动 ArcScene

打开场景文件 Exercise3.sxd（Chp9\Ex3\Exercise3.sxd，下载数据请扫封底二维码（多媒体：Chp9）），其中已添加以下数据层：等高线数据层 Arc_Clip，道路数据层 Arc_Clip_road，水系数据层 Arc_Clip_river，休憩地数据层 Arc_Clip_urb（图 9.94）。

2）创建区域 TIN 表面

（1）选择【3D Analyst 工具】|【TIN 管理】|【创建 TIN】，弹出创建 TIN 对话框（图 9.95）；
（2）在输入要素选择等高线图层 Arc_Clip，设置 height_field 为 Elevation 字段，SF_type 选择"软断线"。
（3）指定输出路径及文件名：tin，即可生成的地形表面景观（图 9.96）。

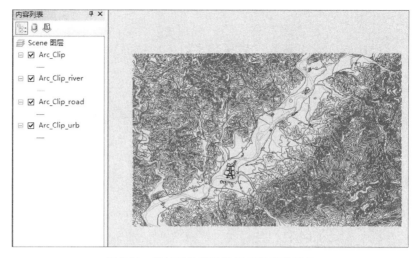

图 9.94　添加了休憩地数据层的实验场景

图 9.95　由等高线创建 TIN 对话框

图 9.96　TIN 的三维显示

3）创建栅格表面

（1）打开【3D Analyst 工具】|【转换】|【由 TIN 转出】|【TIN 转栅格】工具，如图 9.97 所示。

图 9.97　由 TIN 转换为栅格对话框

（2）在弹出的对话框中做如下设置：输入 TIN 选择 tin，输入生成的 DEM 保存地址，其他设置默认，点击 OK。

（3）生成 DEM，如图 9.98 所示。平面景观图如图 9.99 所示。

图 9.98　由 TIN 生成的 DEM

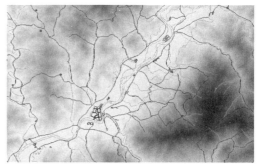

图 9.99　平面景观图

4）符号化设计

（1）单击左边内容列表中每一图层下的符号样式，在弹出的符号选择器对话框中选择合适的体例样式；

（2）关闭等高线（Arc_Clip）图层及 tin 图层。

5）建立三维景观图

其他要素如道路、水系是景区三维景观图中游客向导的重要识别特征信息。在 ArcScene 中通过设置要素的基准高程，可以实现其三维显示，此外，还可以将纹理、遥感影像或二维地理要素与表面叠加。

依次打开需要叠加显示的道路、水系、休憩地要素图层的属性对话框，设置其基准高程为区域 TIN 表面，实现要素与地形的三维叠加显示。此外，根据需要可对地形起伏程度进行拉伸，以夸大或缩小起伏度，可通过设置各图层数据高程转换系数实现。最后生成景观图，如图 9.100 所示。

图 9.100　地形表面与其他要素的叠加显示

第10章 空间统计分析

空间统计分析在地学分析中应用非常广泛，是 GIS 空间分析方法体系的重要组成部分。空间统计是在经典统计学的基础上发展而来的。经典统计学模型是在假设观测结果相互独立的基础上建立的，但地理对象之间大多都不具有独立性，即存在着空间依赖关系，而空间统计分析将空间逻辑融入分析模型当中。例如，位置、距离、方向和面积等空间变量在模型实现中会被重点考虑。分析样本的空间相关性和对空间变量的重视成为空间统计分析的核心。ArcGIS 中的空间统计主要包括面向对象模型和面向场模型的统计工具集。前者输入输出数据一般为离散型数据，而后者输入的数据一般为连续型数据，输出结果为连续的表面。随着时空大数据的生产和获取变得越来越容易，对时空统计分析也越来越重视，最新的 ArcGIS 中也提供了用于时空模式挖掘的时空统计分析工具集。

10.1 空间统计基础

10.1.1 空间统计概述

空间统计分析（spatial statistics analysis）包括空间数据的统计分析及数据的空间统计分析。前者着重于空间事物和现象的非空间特性的统计分析，解决的一个中心议题是如何以数学统计模型来描述和模拟空间现象和过程，即将地理模型转换成数学统计模型，以便于定量描述和计算机处理，即着重于常规的统计分析方法，但空间数据所描述的事物的空间位置在这些分析中不起制约作用。例如，趋势面拟合被广泛应用于地理数据的趋势分析中，但在这种分析中仅考虑了样本值的大小，并没有考虑这些样本在地理空间的分布特征及其相互间的位置关系。从这个意义上讲，空间数据的统计分析在很多方面与一般的数据分析并无本质差别，但是对空间数据的统计分析结果的解释则必然要依托于地理空间进行，在很多情况下，分析的结果是以地图方式来描述和表达的。因此，空间数据的统计分析尽管在分析过程中没有考虑数据抽样点的空间位置，但描述的仍然是空间过程，揭示的也是空间规律和空间机制。在 ArcGIS 中，空间数据的统计分析功能体现在多个方面，如专题图的制作中，选择自然间断法、分位数法等都属于此类统计。

数据的空间统计分析则是直接从空间物体的空间位置、联系等方面出发，研究既具有随机性又具有结构性，或具有空间相关性和依赖性的自然现象。凡是与空间数据的结构性和随机性，或空间相关性和依赖性，或空间格局与变异有关的研究，如对这些数据进行最优无偏内插估计，或模拟这些数据的离散性、波动性等，都是数据的空间统计分析的研究内容。数据的空间统计分析没有抛弃传统的统计学的理论和方法，而是在传统的统计学基础上发展起来的。数据的空间统计学与经典统计学的共同之处在于：它们都是在大量采样的基础上，通过对样本属性值的频率分布、均值、方差等关系及其相应规则的分析，来确定其空间分布格局与相关关系。数据的空间统计学区别于经典统计学的最大特点是：数据的空间统计学既考虑到样本值的大小，又重视样本空间位置及样本间的距离。空间数据具有空间依赖性（空间自相关）和空间非均质性（空间结构），扭曲了经典统计方法的假设条件，使得经典统计模型对空间数据的分析会产生虚假的解释。经典统计学模型是在观测结果相互独立的假设基础上建立的，但实际上地理现象之间大都不具有独立性。数据的空间统计学研究的基础是空间对象间的相关性和非独立的观测，它们与距离有关，并随着距离的增加而变化。这些问题为经典统计学所忽视，但却成为数据的空间统计学的核心。数据的空间统计分析模型构成了 ArcGIS 空间统计分析方法体系的核心。

在 ArcGIS 中，空间统计分析主要位于两个工具箱中，即面向对象型空间数据的空间统计分析工具箱和面向场类型空间数据的地统计工具箱中。在 10.4 以上的版本中还增加了面向时空数据的时空统计分析工具箱，具体为时空数据挖掘工具箱。实际上，除了这些主要的空间统计分析工具箱外，空间统计分析还存在于其他工具箱中，如空间分析工具箱中的多元统计分析工具集、插值分析工具集等。本章内容主要介绍空间统计分析、地统计分析和时空统计分析三个模块。

10.1.2　空间自相关

空间自相关是空间统计分析理论与方法构建的基础，也是地理学第一定律的主要呈现形式，即距离越近的地理事物越相似，而距离越远的地理事物差异越大。通常，对于对象型空间数据，一般采用 Moran's I、G-Statistics 和 Geary's C 等进行度量，而对于场类型的空间数据，则一般采用半变异函数和协方差函数对其进行度量。可以说，前者是 ArcGIS 中点、线和面等要素空间统计分析的基础，后者则是地统计插值模拟和预测的基础。下面对这些常用的空间自相关度量方法进行简要介绍。

1. 全局空间自相关

全局空间自相关是度量要素全局空间分布模式的分析模型。全局空间自相关使用最为广泛的模型为 Moran's I，通过此指数，可以在全局层面度量地理要素所呈现的是聚类模式、随机模式还是离散模式。在此模型中，全局空间自相关通过 Moran's I 指数值、P 值和 Z 得分进行度量。它们的计算公式如下：

$$I = \frac{n}{S_0} \frac{\sum\limits_{i=1}^{n} \sum\limits_{j=1}^{n} w_{i,j} z_i z_j}{\sum\limits_{i=1}^{n} z_i^2} \tag{10.1}$$

式中，z_i 为要素 i 的属性 x_i 与其平均值 $\overline{X}$ 的偏差 $x_i - \overline{X}$；$w_{i,j}$ 为要素 i 和 j 之间的空间权重；n 为要素总数；S_0 为所有空间权重的聚合：

$$S_0 = \sum_{i=1}^{n} \sum_{j=1}^{n} w_{i,j} \tag{10.2}$$

统计的 z_I 得分按照以下形式计算：

$$z_I = \frac{I - E[I]}{\sqrt{V[I]}} \qquad (10.3)$$

其中：

$$E[I] = -1/(n-1) \qquad (10.4)$$

$$V[I] = E[I^2] - E[I]^2 \qquad (10.5)$$

2. 局部空间自相关

局部空间自相关所使用的模型与全局空间自相关类似，其中使用最广泛的是 Moran's I 和 G-Statistics。这里以 G-Statistics 为例。基于 G-Statistics，可以探测出一组地理要素的某个变量在空间上的热点区域和冷点区域，从而分析出局部区域的高值聚类区域和低值聚类区域。通过热点探测可以分析出高值和低值聚类的边界在哪里，可以度量局部区域高值和低值聚类的程度。该模型会为每一个输出要素计算 P 值和 Z 得分，从而定量表达高值聚类和低值聚类在特定置信区间内的聚类程度。它们的计算公式如下所示：

$$G_i^* = \frac{\sum_{j=1}^{n} w_{i,j} x_j - \bar{X} \sum_{j=1}^{n} w_{i,j}}{S\sqrt{\dfrac{n\left[\sum\limits_{j=1}^{n} w_{i,j}^2 - \left(\sum\limits_{j=1}^{n} w_{i,j}\right)^2\right]}{n-1}}} \qquad (10.6)$$

式中，x_j 为要素 j 的属性值；$w_{i,j}$ 为要素 i 和要素 j 之间的权重；n 为要素总数，且

$$S_0 = \frac{\sum\limits_{j=1}^{n} x_j}{n} \qquad (10.7)$$

$$S = \sqrt{\frac{\sum\limits_{j=1}^{n} x_j^2}{n} - (\bar{X})^2} \qquad (10.8)$$

在热点聚类分析模型中，Z 得分就是通过 G_i^* 参数值进行表示，因此不对 Z 值的求解进行解释。

3. 协方差与变异函数

连续型空间数据有高程采样点、土壤湿度、气温等采样数据等，这些数据的一个显著特点是其属性值在空间上变化连续，难以像要素数据那样捕捉到边界。由于诸如 Moran's I 等空间自相关分析模型作用的对象必须是可捕捉的，因此其对于连续型数据实用性较差，也无法解决连续型数据的空间模拟需求。在 GIS 中，对于场类型的空间数据，通常采用半变异函数和协方差函数度量其空间自相关性。其实现方式是把统计相关系数的大小作为一个距离的函数，通过距离和属性的差异性度量其相关性。图 10.1 为连续型

数据的空间自相关度量方式。对于图 10.1（a）所示的二维空间中的连续点数据，通常以某个距离阈值为起始距离，寻找所采样点中距离相近的点对，如图 10.1（b）所示。然后计算这些点对的属性值的差，并计算同一距离阈值下所有点对的属性值差值的变异系数或协方差。在此距离基础上增加一定的距离，采用同样的方式寻找满足条件的点对并求变异系数和协方差。对于三维空间中的采样点，其处理方式类似。图 10.1（c）为在三维空间中连续的空间点的分布，要度量其空间自相关，只需要将点对的距离从二维扩展到三维即可，如图 10.1（d）所示。其他处理过程与二维采样点类似。

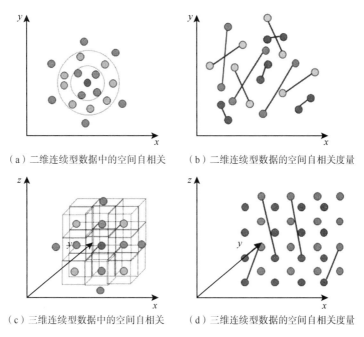

（a）二维连续型数据中的空间自相关　　　（b）二维连续型数据的空间自相关度量

（c）三维连续型数据中的空间自相关　　　（d）三维连续型数据的空间自相关度量

图 10.1　连续型数据的空间自相关度量示意图

通过上面的方式计算得到变异函数和协方差后，就可以绘制成如图 10.2 所示的半变异函数[图 10.2（a）]和协方差图[图 10.2（b）]。显然，对于一组采样点数据，只有其采样值的变异值和协方差随着距离的增大满足图 10.2 中的分布趋势时，才能认为这些数

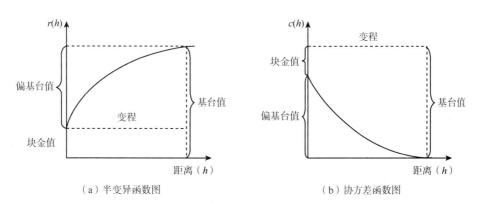

（a）半变异函数图　　　　　　　　（b）协方差函数图

图 10.2　半变异函数和协方差示意图

据具有空间自相关性，在此前提下，才可以使用诸如克里金等空间插值法对采样点进行空间插值和模拟。下面对半变异函数和协方差中的核心概念进行介绍。

在半变异函数图中有两个非常重要的点：间隔为 0 时的点和半变异函数趋近平稳时的拐点，由这两个点产生 4 个相应的参数：块金值、变程、基台值和偏基台值。

块金值：理论上，当采样点间的距离为 0 时，半变异函数值应为 0；但由于存在测量误差和空间变异，两采样点非常接近时，它们的半变异函数值不为 0，即存在块金值。测量误差是仪器内在误差引起的，空间变异是自然现象在一定空间范围内的变化。它们任意一方或两者共同作用产生了块金值。

基台值：当采样点间的距离 h 增大时，半变异函数 $r(h)$ 从初始的块金值达到一个相对稳定的常数时，该常数值称为基台值。当半变异函数值超过基台值时，即函数值不随采样点间隔距离而改变时，空间相关性不存在。

偏基台值：基台值与块金值的差值。

变程：当半变异函数的取值由初始的块金值达到基台值时，采样点的间隔距离称为变程。变程表示在某种观测尺度下，空间相关性的作用范围，其大小受观测尺度的限定。在变程范围内，样点间的距离越小，其相似性越大，即空间相关性越大。当 $h>R$ 时，区域化变量 $Z(x)$ 的空间相关性不存在，即当某点与已知点的距离大于变程时，该点数据不能用于内插或外推。

10.1.3 空间插值

空间插值的主要任务是基于采样点或采样区的测量值模拟未知点或区域的预测值，已经广泛应用于环境、土壤和数字地形分析等多个领域。早期的插值模型，主要采用数学公式，对等距和非等距的数据进行计算。这些插值模型仅限于几何空间，并不考虑空间依赖性，因此，也并非地理空间框架下的空间插值，在 GIS 中通常将这类插值称为确定性插值，如样条曲线、全局和局部多项式等插值方法均属于基于数学函数的确定性插值。与之相对应的是地统计插值，这类插值不仅考虑了空间依赖性，还对插值结果的不确定性具有一定的评估能力。地统计插值中使用最为广泛的是克里金插值法。

若对空间插值进行分类，从不同的视角具有不同的分类方法。不同的插值模型所需满足的前提条件也各不相同。从内插的区域范围可以将空间插值方法分为整体插值法和局部插值法。如全局多项式插值属于整体插值法，而反距离加权、径向基、局部多项式和克里金等则属于局部插值法。一些插值方法仅仅基于数据模型构建，而另一些插值模型还会同时考虑空间现象的空间自相关性，因此，又可以将空间插值分为上文所提到的确定性插值方法和地统计插值方法。常用的空间插值模型中，除了克里金插值及其变体外，其他插值模型，如反距离权重插值、样条曲线插值、径向基和全局（局部）多项式插值均属于确定性插值。需要指出的是，尽管确定性插值是根据采样点的相似程度或平滑程度进行表面值预测，但某些确定性插值模型也将空间自相关考虑在内。这类插值中最为典型的是反距离权重内插方法。改进后的反距离权重模型能够对某种确定的趋势进行消除。

10.2　探索性空间数据分析

探索性空间数据分析（explore spatial data analysis，ESDA）是一种相对于传统数据分析，更加重视空间建模前的数据完整性处理和清洗、数据基本分布的图表化分析和特征变量化描述、比较数据之间的差异和关系，以及确定或变换数据的空间分布等内容，以期在全面了解数据基本空间特征的基础上展开后续的空间建模。由于空间统计分析与传统统计分析类似，很多分析模型要求数据必须符合特定的分布等前提条件，因此，对于空间统计分析，探索性空间数据分析显得尤为重要。

10.2.1　数据分析工具

1. 刷光（brushing）与链接（linking）

刷光指在 ArcMap 数据视图或某个 ESDA 工具中选取对象，被选择的对象高亮度显示。链接指在 ArcMap 数据视图或某个 ESDA 视图中的选取对象操作。在所有视图中被选取对象均会执行刷光操作。例如，在下文叙述的探索数据的过程中，当某些 ESDA 工具（如直方图、Voronoi 图、QQplot 图以及趋势分析）中执行刷光时，ArcMap 数据视图中相应的样点均会被高亮度显示。当在半变异函数/协方差云中刷光时，ArcMap 数据视图中相应的样点对及每对之间的连线均被高亮度显示。反之，当样点对在 ArcMap 数据视图中被选中时，在半变异函数/协方差云中相应的点也将高亮度显示。

2. 直方图

直方图指对采样数据按一定的分级方案（等间隔分级、标准差分等）进行分级，统计采样点落入各个级别中的个数或占总采样数的百分比，并通过条带图或柱状图表现出来。直方图可以直观地反映采样数据分布特征、总体规律，可以用来检验数据分布和寻找数据离群值。

在 ArcGIS 中，可以方便地提取采样点数据的直方图，基本步骤如下：

（1）在 ArcMap 中加载用于统计分析的数据图层，数据路径为"ex_01\population_area.shp"，如图 10.3 所示。

（2）选择 Geostatistical Analyst 工具条中的【探索数据】|【直方图】命令。

（3）设置如下参数，生成直方图。①【条】：直方图条带个数，也就是分级数，此处可以设置为 20。②【变换】：数据变换方式。有三种变换方式，None：对原始采样数据的值不做变换，直接生成直方图；Log：首先对原始采样数据取对数，再生成直方图；Box-Cox：首先对原始采样数据进行博克斯-考克斯变换（也称幂变换），再生成直方图；这里对图 10.4（a）中数据进行幂变换。③【图层】：当前正在分析的数据图层，这里选择图层"population_area"。④【属性】：生成直方图的属性字段，此处选人口字段"county_pop"。

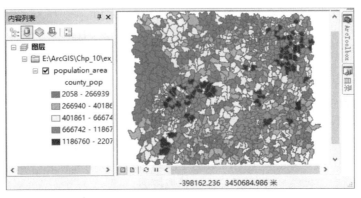

图 10.3　分析所用人口数据

从图 10.4（a）和图 10.4（b）的对比分析可以看出，该地区 GDP 原始数据并不服从正态分布，经过幂变换处理，分布具有明显的对数分布特征，同时，还可以通过调整【条】参数改变直方图中条带的数量。

在直方图右上方的窗口中，显示了一些基本统计信息，包括总数、最小值、最大值、平均值、标准差、偏度、峰度、1/4 分位数、中位数和 3/4 分位数，通过这些信息可以对数据有初步的了解。

四分位数：如果将 N 个数值由小至大排列，第 $N/4$ 个数就是第一个四分位数，通常以 Q_1 来表示；第 $2N/4$ 个数就是第二个四分位数（Q_2），即中位数；第 $3N/4$ 个数就是第三个四分位数（Q_3）。四分位距即 $Q=Q_3-Q_1$，它将极端的前 1/4 和后 1/4 去除，而利用第三个与第一个分位数的差距来表示分散情形，因此避免了极端值的影响。但它需要将数据由小到大排序，且没有利用全部数据。

峰度：用于描述数据分布高度的指标，正态分布的峰度等于 0。如果数据的峰度大于 0，那么该数据的分布就会比正态分布高耸且狭窄，此时数据比正态分布集中于平均数附近；反之，如果峰度小于 0，数据的分布就比正态分布平坦且宽阔，此时数据比正态分布分散。

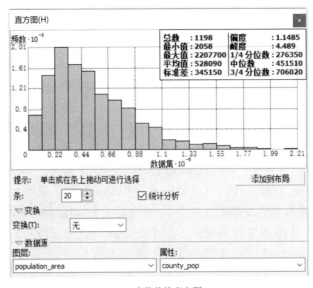

（a）变换前的直方图

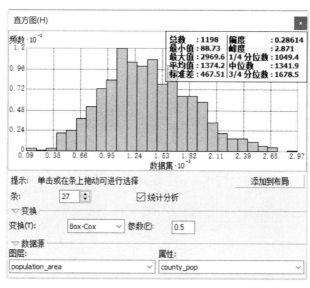

（b）变换后的直方图

图 10.4　变换前后的人口分布直方图

3. Voronoi 图

Voronoi 图是由在样点周围形成的一系列多边形组成的。某一样点的 Voronoi 多边形的生成方法是：多边形内任何位置距这一样点的距离都比该多边形到其他样点的距离要近。Voronoi 多边形生成之后，相邻的点就被定义为具有相同连接边的样点。

生成数据的 Voronoi 图的基本步骤如下：

（1）在 ArcMap 中加载点图层，数据路径为"ex_01\population_point.shp"；

（2）选择 Geostatistical Analyst 模块中的【探索数据】|【Voronoi 图】命令；

（3）设置参数，生成【Voronoi 图】，如图 10.5 所示。

类型：分配和计算多边形值的方法；

图层：当前正在分析的数据图层"population_point"；

属性：生成【直方图】的属性字段"county_pop"。

【Voronoi 图】对话框的"类型"选项提供了多种分配和计算多边形值的方法：

【简单】：分配到某个多边形单元的值是该多边形单元内样点的值；

【平均值】：分配到某个多边形单元的值是这个单元与其相邻单元的平均值；

【模式】：所有的多边形单元被分为五级区间，分配到某个多边形单元的值是这个单元与其相邻单元的模式（即出现频率最多的区间）；

【聚类】：所有的多边形单元被分配到这五级区间中，如果某个多边形单元的级区间与它的相邻单元的级区间都不同，这个单元用灰色表示，以区别于其他单元；

【熵】：所有单元都根据数据值的自然分组分配到这五级中，分配到某个多边形单元的值是根据该单元和其相邻单元计算出来的熵；

【中位数】：分配给某多边形的值是根据该单元和其相邻单元的频率分布计算的中值；

【标准差】：分配给某多边形的值是根据该单元和其相邻单元计算出的标准差；

【IQR】（四分位数间隔）：第一和第三、四分位数是根据某单元和其相邻单元的频率分布得出的，分配给某多边形单元的值是用第三、四分位数减去第一、四分位数得到的差。

图 10.5　【Voronoi 图】对话框

Voronoi 图可以了解到每个采样点控制的区域范围，也可以体现出每个采样点对区域内插的重要性。利用 Voronoi 图就可以找出一些对区域内插作用不大且可能影响内插精度的采样点值，也可以将它们剔除。用聚类和熵的方法生成的 Voronoi 图也可以用来帮助识别可能的离群值。自然界中，距离相近的事物比距离远的事物具有更大的相似性。熵值是量度相邻单元相异性的一个指标。因此，局部离群值可以通过高熵值的区域识别出来。同样，一般认为某个特定单元的值至少应与它周围单元中的某一个值相近。因此，聚类方法也能将那些与周围单元不相同的单元识别出来。

4. QQ 图分布

QQ 图提供了另外一种度量数据正态分布的方法，利用 QQ 图，可以将现有数据的分布与标准正态分布对比，如果数据越接近一条直线，则它越接近于服从正态分布。

1）正态 QQ 图

正态 QQ 图主要用来评估具有 n 个值的单变量样本数据是否服从正态分布。构建正态 QQ 图的通用过程如下（图 10.6）：

（1）首先对采样值进行排序；

（2）计算出每个排序后的数据的累积值（低于该值的数据的百分比）；

（3）绘制累积值分布图；

（4）在累积值之间使用线性内插技术，构建一个与其具有相同累积分布的理论正态分布图，求出对应的正态分布值；

（5）以横轴为理论正态分布值，以竖轴为采样点值，绘制样本数据相对于其标准正态分布值的散点图，图 10.6 为样本数据的正态 QQ 图。

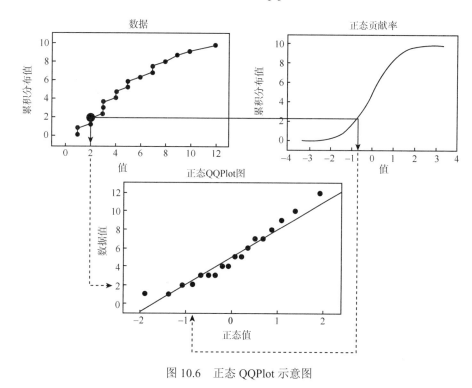

图 10.6　正态 QQPlot 示意图

　　如果采样数据服从正态分布，其正态 QQ 图中采样点分布应该是一条直线。如果有个别采样点偏离直线太多，那么这些采样点可能是一些异常点，应对其进行检验。此外，如果在正态 QQ 图中数据没有显示出正态分布，那么就有必要在应用某种克里金插值法之前将数据进行转换，使之服从正态分布。

　　生成数据的正态 QQ 图的主要步骤如下：

　　（1）在 ArcMap 中加载地统计数据点图层"population_point"；

　　（2）选择 Geostatistical Analyst 模块中的【探索数据】|【正态 QQ 图】命令；

　　（3）设置【图层】参数和【属性参数】分别为""population_point" 和 "county_pop"，生成正态 QQ 图（图 10.7）。

　　变换：数据变换方式；

　　无：对原始采样数据的值不做变换，直接生成正态 QQ 图；

　　Log：首先对原始采样数据取对数，再生成正态 QQ 图；

　　Box-Cox：首先对原始采样数据进行博克斯-考克斯变换（也称幂变换），再生成正态 QQ 图；

　　图层：当前正在分析的数据图层；

　　属性：生成正态 QQ 图使用的属性字段。

　　从图 10.7（a）可以看出，该地区 GDP 的采样数据不符合正态分布，但对其进行对数变换处理后[图 10.7（b）]，数据近似符合正态分布。仅从采样点值的分布看，在小值区域和大值区域，存在个别离群点值。

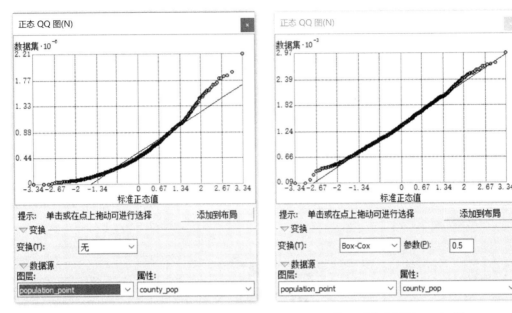

（a）原始数据正态 QQPlot 图　　　　　　（b）经 log 变换后的正态 QQPlot 图

图 10.7　变换前后的正态 QQ 图

2）常规 QQ 图

常规 QQ 图用来评估两个数据集分布的相似性。常规 QQ 图通过两个数据集中相同的累积分布值作图来生成，如图 10.8 所示。累积分布值的作图的方法参阅正态 QQ 图内容。

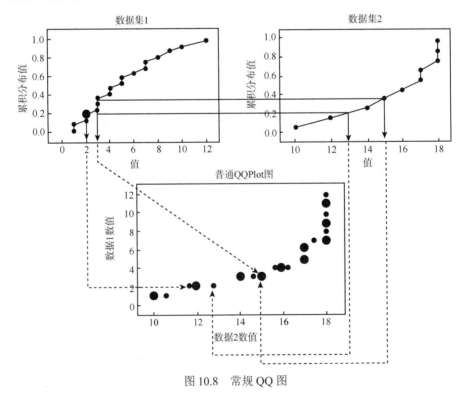

图 10.8　常规 QQ 图

生成数据的【常规 QQ 图】的主要步骤如下：

（1）在 ArcMap 中加载地统计数据点图层"pop_gdp_point.shp"；

（2）选择 Geostatistical Analyst 模块中的【探索数据】|【常规 QQ 图】命令；

（3）设置【数据源#1】和【数据源#2】的【图层】参数为"pop_gdp_point.shp"，其【属性】参数分别设置为"county_pop"和"county_gdp"，生成【常规 QQ 图】（图 10.9）。

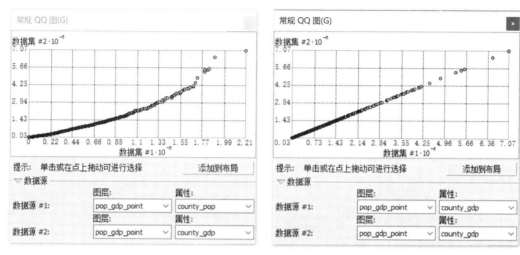

图 10.9　【常规 QQ 图】对话框中变换前（左）后（右）的数据分布

常规 QQ 图揭示了两个物体（变量）之间的相关关系，如果在常规 QQ 图中曲线呈直线，说明两物体呈一种线性关系，可以用一元一次方程式来拟合。如果常规 QQ 图中曲线呈抛物线，说明两物体的关系可以用二次多项式来拟合。

5. 趋势分析

【趋势分析】工具能将用户研究区采样点转换为以感兴趣的属性值为高度的三维透视图，允许用户从不同视角分析采样数据集的全局趋势。

使用趋势分析的主要步骤如下：

（1）在 ArcMap 中加载地统计数据点图层"pop_gdp_point.shp"。

（2）选择 Geostatistical Analyst 模块中的【探索数据】|【趋势分析】。

（3）在最下方设置参与【趋势分析】的【图层】和【属性】分别为"pop_gdb_point"和"county_pop"。

（4）在旋转下拉菜单中选择"位置"命令，通过其右侧旋转水平螺旋按钮可以任意改变投影视角；若在旋转下拉菜单中选择"图形"，则通过其右侧旋转按钮可以任意改变整个投影视图的视角，即此时投影图已经固定，只是用户从不同水平方向观察它，而视图右侧上下螺旋按钮可以动态改变透视图的仰角（观测者与视图的相对高低位置）。

（5）【趋势分析】工具图形选项中提供了多种显示功能，具体如下。

格网：调整 X、Y、Z 方向上的格网数，以及格网线条的粗细；

投影数据：选择落在 X、Y、Z 方向格网上投影点的颜色及点的大小；

投影趋势：选择东西、南北方向趋势面投影线用多项式拟合的次数以及趋势线的粗细；

杆：选择点到 X、Y 平面垂线的粗细和颜色；

轴：选择 X、Y、Z 坐标轴的粗细和颜色；

输入数据点：选择高程点的颜色和大小。

【趋势分析】图中的每一根竖棒代表一个数据点的值（高度）和位置。这些点被投影到一个东西向的和一个南北向的正交平面上。通过投影点可以做出一条最佳拟合线，并用它来模拟特定方向上存在的趋势。如果该线是平直的，则表明没有趋势存在。如图 10.10 所示，可以看到投影到东西向上的较细的趋势线，从东向西呈阶梯状平滑过渡；而南北方向上，趋势线（右边的黑色线条）呈"U"形。可以得知，此区域的地势为从东向西逐渐下降，南北方向上两边高、中间低的地形。可见，趋势分析工具对观察一个物体的空间分布具有简单、直观的优势，还可以找出拟合最好的多项式对区域中的散点进行内插，得到趋势面。

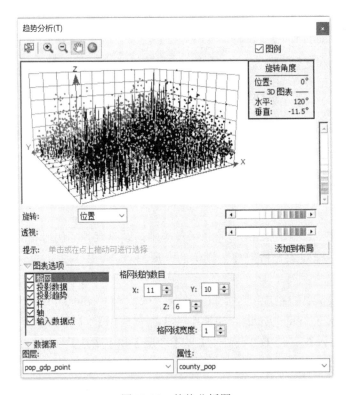

图 10.10　趋势分析图

6. 方差变异分析

1）半变异函数/协方差云

半变异函数/协方差云表示的是数据集中所有样点对的理论半变异值和协方差，并把它们用两点间距离的函数来表示，也可以用此函数作图来表示。

生成数据的半变异函数/协方差云图主要步骤如下：

（1）在 ArcMap 中加载地统计数据点图层"elevation_point.shp"；

（2）选择 Geostatistical Analyst 模块中【探索数据】|【半变异函数/协方差云】命令；

（3）设置数据的【图层】参数为"elevation_point"，在字段【属性】中选择"H"；

（4）【步长大小】为最大步长，【步长数目】为步长分组个数，如图 10.11（a）所示；

（5）如果空间变异具有方向性，可以选择【显示搜索方向】，然后单击方向控制条，重设它或改变它的方向来浏览半变异函数的某个方向子集，如图 10.11（b）所示。

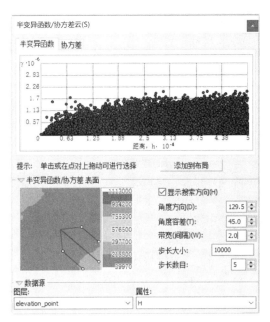
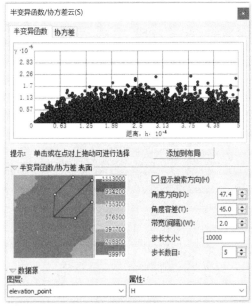

（a）具有东南方向性的半变异函数　　　　　　　（b）具有东北方向性的半变异函数

图 10.11　同一数据在不同方向上的半变异函数

2）交叉协方差云

交叉协方差云表示的是两个数据集中所有样点对的理论正交协方差，并把它们用两点间距离的函数来表示。

生成数据的交叉协方差云图的主要步骤如下：

（1）在 ArcMap 中加载地统计数据点图层"pop_gdp_point.shp"；

（2）选择 Geostatistical Analyst 模块中的【探索数据】|【交叉协方差云】；

（3）设置用于分析的数据【图层】为"pop_gdp_point"，分别设置"county_pop"和"county_gdp"为两个数据集的【属性】字段；

（4）【步长大小】为最大步长，【步长数目】为步长分组个数；

（5）如果空间变异具有方向性，可以选择【显示搜索】方向，再单击方向控制条，重设它或改变它的方向来浏览半变异函数云的某个方向子集，如图 10.12 所示，具体方向应根据形成该现象的成因及各方向结果的比较来确定。

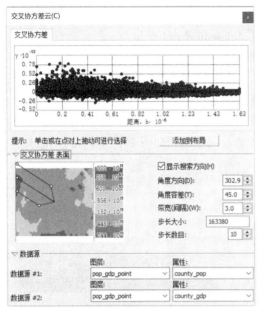 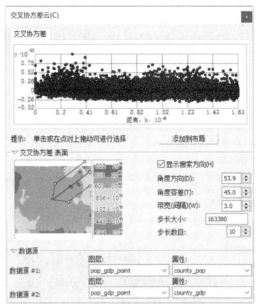

（a）具有西北方向性的交叉协方差云图　　　　　（b）具有东北方向性的交叉协方差云图

图 10.12　相同数据在不同方向上的交叉协方差云图

10.2.2　检验数据分布

在地统计分析中，克里金法是建立在平稳假设的基础上，这种假设在一定程度上要求所有数据值具有相同的变异性。另外，一些克里金法（如普通克里金法、简单克里金法和泛克里金法等）都假设数据服从正态分布。如果数据不服从正态分布，需要进行一定的数据变换，从而使其服从正态分布。因此，在进行地统计分析前，检验数据分布特征，了解和认识数据具有非常重要的意义。数据的检验可以通过【直方图】和【正态 QQ 图】完成。

1. 用【直方图】检测数据的分布

（1）在 ArcMap 目录表中单击需要进行数据检测分析的点要素层；

（2）选择 Geostatistical Analyst 模块中的【探索数据】|【直方图】命令。

描述数据分布的重要特征包括中值、其偏度以及对称性。对于正态分布，数据的直方图应该呈"钟"形曲线。还有一个快速检验方法：如果平均值与中值大致相等，则可以把它当作服从正态分布的证据之一。

2. 用【正态 QQ 图】检测数据分布

（1）在 ArcMap 目录表中单击需要进行数据检测分析的点要素层；

（2）选择 Geostatistical Analyst 模块中的【探索数据】|【正态 QQ 图】命令。

利用【正态 QQ 图】可将现有数据分布与标准正态分布对比。在【正态 QQ 图】中，数据点越接近一条直线，则它们越接近于正态分布。否则，需要通过【直方图】和 QQPlot 图工具提供的对数变换（Log）和幂变换（Box- Cox）功能，对数据进行变换处理，尽可能让变换后的数据服从正态分布。

10.2.3 寻找数据离群值

数据离群值分为全局离群值和局部离群值两大类。全局离群值是指对于数据集中所有点来讲，具有很高或很低的值的观测样点。局部离群值对于整个数据集来讲，观测样点的值处于正常范围内，但与其相邻测量点比较，它又偏高或偏低。

离群点有可能就是真实异常值，也可能是不正确的测量或记录引起的。如果离群值是真实异常值，这个点可能就是研究和理解这个现象的最重要的点；反之，如果它是由测量或数据输入的明显错误引起的，在生成表面之前，就需要改正或剔除它们。对于预测表面，离群值可能引起多方面的有害影响，包括影响半变异建模和邻域分析的取值。

离群值的寻找可以通过以下三种方式实现。

1. 利用【直方图】查找离群值

离群值在【直方图】上表现为孤立存在或被一群显著不同的值包围，如图 10.13 所示，【直方图】最右边被选中的一个柱状条即该数据的离群值。相应地，数据点层面上对应的样点也被刷光。但在【直方图】中孤立存在或被一群显著不同的值包围的样点不一定是离群值。

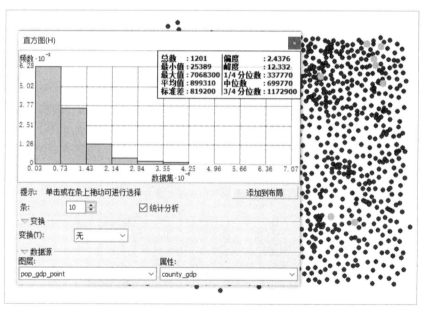

图 10.13　利用【直方图】查找离群值

2. 用【半变异函数/协方差云】识别离群值

如果数据集中有一个异常高值的离群值，则与这个离群值形成的样点对，无论距离远近，在【半变异函数/协方差云】图中都具有很高的值。如图 10.14 所示，这些点可大致分为上下两层，对于上层的点，无论位于横坐标的左端还是右端（即无论距离远近）都具有较高的值。刷光上层的一些点，图 10.14（右侧）是对应刷光的样点对。可以看到，这些高值都是由同一个离群值的样点对引起的，因此需要对该点进行剔除或改正。

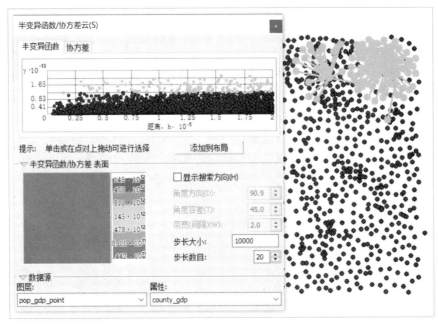

图 10.14 用【半变异函数/协方差云】识别离群值

3. 用【Voronoi 图】查找局部离群值

用聚类和熵的方法生成的 Voronoi 图可用来帮助识别可能的离群值。熵值是量度相邻单元相异性的指标。通常，距离近的事物比距离远的事物具有更大的相似性。因此，局部离群值可以通过高熵值的区域识别出来。同理，聚类方法也可将那些与它们周围单元不相同的单元识别出来。对数据检测分析的点要素层选择【Voronoi 图】命令，并选择类型为【简单】。选择 Voronoi 图中颜色和周围所有邻接面域颜色截然不同的面域，如图 10.15 中的晕线所示区域，这些面域所代表的点可能就是离群值点。

图 10.15 用【Voronoi 图】查找局部离群值

10.2.4　全局趋势分析

通常一个表面主要由两部分组成：确定的全局趋势和随机的短程变异。全局趋势反映了空间物体在空间区域上变化的主体特征，它主要揭示了空间物体的总体规律，而忽略局部的变异。趋势面分析是根据空间抽样数据，拟合一个数学曲面，用该数学曲面来反映空间分布的变化情况。它可分为趋势面和偏差两大部分，其中趋势面反映了空间数据总体的变化趋势，受全局性、大范围的因素影响。如果能够准确识别和量化全局趋势，在 ArcGIS 地统计建模中可以方便地剔除全局趋势，从而能更准确地模拟短程随机变异。

在 ArcGIS 中使用【趋势分析】工具探测全局趋势的关键在于选择合适的透视角度，准确地判定趋势特征。同样的采样数据，透视角度不同，反映的趋势信息也不相同。图10.16 为从不同角度对研究区域人口分布趋势的可视化。

趋势分析过程中，透视面的选择应尽可能使采样数据在透视面上的投影点分布比较集中，通过投影点拟合的趋势方程才具有代表性，才能有效反映采样数据集全局趋势。

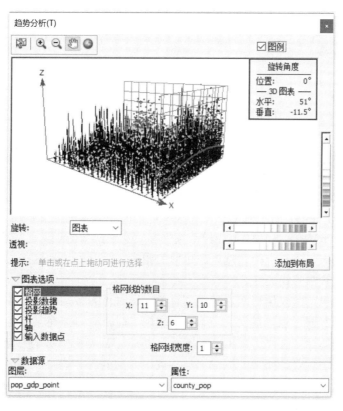

（a）

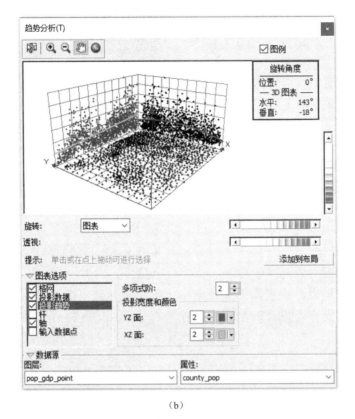

（b）

图 10.16　趋势分析图

10.2.5　空间自相关及方向变异

大部分的地理现象都具有空间相关特性，即距离越近的事物越相似。这一特性也是地统计分析的基础。【半变异函数/协方差云】图就是这种相似性的定量化表示。

半变异函数/协方差云值越小，就越相似。如图 10.17（a）所示，"elevation_point"中高程 "H" 的采样值具有很强的空间相关性，空间相关半径（变程值）约在 0.3 附近。

如图 10.17（b）所示，选中半变异函数坐标中左侧部分的点，这些点虽然距离较近，但是半变异值较大，不符合距离越近越相似的假设。因此，认为这些采样值及其属性在空间上基本不具有空间相关性。

空间相关性也可能仅仅与两点间距离有关，这时称为各向同性。在实际应用中，各向异性现象更为普遍，也就是说，当考虑方向影响时，有可能在某个方向距离更远的事物具有更大的相似性，这种现象在半变异函数/协方差云分析中称为方向效应。分析各向异性具有很重要的意义，如果能探测出自相关中方向效应，就可以在半变异或协方差拟合模型中考虑这个因素。

选择【半变异函数/协方差云】视图中的显示搜索方向，动态改变搜索方向和角度，观察半变异函数/协方差云视图中【半变异函数/协方差云】的变化，确定方向效应。从图 10.18（a）和图 10.18（b）可以看出，采样数据在西北-东南方向比东北-西南方向具有更远距离的空间相关性。

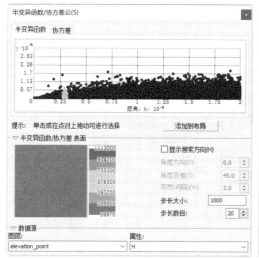
（a）半变异函数/协方差云图

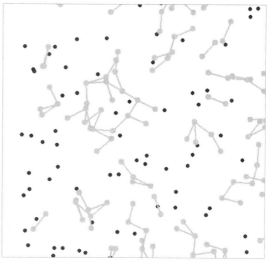
（b）特定距离的采样点对

图 10.17 【半变异函数/协方差云】对比分析图

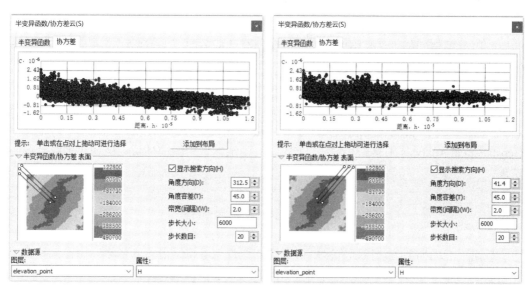
（a）西北方向趋势　　　　　　　　　　　　　　（b）东北方向趋势

图 10.18 【半变异函数/协方差云】增加不同方向趋势后的分析图

　　研究空间结构能查明样点间的空间相关性并且分析是否存在方向效应。距离近的样点对（半变异图 X 轴左侧）具有更大的相似性（Y 轴下部）；距离远的样点对（X 轴朝右侧方向移动）的方差也更大（朝 Y 轴的上方移动）。如果半变异图中样点对形成一条水平直线，则数据中不存在空间相关性，致使生成的栅格表面精度很低。

10.3 空间插值与地统计模拟

空间插值在空间现象的模拟和预测中发挥着非常重要的作用，应用极其广泛。在 ArcGIS 中，分别在 Spatial Analysis 工具箱、3D 分析工具箱、Geostatistical Analysis 工具箱和地统计向导对话框中均提供了空间插值工具集合。尽管不同工具箱中的插值工具在类型上重叠度较高，但这些插值工具在使用方式上有不同的定位。其中，Spatial Analysis 工具箱中主要提供了常用的确定性插值工具集和可配置基本参数的克里金插值工具集，能够满足对空间插值具有基本应用需求的应用场景；3D Analysis 分析工具箱中所提供的插值工具集与 Spatial Analysis 工具箱中的类似，不同之处在于能够直接识别三维点数据中的 Z 值，而不需要提供用于插值的字段列；Geostatistical Analysis 工具箱中的插值工具不仅提供了更多的克里金插值模型，相比其他两个工具箱中的插值工具，还对这些插值方法增加了更多的可配置参数，并支持插值结果以地统计图层的形式输出，以支持交互式的探索性数据分析。在一些较高要求的空间插值应用中，需要通过交互式的探索性数据分析操作，在插值过程中调整各种参数，使插值结果精度更高。此时，就需要使用地统计向导来实现。在目前的 ArcGIS 版本中，地统计向导同时支持反距离权重法、全局（局部）多项式法和克里金法等，使诸如反距离权重法等插值工具也具备了克里金插值那样能够通过统计特征配置参数，然后基于这些调整后的参数进行插值的能力。区别确定性插值和地统计插值的一个重要标准为是否基于数据的统计特性进行插值表面的构建。

本节将从确定性空间插值、地统计空间点插值、地统计空间面插值三个方面进行应用场景的构建及方法的操作过程演示。其中，确定性空间插值主要使用 Spatial Analysis 工具箱和 3D 分析工具箱中的插值工具进行演示；地统计空间点插值主要使用 Geostatistical Analysis 工具箱和地统计向导实现；地统计空间面插值只能通过地统计向导实现。

10.3.1 确定性空间插值

确定性空间插值方法以研究区域内部的相似性或者以平滑度为基础，由已知样点来创建表面。本节主要对确定性空间插值中的反距离权重插值、地形转栅格插值、全局多项式插值、局部多项式插值的概念、原理及在 ArcGIS 中的实现过程进行详细介绍。

1. 反距离权重插值

反距离权重（inverse distance weighted，IDW）插值法是基于相近相似的原理，即两个物体离得越近，它们的性质就越相似，反之，离得越远则相似性越小。它以插值点与样点间的距离为权重进行加权平均，离插值点越近的样点被赋予的权重越大。

反距离权重插值法的一般公式如下：

$$\hat{Z}(s_0) = \sum_{i=1}^{N} \lambda_i Z(s_i) \tag{10.9}$$

式中，$\hat{Z}(s_0)$ 为 s_0 处的预测值；N 为预测计算过程中要使用的预测点周围样点的数量；λ_i 为预测计算过程中使用的各样点的权重，该值随着样点与预测点之间距离的增加而减小；$Z(s_i)$ 为在 s_i 处获得的测量值。确定权重的计算公式为

$$\lambda_i = d_{i0}^{-p} / \sum_{i=1}^{N} d_{i0}^{-p} , \quad \sum_{i=1}^{N} \lambda_i = 1 \qquad (10.10)$$

式中，p 为指数值，用于控制权重值的降低；参数 p 的确定一般取均方根预测误差的最小值。地统计分析模块中使用的参数 p 通常大于 1，反距离权重插值法中参数 p 的值通常为 2。d_{i0} 为预测点 s_0 与各已知样点 s_i 之间的距离。

样点在预测点值的计算过程中所占权重的大小受参数 p 的影响，即随着样点与预测值之间距离的增加，标准样点对预测点影响的权重按指数规律减少。在预测过程中，各样点值对预测点值作用的权重大小是成比例的，这些权重值的总和为 1。

在 ArcGIS 中，Spatial Analysis、Geostatistical Analysis 和 3D Analysis 工具箱中均提供了【反距离权重插值】工具。三者的区别已经在上文做了具体阐释。图 10.19 为 Spatial Analysis 工具箱和 Geostatistical Analysis 工具箱中的反距离插值工具，输入数据为路径名为 "ex_01/elevation_point.shp" 的高程点数据，通过对比可以发现，地统计工具箱中的此插值工具增加了对各向异性因素的考虑。分别配置相同的【输入点要素】（或【输入要素】）、【Z 值字段】【输出像元大小】，并配置其他基本参数：前者需要设置【搜索半径】

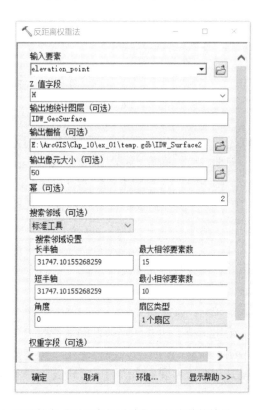

图 10.19　Spatial Analysis 和 Geostatistical Analysis 工具箱中【反距离权重法】工具参数的差异

的点数（此处设置为 12），即任何位置的值都会由距离该位置最近的 12 个点的值决定；后者如果选用"标准工具"，则需要设置椭圆的【长半轴】和【短半轴】，以及各自方向上的【最大相邻要素数】和【最小相邻要素数】。

两个工具执行后共生成 3 个图层，图 10.20 为地统计图层的显示结果。从结果中可以发现，采用反距离权重法模拟得到的表面非常不光滑。这是因为反距离权重法属于精确性插值，插值表面必须经过已知样点。另外，观察并对比图层"IDW_Surface1"和图层"IDW_Surface2"的表面值分布，会发现存在一定的差异，这正是采用了不同的参数值所导致的。

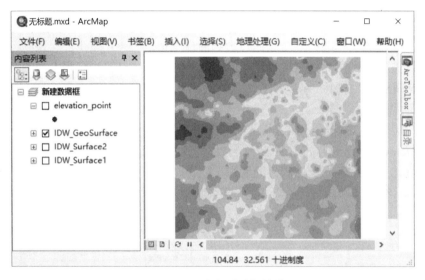

图 10.20 反距离权重法插值结果

在使用 ArcGIS 中的空间插值功能时，重视地统计向导的使用是非常重要的。它可以通过动态调整参数，用所见即所得的方式呈现调参后的效果，从而使插值结果更加符合预期目标。通过 Geostatistical Analysis 工具条中的下拉菜单，打开【地统计向导】窗口。图 10.21（a）为【反距离权重法】的向导首页，主要操作流程如下：

（1）在源数据集中设置要进行插值的点数据，这里使用"ex_01\elevation_point.shp"作为【输入数据】，"H"字段作为【数据字段】，即用于插值的字段。需要注意的是，这里还给出了可配置权重的参数，当样点的重要程度有差异时，可以配置此参数，这里忽略此权重参数。完成基本参数配置后点击【下一步】，可以得到如图 10.21（b）所示的方法属性窗口。

（2）在方法属性窗口中，可以设置"幂"的次方值、"邻域类型"及其参数。在左侧还给出了基于所有样点的预测插值表面。可以通过调整右侧参数动态查看对预测结果的影响。预测图的上方还给出了用于操作此预测图及控制不同图层可见性的各种工具。配置好所有所需要的参数后，点击【下一步】进入交叉验证窗口。

（a）数据初始化

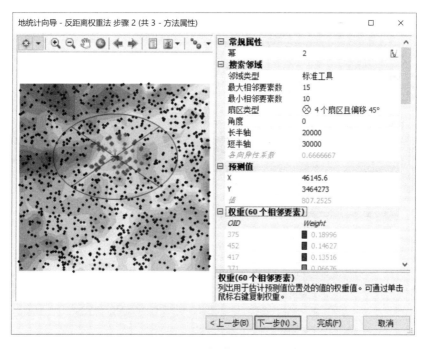

（b）方法属性配置

图 10.21　地统计向导中的【反距离权重法】数据初始化窗口和【方法属性】窗口

（3）在图 10.22 中，X 轴代表样点的真实值，Y 轴代表内插出来的样点值，虚线代表理论上的点值的拟合曲线，实线代表内插出点值的拟合曲线。实线的趋势越与虚线吻合，说明内插的效果越好。如果拟合效果不好，可以后退到【上一步】重新设置相关参数。反之，点击【完成】按钮，在生成插值结果前弹出一个所有参数信息的汇总报告窗口，关闭后即可得到预测结果，如图 10.23 所示。

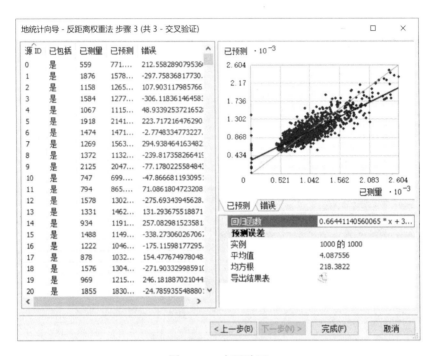

图 10.22　交叉验证

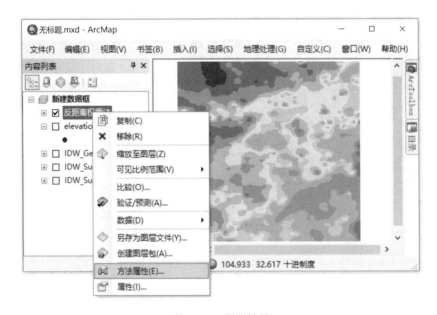

图 10.23　预测结果

在图 10.23 中，可以通过该地统计图层的右击菜单中的【方法属性】返回到向导窗口，重新调整参数并生成新的插值结果图层。由于输出结果为地统计图层，如果要将结

果数据保存到数据库中，需要通过图层右击菜单中的【数据】|【导出】操作，将其导出为栅格数据。

利用该方法进行插值时，样点分布应尽可能均匀，且布满整个插值区域。对于不规则分布的样点，插值时利用的样点往往不均匀地分布在周围的不同方向上，每个方向对插值结果的影响是不同的，插值结果的准确度也会降低。

2. 地形转栅格插值

地形转栅格工具是专门构建地形表面栅格的插值模型，可以同时支持高程点、等高线等高程数据和湖泊面、沟谷线等特征要素作为输入要素。假设某个空间分析任务同时提供了某区域的等高线数据和一些相对比较重要的高程点数据，需要基于这些数据构建地形表面，此时就可以采用此工具实现。先给定某区域的等高线数据（"ex_02\elev_line.shp"）和高程点数据（"ex_02\elev_point.shp"），使用该工具的具体操作流程如下：

（1）打开【Spatial Analysis】|【插值】下的【地形转栅格】插值工具，然后加载名称为"cont_line"和"elev_point"的图层作为【输入要素】，并将两个图层的【类型】分别设置为"Contour"和"PointElevation"。然后设置【输出表面栅格】和【输出像元大小】，如图10.24（左）所示。由于在此任务中输入了多个数据图层，因此，除了以上基本参数，还需要配置【输入数据的主要类型】参数。这里的【输入数据的主要类型】为等高线，因此将此参数设置为"CONTOUR"，如图10.24（右）所示。

图10.24 【地形转栅格】工具（左）及其参数（右）

（2）所有参数配置完成后，单击【确定】按钮执行工具，则可以生成如图10.25（a）所示的结果。图10.25（b）为原始高程点和等高线数据示意图。【地形转栅格】工具是一个复合插值模型，仅由Spatial Analysis工具箱提供，无法在地统计向导中使用。

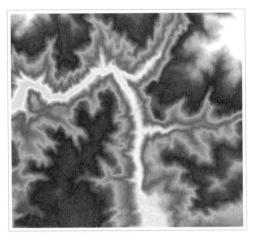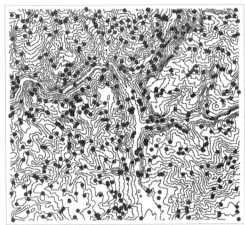

（a）规则格网 DEM 数据 　　　　　　　　　　（b）原始高程点和等高线数据

图 10.25　原始数据及用【地形转栅格】工具查之后的结果

3. 全局多项式插值

全局多项式插值法以整个研究区的样点数据集为基础，用一个多项式来计算预测值，即用一个平面或曲面进行全区特征拟合。全局多项式插值所得的表面很少能与实际的已知样点完全重合，所以全局多项式插值法是非精确的插值法。利用全局多项式插值法生成的表面容易受极高和极低样点值的影响，尤其在研究区边沿地带，因此用于模拟的有关属性在研究区域内最好是变化平缓的。全局多项式插值法适用的情况如下：①当一个研究区域的表面变化缓慢，即这个表面上的样点值由一个区域向另一个区域的变化平缓时，可以采用全局多项式插值法；②检验长期变化的、全局性趋势的影响时，一般采用全局多项式插值法，在这种情况下应用的方法通常被称为趋势面分析。

利用全局多项式插值法进行空间插值的基本步骤如下。

（1）在 ArcMap 中加载地统计数据点图层，选择 Geostatistic Analysis 工具条中的【地统计向导】命令。

（2）选择全局多项式插值法，设置参与插值的【数据集】和【字段】，单击【下一步】，弹出全局多项式趋势拟合对话框，【源数据】设置为"ex_02"中名称为"elev_point"的点数据，【数据字段】设置为"elev"，然后点击【下一步】。

（3）设置拟合表面多项式的次数。值为 1 表示用一个一阶多项式，即用平面来拟合；值为 2，表示用一个二阶多项式（即曲面）来拟合。次数越低，拟合的表面越粗糙，实际表面拟合的效果越差，大致代表了此区域的宏观趋势；次数越高，拟合面越光滑，拟合的结果越接近实际的表面，但并不是次数越高越好，次数过高使得计算量大大增加而精度提高不大。因此，一般选用三次即可。图 10.26 为二次拟合及三次拟合的结果图。

（4）单击【下一步】，弹出全局多项式拟合正交验证对话框，各参数含义同前。

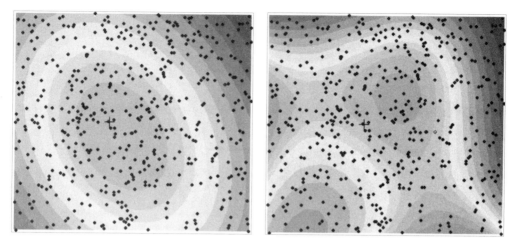

图 10.26　二次和三次全局多项式插值结果

（5）单击【完成】，弹出全局多项式内插结果。

应用全局多项式进行插值常见的情况是，利用低阶多项式插值建立一个变化平缓的表面来描述某些物理过程（如污染问题、风向问题）。然而，需要注意的是，多项式越复杂，其物理意义就越难以描述清楚。此外，所得到的表面容易受到离群点（具有极高和极低值得样点）的影响，边沿区域的影响尤其显著。

4. 局部多项式插值

全局多项式插值使用一个多项式来拟合整个表面,局部多项式插值采用多个多项式,每个多项式都处在特定重叠的邻近区域内。通过使用搜索邻近区域对话框可以定义搜索的邻近区域。局部多项式插值法并非精确的插值法，但它能得到一个平滑的表面。建立平滑表面和确定变量的小范围的变异可以使用局部多项式插值法，特别是数据集中含有短程变异时，局部多项式插值法生成的表面就能描述这种短程变异。

在局部多项式插值法中，邻近区域的形状、要用到的样点数量的最大值和最小值以及扇区的构造都需要进行设定。还可以使用另外一种方法，就是通过拖动一个滑块改变参数值定义邻近区域的宽度，这个参数以预测点与已知样点之间的距离为基础，所用的邻近区域内的样点的权重随着预测点与标准点之间距离的增加而减小。因此，局部多项式插值法产生的表面更多地用来解释局部变异。

利用局部多项式插值的基本步骤如下。

（1）在 ArcMap 中加载地统计数据点图层，选择 Geostatistic Analysis 工具条中的【地统计向导】，弹出输入数据与方法选择对话框，【源数据】设置为 "ex_02" 中名称为 "elev_point" 的点数据，【数据字段】设置为 "elev"，然后点击【下一步】。

（2）选择【局部多项式】方法，设置参与插值的【数据集】和【字段】，单击【下一步】，先后配置【方法属性】和【交叉验证】，如图 10.27 所示，最终单击【完成】得到结果。

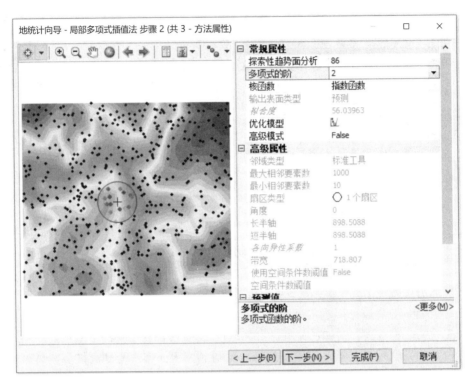

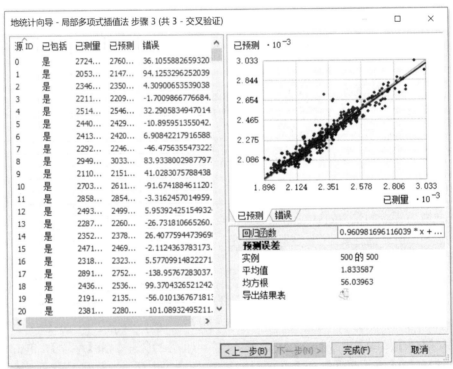

图 10.27　局部多项式【方法属性】和【交叉验证】对话框图

10.3.2 地统计空间点插值

克里金（Kriging）方法是以空间自相关性为基础，利用原始数据和半方差函数的结构性，对区域化变量的未知样点进行无偏估值的插值方法，是地统计学的主要内容之一。南非矿产工程师 D. R. Krige（1951）在寻找金矿时首次运用这种方法，法国著名统计学家克里金 G. Matheron 随后将该方法理论化、系统化，并命名为 Kriging，即克里金方法。克里金差值可以简单地表达为

$$Z(s) = \mu(s) + \varepsilon(s) \tag{10.11}$$

式中，s 为不同位置的点，可以认为是用经纬度表示的空间坐标；$Z(s)$ 为 s 处的变量值，它可分解为确定趋势值 $\mu(s)$ 和自相关随机误差 $\varepsilon(s)$。通过对这个公式进行变化，可以生成克里金方法的不同类型。

首先，对于趋势值 $\mu(s)$，可以简单地赋予一个常量，即在任何位置 s 处 $\mu(s) = \mu$，如果 μ 是未知的，这便是普通克里金的基本模型；$\mu(s)$ 也可表示为空间坐标的线性函数，如

$$\mu(s) = \beta_0 + \beta_1 x + \beta_2 y + \beta_3 x^2 + \beta_4 y^2 + \beta_5 xy \tag{10.12}$$

这是一个二阶多项式趋势面方程，由空间坐标（x, y）经线性回归分析而获得。如果趋势面方程中的回归系数是未知的，便形成了泛克里金模型；如果在任何时候趋势是已知的（如所有系数和协方差均已知），无论趋势是常量与否，都会形成简单克里金模型。

其次，无论趋势如何复杂，$\mu(s)$ 仍无法获得很好的预测。在这种情况下需要对误差项 $\varepsilon(s)$ 进行一些假设，即假设误差项 $\varepsilon(s)$ 的期望均值为零，且 $\varepsilon(s)$ 和 $\varepsilon(s+h)$ 之间的自相关不取决于 s 点的位置，而取决于位移量 h。为了确保自相关方程有解，必须允许某两点间自相关可以相等。

再次，可以对方程式的左边 $Z(s)$ 进行变换。例如，可以将其转换成指示变量，即如果 $Z(s)$ 低于一定的阈值，则将其值转换为零，将高于阈值的部分转换为 1，然后对高于阈值的部分做出预测，基于此模型做出预测便形成了指示克里金模型。如果将指示值转变成含有变量的函数 $f[Z(s)]$，即形成的析取克里金的指示函数。

最后，如果有多个变量的情况，则模型为 $Z_j(s) = \mu_j(s) + \varepsilon_j(s)$，其中 j 表示第 j 个变量。这里除了为每个变量考虑不同的趋势 $\mu_j(s)$ 外，随机误差 $\varepsilon_j(s)$ 之间还存在着交叉相关性。这种基于多个变量的克里金模型便形成了协同克里金模型。用克里金方法进行插值的主要步骤如图 10.28 所示。

在克里金插值过程中，需注意以下几点：

（1）数据应符合前提假设。

（2）数据应尽量充分，样本数尽量大于 80，每一种距离间隔分类中的样本对数尽量多于 10 对。

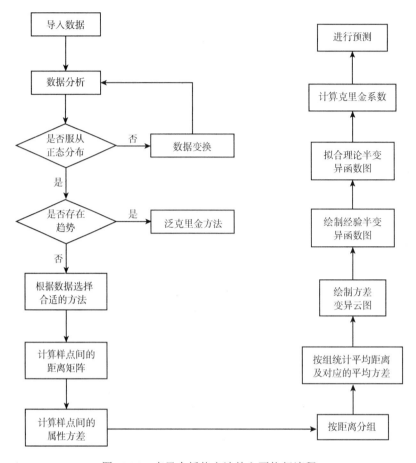

图 10.28　克里金插值方法的主要执行流程

（3）在具体建模过程中，很多参数是可调的，且每个参数对结果的影响不同。

块金值：误差随块金值的增大而增大；

基台值：对结果影响不大；

变程：存在最佳变程值；

拟合函数：存在最佳拟合函数。

（4）当数据足够多时，各种插值方法的效果基本相同。

目前，克里金方法主要有以下几种类型：普通克里金（Ordinary Kriging）、简单克里金（Simple Kriging）、泛克里金（Universal Kriging）、协同克里金（Co-Kriging）、对数正态克里金（Logistic Normal Kriging）、指示克里金（Indicator Kriging）、概率克里金（Probability Kriging）和析取克里金（Disjunctive Kriging）等。下面简要介绍 ArcGIS 中常用的几种克里金方法的适用条件，其具体的算法、原理可查阅相关文献资料。

不同的方法有其适用的条件，按照图 10.28 所示步骤，当数据不服从正态分布时，若服从对数正态分布，则选用对数正态克里金方法；若不服从二元正态分布时，选用析取克里金方法；当数据存在主导趋势时，选用泛克里金方法；当只需了解属性值是否超过某一阈值时，选用指示克里金方法；当同一事物的两种属性存在相关关系，且一种属性不易获取时，选用协同克里金方法，借助另一属性实现该属性的空间内插；当假设属性值的期望值为某一已知常数时，选用简单克里金方法；当假设属性值的期望值是未知的，选用普通克里金方法。

基于以上原则，就可以在具体的问题中选择适当的克里金插值模型完成各种地统计分析任务。由于以上地统计插值方法都可以通过【地统计分析】工具条中的向导窗口完成，并且操作方式类似，只是参数类型略有不同。因此，下面仅选取普通克里金和简单克里金方法作为示例介绍其使用方法，实验数据路径为："\Chp_10\ex_02"。

1. 普通克里金插值

普通克里金是区域化变量的线性估计，它假设数据变化呈正态分布，认为区域化变量 Z 的期望值是未知的常量。插值过程类似于加权滑动平均，权重值的确定来自空间数据分析。

ArcGIS 中普通克里金插值包括四部分功能：创建预测图（prediction map）、创建分位数图（quantile map）、创建概率图（probability map）和创建标准误差预测图（prediction standard error map）。

1）创建预测图

由于普通克里金法要求数据呈正态分布。因此，为了预测结果的正确性，首先需要生成直方图并判断其是否服从正态分布。首先在地图中加载 "ex_02\elev_point.shp" 数据，然后通过地统计工具条中的 "直方图" 工具，基于此数据的 "elev" 高程字段构建直方图。生成直方图会发现，数据服从正态分布，因此不需要做变换处理。接下来开始执行普通克里金插值任务，具体步骤如下：

（1）选择 Geostatistical Analyst|【地统计向导】命令，则会弹出向导对话框[图 10.29]。首先在左侧选择 "克里金法\协同克里金法"；然后在【数据集】中选 "elev_point" 图层数据，【属性字段】选择 "elev"。选择完成后单击【下一步】。

（2）在【克里金法步骤 2】的对话框中，从【克里金法类型】列表框中选择【普通克里金】，在【输出表面类型】列表框中选择 "预测"。由于原始数据服从正态分布，因此 "变换类型" 等其他参数保持默认，单击【下一步】。

（3）在【克里金法步骤 2】窗口中，设置参数值。这里可以设置半变异函数的类型、各向异性、块金模型以及步长与步长分组数等参数，然后点击【下一步】。

（4）在搜索邻域对话框中设置参数（图 10.30），这里可以保持默认参数。然后点击【下一步】。

最后会在交叉验证对话框中列出模型精度评价。在对不同参数得到模型的比较中，可参考 Prediction Errors 列表中的几个指标。符合以下标准的模型是最优的：标准平均值最接近于 0，均方根最小，平均值误差最接近于均方根误差，平均标准误差最接近于 1。单击【完成】，普通克里金法内插结果图如图 10.31 所示。

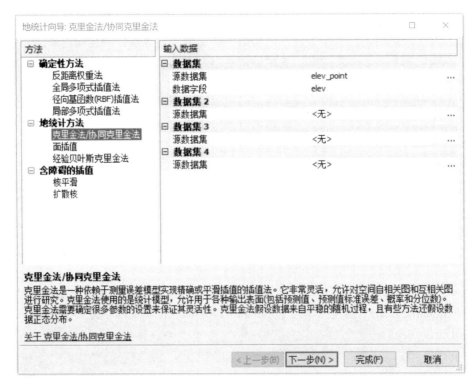

图 10.29　统计内插方法选择对话框

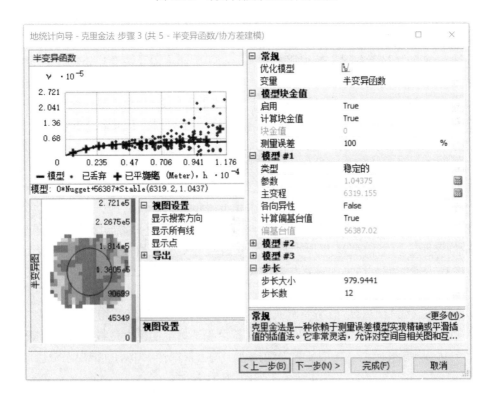

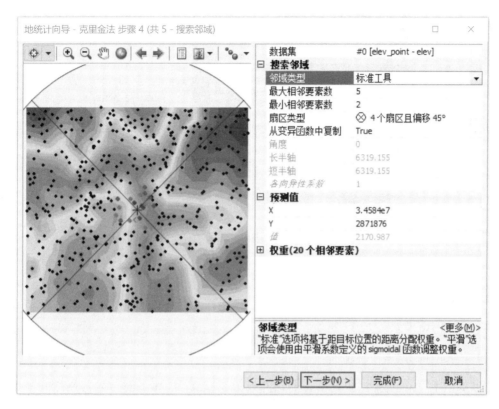

图 10.30　【半变异函数\协方差云】和【邻域搜索】对话框

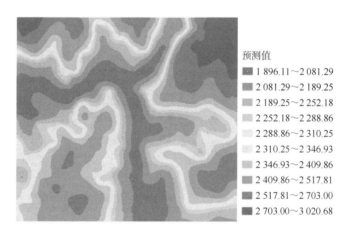

图 10.31　普通克里金内插生成的预测图

2）创建分位数图

创建普通克里金的分位数图的步骤类似上述普通克里金预测图，只需要在图 10.29 中的【输出表面类型】框内选择"分位数"。创建分位数图的结果如图 10.32 所示。

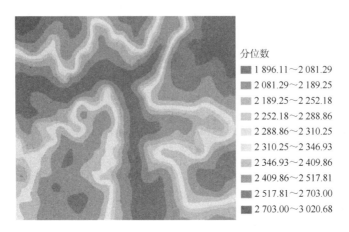

分位数
■ 1 896.11～2 081.29
■ 2 081.29～2 189.25
■ 2 189.25～2 252.18
■ 2 252.18～2 288.86
□ 2 288.86～2 310.25
■ 2 310.25～2 346.93
■ 2 346.93～2 409.86
■ 2 409.86～2 517.81
■ 2 517.81～2 703.00
■ 2 703.00～3 020.68

图 10.32　普通克里金内插生成的分位数图

3）创建概率图

以类似方法可创建普通克里金的概率图，这里在【输出表面类型】框内选择"概率"，创建概率图的结果如图 10.33 所示。

4）创建标准误差预测图

以类似方法可创建普通克里金的标准误差预测图，创建标准误差预测图的结果如图 10.34 所示。

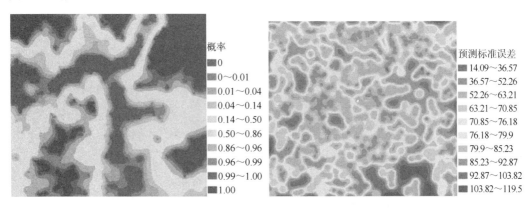

概率
■ 0
■ 0～0.01
■ 0.01～0.04
■ 0.04～0.14
□ 0.14～0.50
■ 0.50～0.86
■ 0.86～0.96
■ 0.96～0.99
■ 0.99～1.00
■ 1.00

预测标准误差
■ 14.09～36.57
■ 36.57～52.26
■ 52.26～63.21
■ 63.21～70.85
□ 70.85～76.18
■ 76.18～79.9
■ 79.9～85.23
■ 85.23～92.87
■ 92.87～103.82
■ 103.82～119.5

图 10.33　普通克里金内插生成的概率图　　图 10.34　普通克里金内插生成的标准误差预测图

2. 简单克里金插值

简单克里金是区域化变量的线性估计，它假设数据变化呈正态分布，认为区域化变量 Z 的期望值为已知的某一常量。

$$Z(s) = \mu + \varepsilon(s) \tag{10.13}$$

由于已经知道了 μ 的值，因此能更精确地知道每个数据点的误差值 $\varepsilon(s)$，相比普通克里金法[μ 值和 $\varepsilon(s)$ 均是经过估计的]，在已知 $\varepsilon(s)$ 值的情况下进行自相关分析的效果自然好得多。虽然 μ 值是已知的，但假设经常是不现实的。有时可以用其来对物理模型的趋势进行预测，然后对预测值和实测值进行比较，可在假设残余值（residuals）为零的情况下应用简单克里金法进行残余值分析。ArcGIS 中使用简单克里金插值可以创建预测图、分位数图、概率图、标准误差预测图。这里以创建预测图为例进行说明，其他的功能图创建方法类似，在此不再赘述。其在 ArcGIS 中的实现过程与普通克里金法的相似，具体步骤如下。

（1）选择 Geostatistical Analyst【地统计向导】命令，则会弹出向导对话框。首先在左侧选择【克里金法\协同克里金法】；然后在【数据集】中选"elev_point"图层数据，【属性字段】选择"elev"。选择完成后单击【下一步】。

（2）在【克里金法步骤 2】的对话框中，从【克里金法类型】列表框中选择"简单克里金"，在【输出表面类型】列表框中选择"预测"。由于原始数据服从正态分布，因此【变换类型】等其他参数保持默认，单击【下一步】。

（3）其他操作和参数配置与普通克里金法的类似，最后单击【完成】，即可得到如图 10.35 所示的预测结果。分位数图、概率图和标准误差预测图的生成方式也可以参考普通克里金法的操作方式。

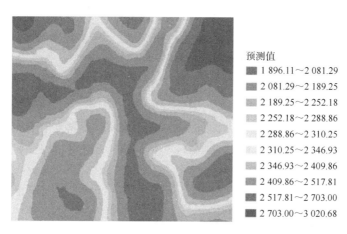

图 10.35　简单克里金内插生成的预测图

10.3.3　地统计空间面插值

基于面数据的空间插值应用并不像基于点的插值分析那样广泛，但在一些问题的解决中，面插值是非常重要的，发挥着不可替代的作用。例如，我们有一组边长为 10 km 左右的网格人口统计数据，需要将其转换到乡镇面元，然后开展其他分析任务。在此应用场景中，面临着网格人口和乡镇人口空间单元不重合、交叉的情况，很难通过常规的方法实现转换。而面插值，则可以很好地解决这一问题。

ArcGIS 中提供了在克里金法基础上扩展得到的面地统计插值方法。此方法主要将面要素上的平均值或计数值进行地统计预测。其原理是：首先基于一组面数据的均值、计数或其他统计量生成一个预测表面，此表面为地统计图层；然后基于此新生成的预测表面，预测得到一组与原始面图层具有不同大小和形状的新面图层；最终间接实现了从一组已知某变量的面图层向另一组未知某变量的面图层的转换，实验数据位于"\Chp_10\ex_03"。

现给定某地区边长为 30 km 的网格人口面数据（数据路径为"ex_03\pop_grid_area.shp"）

和该地区的区县行政区划数据（数据路径为"ex_03\county_area.shp"）。其中，网格数据中的人口字段为"pop"，假设该人口网格数据基于大数据监测得到，但为了满足区域规划分析，需要基于此人口网格数据得到区县人口数据。此时，就可以采用地统计面插值实现，具体实现步骤如下。

（1）首先，将人口网格数据"pop_grid_area.shp"和区县行政区划数据"county_area.shp"加载到 ArcMap 中。原始数据如图 10.36 所示。然后从【Geostatistical Analysis】工具条中打开【地统计向导】窗口。

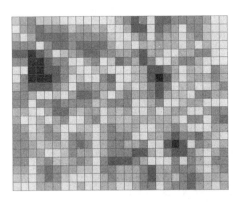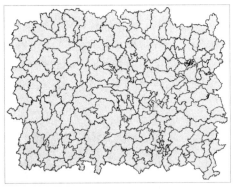

图 10.36　网格人口统计数据和区县行政区划数据

（2）然后在【方法】面板中选择"面插值"，在【输入数据】面板中将【类型】参数设置为"pop_grid_area"图层，【值字段】设置为"pop"，如图 10.37 所示。设置完成后单击【下一步】。

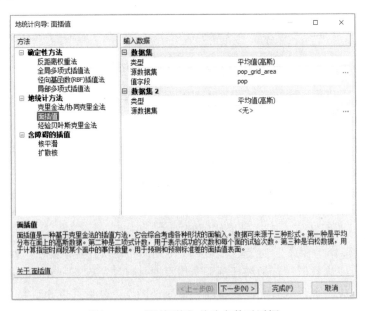

图 10.37　【面插值】首选参数对话框

（3）进入【地统计向导-面插值步骤 2】窗口后，可以看到带有置信区间的协方差图，通过调整右侧的【置信度】可以改变置信区间的大小，默认为90，即90%的置信水平，如图 10.38 所示。改变【类型】中的函数类别、步长大小和步长数，使左侧协方差图中大多数"已平均化"的"十"字形符号尽可能在置信区间内，这样才能保证插值结果的精度更高，完成后，单击【下一步】。

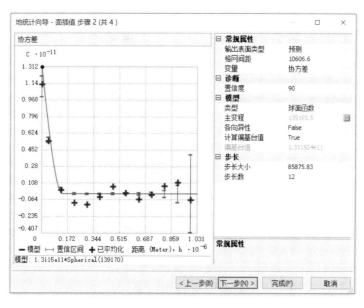

图 10.38　【地统计向导-面插值步骤2】对话框

（4）进入【搜索邻域】窗口后，可以设置【搜索邻域】的各个参数，此操作的方法和目的与其他地统计模型类似。配置完成后单击【下一步】进入【交叉验证】窗口。通过交叉验证可以评估插值结果的误差，如果误差较大，则返回上面的步骤重新调整参数，如图 10.39 所示。所有步骤完成后，单击【完成】。

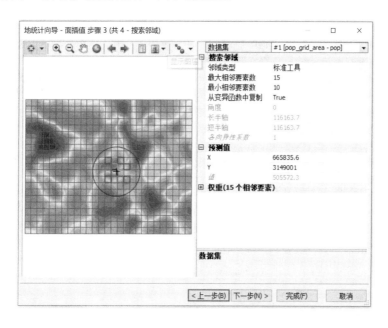

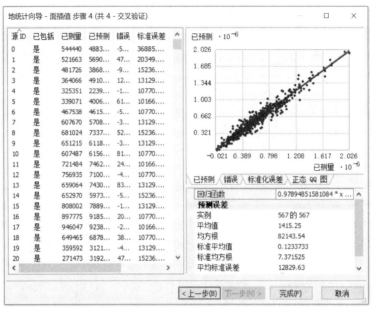

图 10.39　【搜索邻域】和【交叉验证】对话框

（5）面插值完成后，可以得到如图 10.40（a）所示的人口表面地统计图层。对比如图
10.40（b）所示的原始网格数据可以观察到插值结果，两者在分布趋势上具有较大的一
致性。

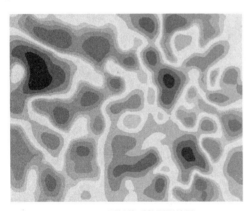
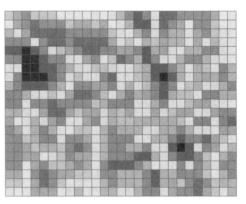

（a）面插值后的预测结果　　　　　　　　　　（b）原始人口网格数据

图 10.40　面插值后的地统计图层和原始人口网格数据

（6）正如一开始所介绍的那样，从一个面到另一个面的插值不是直接完成的，而是
需要基于生成的表面预测需要插值的面的值。具体操作方式为：首先选中新生成的地统
计图层，然后右击菜单并单击【预测到面】按钮，打开【面插值图层到面】工具，【输入
面插值地统计图层】即上面生成的地统计图层，已经被默认配置完成。【输入面要素】设
置为 "county_area"，即将要被预测的面图层。设置完成后（图 10.41），单击【确定】
按钮，则可以得到如图 10.42 所示的最终插值结果。

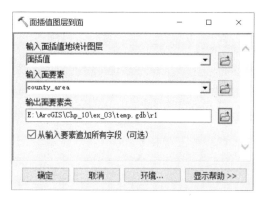

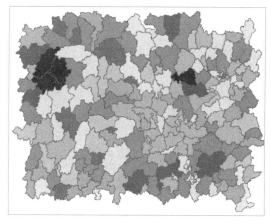

图 10.41 【面插值图层到面】对话框　　　　图 10.42 面插值到区县行政区划图层的结果

10.4 空间模式与空间关系建模

ArcGIS 提供了一系列用于理解空间数据整体特征、分布模式和空间关系的分析工具，这些工具能够揭示空间数据背后的深层次规律。具体包括：①汇总地理要素空间分布的关键特征，如地理要素的中心位置、主体方向分布等。②评估一组地理要素聚集、离散还是随机分布的全局模式，如空间要素的分布是否是随机的。地理要素的某个属性在空间上是否呈现聚集分布。③标识具有统计显著性的空间聚集变量或异常值，从而探测出具有空间自相关性的局部模式。例如，呈现统计显著性的高值聚集区域在哪里？是否有被高值区域包围的低值区域存在等。④探索不同空间变量之间的全局关系或局部关系。例如，哪些空间变量主要影响了解释变量的变化？几个不同的空间变量之间是否存在某种关系，以及不同的区域这些变量之间的关系是否一致等问题都可以采用这些工具进行建模。

10.4.1 度量地理要素的基本特征

度量地理要素空间分布特征的常用方法包括平均中心、中位数中心、中心要素、线性方向均值、标准距离和标准差椭圆等，各个方法的示意图如图 10.43 所示。

平均中心和中位数中心都是根据一组地理要素的位置计算出一个"中心"位置，但计算方式不同。平均中心是分别求算所有要素 X 坐标和 Y 坐标的平均值，并将此坐标作为平均中心的位置坐标；中位数中心则是一个不断迭代的过程，通过求算候选中位数中心到每个地理要素的欧氏距离之和，不断改变此候选中位数中心位置，直到距离和达到最小值。

中心要素则是从一组地理要素中找到处于中心位置的那个要素。其求算方式是计算每一个要素到其他所有要素的欧氏距离之和，和最小的那个要素就是中心要素。

标准距离以平均中心为圆心、以标准距离为半径绘制出一个圆，用于度量一组要素相对于平均中心的离散程度。标准距离的计算方式为所有要素到平均中心的距离的和除以要素的总数再开方。

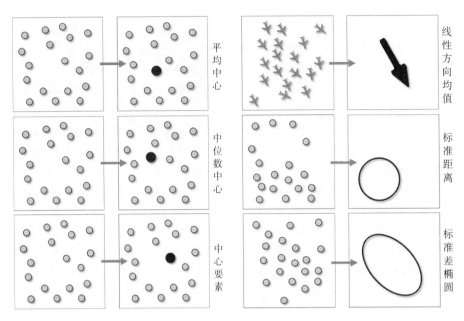

图 10.43　度量地理分布的常用方法

　　标准差椭圆通过一个椭圆度量一组地理要素的空间分布方向趋势和聚集程度。该方法通过分别计算 X 和 Y 方向上的标准距离确定椭圆的长轴和短轴。这两个测量值可用于定义一个包含所有要素分布的椭圆的轴线，通过平均中心的 XY 坐标的偏差确定椭圆的方向。

　　值得注意的是，以上所有方法可以通过要素的属性值进行加权，从而影响要素的空间分布特征的度量结果。这可能在某些强调不同要素重要性有差异的分析中是非常重要的。下面以平均中心和标准差椭圆为例演示具体的操作过程，实验数据位于"\Chp_10\ex_04"。

1. 平均中心

　　分析一组城市服务设施的平均中心有助于了解该类设施在城市中的整体区位特征。下面将包含三个分析任务：①分析出研究区中所有住宿服务 POI 的平均中心。②宾馆有不同的等级，根据 POI 属性表中的"hotel_level"字段值对每个 POI 进行加权并分析出平均中心。③图层"Street_area"中的每个面代表了一个街区，图层"Hotel_point"中的"Street_name"标识了每个 POI 所属的街区。基于以上信息分析出每个街区中住宿服务 POI 的平均中心。其在 ArcGIS 中的实现过程如下：

　　（1）打开【空间统计分析】|【度量地理分布】下的【平均中心】工具，【输入要素类】为"Hotel_point.shp"，并指定输出要素类的存储位置及名称。点击【确定】按钮执行工具，如图 10.44 所示，则可使

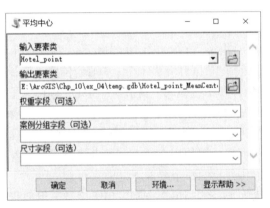

图 10.44　【平均中心】工具对话框

得到如图 10.45 所示的结果，即为任务 1 中所需要的结果。

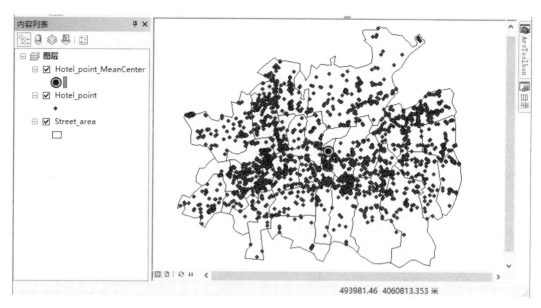

图 10.45　住宿服务 POI 的平均中心分析结果

（2）再次打开【平均中心】工具对话框，除了配置【输入要素类】和【输出要素类】参数外，将【权重字段】设置为"hotel_level"，此种情形下，宾馆 POI 的等级越高，则在计算平均中心时权重越大。配置完成后点击【确定】按钮，如图 10.46 所示，则可以得到如图 10.47 所示的结果，即任务 2 中所需要的分析结果。不考虑权重和考虑权重所得到的平均中心位置类似，说明住宿服务的等级对其分布的中心性影响不大。

（3）打开【平均中心】工具对话框，配置【输入要素类】和【输出要素类】参数，并将【案例分组字段】设置为"street_name"字段，最后点击【确定】按钮执行工具，如图 10.48 所示，则可以得到如图 10.49 所示的结果，即任务 3 中所需要的分析结果，每个街道中都包含了一个中心位置。

图 10.46　包含权重值的【平均中心】工具对话框

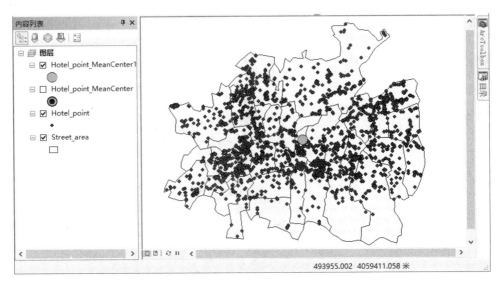

图 10.47 带权重的住宿服务 POI 平均中心

图 10.48 包含分组参数的【平均中心】工具窗口

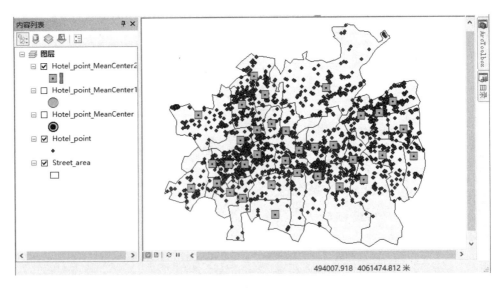

图 10.49 分街区的住宿服务 POI 平均中心

2. 标准差椭圆

由于受到城市地形、交通、政策等多方面因素的影响，如图 10.44 所示的住宿服务设施的空间分区一般不是从市中心位置向四周均匀扩散，而是具有一定的方向趋势。尽管从图 10.44 中可以直接观察到这种趋势，但标准差椭圆使这种趋势更加明显地表达出来，并实现了定量化的分析和描述。不仅如此，标准差椭圆还能够表征这些设施的集聚和离散程度。其在 ArcGIS 中的实现过程如下：

打开【空间统计分析】|【度量地理分布】下的【方向分布（标准差椭圆）】工具，首先将 "Hotel_point.shp" 作为【输入要素类】，并配置【输出椭圆要素类】的存储路径。然后在【椭球大小】中设置为 1 倍的标准差。最后点击【确定】按钮执行工具，如图 10.50 所示。结果如图 10.51 所示，从标准差椭圆的形状和分布可以看出，研究区域中住宿服务 POI 的分布呈现明显的东西向分布趋势。

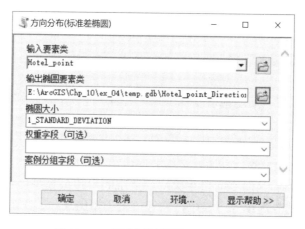

图 10.50　【标准差椭圆】工具对话框

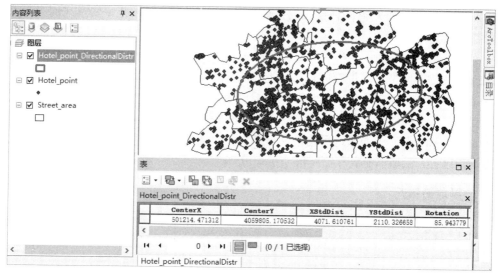

图 10.51　住宿服务 POI 的 1 倍标准差椭圆分析结果

在图 10.51 的分析结果中，1 倍的标准差椭圆并没有包含所有的 POI 点，这是由于当椭圆大小设为 1 倍的标准差时，如果这些点的空间分布呈现正态分布，则 1 倍的标准差椭圆包含 68%的点。当椭圆大小分别设置为 2 倍和 3 倍的标准差时，则分别包含 95%和 99%的 POI 点。此外，打开标准差椭圆图层的属性表，会发现属性表中包含椭圆中心的位置坐标列、长轴和短轴的长度列以及方向角列，其中方向角是指沿着正北方向顺时针旋转长轴的角度。这些参数都是定量化描述 POI 数据方向分布特征的重要变量。

10.4.2　地理要素的全局模式分析

当观察一幅单要素地图时，对要素本身或与其关联的值的整体空间分布格局会有一个大致的认识。但当空间格局较为复杂或面对多个专题数据时，则很难通过直接观察对所呈现的空间模式进行有效表述。全局空间分析工具集能够定量化地分析和描述一组地理要素及其属性值的全局模式。在 ArcGIS 中，度量全局空间模式的方法包括平均最邻近、全局高低值聚类、全局空间自相关、增量空间自相关和多距离空间聚类等分析工具。

平均最邻近用于度量一组地理要素彼此之间的空间邻近性。其实现原理是首先测量每个要素的质心与其最近邻要素的质心位置之间的距离，然后计算这些距离的均值。最后通过对比该均值与假设所有要素随机分布时的平均距离之间的大小确定要素呈随机分布、聚集分布还是离散分布，并通过 Z 得分评估其统计显著性。

全局高低值聚类和全局空间自相关均通过空间自相关模型度量一组地理要素的某个属性值在空间上的全局模式。其中，高低值聚类使用 Getis-Ord General G 统计量实现，而空间自相关则基于 Global Moran's I 实现。前者能够探测出全局层面的高值聚类、低值聚类和随机模式，而后者只能探测得到全局层面的聚类模式、离散模式和随机模式。两种方法都通过 P 值评估模式的统计显著性，并通过 Z 得分评估模式的类型及其统计显著性。

增量空间自相关和多距离空间聚类是用于评估不同的距离阈值下全局空间模式显著性的探索性分析模型。增量空间自相关通过设定不同的空间邻近距离，基于 Moran's I 及其 Z 得分评估在哪个距离阈值上全局空间自相关最显著。而多距离空间聚类则是基于 Ripley's K 函数评估不同距离阈值条件下地理要素的全局模式具有统计显著性的是聚集分布还是离散分布。下面通过平均最邻近和全局空间自相关的实验了解全局模式分析的基本操作过程，实验数据位于 "\Chp_10\ex_05"。

1. 平均最邻近

分析一组地理要素的平均最邻近指数能够从整体上反映这组要素是聚集、离散还是随机。现提供某城区中的餐馆 POI 数据，采用平均最邻近指数分析该城区餐饮设施的分布在全局上属于哪种模式。在 ArcGIS 中的具体操作步骤如下：

（1）打开【空间统计分析】|【分析模式】下的【平均最邻近】工具，在【输入要素类】中选择 "Restaurant_point.shp" 图层作为分析目标数据，城市内部不宜采用欧氏距离，

在【距离法】中选择"曼哈顿距离（MAHATTAN_DISTANCE）"，并选择【生成报表】复选框，如图 10.52 所示。

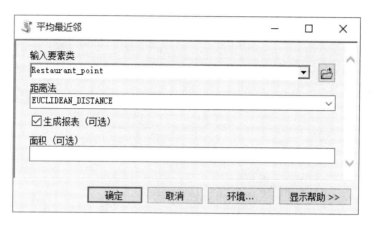

图 10.52　【平均最邻近】工具对话框

（2）参数配置完成后点击【确定】按钮执行工具。执行完成后，会生成一个分析结果报表，但报表需要通过【地理处理结果】面板查看。具体操作为在菜单栏【地理处理】中单击【结果】子菜单，则可以调出如图 10.53（a）所示的【结果】窗口。在结果窗口中列出了所执行工具的输入参数、运行参数和结果参数。展开刚执行过的【平均最邻近】工具节点，双击"报表文件：最邻近法结果.html"，则可以在默认浏览器中打开如图 10.53（b）所示的结果。

（a）地理处理结果窗口

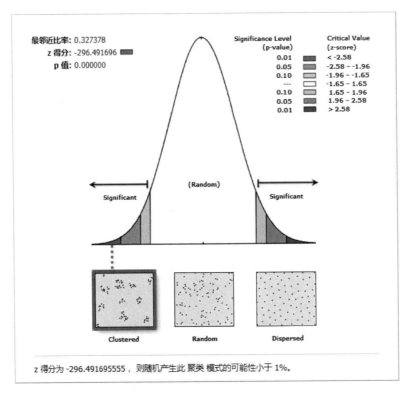

最邻近比率: 0.327378
z 得分: -296.491696
p 值: 0.000000

Significance Level
(p-value)
0.01
0.05
0.10

0.10
0.05
0.01

Critical Value
(z-score)
< -2.58
-2.58 – -1.96
-1.96 – -1.65
-1.65 – 1.65
1.65 – 1.96
1.96 – 2.58
> 2.58

(Random)

Significant

Significant

Clustered

Random

Dispersed

z 得分为 -296.491695555，则随机产生此 聚类 模式的可能性小于 1%。

（b）平均最邻近分析结果报表

图 10.53　餐馆 POI 数据的平均最邻近法分析结果

　　当最邻近比率小于 1 时则说明这些要素在全局上处于集聚模式，当最邻近比率大于 1 时则说明这些要素呈现离散模式，当最邻近比率等于 1 时则呈现随机分布。除了通过最邻近比率表征要素的全局模式外，还需要通过 Z 得分评估模式的显著性。当 Z 得分分别小于 -2.58、介于 $-2.58 \sim -1.96$、介于 $-1.96 \sim -1.65$ 时，表示所分析的要素在全局上呈现集聚分布的概率分别为 99%、95% 和 90%；当 Z 得分介于 $-1.65 \sim 1.65$ 时，则表示所分析的要素在全局上呈现随机分布，不具有统计显著性；当 Z 得分分别大于 2.58、介于 $1.96 \sim 2.586$、介于 $1.65 \sim 1.96$ 时，则说明所分析要素在全局上呈现离散分布的概率分别为 99%、95% 和 90%。上面分析所得到的最邻近比率为 0.404875 小于 1，且 Z 得分为 -262.330763 远小于 -2.58，则说明该区域的餐馆 POI 在全局上处于高度的聚集分布模式，且集聚分布的显著性水平达到了 99%。

2. 全局空间自相关

　　相比平均最邻近用于度量一组地理要素空间分布的邻近性特征，全局空间自相关则是对一组地理要素的某个属性信息的空间关联性进行度量。在上面的实例中发现，分析区域中的餐馆分布在统计显著性水平上是高度聚集的。这里以"Street_statis_area.shp"中的面为基本分析单元，"Sum"字段为分析目标变量，"Sum"字段表示每个面元中餐馆的数量。通过全局空间自相关分析，可以探测出在此地理面元尺度上餐馆的数量分布在全局上是聚集、离散还是随机。其在 ArcGIS 中的具体实现步骤如下。

（1）打开【空间统计分析】|【分析模式】下的【空间自相关】工具，在【输入要素类】中选择"Street_statis_area.shp"图层作为目标数据，用于分析的【输入字段】选择【Sum】并勾选【生成报表】复选框（可输出分析结果图表），空间关系的概念化选择"CONTIGUITY_EDGES_CORNERS"，在【标准化】列表框中选择"ROW"表示对空间权重矩阵进行标准化，如图 10.54 所示。

图 10.54 【空间自相关】工具对话框

（2）点击【确定】按钮执行分析，分析结果的图表可在地理处理【结果】对话框中查看。双击【报表文件】树节点，可以在浏览器中打开结果图，如图 10.55 所示。尽管全局空间自相关和平均最邻近的分析结果图类似，但其内涵不同。对于全局空间自相关（Global Moran's I），当 $Z>1.65$ 时呈现聚集分布，当 $Z<-1.65$ 时呈现离散分布，而当 Z 值在 $-1.65\sim1.65$ 时呈现随机分布。显然计算结果中 $Z=7.107444$ 远大于 1.65，且大于 99% 置信区间的临界值 2.58。因此，目标分析面元中餐馆的总量在空间上具有明显的集聚模式。

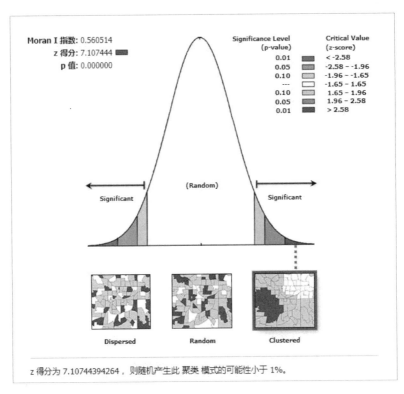

图 10.55　面单元中餐馆 POI 数量分布的全局空间自相关分析结果

10.4.3　地理要素的局部模式分析

　　全局模式只能通过从整体上分析告诉人们一组要素是聚集分布、离散分布还是随机分布，但却无法识别出具体哪些区域属于聚集分布，哪些区域又属于离散分布或随机分布。局部空间分析工具集能够探测出局部区域中所隐含的高值、低值聚集区，还可以通过一些工具探测出存在异常值的区域。在 ArcGIS 中，度量局部空间模式的空间统计方法包括热点分析、优化的热点分析、高低值聚类与异常值分析、分组分析等。

　　热点分析和优化的热点分析工具的原生模型是 Getis-Ord Gi*，是使用最广泛的局部空间自相关度量模型之一。与全局高低值聚类（Getis-Ord Geral G）属于同一统计量的不同实现，通常称为 G 统计量，前者是 G 统计量的局部模式分析的实现，而后者则是 G 统计量的全局模式分析的具体实现。热点分析能够从一组地理要素的某个变量中探测出高值聚集的区域和低值聚集的区域。优化的热点分析实际上是通过数据的分布特征和属性特征自动配置一些参数，模型本身与热点分析无异。

　　聚类与异常值分析工具是另一种用于探测要素属性变量空间自相关的工具，其原生模型是 Moran's I，全局空间自相关模式分析的具体实现就是 10.4.2 节中的全局空间自相关分析工具，局部空间自相关模式分析的具体实现就是这里的空间自相关分析工具。前者通常称为 Global Moran's I，后者则称为 Local Moran's I。

热点分析和高低值聚类分析的实现原理都是同时考虑目标要素和邻域范围内要素的目标变量的协方差，从而通过统计显著性进行聚集模式的显著性度量和检验，进而确定局部区域的空间自相关程度。

　　分组分析则是一种典型的空间聚类方法。相比传统的聚类方法，它能够考虑属于同一聚类簇中要素的空间连续性，通常将这种连续性称为要素邻接的空间约束。分组分析的实现原理是通过 K-Means，根据一组要素的多个属性变量将这些要素划分为用户指定数量的类，并尽可能保证同一类中要素的各个属性最为相似，不同类之间的各属性差异最大化。当设置为具有空间约束的分类时，还保证了同一类中的要素是空间连续的。此模型可用于基于聚类的地理要素类型划分和区域划分。下面以热点分析和分组分析为例，介绍聚类分布制图工具集中的分析模型，实验数据位于"\Chp_10\ex_06"，下载数据请扫封底二维码（多媒体：Chp10）。

1. 热点分析

　　无论是人口、经济还是文化要素的空间分布，都会存在空间自相关现象，即距离越近，这些属性越相似，距离越远则差异性越大。现提供某地区以区县为单元的人口分布数据和GDP 分布数据。属性中包含了"county_pop""county_gdp"和"average_gdp"3 个字段，分别表示人口、GDP 和人均 GDP 属性。下面将包含 2 个分析任务：①采用热点分析分别分析该区域人口和 GDP 的局部空间自相关，探测出人口和 GDP 分布的热点和冷点区域；②通过优化的热点分析工具重新分析人口的空间模式，并思考在参数配置和分析结果方面的差异。

　　（1）打开【空间统计分析】|【聚类分布制图】下的【热点分析】工具，【输入要素类】为"county_region.shp"，【输入字段】设置为"county_pop"并设置【输出要素类】的路径。【空间关系的概念化】建模可以有多种方式，这里选择"FIXED_DISTANCE_BAND"，表示在距离 d 范围内视为邻近，以外则视为不邻近；【距离法】采用默认的欧氏距离，【距离范围或距离阈值】为 d，此处设置为 80 km 并保持其他参数为默认值。点击【确定】按钮执行工具，如图 10.56 所示，则可得到如图 10.57 所示的结果，即任务 1中有关人口的热点分析结果。

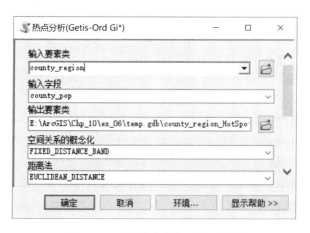

图 10.56　【热点分析】工具对话框

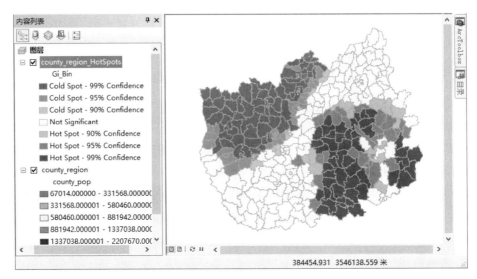

图 10.57　人口的热点分析结果

从图 10.57 中可以看出，在分析区域的西北侧形成了连续的冷点区域，这说明该区域大部分区县的人口在 99%的显著性水平上呈现低人口聚集分布，边缘的部分区县则在

图 10.58　【热点分析】工具对话框

95%和 90%的显著性水平上呈现低人口聚集分布，相反，在东南侧则形成了显著的热点分布。这说明东南地区的大部分区县人口较多，且在显著性水平上呈现聚集分布。其他区域属于随机分布。对于每个具有统计显著性的热点或冷点区域，具体所述的显著性水平可以通过图 10.57 所示左侧的图例对照查看。

（2）再次打开【热点分析】工具，【输入要素类】为 "county_region.shp"，将【输入字段】设置为 "county_gdp"，并保持其他参数与（1）中的相同，点击【确定】按钮，如图 10.58 所示。分析得到的结果如图 10.59 所示。

从图 10.59 所示的分析结果可以看出，研究区中的西北侧和北侧分别形成了两个连续的冷点区域，而东侧和中部地区分别形成了两个热点区域。这些冷点和热点区域大部分区县的 GDP 的统计显著性都很高。此外，在南侧，还形成了两个区县的低 GDP 区域并仅在 90%的统计显著性上呈现高低 GDP 值分布。

（3）打开【空间统计分析】|【聚类分布制图】下的【优化的热点分析】工具，【输入要素】为 "county_region.shp"，【分析字段】设置为 "county_pop" 并设置【输出要素】的路径，如图 10.60 所示。相比图 10.58 所示的【热点分析】工具，除了输入要素、输出要素和分析字段三个基本参数外，其他参数都不可用。这是由于其他参数会根据输入数据的特征自动调整。配置好基本参数后点击【确定】按钮执行工具，结果如图 10.61 所示。

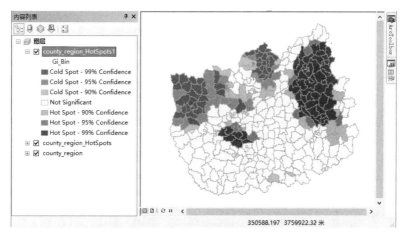

图 10.59　GDP 的热点分析结果

图 10.60　【优化的热点分析】工具对话框

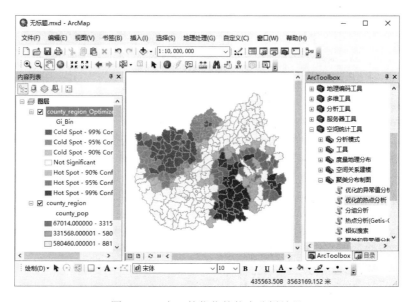

图 10.61　人口的优化的热点分析结果

2. 分组分析

地理分区是认识地理事物的区域相似性与差异性的基本手段。在分区过程中，一种常用的方法是基于地理要素的多个属性特征综合分析，将这些属性相似且邻近的要素划归为同一区域，从而形成多个区域。数据"county_region.shp"中包含每个面（区县）的人口、GDP 和占地面积等字段。如果要综合这三个字段对所有区县进行分区，则可以采用分组分析完成，实验数据位于"\Chp_10\ex_06"。

图 10.62　【分组分析】工具对话框

（1）打开【空间统计分析】|【聚类分布制图】下的【分组分析】工具，【输入要素】为"county_region.shp"，【唯一 ID 字段】设置为"OBJECTID"，【组数】设置为 5，【分组字段】设置为"county_pop"、"county_gdp"和"Shape_Area"，分别对应于人口、GDP和占地面积，并设置【空间约束】为"CONTIGUITY_EDGES_CORNERS"。然后保持其他参数默认，点击【确定】按钮，如图 10.62 所示。运行完成后可以得到如图 10.63 所示的结果。可以看到，整个区域被划分为 5 个分区。由于此方法属于聚类方法，从属于无监督分类。因此，分类数量需要自定义设置。

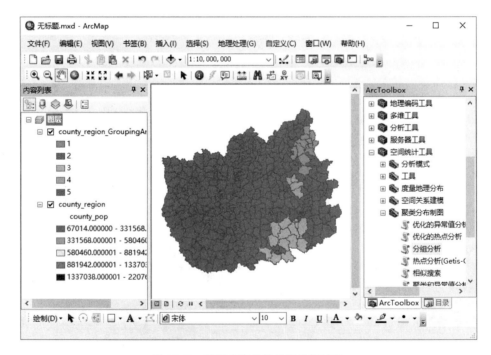

图 10.63　基于多变量的分组分析结果

（2）在上面的分析中，除了基本参数的设置，还可以设置其他参数，这样会影响到分析的结果。此外，还可以配置参数生成一些有助于理解分析结果的辅助图表。例如，如果将【空间约束】设置为"NO_SPATIAL_CONSTRAINT"，则得到的结果中属于同一类的面就可能是不连续的，因为此时在分析过程中将不考虑空间邻近性，其本质就是一般的聚类分析。如果在步骤 1 中还设置了【输出报表文件】的路径，将会生成一个用于解释分区结果的图表。图 10.64（a）和图 10.64（b）为报表文件中的部分结果。对于分组数量参数，该工具还提供了用于评估最佳分组的可选项。如果勾选了【评估最佳组数】复选框，工具在执行过程中还会计算评估最佳的分组数量，并通过 F 检验给出，图 10.64（c）为 F 检验的趋势图。在本实例中，建议的最佳分组数为 4 组。

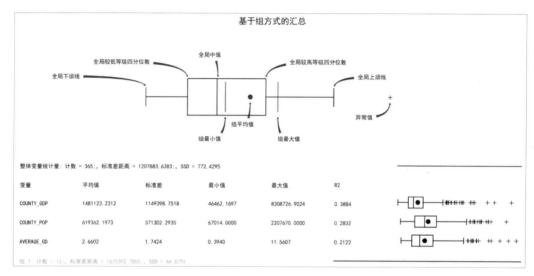

（a）相关性分析

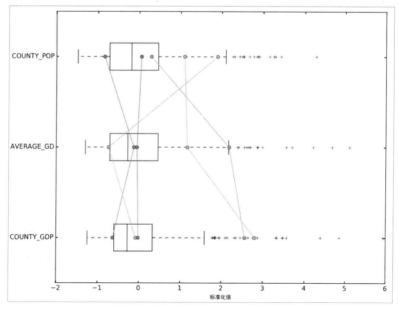

（b）多变量箱线图

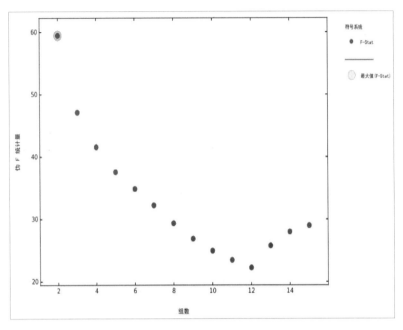

（c）F检验趋势图

图 10.64　分组分析中的结果图表

10.4.4　空间关系建模

各种地理景观的形成都是多个因素综合作用的结果。探索、量化地理要素之间的相关性或因果关系可以通过空间关系建模实现。由于空间关系建模能够发现不同地理事物之间的因果关系，因此也常常用于对未来地理事物的发展进行预测。基本的空间关系建模包括探索性分析模型、全局模型和局部模型，此外，还包括一些用于转换数据结构、构建空间权重矩阵的辅助工具或模型。ArcGIS 中主要包括探索性数据分析模型、全局回归模型（如最小二乘法，OLS）和局部回归模型（如地理加权回归，GWR）等，辅助工具包括空间权重矩阵构建（欧式距离和网络距离）模型工具等。

普通最小二乘法（ordinary least squares，OLS）是使用最为广泛的经典全局线性回归模型，可以用于从全局上理解、解释一个变量与一组变量之间的关系，也可以用于通过一组变量预测一个变量未来的发展趋势。其基本原理是基于因变量和一组解释变量拟合出一个线性模型，通过每个解释变量的系数确定该变量对解释变量的影响程度，并通过此线性模型预测解释变量。OLS 的公式可以表示为

$$Y = \beta_0 + \beta_1 X_1 + \beta_2 X_2 + \cdots + \beta_n X_n + \varepsilon_i \tag{10.14}$$

式中，β_0 为截距；$X_1, X_2, \cdots, X_n$ 为解释变量；$\beta_1, \beta_2, \cdots, \beta_n$ 为与每个解释变量相关联的回归系数；ε_i 为随机误差项。从 OLS 的计算公式可以看到，其与空间位置无直接关系，更没有在模型中体现空间特性。最小二乘法是最为基本且较为成熟的线性回归模型，不仅在地理相关的空间问题中应用，并且广泛应用于多个领域有关变量关系的建模当中。值得注意的是，之所以在这里称其为全局空间关系建模，仅仅是相对于当 OLS 应用于空

间关系建模时，表现为空间变量的全局性。

地理加权回归模型（geographically weighted regression，GWR）是一种广泛使用的用于建模空间变化关系的局部线性回归模型。相比经典线性回归模型，GWR 能够充分考虑区域的差异性所产生的变量在回归模型中的不稳定性，能够基于局部区域在不同区域构建相应的关系模型，其本质是一种局部空间回归模型。更为重要的是，GWR 模型中充分考虑了基于地理学第一定律的临近关系的建模，可以通过空间权重矩阵确定空间邻域关系。这极大地提升了模型在空间问题分析中的科学性和有效性。GWR 模型的基本公式可以表示为

$$Y = \beta_0(u_i, v_i)X_0 + \beta_1(u_i, v_i)X_1 + \cdots + \beta_n(u_i, v_i)X_n + \varepsilon_i \qquad （10.15）$$

式中，X_1，$\cdots$，X_n 为空间局部解释变量；β_1，$\cdots$，β_n 为与每个解释变量相关联的回归系数；(u_i, v_i) 为坐标点位置；ε_i 为随机误差项。显而易见，地理加权回归计算公式与空间位置相关，且具有局部特征。

全局回归与局部空间回归的关系：全局回归 OLS 遵循传统统计线性回归的基本假设。但由于因变量和解释变量与空间相关，即表示不同的地理空间单元，因此误差项可能不是随机的，而是存在聚类特征，聚集程度通过空间自相关进行度量。对于非空间变量的 OLS 建模，当残差项存在空间自相关时，必须消除；但对于空间问题建模，误差项存在空间自相关性则意味着缺失关键解释变量。当对空间变量进行 OLS 建模时，如果模型表现为非平稳性，则需要采用局部空间自相关 GWR 进行建模，反之则不需要。因此，OLS 和 GWR 的关系显而易见：OLS 既可以用来解决全局呈现线性关系的空间变量建模问题；当全局模型呈现不平稳性时，又可以作为 GWR 前的数据探索性分析。

探索性回归分析模型主要用于为 OLS 回归寻找最佳的解释变量。它通过各种诊断参数构建解释变量所有的潜在组合方式，通过评估候选解释变量的所有可能组合，有助于找到最佳的拟合模型参数和解释变量。相比 OLS 直接通过 R^2 确定解释变量，探索性回归分析的主要优势在于综合考虑了其他更多的诊断参数。

空间权重矩阵工具主要为地理加权回归建模前提供概念化空间关系建模支持，主要包括基于欧氏距离和基于交通网络两个构建工具。空间关系支持拓扑约束、距离约束和数量约束等。

下面以一个因变量和多个候选解释变量为例，先用全局回归优化模型并检测模型是否具有平稳性，如果不具有平稳性则采用 GWR 展开局部空间回归分析，实验数据位于"\Chp_10\ex_07"。

夜光遥感数据是反映一个城市、地区或国家的发展水平的重要指标。图 10.65（a）的数据为某地区的夜光遥感统计数据，其属性表中包含灯光指数、人口、GDP、人均 GDP 和平均坡度等属性。如果想要探索灯光指数的主要影响因素，则应将人口、经济和地形等作为潜在的主导因素，如图 10.65（b）所示。首先可以使用全局线性回归探索性分析出影响度较大的因子并构建影响关系模型或预测模型。其在 ArcGIS 中的实现步骤如下。

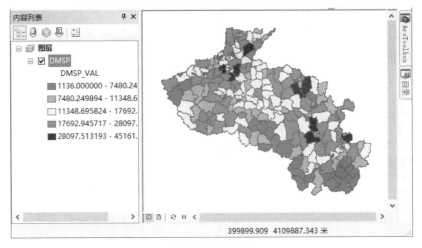

（a）多变量区域数据

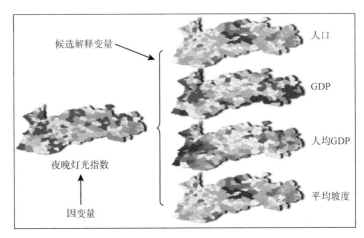

（b）因变量和候选解释变量示意图

图 10.65　多变量区域数据

（1）在菜单【视图】|【图表】中打开【创建散点图矩阵向导】对话框，在【图层】列表框中选择目标图层"DMSP"并在【字段】表格中分别选择 DMSP_VAL、POP_VAL、GDP_VAL、AV_GDP_VAL 和 SLOPE_VAL 等字段，并勾选【显示直方图】，然后进入下一步，则可以得到如图 10.66 所示的结果。点击某个散点图，右上角会更新当前选中的散点图，可以更加清晰地观察两个变量是否存在线性关系。显然，灯光指数与人口、GDP数据具有很强的线性关系，其他两个因子则没有。

（2）打开【空间统计分析】|【空间关系建模】下的【普通最小二乘法】对话框，配置【输入要素类】为"DMSP"图层，设置【唯一 ID 字段】为"UID"，在【因变量】列表框中选择"DMSP_VAL"，在【解释变量】列表框中选择上面提及的四个候选解释变量，然后在【输出要素类】中配置输出报表文件路径。最后点击【确定】按钮执行分析任务，如图 10.67 所示。

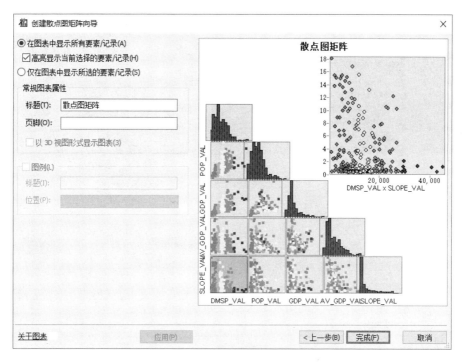

图 10.66　散点图矩阵视图

图 10.67　【普通最小二乘法】工具对话框

　　（3）执行完成后，输出通过最小二乘法拟合后的残差图，如图 10.68（a）所示。首先对其残差采用 10.4.2 节所介绍的"全局空间自相关"分析工具分析其空间自相关性，结果如图 10.68（b）所示。可以看出，残差在空间分布上是随机的。这恰好符合最小二乘法线性回归的基本要求。如果存在空间自相关，则说明缺少关键解释变量，需要通过增加解释变量消除。

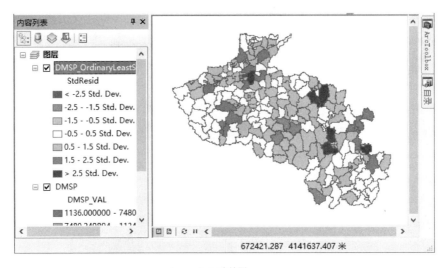

（a）残差图

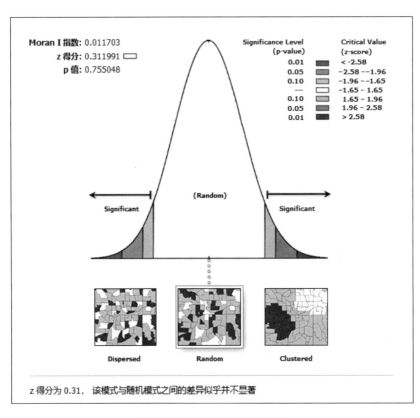

（b）残差全局空间自相关分析结果

图 10.68　最小二乘法分析结果残差及其空间自相关分析

　　（4）在地理处理"结果"面板中打开图 10.69 所示的分析图表 PDF 文件，可以看到每个候选解释变量的各种检验值。这些值包括矫正可决系数、误差可决系数等。通过稳健性概率可知，人口和 GDP 是显著的，通过了检验。通过图 10.69（b）可以查看一些检验量的临界值。

	[a]		t	[b]	Robust_SE	Robust_t	Robust_Pr [b]	VIF [c]
	3711.797596	1087.761965	3.412325	0.000762*	1315.564242	2.821449	0.005162*	--------
POP_VAL	0.008547	0.001030	8.298057	0.000000*	0.001224	6.980087	0.000000*	1.481214
GDP_VAL	0.004322	0.000456	9.482063	0.000000*	0.000746	5.794932	0.000000*	1.259983
AV_GDP_VAL	-279.286060	239.567104	-1.165795	0.244794	241.945112	-1.154336	0.249449	1.149017
SLOPE_VAL	-90.265046	79.163277	-1.140239	0.255262	57.881415	-1.559482	0.120144	1.130402

（a）分析结果报表 1

:	DMSP	:	DMSP_VAL
:	258	(AICc) [d]:	5138.308286
R [d]:	0.559209	R [d]:	0.552240
F [e]:	80.241921	Prob(>F)(4,253):	0.000000*
[e]:	166.581169	Prob(>)(4):	0.000000*
Koenker (BP) [f]:	33.768419	Prob(>)(4):	0.000001*
Jarque-Bera [g]:	89.167282	Prob(>)(2):	0.000000*

* p (p < 0.05)

[a] :

[b] (Robust_Pr): (*)(p < 0.05) Koenker (BP) [f] (Robust_Pr)

[c] (VIF): (VIF)(> 7.5)

[d] R (AICc): /

[e] F : (*)(p < 0.05) Koenker (BP) [f]

[f] Koenker (BP): (p < 0.05)()(Robust_Pr)

[g] Jarque-Bera : (p < 0.05)()

（b）分析结果报表 2

图 10.69　分析图表 PDF 文件

（5）在结果图表 PDF 文件中，可以看到还生成了一个与【创建散点图矩阵向导】类似的散点图矩阵，如图 10.70 所示。其结论与步骤 1 相同。

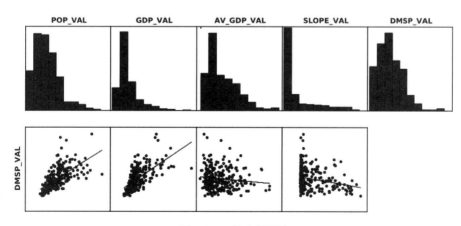

图 10.70　散点图矩阵

（6）此外，还生成了如图 10.71 所示的模型残差和模型预测值之间的关系散点图。其中，横轴为 Resutl_value 的预测值，纵轴为残差值。从图 10.71 中可以看出，一些 result_value 值特别大或特别小，而一些预测值相对而言是准确的，其整体上是不稳定的。因此，需要采用局部回归，即地理加权回归进行空间回归分析。

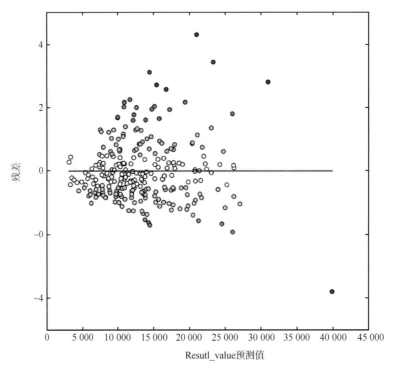

图 10.71　模型残差-模型预测值关系散点图

10.5　时空统计分析

理解地理事物的空间格局及其随时间变化的过程是空间分析的核心内容之一。近年来，随着大数据技术的兴起，获取同时具有细粒度的时空数据变得越来越容易。相应地，一些传统的空间分析模型也被扩展为时空分析模型。ArcGIS 提供的新兴时空数据挖掘模块提供了一套用于时空一体化分析与可视化的工具集。此模块以时空立方体为核心，提供的功能包括：①基于时空要素的时空立方体构建功能；②基于时空立方体的时空自相关分析功能；③基于时空立方体的时空演变模式识别功能；④其他的功能还包括对时空立方体及其分析结果的二维和三维可视化构建方法等。新兴时空统计分析可以有效地解决各种自然地理和人文地理问题。例如，基于过去一年中每天的 $PM_{2.5}$ 数据，通过时空立方体建模，可以探索性分析污染物的时空变化过程，以便有效地预测未来一年里的演变趋势。也可以基于某城市的手机信令人口数据，分析该城市在一天内的人口时空变化特征，从而辅助城市规划与决策。下面，将从时空立方体的构建与可视化、时空演变模式分析和时空格局可视分析三个方面，通过实例介绍该时空统计模块的使用方法。

10.5.1 时空立方体的构建与可视化

时空立方体的构建需要用到多维数据模型 NetCDF。关于 NetCDF 的其他内容，可以参考 ArcGIS 中多维工具箱相关的说明。时空立方体通过立方体的长和宽代表基本空间分析单元，用于限定每个分析单元的空间位置和空间范围；而立方体的高则代表基本时间分析单元。例如，当时空立方体的边长为 5 m 时，则表示该立方体结构的空间范围是 5 m 的网格，而 5 m 的高度可以代表一秒，也可以代表一分钟、一小时、一天甚至一年。以上都由使用者根据数据分析需求自定义。下面给出一个时空立方体的应用场景并通过实例说明其构建和可视化方法，实验数据位于 "\Chp_10\ex_08"。

通常，出租车每天的通行轨迹数据和是否载客属性会被记录和存储，可以从轨迹中结合是否载客记录提取得到乘客的上车点位置信息。现给出了上海市某区域某天所有出租车乘客上车位置的点数据，属性表中还包含上车的时间信息。点数据名称为 "Origin_Point"，还提供了该区域名称为 "Road_Line" 的路网数据。基于这些上车点数据，采用时空立方体模型可以探索分析何时何地是乘客上车的热点时间和位置，这对于城市规划和交通规划具有重要意义。下面将包含两个分析任务：①基于上车点数据构建时空立方体数据模型；②将构建的时空立方体模型进行时空维可视化。以上分析任务在 ArcGIS 中的实现过程如下。

（1）打开【时空模式挖掘】下的【通过聚合点创建时空立方体】工具，【输入要素】为 "Origin_Point" 并指定【输出时空立方体】的路径，【时间字段】选为 "上车时间"，【时间步长间隔】设置为 "1 Hours"，【时间步长对齐】设置为 "END_TIME"，【距离间隔】设置为 500 并且单位为米，其他参数保持默认，如图 10.72 所示。点击【确定】按钮执行工具。执行完成后会在指定路径生成后缀为 nc 的 NetCDF 文件。值得注意的是，时空立方体的输出位置必须是全英文路径。在所构建的立方体模型中，立方体的长宽高均为 500 米，而对于高度，代表了 1 小时。

图 10.72 【通过聚合点创建时空立方体】工具窗口

（2）完成了时空立方体数据模型的构建，然后启动ArcScene，在工具箱中打开【时空模式挖掘】|【工具】下的【以3D形式查看时空立方体】工具，【输入时空立方体】为前面所构建的名称为"nc01.nc"的文件，【立方体变量】为"COUNT"，【显示主题】为"VALUE"，配置要输出三维立方体要素的路径，最后点击【确定】按钮执行工具，其参数配置和可视化结果分别如图10.73（a）和图10.73（b）所示。需要注意的是，默认生成的立方体较小，可以通过符号化设置配置立方体的大小，此处设置为80。这里只是对出租车乘客上车点时空聚合后的初步可视化，后面还将介绍时空自相关和时空演变趋势的分析结果可视化。

（a）可视化工具参数配置

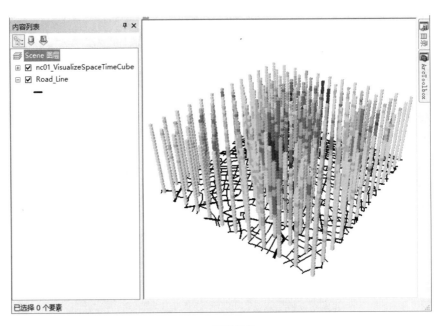

（b）可视化结果

图10.73　时空立方体可视化

10.5.2　时空演变模式分析

时空演变模式分析是在10.5.1节所构建的时空立方体模型的基础上，根据每个立方体中聚合点数量或某个统计值的大小，以及立方体指定空间邻域和时间邻域范围内其他立方体中聚合点或统计值的大小，通过将传统的空间自相关分析模型扩展至时空维展开分析，最终得到每个空间格网范围内点数量或统计值等具有统计显著性的时空变化趋势。在 ArcGIS 中，时空演变模式被划分为新增的热点（冷点）、持续的热点（冷点）和震荡的热点（冷点）等 16 种模式。例如，某区域新增的热点模式表示在开始一段时间内，该区域不具有统计显著性的热点，但在最后一段时间内则呈现为具有显著性的热点，新增的冷点模式其内涵类似。

如果要回答 10.5.1 节内容中出租车乘客上车点在一天内不同区域的演变趋势，可以通过 ArcGIS 提供的【新兴时空热点分析】工具实现。在这一类模型中，ArcGIS 还提供了从时空层面探测时空聚类和异常值的分析工具，即"时空异常值分析"工具。前者基于 G 统计量实现，后者则通过 Moran's I 实现。时空演变模式分析和时空异常值分析是时空数据变化趋势探索性分析的重要手段。下面以新兴时空热点分析为例，介绍这些模型的使用方法。

打开【时空模式挖掘】下的【新兴时空热点分析】工具，【输入时空立方体】为前面所构建的名称为"nc01.nc"的文件，【分析变量】为"COUNT"，配置【输出要素】路径，【邻域距离】和【邻域时间步长】分别设置为 1000 米和 3，其他参数保持默认，如图 10.74（a）所示。最后点击【确定】按钮执行工具，分析结果如图 10.74（b）所示。结合内容列表中的图例，可以分析不同区域上车点的时空变化总体趋势。显然，在中西侧，形成了震荡的热点模式。

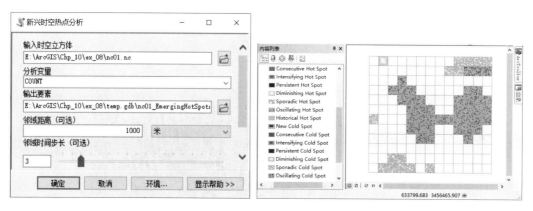

（a）【新兴时空热点分析】工具窗口　　　　　　　　　（b）分析结果

图 10.74　新兴时空热点分析

10.5.3　时空格局可视分析

时空格局可视分析在时空演变模式分析任务的基础上才可以实现。这意味着只有执行完成新兴时空热点分析或局部异常值分析后，才可以进行时空格局可视分析。相比新兴时空热点分析的结果，时空格局可视分析并没有对每个空间单元中目标变量的时空趋势给出一种具体的模式，而是将每个立方体通过颜色渲染标定位不同置信度的热点、冷点或随机点。这类可视分析的优点在于能够从时空的视角直观地观察到热点或冷点的空间分布趋势。基于局部异常值的时空格局可视分析实现过程与之类似。下面将包括两个可视分析任务：①构建基于新兴时空热点分析的热点可视分析图层；②从时空热点图层中分别提取所有热点和冷点并进行可视化。

（1）在 ArcScene 工具箱中，打开【时空模式挖掘】|【工具】下的【以 3D 形式查看时空立方体】工具，【输入时空立方体】为前面所构建的名称为 "nc01.nc" 的文件，由于此时的时空立方体文件已经执行新兴时空热点分析生成了具有统计显著性的冷热点属性，因此，本质上此操作是对该新属性变量的可视化。此处【立方体变量】仍然选择 "COUNT"，但【显示主题】为 "HOT_AND_COLD_SPOT_RESULTS"，配置要输出三维立方体要素的路径，最后点击【确定】按钮执行工具，其参数配置和可视化结果分别如图 10.75（a）和图 10.75（b）所示。这里同样需要通过符号化重新配置立方体的大小，此处设置为 80。

（a）【以 3D 形式查看时空立方体】工具窗口

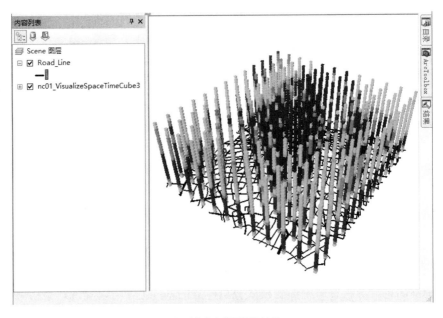

（b）时空立方体可视化结果

图 10.75　基于时空立方体的冷热点可视化表达

（2）在 ArcScene 三维场景中，直接观察时空冷热点时，如果某些冷热点包含在具有随机值的立方体内部，则难以直观地观察到其时空分布，因此可以通过【定义查询】功能筛选出所感兴趣的立方体单独显示。例如，如果仅需要查看具有统计显著性的热点立方体，则可以用 SQL 语句"HS_BIN＞0"进行筛选。类似地，冷点则可以通过"HS_BIN＜0"进行筛选显示，如图 10.76（a）所示。热点的筛选结果如图 10.76（b）所示。

（a）冷热点过滤 SQL 表达式

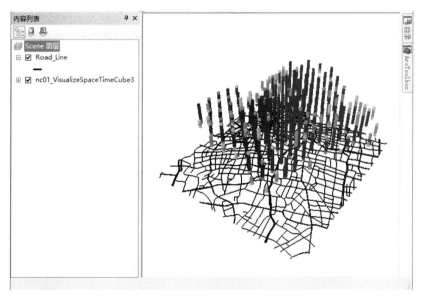

（b）热点可视化

图 10.76　时空立方体冷热点的时空过滤

10.6 综合实验与练习

10.6.1 污染物空间插值实验

1. 背景

降水、温度等天气状况对人们的农业产生、日常出行、户外旅行都会产生影响。了解一个区域的天气状况和变化规律，对于天气对农业的影响机制研究、居民出行规划等具有重要意义。

2. 目的

学会利用插值分析基于已知的天气监测点模拟整个研究区域的天气状况，从而了解天气状况的基本空间分布特征。

3. 数据

实验数据位于\Chp_10\ex_09，其中包括：
（1）天气监测点数据（weather_point.shp）；
（2）研究区范围数据（extent_area.shp）。

4. 要求

ArcGIS 提供了很多种空间插值方法，首先，需要根据数据的分析目标选择合适的插值模型；然后，需要对数据进行探索性分析，以了解数据的基本特征，从而确定在进行插值前是否需要对数据进行变换和去除趋势等操作；最后，执行空间插值操作。其主要任务包括：

（1）通过探索性分析工具评估数据的分布特征和全局趋势，从而指导后续插值参数的确定。
（2）选用适合的插值方法模拟研究区域中的湿度分布特征，并评估结果误差。
（3）基于插值结果，将地统计图层保存为栅格图层，并保持与研究范围一致。

5. 操作步骤

打开 ArcMap，将\Chp_10\ex_09 文件夹下的"weather_point.shp"和"extent_area.shp"数据添加到当前数据框中。

1）天气数据的探索性分析

（1）首先通过【直方图】工具探索分析样点数据的分布特征。从【Geostatistical Analysis】工具条中打开【探索数据】|【直方图】窗口，配置【图层】为"weather_point"，【属性】为"humi_val"，"humi_val"为湿度属性。配置完成后可以得到如图 10.77（a）所示结果，从直方图中可以发现，研究所用湿度数据呈现偏尾正态分布。选中左偏尾的

直方图，可以查看是哪些数据位于偏尾部分。从地图视图中可以看到这些样点主要位于研究区域的东侧，且集聚分布，如图10.77（b）所示。

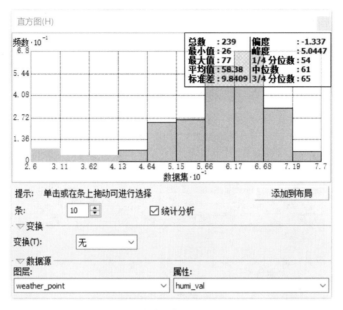

（a）选中偏尾数据的直方图

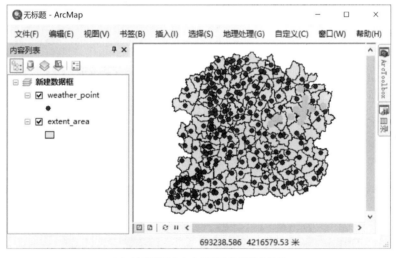

（b）地图视图中高亮显示的偏尾样点数据

图10.77　【直方图】和【地图视图】中高亮显示偏尾样点数据

（2）然后通过【趋势分析】工具分析样点数据是否存在趋势。从【Geostatistical Analysis】工具条中打开【探索数据】|【趋势分析】窗口，配置【图层】为"weather_point"，【属性】为"humi_val"，"humi_val"为湿度属性。配置完成后可以得到如图10.78所示结果。图中给出了包含所有图表元素和"杆""输入数据点"不可见的趋势图。从图中可以看出，东西和南北两个方向上都存在趋势，但两个趋势的凹凸性相反。

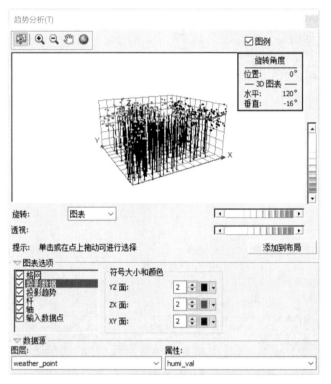

（a）趋势分析结果

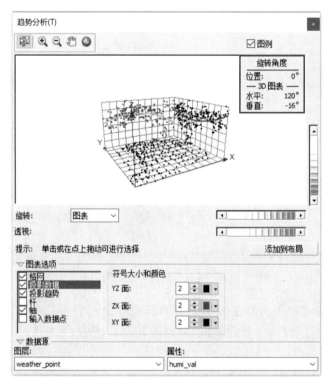

（b）数据点不可见的趋势分析结果

图 10.78　趋势分析

2）天气数据的插值分析

（1）探索性数据分析完成后，从【Geostatistical Analysis】工具条中打开【插值向导】窗口，配置第一个【数据集】的【源数据集】参数为"weather_point"，【数据字段】为"humi_val"，由于样点可能有重复，因此会有【处理重合样本】的提示对话框出现，可选择【使用均值】。进入下一步的窗口后，在左侧选择【普通克里金】，普通克里金方法要求样本数据呈正态分布。尽管天气样点数据是偏正态分布，但偏度不是很大，且通过地统计提供的变换函数无法转换为标准正态分布。因此，直接使用原始数据。通过【趋势分析】工具发现，数据存在二阶趋势，因此将【趋势的移除阶数】设置为"2"。

（2）完成以上配置后，通过单击【下一步】，分别调整【方法属性】窗口、【半变异\协方差建模】窗口和【邻域搜索】窗口中的相关参数。具体调参原则参考地统计插值部分的内容。当所有参数完成后，通过【交叉验证】窗口评估插值结果的精度。如果精度达到预期要求，则单击【完成】生成预测表面，反之则可以单击【上一步】重新调整其他参数，直到满足精度要求。

3）天气数据的探索性分析

（1）生成预测结果后，发现新生成的地统计图层范围小于研究区域。解决方法是：首先打开该地统计图层的【属性】窗口，然后在【范围】选项卡中将【将范围设置为】下拉框中的默认值重新选择"矩形范围 extent_area"，然后关闭【属性】窗口，地统计图层完全覆盖了整个研究区域。

（2）此时，尽管地统计图层覆盖了整个研究区域，但却是最小边界矩形，而没有依据研究区域进行裁剪。为了解决这个问题，具体做法是：打开【数据框】的【属性】对话框，选择【数据框】选项卡，在【裁剪选项】下拉框中选择【裁剪至形状】，并通过【指定形状】按钮打开【数据框范围】对话框，选择窗口中的【要素的轮廓】复选框，将【图层】设置为"extent_area"。设置完成后单击【确定】，关闭【数据框范围】对话框和【数据框属性】对话框，地统计图层已经和"extent_area"的范围保持一致，如图 10.79 所示。

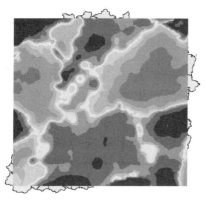

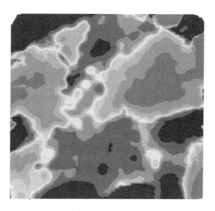

（a）默认范围　　　　　　　　　　　　　（b）通过图层设置的范围

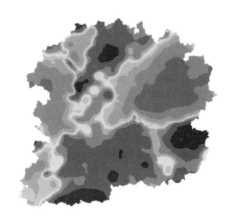

（c）通过数据框设置的范围

图 10.79　地统计图层范围的三种类型

（3）生成的地统计图层无法永久性地存储到地理数据库或文件夹中，可以将其导出为栅格数据集数据。具体操作为直接通过图层的右击菜单导出即可。需要注意的是，导出的栅格数据集的形状与当前显示的形状一致，即如图 10.79 所示的三种类型。以上为整个分析任务的实现思路和操作流程。

10.6.2　人口空间格局分析实验

1. 背景

人口是城市规划与管理、商业选址分析中需要考虑的核心要素。城市人口的分布特征及其时空演变模式对于理解公共服务设施选址、承载力评估等具有重要作用。

2. 目的

学会使用空间自相关分析城市人口分布的全局模式和局部模式。
学会使用空间统计工具分析城市人口的时空变化特征。

3. 数据

实验数据位于\Chp_10\ex_10，其中包括：城市人口网格数据（city_pop_grid.shp）。

4. 要求

城市网格数据中包含四个时段的人口汇总数据。四个时段分别是 0～6 时、7～12 时、13～18 时和 19～24 时。通过全局空间格局分析，可以评估城市整体性的人口变化规律；而通过局部空间格局分析，可以探索城市内部人口的变化特征。主要分析任务包括：
（1）利用全局自相关分析模型分析城市人口的全局模式；
（2）利用局部自相关分析模型分析城市人口的局部模式；
（3）通过使用标准差椭圆，分析城市人口集聚中心的时空变化。

5. 操作步骤

首先打开 ArcMap，将\Chp_10\ex_10 文件夹下的"city_pop_grid.shp"数据添加到当前数据框中，该图层中包含"pop_0_6"、"pop_7_12"、"pop_13_18"和"pop_19_24"等主要字段，分别对应于上文所提到的四个时段，数据可视化结果如图 10.80 所示。

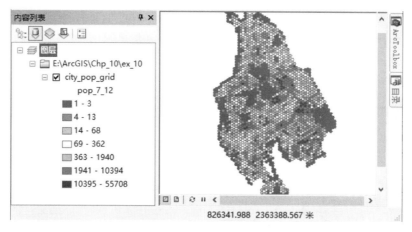

图 10.80　城市人口数据

1）城市人口的全局分布模式

（1）全局分布模式可以用【空间自相关】或【高/低聚类】等工具分析，这里采用后者来评估研究区域中人口分布在整体上处于高人口聚集模式还是低人口集聚模式。首先打开【空间统计分析】|【分析模式】下的【高/低聚类】工具，【输入要素类】设置为"city_pop_grid"图层，【输入字段】设置为"pop_0_6"。为了生成分析结果的报表，选中【生成报表】复选框。【空间关系的概念化】保持默认，即采用"反距离加权法"，其他参数保持默认，如图 10.81（a）所示。所有参数设置完成后，点击【确定】执行工具。

（a）【高/低聚类】工具对话框

（b）【结果】窗口

图 10.81　全局空间自相关分析

（2）工具执行完成后，由于是全局分布模式，因此分析结果会给出 G 统计量、P 值和 Z 得分。为了打开分析得到的报表，需要打开菜单【地理处理】下的【结果】面板，展开顶部第一个历史运行工具的节点，会发现有一个名称为"报表文件：General G 结果…"的子节点，如图 10.82（b）所示。双击该节点则可以在浏览器中打开 html 格式的报表文件。采用相同的参数，分别基于"pop_7_12"、"pop_13_18"和"pop_19_24"进行分析，可以得到如图 10.82 所示四个时段的全局模式。对比发现，在 99%的显著性水平下，四个时段的人口在全局上都呈现出高值聚类模式，从 Z 得分可以判断出，7～12时的集聚模式最为明显。

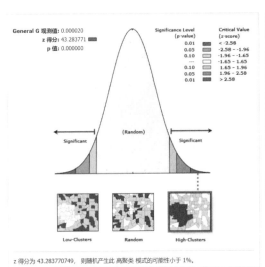

（a）pop_0_6

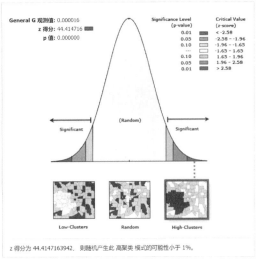

（b）pop_7_12

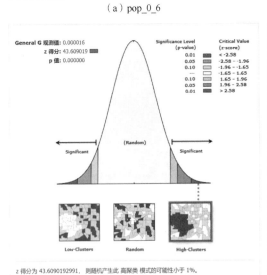

（c）pop_13_18

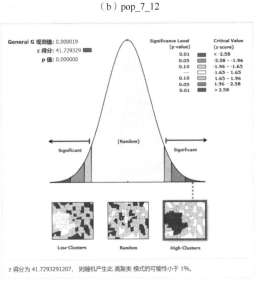

（d）pop_19_24

图 10.82　基于 Getis-Ord General G 的全局空间自相关分析结果

2）城市人口的局部分布模式

（1）完成了全局空间自相关分析，接下来继续分析不同时期城市人口的局部模式。

这里采用【热点分析】工具。首先，打开【空间统计分析】|【聚类分布制图】下的【热点分析】工具。将【输入要素类】设置为"city_pop_grid"，【输入字段】设置为"pop_0_6"，【空间关系的概念化】设置为"FIXED_DISTANCE_BAND"，【距离法】可以设置为"EUCLIDEAN_DISTANCE"或"MANHATTAN DISTANCE"，由于是城市内部分析，采用MANHATTAN DISTANCE 更加符合现实。

【距离范围或距离阈值】设置为"5000"，即 5 km，这意味着任何一个网格的空间自相关度量由距离其 5 km 范围内的其他网格所确定。此外，还需要选中工具窗口底部的【应用错误发现率（FDE）矫正】复选框，这意味着分析结果的显著性将以错误发现率矫正为基础，如图 10.83 所示。

（2）对四个时段全部分析完成后，可以得到如图 10.84 所示的结果。其中，暖色调表示热点，冷色调表示冷点。通过对比分析可以发现四个时段冷热点的变化趋势。

图 10.83　【热点分析】工具对话框

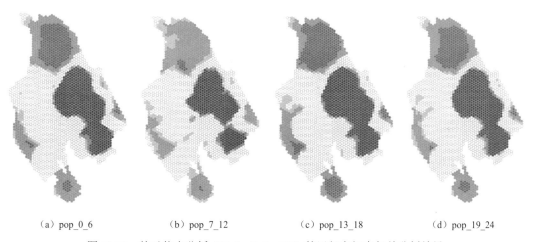

（a）pop_0_6　　　　　（b）pop_7_12　　　　　（c）pop_13_18　　　　　（d）pop_19_24

图 10.84　基于热点分析（Getis-Order G*）的局部空间自相关分析结果

3）城市人口集聚中心的时空演变特征

（1）完成了城市人口全局和局部模式分析，将目光聚焦于城市人口中心的时空变化。通过利用【方向分布（标准差椭圆）】工具可以实现这一目标。首先打开【空间统计分析】|【度量地理分布】下的【方向分布（标准差椭圆）】工具。【输入要素类】设置为"city_pop_grid"，【椭圆大小】设置为"1_STANDARD_DEVIATION"，即一倍标准差。【权重字段】设置为"pop_0_6"，如图 10.85（a）所示。将四个时段的人口字段分别作为【权重字段】进行分析，则可以得到不同时段的标准差椭圆及其重心，如图 10.85（b）所示。

（a）【方向分布（标准差椭圆）】工具对话框　　　　　　　（b）分析结果

图 10.85　标准差椭圆分析

（2）标准差椭圆并没有直接给出重心，因此，可以通过【要素转点】提取不同时期标准差椭圆的重心，从而确定城市人口的中心位置的变化趋势。至此，完成了整个分析任务。

第 11 章 空间分析建模

空间分析建模是 GIS 空间分析的核心，是指运用 GIS 空间分析方法建立数学模型的过程。在 ArcGIS 中，基于地理处理框架的机制并通过其提供的大量地理处理工具可实现空间分析模型的快速组织建立，除此以外，ArcGIS 中的地理处理框架还包括脚本以及用于可视化构建模型的模型构建器，利用它们可建立复杂的空间分析模型。

本章主要介绍空间分析建模的概念和流程、地理处理工具与工具箱、模型构建器与可视化建模、Python 与地理处理脚本、地理处理框架与综合建模等内容。

11.1 简　　介

空间分析具有对空间数据进行分析处理从而提取空间信息的功能，其为建立复杂的模型提供了基本工具。空间分析模型是指用于 GIS 空间分析的数学模型，它是对现实世界中有关空间数据问题的抽象。空间分析建模是将具体空间问题分解、抽象为空间分析模型，并以空间分析为手段，结合 GIS 来研究和模拟现实世界空间对象，以促进问题的解决和规划的一种方法。在 ArcGIS 中地理处理框架是实现空间分析建模的基本手段，地理处理的目的就是自动执行空间分析和建模任务。其中，空间分析建模有多种类型，可解决各种各样的实际问题。以下是四种常见的模型。

（1）适宜性模型：农业应用、最佳位置的选择、道路选择等；

（2）水文模型：水的流向；

（3）表面模型：分析某个区域不同位置的污染水平；

（4）距离模型：从出发点到目的地的最佳路径的选择、邮递员的最短路径等。

这类模型的建立流程如图 11.1 所示。

1. 明确问题

分析问题的实际背景，弄清建立模型的目的，掌握所分析对象的各种信息，即明确问题的实质所在，不仅要明确所要解决的问题是什么、要达到什么样的目标，还要明确问题的具体解决途径和所需要的数据。

2. 分解问题

找出与实际问题有关的因素，通过假设把所研究的问题进行分解、简化，明确模型中需要考虑的因素以及它们在过程中的作用，并准备相关的数据集。

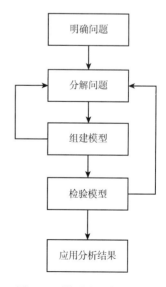

图 11.1　模型建立的流程图

3. 组建模型

运用数学知识和 GIS 空间分析工具来描述问题中变量间的关系。

4. 检验模型

运行所得到的模型、解释模型的结果或把运行结果与实际观测进行对比。如果模型结果的解释与实际状况符合或结果与实际观测基本一致，表明模型是符合实际问题的。如果模型的结果很难与实际相符或与实际很难一致，则表明模型与实际不相符，不能将它运用到实际问题。如果图形要素、参数设置没有问题的话，就需要返回到建模前问题的分解，检查问题的分解、假设是否正确，参数的选择是否合适，是否忽略了必要的参数或保留了不该保留的参数，对假设做出必要的修正，重复前面的建模过程，直到模型的结果满意为止。

5. 应用分析结果

在对模型的结果满意的前提下，可以运用模型得到对结果的分析。

11.2 地理处理工具与工具箱

地理处理工具（简称工具）是地理处理框架的核心。它用于对空间数据执行一些非常小但非常重要的命令或功能。ArcGIS 提供了数百种工具，将它们进行分类放到了十余个工具箱中用于管理，这些工具能够完成各种不同的任务，如创建缓冲区、裁剪数据、汇总统计等。

11.2.1 工具的类型和特点

不论工具属于哪种类型，它们的工作方式都是相同的，可以直接双击打开工具的对话框，也可以在模型构建器中使用它们，还可以在程序中调用它们。地理处理所需的所有工具都在 ArcToolbox 窗口中，工具箱是 ArcGIS 提供的地理处理工具集。在 ArcGIS 中，根据构建方式工具可分为工具箱中的内置工具、模型构建器构建的模型工具、运行 Python 脚本文件的脚本工具等。

（1）内置工具 🔨：ArcGIS 原生提供的大部分工具。

（2）模型工具 ⊡⊷：使用模型构建器创建的工具。

（3）脚本工具 📜：使用脚本工具向导创建的工具。

（4）特殊工具 ⚙：有自己独特的用户界面的工具，ArcGIS Data Interoperability 扩展模块中具有此类工具。

11.2.2 工具箱的操作与工具管理

工具集是对工具的简单组织，它按照功能对用于特定任务的工具进行分组。例如，【创建渔网】工具位于【采样】工具集中。每个主工具集中包含着不同级别的子工具集，

子工具集又包括若干工具。可以【右键】单击工具箱，选择【新建】|【工具集】，在工具箱中创建一个新的工具集。而工具箱是工具集和工具的容器，按照来源工具箱可以分为以下两种类型。

第一种类型：系统工具箱。

系统工具箱指的是随 ArcGIS 一起安装的工具箱，如 Spatial Analyst 工具箱。它的用户权限是只读的，因此不能向系统工具箱或工具集中添加或删除工具。

第二种类型：自定义工具箱。

用户创建的工具箱都称为自定义工具箱，默认具有写入权限，故可在自定义工具箱添加或删除工具，用户创建的脚本和模型工具是必须存储在自定义工具箱中的。实际应用中，可把常用的工具粘贴到自定义工具箱，从而快速添加工具，减少搜索工具的时间。

自定义工具箱又可分为一般工具箱（.tbx）和 Python 工具箱（.pyt）。一般工具箱可以包含任何类型的工具。Python 工具箱只包含由 Python 脚本创建的工具，可以将其理解为一个基于 ASCⅡ 的文本文件，该文件定义了工具箱和一个或多个工具。Python 工具箱及其所包含工具的外观、操作和运行方式与其他方式创建的工具箱和工具相类似。

可以在 ArcMap 的目录窗口、ArcToolbox 窗口或 ArcCatalog 中对工具箱进行管理，实际应用时常常会用到以下操作。

操作一：创建工具箱。

右键单击创建工具箱的文件夹或地理数据库，然后单击选择【新建】|【工具箱】命令（【Python 工具箱】），即可创建一般工具箱（Python 工具箱）。

操作二：重命名工具箱。

创建工具箱的同时工具箱的默认名称会高亮显示，可以直接输入新的工具箱名称进行重命名操作。如果工具箱名称未高亮显示，可通过单击该工具箱右键选择【重命名】命令，完成重命名操作。在工具箱右键选择【属性】按钮，即可打开属性对话框，进入【常规】选项卡，如图 11.2 所示，可以发现也可以在常规选项卡上设置名称、标注别名。创建新工具箱时最好为该工具箱指定一个别名，这是因为虽然同一工具箱中的工具不能具有相同名称，但不同的工具箱下可能具有同名的工具，指定工具箱别名可对工具进行唯一标识。这里举例说明使用别名的目的。例如，有两个名为【裁剪】的工具，一个位于"分析"工具箱（别名为 analysis），另一个位于"数据管理"工具箱（别名为 management）。当在 Python 窗口或脚本中调用【裁剪】工具时，应根据具体需求选择 Clip_analysis 或 Clip_management。

操作三：管理工具箱。

在任意一个一般工具箱上单击右键即可打开快捷菜单，提供复制工具箱、粘贴工具、删除工具箱、重命名、新建工具集或模型、添加脚本或工具、另存为其他版本等管理操作，而系统工具箱由于用户权限的限制，仅有部分功能可用。下面介绍复制和另存为具体操作。

1）复制工具箱

在需要复制的工具箱单击右键选择【复制】，并在相应的目标文件夹或地理数据库单击右键选择【粘贴】，即可完成复制工具箱的操作。这里需要注意的是，工具箱的复制位置和源位置应当具有相同的工作空间类型，如从文件夹到文件夹或从地理数据库到地理数据库。在新的工作空间复制工具箱相当于创建了一个快捷方式。

图 11.2　【Spatial Analyst 工具属性】对话框

2）将工具箱保存为较早版本

ArcGIS 各版本工具箱的内部格式各不相同，但是具有向下兼容性，较新版本的软件都能够读取较早版本的工具箱并执行其中的工具，反之则行不通。例如，ArcGIS 10.2 无法读取在 ArcGIS 10.6 版本中所创建的工具箱，如图 11.3 所示，如果在较低版本的 ArcGIS 中使用较高版本的工具箱，可以单击右键目标工具箱选择【另存为】对应版本即可。

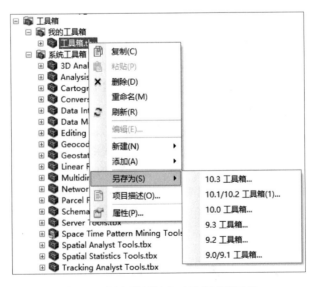

图 11.3　保存较低版本工具箱过程示例

上文是针对工具箱的基本操作，而工具集和工具箱只是组织级别不同，同样可以选择创建、重命名、删除等命令。工具的基本操作则略有不同，实际使用过程中常常会用到以下操作。

操作一：查找工具。

ArcGIS 提供了两种主要的查找工具方式。第一种是使用搜索窗口以查找工具；第二种是浏览 ArcToolbox 工具箱查找工具，操作如下。

1）使用搜索窗口进行查找

打开搜索窗口的方法有以下四种。

方法一：在主菜单上选择【地理处理】|【搜索窗口】命令；

方法二：单击标准工具条上的搜索窗口图标 ；

方法三：在主菜单上选择【窗口】|【搜索】命令；

方法四：快捷键 CTRL+F。

【搜索】窗口共包含四个过滤器：全部、地图、数据和工具。全部和工具这两个过滤器都会返回工具的搜索结果。直接输入工具的名称或一些描述工具用途的单词，可以搜索与之匹配的所有工具。这里以【裁剪】工具为例，在搜索文本框中键入裁剪，点击【搜索】按钮，搜索文本框会根据输入的字符筛选结果，生成一个匹配的工具列表。搜索结果中锤子的图标 表示这是一个工具，卷轴图标 表示这是一个 Python 脚本工具，包含多个颜色框的图标 来表示这是一个模型。本例中可以看到三个含有裁剪字符的工具，分别位于不同的工具箱，可以根据实际操作需求进行选择。

这里以裁剪（分析）工具为例，双击打开工具的对话框，如图 11.4 所示，依次点击工具对话框右下角的【显示帮助】|【工具帮助】按钮可以查看该工具的详细帮助信息。帮助信息中包含每一个工具有关的摘要、说明、用法、语法、代码示例、可用的环境变量、相关主题以及许可信息等内容，还包含涉及脚本的页面底部的语法、代码示例以及许可信息部分的内容。

2）使用目录或 ArcToolbox 窗口进行浏览

首先，介绍打开目录或 ArcToolbox 窗口的方法。

方法一：在主菜单上选择【地理处理】|【ArcToolbox】命令；

方法二：单击标准工具条上的 ArcToolbox 图标 ；

方法三：在主菜单上选择【窗口】|【目录】命令，打开目录窗口。

其次，查找到工具之后，双击工具或者在工具上右键单击打开，即可打开工具执行对话框。

操作二：添加工具。

添加工具的方式随工具类型的不同而变化，模型工具和脚本工具的具体添加方式会在 11.2.3 节中介绍，这里只介绍添加内置工具的操作。右键单击一般工具箱或其中的一个工具集选择【添加】|【工具】命令，会弹出一个添加工具对话框，如图 11.5（a）所示，该对话框按工具箱分类列出了所有内置工具。

图 11.4 【裁剪】工具对话框

在【添加工具】对话框中，展开系统工具箱和工具集，选中希望向非脚本工具箱或工具集中添加的工具，如图 11.5（b）所示，单击确定。如果选中系统工具箱或工具集，该工具箱中的所有工具都将添加到目标工具箱或工具集。

【添加工具】对话框（a）

【添加工具】对话框（b）

图 11.5 【添加工具】对话框

操作三：管理工具。

在自定义工具箱中的任意一个工具上右键打开快捷菜单，都会提供复制工具、删除工具、重命名等管理操作。而系统工具由于用户权限的限制，仅有部分功能可用。下面介绍常用的重命名和复制具体操作。在任意一个 Toolbox 上右键打开快捷菜单，菜单提供的功能主要有以下两种：

1）重命名工具

工具既具有名称属性也具有标注属性，标注是在工具目录窗口中显示的内容。如果右键单击某个工具选择【重命名】命令，这里是对工具的标注进行更改，而工具名称常用于脚本中调用工具。例如，下面是一段执行添加字段工具的代码片段，脚本调用中使用的是工具名称（Add Field），而不使用标注（添加字段）。

```
# Run the Add Field tool
arcpy.AddField_management("c:/data/streets.shp", "Address", "TEXT", "", "", 120)
```

2）复制工具

可使用复制和粘贴的数据集方式来管理工具。在目标工具上右键单击选择【复制】，右键单击目标工具箱或工具集选择【粘贴】，还可以将目标工具直接拖放到想要粘贴的位置。

11.2.3　工具的应用技巧

前文介绍了工具箱和工具的基本操作，在实际使用过程中还有一些技巧可以提高操作效率。

1. 批处理

当遇到单一操作或处理单一数据时，选用对应的工具即可。但如果是大量数据需要重复操作，可以使用 ArcGIS 工具自带的简易批处理程序或者 Python 脚本。所有的地理处理工具都可以进行批处理，批处理同样也适用对于自己建立的模型工具。在目标工具上右键选择【批处理】，即可打开批处理对话框。例如，【裁剪】工具的【批处理】对话框（图 11.6），可以先填写第一行的参数，然后单击右侧的 ✚ 号，增加新行。右键单击对应位置，在弹出的快捷菜单选择复制、粘贴或者填充选项。

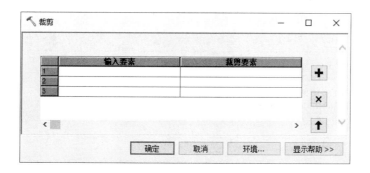

图 11.6　批处理对话框

注意：批处理一般都是应用于多个数据层的，为防止批处理出错，可先测试单个操作；输入参数后一定要进行验证，保证数据的有效性。

2. 设置覆盖地理处理和后台处理

在 ArcMap 窗口，选择主菜单【地理处理】|【地理处理选项】命令，打开【地理处理选项】对话框可以勾选"覆盖地理处理操作的输出"，这样即使输出的数据已经存在，工具仍旧可以重复运行，只不过会覆盖掉已经存在的数据集。对话框中后台处理面板用于控制工具在前台模式还是后台模式下执行。勾选"启用"，则在后台执行工具，可以继续与 ArcMap 进行交互，从而在工具运行期间执行其他任务。若未选择启用，必须先等到工具停止执行才能继续进行其他工作。默认情况下，工具在前台运行。

3. 结果窗口的使用——复现操作

每当使用工具的对话框或在 Python 窗口中运行某一工具时，会将有关该操作的信息作为结果添加到结果窗口中。在 ArcMap 菜单栏中选择【地理处理】|【结果】，即可打开【结果】窗口，包括当前会话、前一个会话和共享三个部分。当前会话记录了正在使用的地图文档进行过的操作。前一个会话记录了以前对地图文档需要的操作，值得注意的是，只有将文件保存为 ArcMap 文档，才能查看此部分。

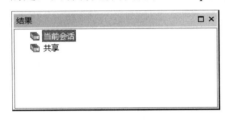

图 11.7　【结果】窗口

通过【结果】窗口，不仅可以复现之前的操作、了解操作执行状态、取消当前操作，还可以看到对地图文档操作失败的原因信息。

下面将以平移栅格操作为例进行演示：

（1）在未运行任何地理处理工具前，选择主菜单【地理处理】|【结果】操作，打开【结果】窗口，如图 11.7 所示。

（2）在 ArcToolbox 中选择【平移】工具，在文本框输入对应参数，如图 11.8 所示。

（3）在结果窗口中查看当前会话部分，可以看到刚才进行的平移操作及其执行状态。当操作记录为漏斗符号 ⧖ 时，表示该操作正在进行；当操作记录为工具符号 🔨 时，表示该操作成功执行；当操作记录为红色叉号 ❌ 时，表示该操作失败；当操作记录为黄色感叹号 ⚠ 时，表示该操作可能存在问题。如图 11.9 所示，可以看出该操作已经成功执行。

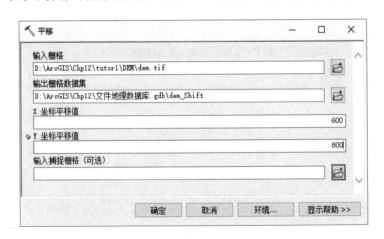

图 11.8　【平移】工具对话框

图 11.9 【结果】窗口中的当前会话部分

点击该操作记录前的扩展按钮 ⊞，可以查看关于此次操作的具体信息，包括输入、环境和消息。输入记录了该操作的输入要素、数据集等，环境记录了该操作执行时使用的环境变量，消息记录了该操作的执行过程，包括执行完成时间和失败原因信息。如图 11.10 所示，在结果窗口的消息部分，能找到错误原因为执行函数时出错，说明表名无效导致了错误。

（4）使用结果窗口，可以轻松复现之前的操作。如图 11.11 与图 11.12 所示，选中任意一个操作双击或单击右键选择【打开】命令，将会弹出工具对话框显示上次进行该操作设置的信息，更改输出文件名后直接点击【确定】，无须重新输入所有参数，即可复现过去的操作，或直接选中需要重复的操作，右键选择【重新运行】选项。

图 11.10 结果错误信息的查看

图 11.11 【结果】窗口

图 11.12 【平移】工具对话框

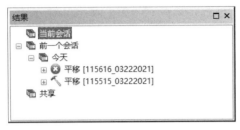

图 11.13 【结果】窗口

（5）如果想要保留此次对地图文档的操作记录，方便以后在【结果】窗口进行查看，必须先保存地图文档。在菜单栏选择【文件】|【保存】命令，输入文档名称即可。

（6）关闭当前地图文档后再次打开，如图 11.13 所示，在【结果】窗口中，可以看到上次进行的操作已经出现在前一个会话部分。前一个会话会按照时间顺序存储以前对地图文档进行过的操作。

当该操作显示正在执行时，还可以在【结果】窗口取消未执行完成的操作，右键选择取消即可。

4. 环境设置

地理处理环境设置主要是指影响地理处理结果的一些附加参数，如工作空间、范围、坐标系等，通过设置这些参数可以满足特殊计算的要求。更改环境设置通常是执行地理处理任务的先决条件。例如，范围环境设置可用于将分析范围限制为一个较小的地理区域，而输出坐标系环境设置用于为输出数据定义坐标系。可将环境设置为应用于所有工具或者仅执行某个工具、模型、模型过程或脚本，对应的环境设置的等级分别是应用程序环境设置、工具级环境设置、模型环境设置和模型流程环境设置。如图 11.14 所示，4 个环境设置逐级向下传递，即每一级环境设置都可以覆盖上一级传递下来的设置。

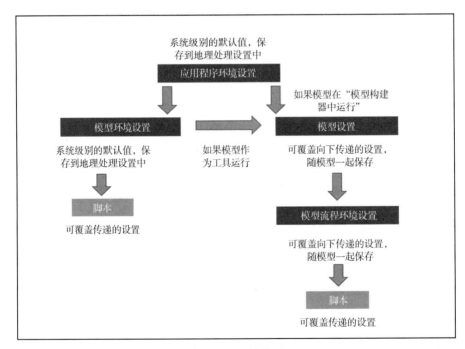

图 11.14 环境设置

1）应用程序环境设置

应用程序环境设置是默认设置，其设置的参数将作用于所有地理处理工具。如图 11.15（a）所示，选择 ArcMap 主菜单【地理处理】|【环境】，打开【环境设置】对话框（图 11.15（b）），该窗口提供了 19 种设置，包括工作空间、输出坐标系、处理范围、XY 分辨率及容差、M 值、Z 值、地理数据库、高级地理数据库、字段、随机数、制图、Coverage、栅格分析、地统计分析、Terrain 数据集、TIN、并行处理、栅格存储及远程处理服务器，展开包含要更改的环境类别设置合适的环境参数即可。或在 ArcToolBox 窗口空白处，右键选择【环境】，也会出现【环境设置】对话框，只是这里的所有环境设置将会传递给所有通过 ArcToolBox 使用的工具。

（a）【环境设置】右击菜单　　　　　　　　（b）【环境设置】对话框

图 11.15　【环境设置】操作

2）工具级环境设置

工具级环境设置适用于工具的单次运行并且会覆盖应用程序环境设置。如图 11.16 所示，打开某个工具的对话框准备运行时都将在右下角出现一个【环境】选项，即可打开针对工具的【环境设置】对话框。

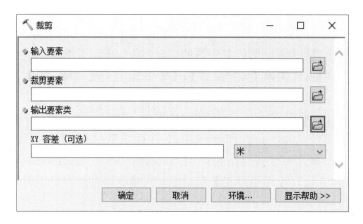

图 11.16　工具级环境设置

3）模型环境设置

模型环境设置即在模型构建器中创建工具的环境设置，打开模型工具对话框，如图 11.17 所示，设置随某一模型进行指定和保存，并且会覆盖工具级别设置和应用程序级别设置。

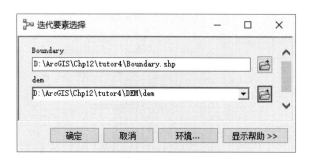

图 11.17　模型工具对话框

4）模型流程环境设置

基于流程属性将环境显示为模型变量，从而将独立变量作为环境连接到流程。在模型流程级别指定，随模型一起保存。

5）脚本级环境设置

在 Python 脚本中可以使用脚本语言直接更改环境的具体设置，如图 11.18 所示。脚本级环境设置的级别最高，可以覆盖掉前面三个层次的环境设置。脚本工具中的环境值会自动应用到脚本中运行的所有工具，但是脚本中设置的环境值仅在脚本执行时适用。

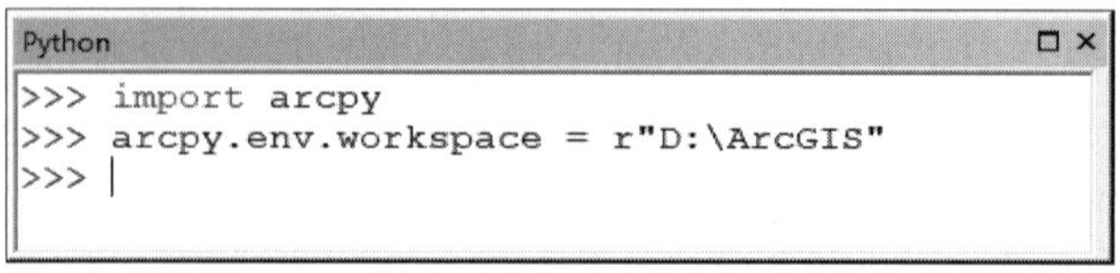

```
Python                                               □ ×
>>> import arcpy
>>> arcpy.env.workspace = r"D:\ArcGIS"
>>> |
```

图 11.18　脚本级环境设置

5. 工作空间环境设置

ArcToolBox 提供了一系列环境设置，其中有两种功能可使指定输入和输出数据集的操作变得更加容易：当前工作空间和临时工作空间的环境设置。可通过它们设置地理处理工具默认输入和输出位置。选择 ArcMap 主菜单【地理处理】|【环境】命令，打开【环境设置】对话框，如图 11.19 所示，展开工作空间类别，然后输入工作空间的路径。图 11.20 显示的是将当前工作空间设置为 D:\ArcGIS\Chp12\tutor6\文件地理数据库.gdb。也可以在目录窗口中浏览至某个地理数据库，右键单击该地理数据库，然后单击选择【设为默认地理数据库】，此时当前工作空间和临时工作空间将设置为此默认地理数据库。

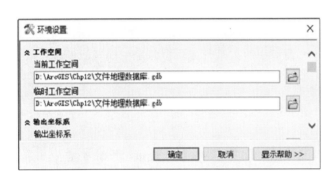

图 11.19　当前工作空间环境设置　　　　图 11.20　默认地理数据库设置

11.3　模型构建器与可视化建模

11.3.1　基本概念与类型

1. 图解建模

图解建模是指用直观的图形语言将一个具体的过程模型表达出来。在模型中，分别定义不同的图形来代表输入数据、输出数据、空间处理工具，然后用流程图组合成处理模型并且执行空间分析操作。当空间处理涉及许多步骤时，建立模型可以让用户创建和管理自己的工作流，明晰空间处理任务，为复杂的 GIS 任务建立一个固定有序的处理过程。ArcGIS 中的模型构建器就是实现图解建模的一个应用程序。

2. 模型构建器

模型构建器是 ArcGIS 提供的一个用来创建、编辑和管理模型的可视化编程语言和图形化建模工具。其可将地理数据与一系列地理处理工具串联起来构建工作流，并将其中一个工具的输出作为另一个工具的输入，从而实现分析流程的可视化和自动化。在 ArcGIS 中可以通过以下方式启动模型构建器用于模型编辑操作：

（1）单击 ArcMap 标准工具条上的模型构建器图标 ；

（2）在主菜单上选择【地理处理】|【模型构建器】命令；

（3）右键单击一般工具箱，选择【新建】|【模型】命令，可在该工具箱中创建一个具有默认名称的模型。

模型构建器的界面结构简单主要包含菜单栏、工具条和图形窗口三部分。通过右键打开整个模型或任何单个模型元素的快捷菜单，图形窗口中的白色区域称为模型画布。各菜单提供以下功能。

模型：包含运行、验证、查看消息、保存、打印、输入、输出和关闭模型这些选项，也可以使用此菜单删除中间数据和设置模型属性。

编辑：剪切、复制、粘贴、删除和选择模型元素。

插入：添加数据或工具、创建变量、创建标注及添加"仅模型"工具和迭代器。

视图：包含【自动布局】选项，此选项可将图属性对话框中指定的设置应用于模型；另外还包含缩放选项，通过【自定义缩放】选项可以自定义缩放百分比，使用【视图】菜单上的预设缩放级别缩放到实际大小的各个固定百分比。

窗口：包含的总览窗口可显示在窗口中放大某部分模型时整个模型的外观。模型窗口的当前位置将在总览窗口中以矩形标记，当模型构建器窗口中对模型元素进行移动时，该矩形也将发生相应移动。

3. 模型元素

模型元素是模型的基本构建单元，主要有工具、变量、连接符三种类型。

1）工具

地理处理工具是模型工作流的基本组成部分，工具被添加到模型中后，即成为模型元素。添加到模型的地理处理工具可以是内置工具也可以是自定义工具箱中的模型工具和脚本工具。

2）变量

数据或值被添加到模型中后，将成为变量。变量是模型中用于保存值或对磁盘数据进行引用的元素，可以分为数据变量和值变量。数据变量是包含磁盘数据的描述性信息的模型元素，所描述的数据属性包括字段信息、空间参考和路径；值变量是诸如字符串、数值、布尔（true/false 值）、空间参考、线性单位或范围等的值，包含除对磁盘数据引用之外的所有信息。

当工具被添加到模型中后，将只在模型中自动创建输出变量。要在模型中将其他工具参数显示为变量，可创建独立变量并将它们连接到工具，如把需要重复使用的字符串或者数值定义为变量。具体添加变量包括以下四种方法。

方法一：使用【创建变量】选项创建数据变量或值变量。右键单击画布区域，选择【创建变量】命令，如图 11.21

图 11.21　创建独立变量

所示，选择合适的类型创建新变量即可。变量从细粒度的对象（如单个的字段）到粗粒度的对象（如工作空间）涉及面极广，此外还有各类型的值变量。

方法二：将工具参数显示为模型变量以创建数据变量或值变量。工具被添加到模型中后，将只在模型中自动创建输出变量，要在模型中将其他工具参数显示为变量，可创建独立变量并将它们连接到工具或者以变量形式显示工具参数。如图 11.22 所示，在工具上单击右键选择【获取变量】|【从参数】或【从环境】，可选择对应的工具参数或环境参数作为模型变量添加并自动连接到工具。

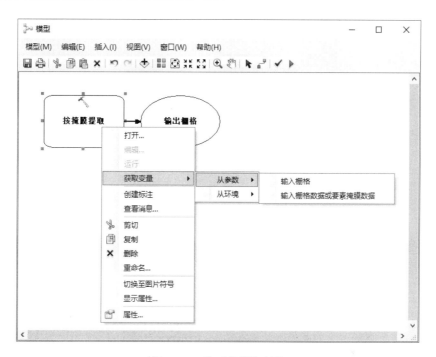

图 11.22 从工具获取变量

方法三：使用模型构建器工具条上的【添加数据】按钮，添加数据创建数据变量。

方法四：将数据拖动到模型画布上以创建数据变量。

3）连接符

连接符指定了数据与操作间的关系，只有符合条件的要素才能被连接。连接符箭头显示了地理处理的执行方向，用于表示处理的顺序。单击模型构建器工具条上的连接工具 ，依次单击想要连接到工具的变量和想要连接变量的工具，通过可用参数的弹出窗口选择要连接的参数，这样变量和工具的连接就建立了，还可以双击工具打开对话框，选择磁盘数据或模型变量从而建立连接。根据变量的不同，连接符可以分为以下四种类型。

（1）数据：数据连接符用于将工具参数变量连接到工具。

（2）环境：环境连接符用于将包含环境设置的变量连接到工具。

（3）前提条件：前提条件连接符用于将变量连接到工具，只有在创建了前提条件变量的内容之后，工具才会执行。

（4）反馈：反馈连接符用于将某一工具的输出返回给同一工具作为输入。

图 11.23 显示了模型构建器中模型元素的分类情况。

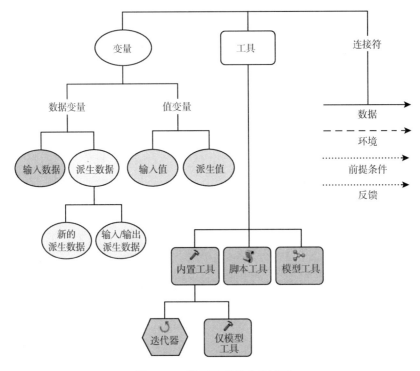

图 11.23　模型要素的分类情况

只有将以上模型要素有机连接起来，才能组成一个完整的图解模型，而显示相互连接的工具和变量的外观及布局称为模型图，故可以在不写任何代码的情况下，通过添加数据和工具元素到模型中构建一个模型，连接它们从而形成一个可分享、可重用的地理处理工作流。

4. 模型参数

为了使模型应用更加广泛，像内置工具一样可以自由设置参数，需要将输入输出及相关参数设置为交互模式，因此，可将模型变量转换为模型参数。定义模型参数时必须使用模型变量并且任何模型变量都可以转换为模型参数。将变量转换为模型参数后，双击模型工具，模型工具对话框中就会出现参数输入对话框来指定此参数的值，可直接输入数据、常数或者输出文件的路径。但一般仅将在每次运行模型时都需输入变量值的变量显示为参数。当变量转换为模型参数时，模型中变量的旁边将显示字母 P。将模型变量转换为模型参数的方法有两种。

方法一　在要设置为参数任意变量上右键选择【模型参数】命令，所设置的要素右上角便出现一个"P"，表示设置成功。

方法二　右键单击模型工具，选择【属性】命令，进入【参数】选项卡，单击图标，增加所要设置为参数的要素，完成设置。

11.3.2 图解模型的形成流程

1. 流程

单个模型流程由一个工具和连接到此工具的所有变量组成，连接线用于表示处理顺序（图11.24）。

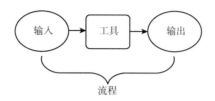

图 11.24 模型流程

模型中通常存在多个流程，如图 11.25 所示，可将它们彼此相连，多个流程连接到一起可以创建一个更复杂的流程，即某一流程获取的数据成为另一流程的输入数据。

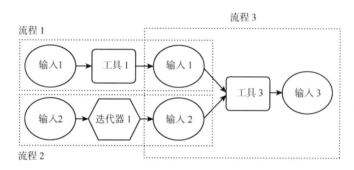

图 11.25 多流程模型

不论是单流程还是多流程，图形元素的意义都是相同的：椭圆框表示数据，方形框表示对应的处理，图形框之间的箭头代表数据的流向。

2. 流程状态

模型中的每个流程都将处于以下四种状态之一：尚未准备好运行、准备运行、正在运行和已运行，各图形元素在不同状态下表现也各不相同，如图 11.26 所示。

流程状态	描述
尚未准备好运行	最初将工具拖动到"模型构建器"窗口中时，因为尚未指定所需的参数值。流程将处于"尚未准备好运行"状态，此时工具显示为白色
准备运行	指定所有需要的参数值后，流程将处于"准备运行"状态。此时输入数据元素为蓝色，工具元素为黄色或橙色，而输出数据元素为绿色
正在运行	如果流程当前正在运行，则正在运行的工具显示为红色
已运行	对于已经在模型构建器中运行过的模型，其在元素中会显示下拉式阴影

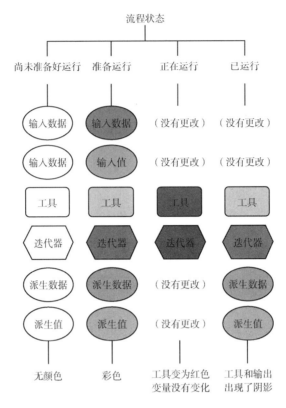

图 11.26 流程的四种状态

3. 模型形成的过程

模型的形成过程实际上就是解决问题的过程，不论是简单的或复杂的模型，都需要经过以下几个步骤（图 11.27）。

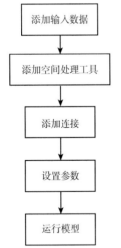

图 11.27 图解模型形成的流程图

1）添加输入数据

添加输入数据的方法有三种。

方法一 浏览目录窗口中的数据将其拖动到模型窗口中。

方法二 用模型构建器工具条上的【添加数据】按钮 ，在模型构建器窗口主菜单选择【插入】|【添加工具或数据】命令，浏览选择数据添加。

方法三

（1）在模型构建器中点击右键，选择【创建变量】，在变量列表中选择所要的数据类型，此时的图形没有颜色，表示此变量还未赋值。

（2）双击新建的变量，选择所要添加的输入数据，或直接输入数据的值。根据数据的类型不同，选择不同的操作。当变量完成赋值时，变量图形会填充颜色。

2）添加空间处理工具

找到要添加的工具，拖拽到画布中，用圆角矩形来表示，双击工具可以直接打开工具对话框。工具可以是 ArcToolbox 中的任何工具，也可以是其他工具箱中模型或由脚本定制的工具。由于空间处理工具的功能决定了输出数据的类型，因此输出数据也就随着空间处理工具的添加而自动产生。

3）添加连接

需要通过连接符连接数据和工具，然而对象间的连接是有前提的，若不符合连接的条件，两个图形则无法连接。添加连接后，模型要素便由原来的无颜色填充变为有颜色填充。添加连接的方法有两种。

方法一　单击模型构建器界面工具面板的【连接】按钮 ，按住鼠标左键画线。

方法二　双击工具，在工具对话框对应的文本框中选择所要处理的数据，单击【确定】按钮，即数据和工具添加了连接。

4）设置参数

双击工具，打开工具对话框设置工具的输入输出等参数。

5）运行模型

点击【自动布局】 按钮，工具的位置会自动排列，如图 11.28 所示。依次单击【验证】 和【运行】 工具，验证和运行模型。运行结束后，将结果添加至显示，可以快速看到结果。

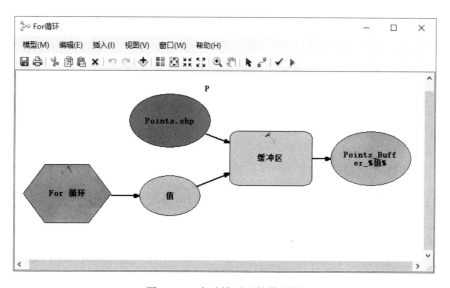

图 11.28　自动排列后的模型图

6）保存模型

在【模型构建器】的菜单条中单击【模型】下的【保存】命令，保存模型当前的状态，将模型保存在目标工具箱，可重复运行模型。在目录中，可以对模型进行重命名操作。再次使用模型或是更改模型时，可以在模型工具上右键选择【编辑】命令，打开模型的编辑窗口。

7）分享模型

构建好的模型可以拷贝到其他电脑，直接拷贝文件夹中的整个工具箱就可以。

除了上述基本构建模型的操作外，模型构建器中还有七种地理处理工具支持"模型构建器"中的高级行为，如图 11.29 所示，分别是计算值、收集值、获取字段值、合并分支、解析路径、选择数据、停止工具。但是这些工具不能通过工具对话框使用，也不能在脚本中使用。

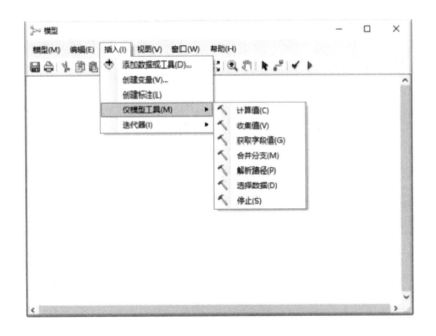

图 11.29　仅模型工具

A. 计算值

【计算值】工具是基于指定的 Python 表达式来确定一个返回值。例如，我们想计算 $X+Y$ 这个表达式的值，可利用【计算值】这个工具实现，这里的 X 和 Y 属于变量，可以任意赋值。我们可以给该变量赋任意值。

（1）右键单击模型画布的空白处，选择【仅模型工具】|【计算值】命令，将【计算值】工具加载到模型构建器。同理，右键单击模型画布空白处，选择【创建变量…】，数据类型选择"长整型"，这样就创建了一个长整型的数据变量。在该变量上右键选择【复制】，然后空白处右键选择【粘贴】，如图 11.30 所示，创建了两个长整型的数据变量。

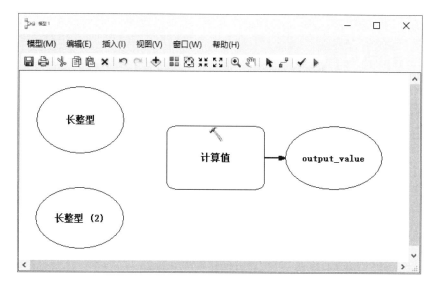

图 11.30　模型元素（1）

（2）在两个长整型变量上右键选择【重命名】，如图 11.31 所示，分别将其命名为 X 和 Y。

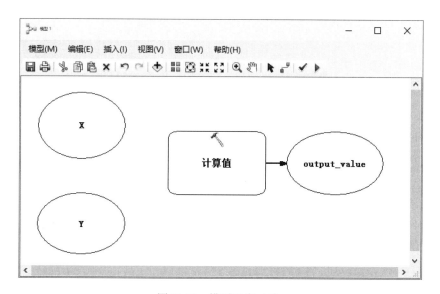

图 11.31　模型元素（2）

（3）双击变量 X 和 Y，如图 11.32、图 11.33 所示，分别将 X 和 Y 赋值为 2 和 3。

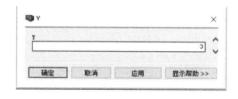

图 11.32　变量 X 　　　　　　　　　　　　图 11.33　变量 Y

（4）使用【模型】界面工具条中的连接工具 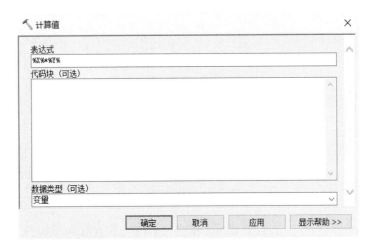 ，将变量 X 和变量 Y 分别连接至【计算值】工具，弹出的菜单项中选择"前提条件"。

（5）双击【计算值】工具，打开工具对话框，如图 11.34 所示，在表达式对应的文本框输入 Python 表达式："%X%*%Y%"。

图 11.34　【计算值】工具对话框

（6）选择【模型】|【保存】，将模型保存至工具箱，点击运行按钮，如图 11.35 所示，计算的值会在运行界面输出。

（7）如图 11.36 所示，利用该模型，可任意给 X 和 Y 赋值来计算 "X*Y" 的值。

B. 收集值

该工具专用于收集迭代器的输出值或将一组多值转换为单个输入。例如，我们想利用模型构建器实现批量镶嵌，即将多个栅格数据集镶嵌到一个新的栅格数据集。打开【镶嵌至新栅格】的工具对话框，如图 11.37 所示。

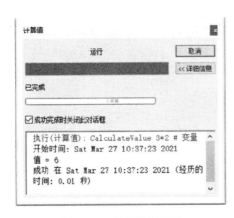

图 11.35　模型运行界面

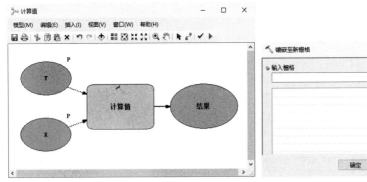

图 11.36　模型图

图 11.37　【镶嵌至新栅格】工具对话框

由图 11.37 可知,"输入栅格"对应的文本框需要一次性输入多个值,这个时候就需要借助【收集值】工具结合【迭代栅格工具】实现自动多值转换为单个输入。以此思路构建的模型图如图 11.38 所示。

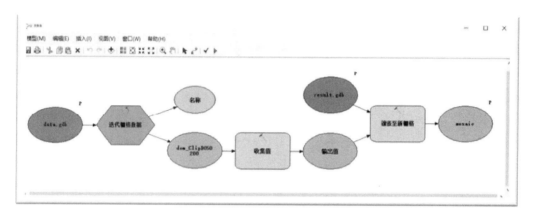

图 11.38　批量镶嵌模型图

C. 获取字段值

获取字段值工具可获取指定字段在表的第一行中的值并将其输出。如图 11.39 和图 11.40 所示,利用【获取字段值】工具获取要素类"landuse_region_poly"中字段为"DESC_"的第一行值。

必须指出,该工具与【迭代字段选择】工具不同。如图 11.41、图 11.42 所示,【迭代字段选择】工具可结合【收集值】工具获取指定字段的所有取值。

D. 合并分支

合并分支工具可将两个或多个逻辑分支合并为单个输出。

E. 解析路径

如图 11.43、图 11.44 所示,解析路径工具用于将输入按照需求解析成相应的文件(FILE)、路径(PATH)、名称(NAME)或扩展名(EXTENSION),其输出可用作其他工具的输出名称中的行内变量。

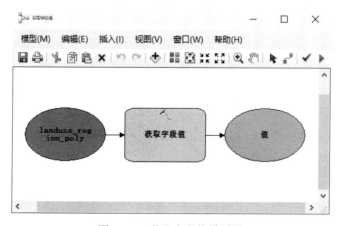

图 11.39　获取字段值模型图

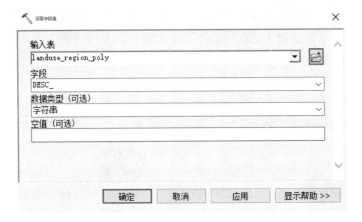

图 11.40　【获取字段值】对话框

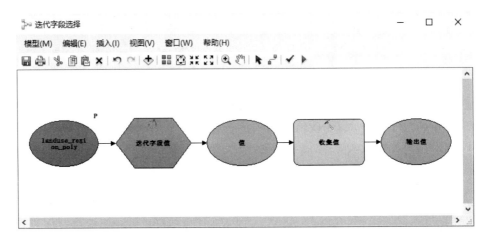

图 11.41　【迭代字段选择】对话框

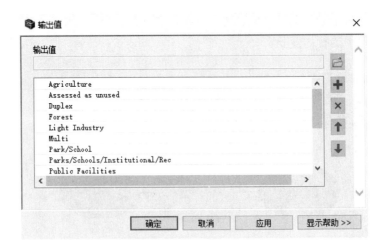

图 11.42　【输出值】对话框

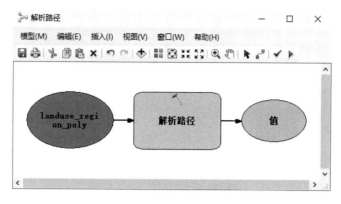

图 11.43 解析路径模型图

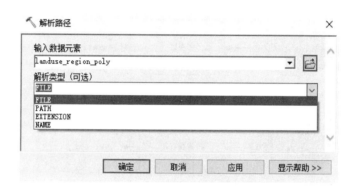

图 11.44 【解析路径】对话框

F. 选择数据

选择数据工具在文件夹、地理数据库、要素数据集或 Coverage 中选择数据。例如，某项任务的输出数据为要素数据集且下一流程的输入项为要素类，则通过使用该工具从要素数据集中选择要素类。

G. 停止

停止工具可基于一定条件停止模型的迭代。

11.3.3 图解模型的形成过程

这里以创建缓冲区进行栅格的掩膜提取为例，演示使用模型构建器建立模型的具体步骤。

1）添加输入数据

从内容列表将点文件 Points.shp 以及 DEM 文件 dem.tif 拖入模型画布。

2）添加空间处理工具

在 ArcToolbox 中依次选择【分析工具】|【邻域分析】|【缓冲区】工具、【空间分析工具】|【提取分析】|【按掩膜提取】工具，拖拽到模型构建器面板，可以观察到加载工具的同时输出数据自动添加。

3）添加连接

单击模型构建器界面工具面板的【连接】按钮 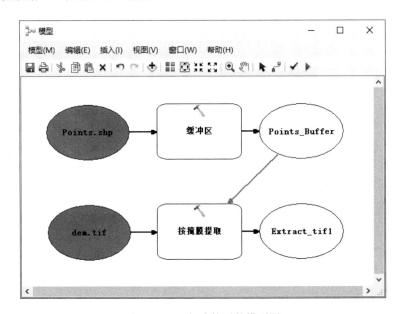，按住鼠标左键画线，将点数据"Points.shp"连接至【缓冲区】工具，这时弹出菜单，选择"输入要素"。同理，将 DEM数据"dem.tif"连接至【按掩膜提取】工具，在弹出菜单中选择"输入栅格"。再将【缓冲区】工具的输出数据连接至【按掩膜提取】工具，弹出的菜单中选择"输入栅格数据或要素掩膜数据"，如图 11.45 所示。

图 11.45　添加连接后的模型图

4）设置参数

双击【缓冲区】工具，如图 11.46 所示，可以发现添加连接后，【输入要素】文本框中已有输入数据，可在【输出要素类】文本框中键入输出要素类的存储路径和名称，设置缓冲距离为 20000。同理，双击【按掩膜提取】工具，如图 11.47 所示，在工具对话框键入输出栅格以及输出数据的存储路径和名称。添加连接后可以发现各图形元素都填充了颜色。

图 11.46　设置【缓冲区】工具参数

图 11.47 设置【按掩膜提取】工具参数

5）自动布局

单击模型构建器界面工具面板的【自动布局】图标 ▦，模型图自动调整布局，如图 11.48 所示，可以看到输入输出数据变量、工具等在模型构建器窗口中整齐地重新排列。

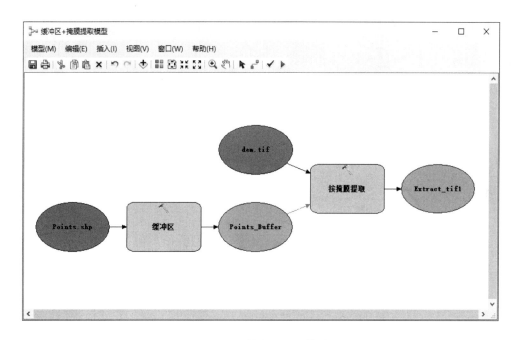

图 11.48 调整布局后的模型图

6）运行模型

前面的步骤已经完成了模型的构建，单击模型构建器界面工具面板的【验证】按钮 ✔ 对建立的模型进行验证。经过模型验证后，单击【运行】按钮 ▶ 运行该模型，从图可以观察到，运行完的模型中元素图形会存在下拉式阴影。可以在模型运行后将模型的输出要素类添加到内容列表以验证目标栅格提取的正确性；也可以在模型运行前，右键单击最终的输出数据变量，选择【添加至显示】命令，这样模型运行成功后提取的栅格图层会自动加载到内容列表。

7）设置模型参数

在输入点数据、DEM 数据和输出数据变量上单击右键，选择【模型参数】命令。如图 11.49 所示，当变量转换为模型参数时，点数据 Points.shp、dem.tif、extract_dem 变量旁将显示字母 P。单击【模型】|【保存】命令，保存模型，在目录窗口中双击模型工具，看到工具对话框中的文本框可以指定值（图 11.50）。

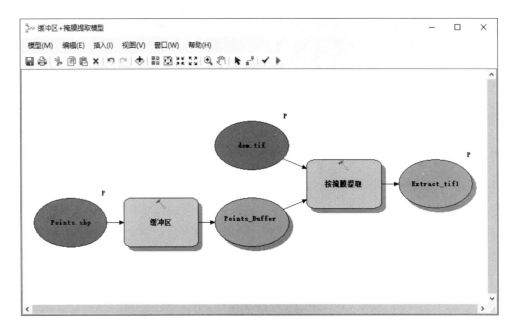

图 11.49　模型图

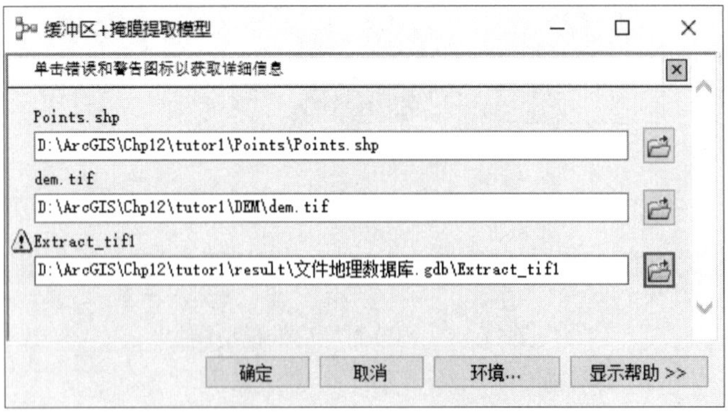

图 11.50　模型工具对话框

在默认情况下，模型工具对话框中参数的排列顺序与"模型构建器"中将其设置为模型参数的顺序是一致的，可以在工具属性对话框的参数选项卡上更改这一顺序。在目录窗口中，右键单击模型工具，选择【属性】命令，进入【参数】选项卡，可以查看此模型使用的参数（图 11.51）。选择一个参数，点击上下箭头可更改其位置，然后单击【确定】。

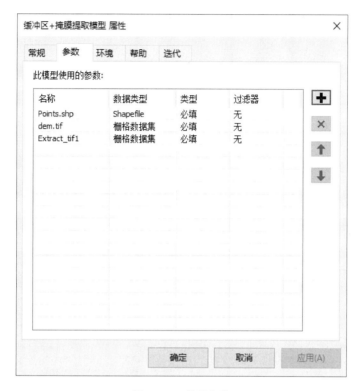

图 11.51　模型参数

8）重命名模型元素

为模型元素赋予一个易于理解的名称是一种使模型工作流更加简明和易于理解的有效方法。其对于模型创建者来说可用于描述模型的构建；对于模型使用者来说有助于遵循模型工作流。模型参数重命名尤为重要，因为模型参数的变量名将作为模型工具对话框中的参数标注。要重命名某一模型元素时，在该元素处单击右键，选择【重命名】，然后输入新名称，这里为了增加模型工具对话框的可读性，将作为模型参数的"dem.tif"、"Points.shp"和"Extract_tif1"分别重命名为"DEM 数据"、"点数据"和"输出数据"后保存，可以看到变量名称已成为模型工具对话框中的参数标注，这将有助于用户对工具对话框中对应参数的理解。

构建的模型工具是带有初始数据的，双击模型构建器中的每个模型参数，打开对话框并将其清空，数据清空后模型元素之间的关系还是保留的。

清空每个模型参数的数据后，模型中各元素图形变为白色，如图 11.52 所示，虽然所示的模型无法直接从模型构建器中运行，但可以从此模型的工具对话框中运行。此时打开工具对话框可以发现各参数的输入文本框变为空白，如图 11.53 所示，这样就可以实现动态输入和输出。

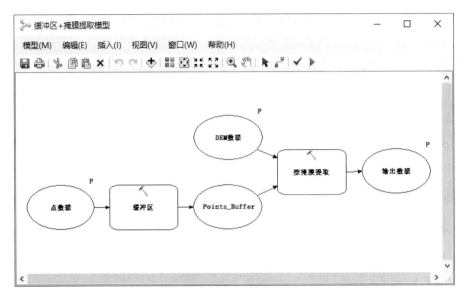

图 11.52　清空参数后的模型

图 11.53　模型工具对话框

9）模型的复用

按照上述步骤构建好的模型工具可以拷贝到其他电脑。在模型工具上双击，键入对应文本框的参数，点击【确定】，即可像一般地理处理工具一样运行。

11.3.4　高级模型构建器技术

上节主要介绍了构建简单模型的基本步骤，但是在实际的学习和工作中，会遇到各种各样的问题，有必要了解模型构建器的高级技术来辅助工作。下面主要介绍模型构建器的前提条件、行内变量、迭代器的使用。

1. 前提条件

前提条件是四种连接符的一种，可用于显式控制模型中流程的顺序。下面结合实例讲解前提条件连接符定义流程的运行顺序的具体步骤，实现的目标是在【ASCII 转栅格】

·528·

操作之前【创建文件地理数据库】用于存储运行结果。

（1）将 txt 文件夹中的 raster_ascii.txt 文本文件拖到模型画布中。

（2）在 ArcToolbox 中依次将【转换工具】|【转为栅格】|【ASCII 转栅格】工具、【数据管理工具】|【工作空间】|【创建文件地理数据库】工具拖入模型构建器界面。

（3）双击打开【创建文件地理数据库】工具对话框，如图 11.54 和图 11.55 所示，设置文件地理数据库位置、文件地理数据库名称，并将文本文件 raster_ascii.txt 连接至【ASCII 转栅格】工具，在弹出的菜单中选择"输入 ASCII 栅格文件"。然后双击【ASCII 转栅格】工具，并设置输出栅格存储位置为新建的文件地理数据库。

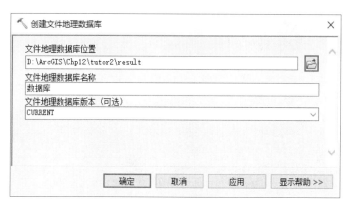

图 11.54　【创建文件地理数据库】工具对话框

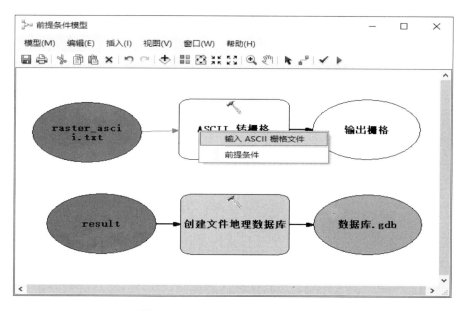

图 11.55　设置参数后的模型图（1）

（4）设置模型参数及变量，为增加各数据变量的可读性，在各数据变量上右键单击选择【重命名】命令，如图 11.56 所示。

（5）为使 ASCII 转栅格的结果存储在新建的文件地理数据库，即达到【创建文件地理数据库】工具运行完之后【ASCII 转栅格】工具才可运行的目的，需将"创建文件数据库"

流程设置为"ASCII 转栅格"流程的前提条件，这里介绍两种设置前提条件的方法。

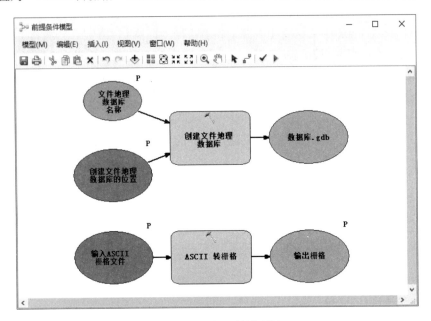

图 11.56　设置参数后的模型图（2）

方法一　右键单击【ASCII 转栅格】工具打开【属性】对话框，如图 11.57 所示，【前提条件变量】栏中勾选"数据库.gdb"

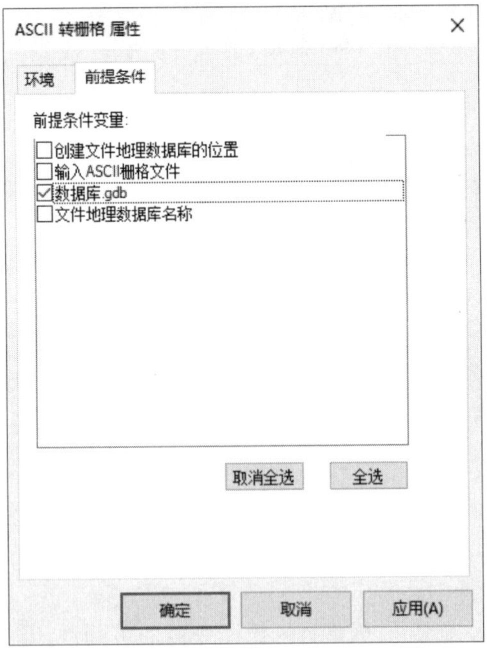

图 11.57　【ASCII 转栅格属性】对话框

方法二　单击模型构建器界面工具面板的 【连接】按钮，如图 11.58 所示，将"数据库.gdb"直接连接到【ASCII 转栅格】工具，在弹出的菜单项中选择【前提条件】。

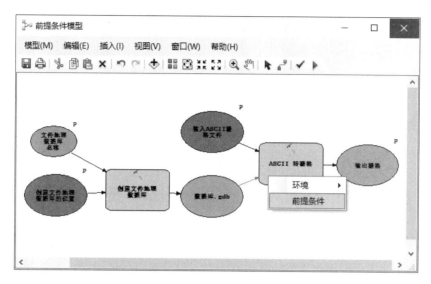

图 11.58　前提条件连接符的使用示例

（6）前提条件设置完毕后，单击模型构建器界面工具面板的【自动布局】图标，点击【验证】，经过模型验证后，单击【运行】图标运行该模型。观察模型运行界面中工具的执行顺序，可以发现在【创建文件地理数据库】工具运行完后【ASCII 转栅格】工具才开始执行。

从上述实例可以大致了解到前提条件连接符如何实现定义流程的运行顺序。事实上，不但数据变量可以作为前提条件变量，值类型的变量如布尔型变量、长整型变量也可以作为前提条件变量，就是说任何变量都可用作工具执行的前提条件，并且任何工具都可以有多个前提条件。

2. 行内变量

在模型构建器中，可通过将变量名称用百分号（%变量名%）括起的方式替换这个变量的值或数据集路径，这种变量替换方式称为行内变量替换。这里将行内变量分为两类，对应不同的形式来替换这些变量。

（1）模型变量：模型中的任何变量，替换形式为%变量名%；

（2）系统行内变量。

针对迭代器的系统迭代器行内变量形式为%n%，其可以用来表示模型迭代次数。针对列表的是系统列表行内变量%i%，将在输出名称中追加变量列表编号。

如图 11.59 所示的模型中，工作空间变量的值为"D：\ArcGIS\Chp12\tutor1\data.gdb"，该变量的变量名为"工作空间"。通过将此变量名称用百分号括起的形式即"%工作空间%"，此工作空间位置将被替换为【缓冲区】工具参数中的行内变量。运行时，将使用实际变量值"D：\ArcGIS\Chp12\tutor1\data.gdb"替换"%Data Workspace%"。

使用模型构建器中的迭代器时，尤其需要使用模型变量替换。如图 11.60 所示，迭代要素选择运行时，它为图层中每个要素创建一个输出变量。这里可以使用变量中的值构造裁剪工具输出数据的名称，执行工具时，"%值%"将替换为输出要素类的名称。

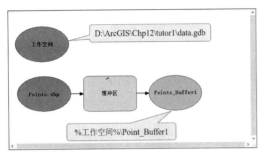

图 11.59　模型变量替换

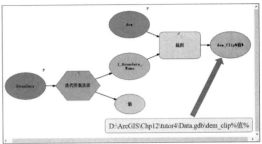

图 11.60　迭代器中模型变量替换

3. 迭代器的使用

模型构建器提供了不同类型的迭代器工具，用于自动循环操作，主要源于对一组输入重复紧接一个或一系列过程的需求，其中包括值类型的 For 循环、While 循环还有针对 ArcGIS 数据结构按照粒度大小排列的迭代要素选择、迭代栅格数据、迭代要素类、迭代数据集、迭代工作空间以及通用的迭代多值、迭代字段值、迭代行选择、迭代表、迭代文件。这里以迭代要素类和迭代行选择的区别为例，来理解迭代器的适用范围，两者的区别在于面向的对象有所不同，迭代要素类选择面向要素类，迭代器会对要素类里面的每个要素进行迭代。而迭代行选择面向表格，会迭代表中的所有行，但这个表格并不局限于 ArcGIS 的带有图形信息的属性表。需要注意，每个模型仅可使用一个迭代器；如果模型中已经存在一个迭代器，那么用于添加迭代器的选项将不可用。此外，这些迭代器工具仅用于"模型构建器"中，如果将含有迭代器的模型导出为 Python 脚本，则导出的脚本中将不会包括迭代逻辑。

下面以一个简单的例子介绍 For 循环的使用，目标是实现动态设置缓冲区距离，依次找出点周围 50 m、100 m、150 m、200 m 的区域。这时就要用到两个工具，分别是迭代器【For】和【缓冲区】。先用迭代器【For】动态设置缓冲区距离，再用【缓冲区】创建对应缓冲距离的缓冲区，这一流程就可以构建成一个模型工具。

（1）选择主菜单【地理处理】|【模型构建器】，打开【模型构建器】窗口。

（2）将点数据 Points.shp 以及【分析工具】|【邻域分析】|【缓冲区】工具拖入模型构建器窗口中。

（3）右键单击窗口空白处选择【迭代器】|【For】，添加"For 迭代器"到模型窗口。

（4）双击【缓冲区】工具，在弹出的【缓冲区】工具对话框中，在输入要素文本框中选择数据"Points.shp"。

（5）双击【For 循环】工具，如图 11.61 所示，在弹出的【For 循环】工具对话框中，设置循环来自值为 200，循环终止值为 50，循环增量为–50，这样就可以依次获得值 200、150、100、50 用于下一流程。

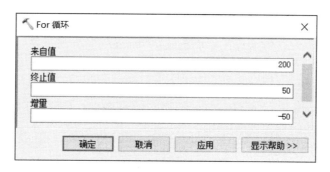

图 11.61　【For 循环】工具对话框

（6）使用【模型】界面工具条中的连接工具，将【For 循环】工具的输出数据（绿色）连接至【缓冲区】，这时弹出菜单，选择"距离[值或字段]"。

（7）双击【缓冲区】工具的输出数据变量图形，如图 11.62 所示，以行内变量替换的形式确定输出名称。

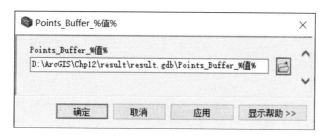

图 11.62　输出数据行内变量替换

（8）为了使模型排列整理，点击主菜单自动布局按钮 ，如图 11.63 所示。

（9）选择【模型】|【保存】，将模型保存至自己的工具箱。右键点击最后的输出数据（最右边的绿圆），选择"添加至显示"，点击运行按钮 ▶，执行操作，可在内容列表查看结果，如图 11.64 所示。

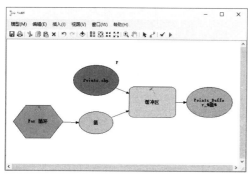

图 11.63　最终模型图

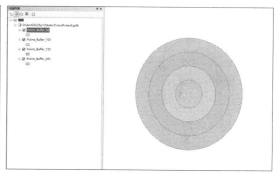

图 11.64　处理结果

以上就是 For 循环实现从起始值到结束值按特定次数运行工作流的流程，接下来提到的【迭代要素类】则是对要素类中的各个要素重复执行某过程。假设 DEM 中的 dem

数据作为输入栅格，各面要素所在区域作为输出范围来分别裁剪 dem 数据。这时就要用到两个工具，分别是迭代器【迭代要素选择】和【裁剪】工具，先用【迭代要素选择】迭代各面要素，再用【裁剪】工具裁剪出对应范围的 dem；这一流程就可以构建成一个模型。

（1）将 dem 数据、面数据 Boundary.shp 以及【数据管理工具】|【栅格】|【栅格处理】下的【裁剪】工具拖入模型窗口中，右键单击模型窗口空白处选择【迭代器】|【要素选择】，将迭代器加载进模型窗口。

（2）双击【迭代要素选择】工具，在弹出的【迭代要素选择】工具对话框中，设置【输入要素】为 Boundary.shp，【按字段分组】选择 Name，因为此字段可唯一标识各要素，可实现迭代要素文件中的各面要素。

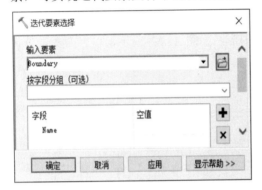

图 11.65　【迭代要素选择】对话框

（3）迭代器的输出有两个参数：要素和要素的名字。如图 11.65、图 11.66 所示，循环要素时，每次获取到一个要素，也就是图 11.67 中名为"I_Boundary_Name"的变量，还会获取到要素的名字（该名字与迭代器中【按字段分组】所选字段有关），并将其存储在名称为值的变量中。

（4）双击【裁剪】工具图形，如图 11.67 所示，在弹出的【裁剪】工具对话框中，将【输入栅格】要素设置为"dem"，【输出范围】设置为"I_Boundary_Name"即【迭代要素选择】的输出变量，并将"使用输入要素裁剪几何"的选项勾上。

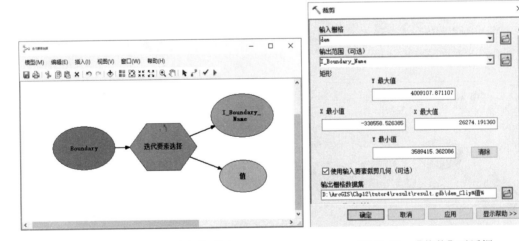

图 11.66　迭代要素选择模型图　　　　　图 11.67　【裁剪】对话框

（5）重复裁剪步骤，输出的要素类同名的话结果会被覆盖。为了解决这个问题，双击【裁剪】工具的输出数据图形，如图 11.68 所示，以行内变量替换的形式设置输出路径和要素类的名称。

图 11.68　行内变量替换

（6）点击【确定】，模型构建完毕。可以点击主菜单自动布局按钮 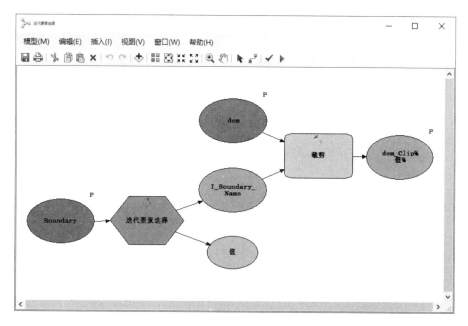，使模型排列整齐，如图 11.69 所示。

图 11.69　最终模型图

（7）选择【模型】|【保存】，将模型保存至自己的工具箱。点击运行按钮 ▶，执行操作，右键点击最后的输出数据（最右边的绿圆），选择"添加至显示"，可在内容列表查看裁剪栅格的结果检测输出是否正确。

上述例子演示了如何利用迭代器"迭代要素选择"进行图层要素的批量操作，可以发现与手动操作相比，使用相同属性对所有要素迭代某一选择时，该工具完全可以实现自动化的循环操作。

下面以一个简单的例子介绍迭代器中"迭代要素类"的使用。以 Maplex 中的数据为例，现在需要将土地利用数据（landuse_region_poly）中"DESC_"字段值为 Single Family 类型的数据提取出来，并利用这个数据范围将 Parcels.gdb 数据库中的部分数据（包括面状 parcels_region_poly 和线状 parcels_arc）提取出来。这时就要用到两个工具，分别是【筛选】和【裁剪】，且两者为先后关系，即先用【筛选】提出目标范围后，再用【裁剪】实现 parcels 的提取，这一流程就可以构建成一个工具。

（1）选择【地理处理】|【模型构建器】，打开【模型】窗口。

（2）分别将 Maplex 中 Parcels.gdb 数据库下的土地利用数据（landuse_region_poly）及【分析工具】|【提取分析】下的【裁剪】工具和【筛选】工具拖入模型窗口中。

（3）双击【筛选】工具，如图 11.70 所示，在弹出的【筛选】工具对话框中，将输入要素设置为"landuse_region_poly"，点击表达式旁边的 SQL 查询按钮，打开【查询构建器】对话框，设置筛选条件为"DESC_ = 'Single Family'"，当表示筛选工具的图形变成彩色，说明参数已经设置完毕。

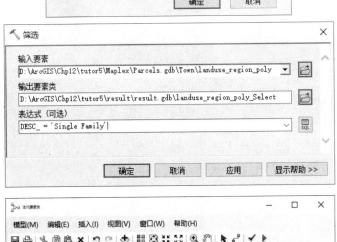

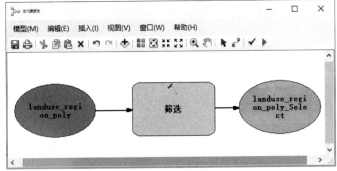

图 11.70　筛选参数工具设置

（4）将"Parcels.gdb"拖入模型窗口，模型窗口空白处右键单击选择【迭代器】|【要素类】，将【迭代要素类】这个迭代器加入模型窗口。

（5）双击【迭代要素类】，打开【迭代要素类】对话框，如图 11.71 所示，因为需要裁剪 Parcels.gdb 数据库中的数据都是以 P 开头，故将"通配符"设置为"p*"，也可以按照"要素类型"进行选择。

图 11.71　迭代要素类对话框

（6）使用【模型】界面工具条中的连接工具 ，将【筛选】输出的数据连接至【裁剪】工具，这时弹出菜单，选择"裁剪要素"。同理，将【迭代要素类】的输出数据连接至【裁剪】，在弹出的菜单中选择"输入要素"。

（7）双击【裁剪】工具的输出数据，如图 11.72 所示，设置行内变量命名，实现名称的动态输出。模型构建完毕，点击主菜单自动布局按钮 使模型排列整理，如图 11.73 所示。

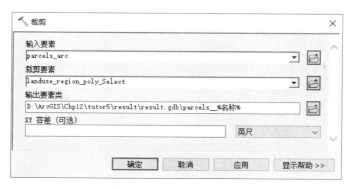

图 11.72　【裁剪】工具对话框

（8）选择【模型】|【保存】，将模型保存至自己的工具箱。点击运行按钮 ，执行操作，右键点击最后的输出数据（最右边的绿圆），选择"添加至显示"，查看结果。

（9）模型参数设置：右键点击【筛选】工具，选择【获取变量】|【从参数】|【表达式】，创建值为"表达式"的数据变量。为了使该模型应用更加广泛，将输入输出及相关参数设置为交互模式。在"landuse_region_poly（土地利用数据）""Parcels.gdb""表达式"以及输出数据变量上单击右键，选择【模型参数】命令；为了让模型使用者理解各模型参数的对应数据，右键选择各模型参数分别进行【重命名】修改其名称。双击模型参数，然后将指定的文件全部删除，就得到一个可以共享的工具，保存模型（图 11.74）。

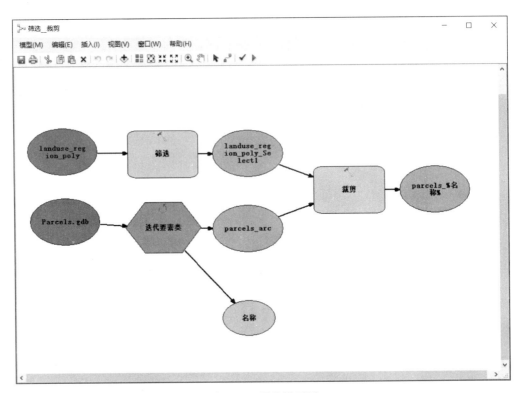

图 11.73 最终模型图

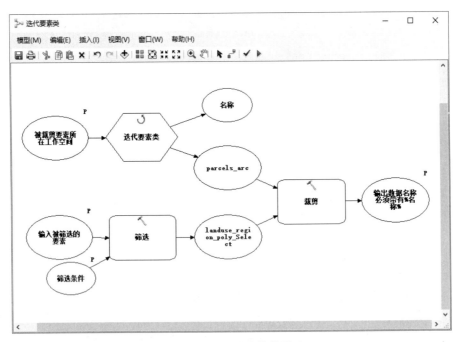

图 11.74 可共享的模型

在目录窗口双击【迭代要素类】模型工具，工具对话框如图 11.75 所示。

图 11.75 模型工具对话框

11.4 Python 与地理处理脚本

11.4.1 简　介

Python 是一门广泛使用的解释型、通用型的编程语言，其诞生于 1989 年，由 Guido van Rossum 创建，1991 年正式发布了第一版，经过 30 多年的发展，已经成为国际上最为流行的编程语言之一。Python 最大的特点之一就是语法简洁、能快速开发。Python 内置了非常完善的基础代码库，覆盖了网络、文件、GUI、数据库、文本等大量内容，可以直接调用这些代码库，除了内置的库外，Python 的强大之处在于其拥有大量的第三方库，这些第三方库由用户自己开发，发布后直接可以使用，对于用户自己写的代码，通过封装后也可以作为第三方库给其他用户使用，使得 Python 的代码库不断得到丰富和更新。

地理处理任务往往是重复性而且耗时的工作，脚本工具的出现为解决这一问题提供了便捷。脚本可以看作是一种"黏合剂"，通过控制一个工具或者多个工具实现一个简单或者复杂的处理，从而实现自动化处理地理任务。因为脚本工具中输入的数据不是特定的，所以脚本可以重复使用。通过创建脚本工具，用户可以将自己的 Python 脚本和功能转变为地理处理工具，并反复使用，其极大地提升了工作效率，因此广受用户和程序员们的青睐。脚本语言提供了扩展 GIS 应用的灵活性，特别是 Python 语言的出现，给这些应用提供了更好的服务。ArcGIS 中支持不同的脚本语言，其中 Python 是最被广泛使用的一种，ESRI 已经正式将 Python 作为 ArcGIS 首选的脚本工具，并在 ArcGIS 的帮助中提供了基于 Python 的帮助，用户可以通过这些帮助，快速地搭建自己的模型应用。

脚本处理技术在 ArcGIS 9 中就已经被引入进来，早期的 ArcGIS 版本支持多种脚本语言，包括 Python、VBScript、JavaScript 以及 Perl 等。当前，Python 已经取代早期的 VBA 成为最流行的编程工具，也已经被封装在 ArcGIS 的安装程序中，同时，Python 也被直接嵌入 ArcGIS 的许多地理处理工具集中。在 ArcGIS 10 以后的版本中，更是进一步将 Python 整合到 ArcGIS 的用户界面里，而且 ESRI 已经正式将 Python 作为 ArcGIS 的首选脚本工具。脚本工具的功能与我们熟悉的 Model Builder 或是 ArcToolbox 功能很类似，但是脚本工具的优势在于：①低层次的处理任务只有脚本可以执行，如某些表格操作；②脚本可以使用更复杂的编程逻辑，如错误捕捉等；③脚本可以包裹其他软件，如 Excel 或是 R 程序；④脚本可以单独运行，无须打开 ArcGIS 桌面端（需要安装 ArcGIS）；⑤脚本可以定时执行。ArcGIS 自带有大量的地理处理工具，可以执行各种各样的地理处理任务。通过 Python 可以灵活地调用这些工具，利用 Python 定制地理处理脚本，不仅可以调用 ArcGIS 现有的地理处理工具，把工具组织成自己的工作流来进行批量处理，还可以将自己的 Python 脚本和功能转变为地理处理工具，从而增强现有工具功能。这些工具的外观和操作都和系统地理处理工具相类似，会成为地理处理的组成部分。因而，Python 和 ArcPy 能自动执行那些需要在 ArcGIS 中通过菜单界面实现的烦琐或重复的操作，从而提高工作效率。

11.4.2 Python 脚本编写基础

Python 脚本就是指扩展名为.py 的 Python 文件，这些文件可由命令行生成，也可用文本编辑器或集成开发环境创建。在地理处理框架中，脚本与模型相类似，因为它们都可用来创建新的工具。模型是使用模型构建器创建的，而脚本是使用基于文本的语言创建的。通过 Python 可以灵活地调用 ArcGIS Desktop 自带的大量工具并将其组织成自己的工作流，甚至创建一些新的工具。

Python 脚本编写的核心是 ArcPy（ArcGIS for Python），它是 Python 的一个站点包，专门用于调用 ArcGIS 的核心功能进行分析和处理。在 ArcGIS 10 以后，将 Python 地理处理工具集成到 ArcPy。它涵盖并进一步加强了 ArcGIS 9.2 中所采用的 ArcGISScripting 模块的功能。ArcPy 提供了一种用于开发 Python 脚本的功能丰富的动态环境，同时提供每个函数、模块和类的代码实现和集成文档。在 ArcPy 中，所有地理处理工具均以函数形式提供，大部分的工具都有两种调用方式：一种是直接通过 ArcPy 函数调用；另一种则是通过匹配工具箱别名的模块调用。

例如，【数据管理】|【常规】|【合并】工具的调用方式有
\# 在 ArcPy 模块中将工具作为函数访问
arcpy.Merge_management
\# 或者从与工具箱名称匹配的模块中访问
arcpy.management.Merge

每个地理处理工具都具有一组固定的参数，这些参数为工具提供执行所需的信息。这些参数可作为输入值或输出值，而且除了可选参数以外，必须输入某一值。输入的值具有一种或多种特定的数据类型，如要素类、整型、字符串或栅格。具体参数说明可参考 ArcGIS 的工具帮助。

和模型一样，脚本也是工具，可以通过在 Python 窗口中输入 Python 代码并执行工具。如果读者刚刚接触脚本编写，Python 窗口可最大限度地降低在 ArcGIS 中进行 Python 脚本编写的学习难度；如果读者已熟练掌握了脚本编写，则可以通过 Python 窗口检验想法和测试脚本，以便进一步扩展脚本。

Python 窗口可通过单击【标准】工具条上的 ▣ 按钮打开，也可以通过 ArcMap 主菜

单的【地理处理】| Python 打开。ArcGIS 中工具大部分功能集中在 ArcPy 库中，该库涵盖了几乎 ArcGIS 所有的界面程序对应的脚本程序，用户只要通过 import 语句调入该程序包，即可通过 Python 语言的点语法访问 ArcPy 包中的各个功能函数。打开 Python 命令行，输入 ArcPy，此时窗口将自行弹出 ArcMap 所有可用的处理函数，用户只需选择一个函数后直接回车，该函数的使用方法将会自动地显示在命令窗口中（图 11.76）。

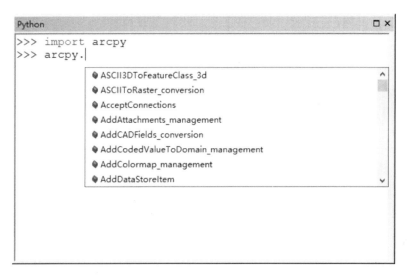

图 11.76　Python 命令行窗口

此外，读者可使用分步向导将脚本引入自定义工具箱中，然后该脚本就会成为一个工具以用在模型或其他脚本中。从技术角度而言，读者可以编写一个脚本但不将其引入工具箱；此时，该脚本便不属于工具，而仅是磁盘上的一个独立的脚本，无须打开 ArcGIS 程序，可以使用 IDLE 来执行。

11.4.3　利用 Python 创建脚本工具

利用 Python 定制地理处理脚本，不仅可以调用 ArcGIS 现有的地理处理工具，串联多个工具来进行批量处理；还可以将自己的 Python 脚本和功能转变为地理处理工具，从而增强现有工具功能。这些工具的外观和操作都和系统地理处理工具相类似，从而在 ArcMap 的界面下可以像使用常规工具一样去处理数据。有两种方式来创建 Python 工具：一种是在标准工具箱下创建脚本工具；另一种是创建 Python 工具箱。这两种方式都需要读者具有一定的 Python 基础语法知识。

1. 在标准工具箱下创建脚本工具

ArcGIS 允许将脚本导入成为工具，该脚本工具需要首先在目录窗口创建一个标准工具箱，然后添加 Python 脚本文件（*.py）。这里的脚本工具源码和验证通过 Python 代码来实现，参数通过向导来精确配置。这种创建脚本工具的方式更适合脚本工具的初学者。

这里以裁剪范围图层表示目标区域范围为例，来演示构建脚本工具的过程。要求批量裁剪 data.gdb 中的两个要素图层。

1）编写脚本

新建一个文本文档，改文件名和类型为 Clip.py，文本内容如下：

```
# 导入 arcpy 模块
import arcpy
# 用于裁剪的图层
ClipFeat = arcpy.GetParameterAsText（0）
# 要裁剪数据所在的工作空间或要素数据集
InputWork = arcpy.GetParameterAsText（1）
# 裁剪出的数据所在的工作空间或要素数据集
WorkPath = arcpy.GetParameterAsText（2）
# 设置当前工作空间
arcpy.env.workspace = InputWork
# 裁剪数据并输出
FeatureClasses = arcpy.ListFeatureClasses（）
for fc in FeatureClasses：
    OutFeat = WorkPath+u"\\"+fc+"_clip"
    arcpy.analysis.Clip（fc，ClipFeat，OutFeat）
```

2）脚本工具参数配置

（1）在要创建脚本工具的标准工具箱或工具集上单击右键，依次选择【添加】|【脚本】菜单项，弹出添加脚本向导对话框，如图 11.77 所示。

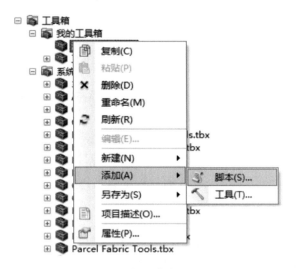

图 11.77　添加脚本向导对话框

（2）在添加脚本对话框的第一个面板添加一些必要的描述，如输入名称、标签、描述等信息。名称中不能包含空格以及特殊字符，最后添加一些描述信息来说明脚本执行的细节等，如图 11.78 所示。名称是 Python 调用脚本工具时使用，标签信息为脚本工具的显示名称。

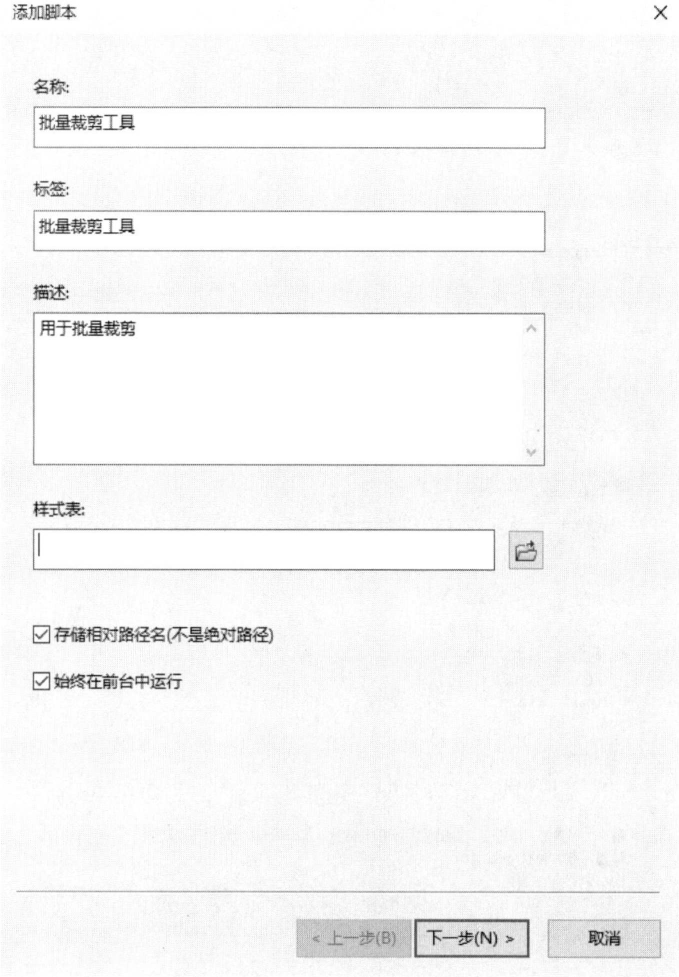

图 11.78　【添加脚本】工具

需要注意的是，如果希望分享自己的工具，就要考虑路径问题，选中"存储相对路径名（不是绝对路径）"复选框后，脚本文件所在位置会按照相对路径存储。此时只有脚本和保存脚本工具的工具箱相对位置保持不变，该脚本工具才能在其他电脑上正常运行。

（3）单击"浏览"按钮 ，浏览到对应脚本所在的位置，选择脚本文件。

（4）设置参数，使用 ArcPy 提供的 GetParameterAsText（）函数，即可在工具界面和脚本之间传递参数，这里按照前面代码中参数获取的顺序进行参数设置，需要注意的是，工具对话框中的参数顺序必须与脚本中的参数顺序一致。

定义参数的向导面板如图 11.79 所示。这里的"显示名称"为工具调用时的显示说明，每个脚本工具参数都有关联的数据类型，在参数值发送给脚本之前会有数据类型检验。在批量裁剪的这个例子中要裁剪 Shapefile 文件，数据类型应该设置为 Shapefile。本例对应的脚本工具参数配置如图 11.79 所示。单击【完成】按钮，脚本工具随即添加到工具箱中。该脚本工具可以像任何其他地理处理工具一样打开和使用。此外，如果需要更改脚本工具的任何属性，可以右键单击脚本工具，然后单击【属性】，即可打开对应面板加以编辑。

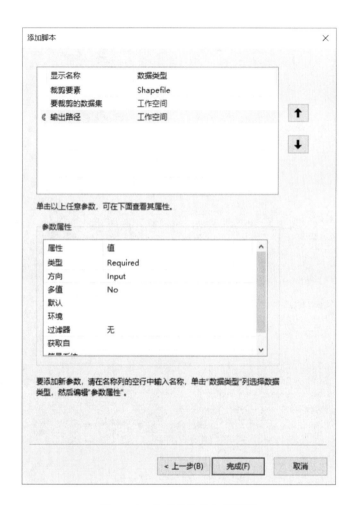

图 11.79　定义参数的向导面板

（5）运行脚本。双击批量裁剪工具的脚本图标 🕸，打开工具对话框，如图 11.80 所示，设置好路径后，点击【确定】按钮，运行脚本出现结果运行状态栏，如图 11.81 所示，将运行结果添加到当前的地图文档中，检查脚本是否成功被执行。结果中仅包括添加到数据框中裁剪范围内的行政区划和水系数据。

创建的脚本工具会像系统工具一样成为地理处理的组成部分，可以从搜索或目录窗格中打开它，也可以在模型构建器和 Python 窗口中使用它，还可以从其他脚本中调用它。

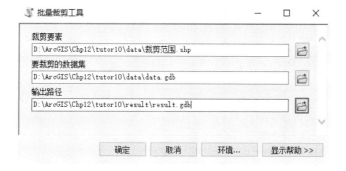

图 11.80 【批量裁剪工具】对话框

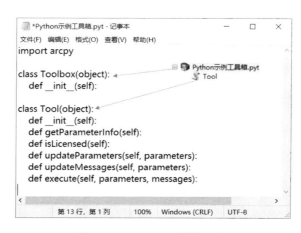

图 11.81 脚本工具运行状态

2. 创建 Python 工具箱

Python 工具箱是完全用 Python 脚本创建的地理处理工具箱，参数定义、验证和源码都通过 Python 代码进行处理，如图 11.82、图 11.83 所示，组织方式为单独的 pyt 文件，可用文本编辑器等方式进行编辑，代码以类的方式进行组织，对于用户的代码要求更高。与一般工具箱相比，该工具箱不支持模型工具和系统工具等，完全是自主设计工具对话框来实现可视化操作窗口操作。

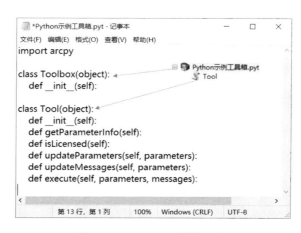

图 11.82 Python 工具箱（1）

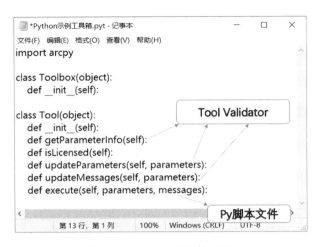

图 11.83　Python 工具箱（2）

3. 将模型导出为 Python 脚本

11.3 节提到过可以使用 Model Builder 创建模型。每一种图形框及其操作，都有一段对应的脚本代码，ArcGIS 提供将图解建模的模型输出为脚本文件，具体操作为【模型】|【导出】|【到 Python 脚本】。在某些情况下，导出的模型可能会无法正常运行，故将模型导出为脚本时，需要根据具体情况进行改写。将脚本作为脚本工具运行时，ArcPy 完全知道从哪个应用程序（如 ArcMap）调用该脚本。在应用程序中所做的设置（如 arcpy.env. overwriteOutput 和 arcpy.env.scratchWorkspace）都可从脚本工具中的 ArcPy 中获得。

11.4.4　Python 脚本应用实例

当在日常学习生产中使用 ArcGIS 时，经常会遇到需要手动重复操作的问题，如数据格式转换、数据提取、影像拼接裁剪等操作；在 ArcGIS 中这些操作一般都针对单个数据集操作，但实际生产过程中会遇到大批量的地理信息数据，现有的操作很难满足用户的具体需求，利用 Python 语言可以实现地理数据的简单、快速批量处理。以11.4 节的实例为例，当有多个图层要进行裁剪时，可以使用 Python 脚本实现。现在演示采用独立脚本的方式如何裁剪 Parcels_region_poly 面要素和 parcels_arc 线图层两个图层。

\# 导入 arcpy 库

import arcpy

ArcGIS 采用了 ArcPy 站点包，为用户提供了使用 Python 语言操作所有地理处理工具的机会，并提供了多种有用的函数和类，用于地理处理。在编写 ArcGIS 脚本前，需要导入 ArcPy 站点包。

\# 获取环境设置

from arcpy import env

这里的代码操作是导入 env 类，env 类中包含所有地理处理环境。

覆盖输出文件

arcpy.env.overwriteOutput = True

这里采用代码的方式设置覆盖地理处理的选项为打开状态，这样的话即使输出的数据已经存在，代码仍旧可以重复运行，只不过会覆盖掉已经存在的数据集。

当前工作目录

env.workspace = r".\Maplex\Parcels.gdb\Town"

这里将当前工作空间设置为 Maplex 文件夹中的 Parcels 数据库中的 Town 要素数据集的路径。在完成脚本编辑前的工作基本环境设置后，进行 ArcPy 中具体参数的设置。

各项参数的设置如下：

定义一个变量

landuse_type = 'Single Family'

确定用于筛选的土地利用类型

定义一个变量

out_selected_feature_class = "landuse_region_poly_of_" + str.lower（landuse_type）.replace（" ", "_"）

确定【筛选】工具的输出要素类名称

Python 脚本的形式调用地理处理工具

arcpy.Select_analysis（"landuse_region_poly", out_selected_feature_class, "DESC_ = '{}'".format（landuse_type））

采用 Python 脚本的形式调用【筛选】工具

定义一个列表变量

cliped_features = ['parcels_region_poly', 'parcels_arc']

将待裁剪的图层以列表的形式存储

for 循环遍历

for feature in cliped_features：

遍历待裁剪图层，对其一一操作

Python 脚本的形式调用地理处理工具

arcpy. Clip_analysis（feature, out_selected_feature_class, "{}_of_{}".format（feature, str. lower（landuse_type）.replace（" ", "_"）））

遍历图层来调用【裁剪】工具，每个地理处理工具的一个关键点是要保证参数语法正确，最终实现批量裁剪的功能。

11.5　地理处理框架与综合建模

11.5.1　简　　介

地理处理是 ArcGIS 提供用于空间数据处理、复杂应用建模的框架体系。其中，所有的功能单元由上千个数据处理与分析内置工具构成；建模过程通过模型构建器实现，可将一系列地理处理工具组合在一起，分析流程可视化和自动化来解决一些复杂的问题；

而对于扩展功能，可以通过 Python 脚本实现。总的来说，模型构建器可串联起各种空间变量、空间分析方法和编程逻辑，ArcPy 脚本引擎向外可连接任何 Python 外部资源，向内可与工具箱、模型无缝集成。这套地理处理框架体系基于这些空间数据处理、管理和分析的基础性功能，提供了一套功能强大且应用灵活的可视化地理建模语言，可为一般的通用用户提供能轻松构建应用模型并实现共享的一整套解决方案。本节将阐述模型的选择、共享及安全策略。

11.5.2　综合模型的构建策略

1. 模型的选择策略

在 ArcGIS 中几乎所有的数据处理和分析功能都以工具的形式存在，如完成一个基本数据提取操作只需要执行一个系统工具，故当地理处理任务是简单的数据处理和分析这种简单任务操作时，可以直接在 ArcToolbox 中找到对应的系统工具进行处理，执行并行处理操作时则可以选择批处理的功能。但是工作或研究中数据处理需求丰富多样，遇到的数据处理操作往往不会这么单一和简单，工作量或者说重复性的操作可能有数百次，有时候还需要修改参数进行重复实验。这时候就必须考虑使用模型构建器构建模型工具实现自动化的处理方式。当系统工具和模型工具解决不了问题时，还可以借用自己写的 Python 脚本或直接调用外部 Python 库，实现对应功能来构建脚本工具，它们之间的联系如图 11.84 所示。

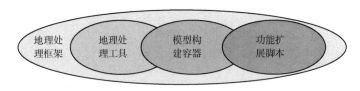

图 11.84　地理处理框架体系

2. 安全策略

为了保护自己的成果和理念，可以对自定义的脚本工具和模型工具进行密码保护。如图 11.85 所示，单击模型工具右键，选择【设置密码】命令。在打开的【设置密码】对话框中，为新密码输入值，然后在确认新密码中再次输入相同的值，然后单击【确定】。模型工具被密码保护后，设置密码后的模型工具进行模型编辑前必须输入密码，从而保证了模型工具不能被随意更改并达到了对模型设计的细节保密的目的。

如图 11.86 所示，在脚本工具右键单击，然后单击【导入脚本】，可以在工具中嵌入代码，这样工具执行时将直接使用工具中的 Python 代码。否则，共享工具时还需要共享额外文件并且将自己编写的 Python 代码直接暴露在外。导入脚本后，再次点开，则可以设置密码。在工具上右键单击，然后选择【设置密码】。脚本工具被密码保护后，包括编辑、调试以及导出脚本在内的几个选项均会在允许继续操作前提示输入密码。

图 11.85　模型工具设置密码　　　　　图 11.86　脚本工具导入脚本

同理，Python 工具箱也可以进行加密，如图 11.87 所示，在 Python 工具箱单击右键，选择【加密】命令。Python 工具箱被密码保护后，包括编辑、检查语法的选项均处于不可用的状态，必须解密才能可用。

3. 共享策略

自定义工具后，可以进一步为工具添加帮助文档，让更多的人了解如何使用这个工具，从而真正达到共享的目的。这里以模型工具为例，在 ArcCatalog 或者 ArcMap 的 Catalog 中模型工具单击右键选择【项目描述】命令，如图所示。在打开的项目描述对话框中点击【编辑】按钮就可以对工具的帮助文档进行编辑（具体的编写参考系统工具的项目描述即可）。这样当别人打开你的工具时，点击工具

图 11.87　加密 Python 工具箱

底部的【显示帮助】|【打开帮助】，就会自动跳转到对应的工具帮助中，工具的每一个参数也都会有一些相应的简要说明。

11.6　实例与练习

11.6.1　综合数据处理模型构建

1. 背景

地理处理框架在数据处理中具有重要作用，执行任何分析之前，首要的任务就是处理数据。只要数据具有一定的规模，就必须考虑数据处理的效率。本例中研究区是地级

市市区和县级市，将按照要求进行数据处理模型的构建，从而实现自动化创建县市级点数据和县市级面数据。

2. 数据

县级点.shp：江苏省区县点数据。

市级点.shp：江苏省地级市点数据。

江苏县界.shp：江苏省区县面数据。

数据存放于 Chp12\Ex1\，下载数据请扫封底二维码。

3. 要求

1）创建县市级点数据

县级点数据中 Name 字段属性值为"××区"并且属于同一个地级市的点，请使用市级点代替。

如图 11.88 所示，在县级点中，苏州市一共有 9 个点，分别是虎丘区、姑苏区、吴中区、相城区、吴江区、常熟市、昆山市、太仓市、张家港市。其中，虎丘区、姑苏区、吴中区、相城区和吴江区属于苏州市市区，用市级点中的苏州市代表。最终结果应该是苏州市（市级点）、常熟市（县级点）、昆山市（县级点）、太仓市（县级点）、张家港市（县级点）（图 11.89）。

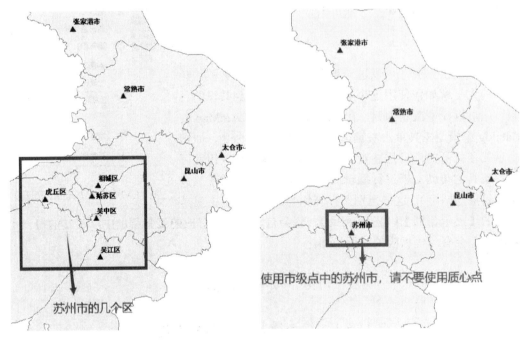

图 11.88　原来的"县级点"　　　　　图 11.89　最终结果"县市级点"

2）创建县市级面数据

合并规则和上一步相同，但是点数据和面数据处理存在差异。对于面数据而言，需要将属于同一个市区的"××区"面要素合并成一个面要素。

4. 分析

根据上述需要，需要构建以下两套流程。

1）创建县市级点数据

首先把县级点数据中 Name 字段属性值为"××市"的点筛选出来，这些点可以直接代表"××市"所在的区域，考虑到市级点数据可以直接代表同属于该市的"××区"所在区域，将筛选后的"××市"点要素与市级点数据进行合并，可满足上述点数据处理的要求。

2）创建县市级面数据

合并规则和上一步相同，但是点数据和面数据处理存在差异。对于面数据而言，需要将属于同一个市区的"××区"面要素融合成一个面要素。然后将其与"××市"面要素进行合并。

5. 目的

通过综合数据处理的实例，练习一个复杂模型的建立过程，熟练和掌握 ArcGIS 图解建模的全过程。

6. 实现步骤

在 ArcMap 中，进行综合数据处理的模型构建方法如下：

右键单击目标文件夹，选择【新建】命令下的【工具箱】选项，生成一个【工具箱】；右键单击【工具箱】，在【新建】子菜单中选择【模型】命令，生成一个新的模型。

1）点数据处理流程构建

（1）将县级点数据拖入模型窗口中，并将【系统工具箱】中【数据管理工具】|【字段】下的【添加字段】工具拖拽至模型生成器窗口中。

（2）单击添加连接图标 ，连接县级点数据和【添加字段】图形要素。

（3）双击【添加字段】工具，在弹出的工具对话框中，设置【字段名】为 flag，【字段类型】选择 TEXT，创建名为 flag 的文本型字段来标识点数据。

（4）将【系统工具箱】中【数据管理工具】|【字段】下的【计算字段】工具拖拽至模型生成器窗口中，单击添加连接图标 ，将其与【添加字段】的输出图形要素连接。如图 11.90 所示，在【计算字段】的工具对话框中，取"NAME"字段的最后一个字即"县""区"或"市"作为新建字段"flag"的值。

（5）将【系统工具箱】中【分析工具】|【提取分析】下的【筛选】工具拖拽至模型生成器窗口中，单击添加连接图标 ，将其与【计算字段】的输出图形要素连接。打开【选择】工具对话框，设置选择条件为"flag"＝'市'。

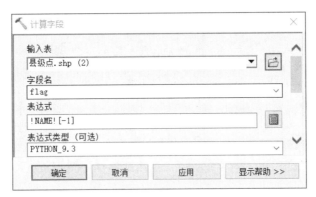

图 11.90　【计算字段】工具对话框

（6）最后将市级点数据及【系统工具箱】中【数据管理】|【常规】|【合并】工具拖入模型窗口中，与上文筛选后的结果进行合并，即可得到点数据的处理结果。

2）面数据处理流程构建

（1）将江苏县界数据拖入模型窗口中，直接在模型窗口复制粘贴点数据处理中用到的【添加字段】工具。

（2）单击添加连接图标 ⌐，连接江苏县界面数据和【添加字段】图形要素。

（3）双击【添加字段】工具，在弹出的工具对话框中，设置【字段名】为 flag，【字段类型】选择 TEXT，创建名为 flag 的文本型字段，标识面数据。

（4）同理，直接在模型窗口复制粘贴点数据处理中用到的【计算字段】工具。单击添加连接图标 ⌐，将其与【添加字段】的输出图形要素连接。取"NAME"字段的最后一个字，即"县"、"区"或"市"作为新建字段"flag"的值。

（5）将【系统工具箱】中【分析工具】|【提取分析】下的【筛选】工具拖拽至模型生成器窗口中，在模型构建器窗口两次复制粘贴该工具，单击添加连接图标 ⌐，将其依次与【计算字段】的输出图形要素连接。打开【选择】工具对话框，如图 11.91 所示，依次设置选择条件为"flag"='市'"flag"='区'。

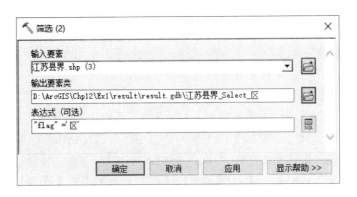

图 11.91　【筛选】工具对话框

（6）将【系统工具箱】中【数据处理】|【制图综合】下的【融合】工具拖拽至模型

生成器窗口中，将上文筛选条件为"flag"＝'区'的结果作为【融合】工具的输入要素，"融合_字段"选为"隶属市"，此时面数据中区的处理就完成了（图11.92）。

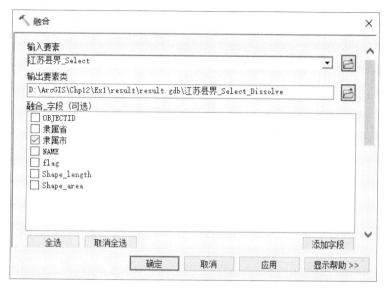

图 11.92 【融合】工具对话框

（7）最后将【系统工具箱】中【数据管理】|【常规】|【合并】工具拖入模型窗口中，将融合处理后的区数据与上文筛选条件为"flag"＝'市'的结果进行合并，即可得到面数据的处理结果。

点击【确定】，模型构建完毕。可以点击主菜单自动布局按钮 ▦，使模型排列整齐，如图11.93所示。运行模型后，在 ArcMap 中打开生成的结果进行检查。

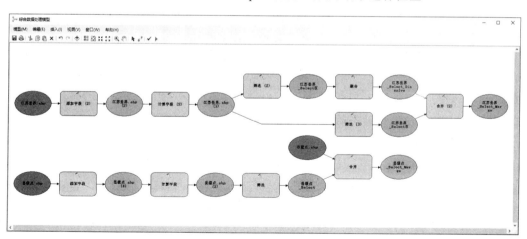

图 11.93 综合数据处理模型

选择【模型】|【保存】，将模型保存至自己的工具箱。点击运行按钮 ▶，执行操作，在最后的输出数据（最右边的绿圆）单击右键，选择【添加至显示】，可在内容列表查看结果，如图11.94所示，检测输出是否正确。

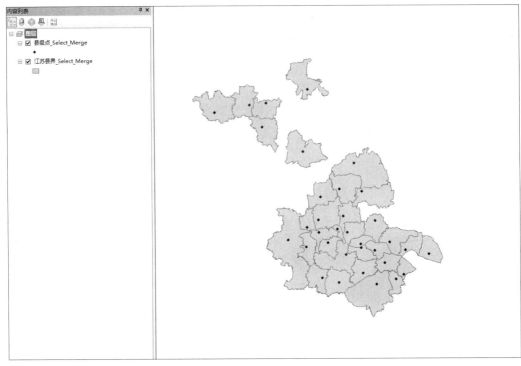

图 11.94　结果图

11.6.2　双循环模型构建

在模型构建器中，一个模型中只能使用一个迭代器，为了实现多重循环，可利用模型的嵌套实现在一个模型中放置多个迭代器。具体操作就是先将模型做成模型工具（要有输入输出参数），然后将这个工具添加到另一个模型中。

问题：现需要对两个数据库中的多个要素类进行【添加字段】操作，手动一个个添加字段工作量是相当大的，这里我们利用模型构建器完成批量添加字段的操作。

分析：这里需要两个迭代器，先对外部的工作空间进行迭代，迭代到对应的工作空间后，再对其中存储的要素类进行迭代。

实验步骤如下：

（1）启动【ArcMap】，打开【工具箱】，打开【我的工具箱】。

（2）右键单击【我的工具箱】，选择【新建】选项下的【工具箱】命令，生成【工具箱】。

（3）右键单击【工具箱】，在【新建】命令中选择【模型】命令，生成新模型。

（4）单击【模型】，右键选择【重命名】命令，此模型重命名为"迭代要素类"。

（5）在名称为"迭代要素类"的模型上单击右键，选择【编辑】命令，即打开模型构建器的窗口。将 ArcToolbox 中【数据管理工具】|【字段】工具集下的【添加字段】工具拖入模型窗口中。

（6）右键单击模型窗口空白处，选择【迭代器】|【要素类】，将【迭代要素类】这个迭代器加入模型窗口。

（7）单击模型构建器界面工具面板的【链接】图标 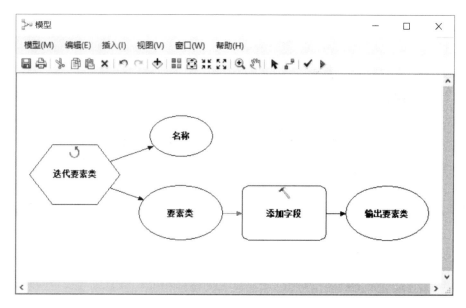，将【添加字段】工具与循环中的要素类模型变量连接起来，在弹出的菜单项中选择【输入表】，连接后的效果如图11.95 所示。

图 11.95　添加工具和数据链接（1）

（8）双击【添加字段】工具，打开工具对话框，设置工具中的参数，如图 11.96 所示，这里添加一个名称为 "testname"、数据类型为文本型的字段。

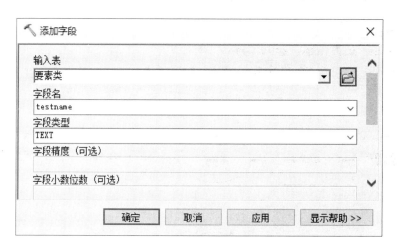

图 11.96　【添加字段】对话框

（9）右键单击 "迭代要素类"，获取变量为 "工作空间"，如图 11.97 所示，即对工作空间内的要素类进行迭代。

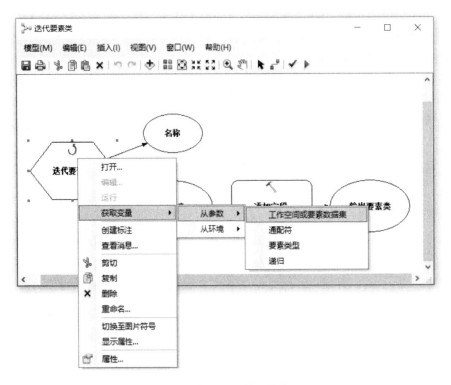

图 11.97　添加工具和数据链接（2）

（10）在"工作空间及要素数据集"及"输出要素"变量上单击右键，选择【模型参数】命令，所设置的要素右上角便出现一个"P"表示设置成功（图 11.98）。

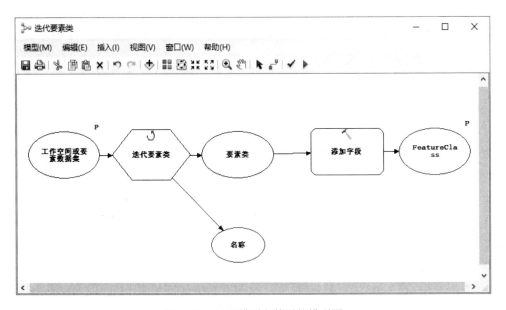

图 11.98　设置模型参数后的模型图

至此，迭代要素类的模型工具创建完毕，选择【模型】|【保存】，将编辑后的模型

保存至工具箱。下面需要创建一个外部的迭代工作空间的模型，并把已创建的迭代要素类的模型工具嵌套在这个模型中，实现双重循环。

（1）右键单击【工具箱】，在【新建】命令中选择【模型】命令，生成新模型。

（2）单击【模型】，右键选择【重命名】命令，输入双循环。

（3）将已创建的【迭代要素类】模型工具拖到模型窗口；右键单击模型窗口空白处，选择【迭代器】|【工作空间】，将【迭代工作空间】这个迭代器添加到模型窗口。

（4）双击【迭代工作空间】图形要素，在打开的对话框中设置要迭代工作空间所在文件夹。

（5）单击模型构建器界面的【连接】图标 ，将【迭代工作空间】的输出变量与创建的【迭代要素类】模型工具连接起来，在弹出的菜单项中选择【工作空间或要素数据集】，连接后的效果如图 11.99 所示。

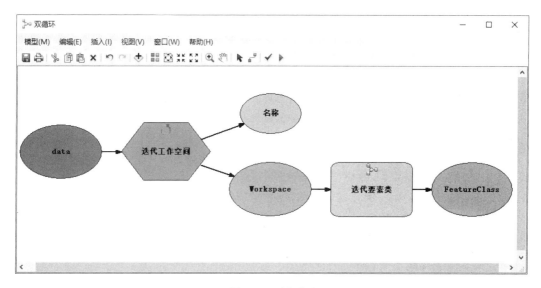

图 11.99　模型图

（6）选择【模型】|【保存】，将编辑后的模型保存至工具箱。点击运行按钮 ，运行上述构建的嵌套模型。打开输出文件夹路径，将处理结果加载到内容列表查看，监测是否批量添加字段。

参 考 文 献

曹锋. 2006. 数据流聚类分析算法[D]. 上海：复旦大学.

常建龙，曹锋，周傲英. 2007. 基于滑动窗口的进化数据流聚类[J]. 软件学报，18（4）：905-918.

陈虎，李丽，李宏伟，等. 2011. 本体辅助的约束空间关联规则挖掘方法[J]. 测绘科学技术学报，28（6）：458-462.

陈建斌. 2009. 高维聚类知识发现关键技术研究及应用[M]. 北京：电子工业出版社.

陈泽东. 2018. 基于居民出行特征的北京城市功能区识别与空间交互研究[J]. 地球信息科学学报，20（3）：291-301.

陈泽强，陈能成，杜文英，等. 2015. 一种洪涝灾害事件信息建模方法[J]. 地球信息科学学报，17（6）：644-652.

程钢. 2008. 基于 OWL 的地名本体构建和推理机制研究[D]. 武汉：武汉大学.

程静，刘家骏，高勇，等. 2016. 基于时间序列聚类方法分析北京出租车出行量的时空特征[J]. 地球信息科学学报，18（9）：1227-1239.

邓敏，李亮，李光强，等. 2011. 空间聚类分析及应用[M]. 北京：科学出版社.

邓敏，刘启亮，李光强. 2010. 采用空间聚类技术探测空间异常[J]. 遥感学报，14（5）：951-958.

邓敏，刘启亮，王佳缪，等. 2012. 时空聚类分析的普适性方法[J]. 中国科学：信息科学，42（1）：111-124.

董林，舒红，牛宵. 2013. 利用叠置分析和面积计算实现空间关联规则挖掘[J]. 武汉大学学报·信息科学版），（1）：95-99.

龚玺，裴韬，孙嘉，等. 2011. 时空轨迹聚类方法研究进展[J]. 地理科学进展，30（5）：522-534.

谷岩岩，焦利民，董婷，等. 2018. 基于多源数据的城市功能区识别及相互作用分析[J]. 武汉大学学报·信息科学版，48（7）：1-9.

黄茂军. 2006. 地理本体的关键技术及其应用研究[M]. 合肥：中国科学技术大学出版社.

黄敏，何中市，邢欣来，等. 2011. 一种新的 k-means 聚类中心选取算法[J]. 计算机工程与应用，47（35）：132-134.

蒋成. 2015. 改进的人工蜂群算法及其应用[D]. 合肥：安徽大学.

焦利民，洪晓峰，刘耀林. 2011. 空间和属性双重约束下的自组织空间聚类研究[J]. 武汉大学学报·信息科学版，36（7）：862-866.

金圣宇. 2007. 本体在 XML 关联规则挖掘中的应用研究[D]. 哈尔滨：哈尔滨工程大学.

李德仁，王树良，等. 2005. 空间数据挖掘理论与应用[M]. 北京：科学出版社.

李光强，邓敏，程涛，等. 2008. 一种基于双重距离的空间聚类方法[J]. 测绘学报，37（4）：482-488.

李光强，邓敏，朱建军. 2008. 基于 Voronoi 图的空间关联规则挖掘方法研究[J]. 武汉大学学报·信息科学版，33（12）：1242-1245.

李君婵，谭红叶，王凤娥. 2012. 中文时间表达式及类型识别[J]. 计算机科学，39（S3）：191-194.

李璐，张国印，李正文. 2015. 基于 SVM 的主题爬虫技术研究[J]. 计算机科学，42（2）：118-122.

梁凯强. 2007. 基于本体与概念格的关联规则挖掘[D]. 上海：上海大学.

刘纪平，栗斌，石丽红，等. 2011. 一种本体驱动的地理空间事件相关信息自动检索方法[J]. 测绘学报，40（4）：502-508.

刘君强，潘云鹤. 2003. 挖掘空间关联规则的前缀树算法设计与实现[J]. 中国图象图形学报，8A（4）：118-122.

刘启亮，邓敏，石岩，等. 2011. 一种基于多约束的空间聚类方法[J]. 测绘学报，40（4）：509-515.

马雷雷，李宏伟，连世伟，等. 2016. 一种自然灾害事件领域本体建模方法[J]. 地理与地理信息科学，32（1）：12-17.

马荣华. 2007. GIS 空间关联模式发现[M]. 北京：科学出版社.

马荣华，马晓冬，蒲英霞. 2005. 从 GIS 数据库中挖掘空间关联规则研究[J]. 遥感学报，9（6）：733-741.

孙吉贵，刘杰，赵连宇. 2008. 聚类算法研究[J]. 软件学报，19（1）：48-61.

孙瑞. 2017. 基于轨迹和 POI 数据的热点区域实时预测[D]. 长春：吉林大学.

孙圣力，戴东波，黄震华，等. 2009. 概率数据流上 Skyline 查询处理算法[J]. 电子学报，37（2）：285-293.

唐炉亮，常晓猛，李清泉. 2010. 出租车经验知识建模与路径规划算法[J]. 测绘学报，39（4）：404-409.

唐旭日，陈小荷，张雪英. 2010. 中文文本的地名解析方法研究[J]. 武汉大学学报（信息科学版），35（8）：930-935.

王冰. 2014. 基于局部最优解的改进人工蜂群算法[J]. 计算机应用研究，31（4）：1023-1026.

王飞，缑锦. 2013. 基于多变异粒子群优化算法的模糊关联规则挖掘[J]. 计算机科学，40（5）：217-223.

王劲峰，葛咏，李连发，等. 2014. 地理学时空数据分析方法[J]. 地理学报，69（9）：1326-1345.

王生生，杨娟娟，柴胜. 2014. 基于混沌鲶鱼效应的人工蜂群算法及应用[J]. 电子学报，42（9）：1731-1737.

王远飞，何洪林. 2007. 空间数据分析方法[M]. 北京：科学出版社.

王振峰. 2009. 基于本体的地理事件信息检索[D]. 武汉：武汉大学.

邬桐，周雅倩，黄萱菁，等. 2010. 自动构建时间基元规则库的中文时间表达式识别[J]. 中文信息学报，24（4）：3-10.

吴华意，黄蕊，游兰，等，2019. 出租车轨迹数据挖掘进展[J]. 测绘学报. 48（11）：1341-1356.

吴平博，陈群秀，马亮. 2006. 基于时空分析的线索性事件的抽取与集成系统研究[J]. 中文信息学报，20（1）：21-28.

信睿，艾廷华，杨伟，等. 2015. 顾及出租车 OD 点分布密度的空间 Voronoi 剖分算法及 OD 流可视化分析[J]. 地球信息科学学报，17（10）：1187-1195.

熊伟晴. 2015. 基于位置信息的事件检测[D]. 哈尔滨：哈尔滨工业大学.

许栋浩，李宏伟，张铁映，等. 2016. 利用改进粒子群算法的关联规则挖掘[J]. 测绘科学，41(2)：168-172.

薛存金，周成虎，苏奋振，等. 2010. 面向过程的时空数据模型研究[J]. 测绘学报，39（1）：95-101.

于彦伟，王沁，邝俊，等. 2012. 一种基于密度的空间数据流在线聚类算法[J]. 自动化学报，38（6）：1051-1059.

余丽，陆锋，张恒才. 2015. 网络文本蕴涵地理信息抽取：研究进展与展望[J]. 地球信息科学学报，17（2）：127-134.

禹文豪，艾廷华，刘鹏程，等. 2015. 设施 POI 分布热点分析的网络核密度估计方法[J]. 测绘学报，44（12）：1378-1383.

张雪英，闾国年，李伯秋，等. 2010. 基于规则的中文地址要素解析方法[J]. 地球信息科学学报，12（1）：9-16.

赵天保，符淙斌，柯宗建，等. 2010. 全球大气再分析资料的研究现状与进展[J]. 地球科学进展，25（3）：242-254.

赵小强，张守明. 2010. 基于人工蜂群的模糊聚类算法[J]. 兰州理工大学学报，36（5）：80-82.

赵一斌，石心怡，关志超. 2010. 基于 GIS 支持的出行行为时间、空间及序列特征研究[J]. 中山大学学报（自然科学版），49（s1）：43-47.

周洋. 2016. 基于出租车数据的城市居民活动空间与网络时空特性研究[D]. 武汉：武汉大学.

Abraham S, Joseph S. 2016. A coherent rule mining method for incremental datasets based on plausibility [J]. Procedia Technology, 24: 1292-1299.

Agrawal R, Imielinski T, Swami A. 1993. Mining association rules between sets of items in large databases [C]. ACM SIGMOD Record. ACM, 22 (2): 207-216.

Appice A, Buono P. 2005. Analyzing multi-level spatial association rules through a graph-based visualization [M]. Innovations in applied artificial intelligence. Springer Berlin Heidelberg: 448-458.

Appice A, Guccione P, Malerba D, et al. 2014. Dealing with temporal and spatial correlations to classify outliers in geophysical data streams [J]. Information Sciences, 285 (1): 162-180.

Atmospheric Reanalysis: Overview & Comparison Tables [EB/OL]. 2016. https: //climated- ataguide.ucar.edu/ climate-data/atmospheric-reanalysis-overview-comparison-tables, 7-1.

Bai L, Liang J, Dang C, et al. 2011. A novel attribute weighting algorithm for clustering high-dimensional categorical data [J]. Pattern Recognition, 44 (12): 2843-2861.

Bembenik R, Ruszczyk A, Protaziuk G. 2014. Discovering Collocation Rules and Spatial Association Rules in Spatial Data with Extended Objects Using Delaunay Diagrams [M]// Rough Sets and Intelligent Systems Paradigms. Springer International Publishing: 293-300.

Bezdek J C, Ehrlich R, Full W. 1984. FCM: The fuzzy c-means clustering algorithm [J]. Computers and Geosciences, 10 (2): 191-203.

Bhatnagar V, Kaur S, Chakravarthy S. 2014. Clustering data streams using grid-based synopsis [J]. Knowledge and Information Systems, 41 (1): 127-152.

Birant D, Kut A. 2007. ST-DBSCAN: An algorithm for clustering spatial-temporal data [J]. Data and Knowledge Engineering, 60 (1): 208-221.

Bouveyron C, Brunet-Saumard C. 2013. Model-based clustering of high-dimensional data: A review [J]. Computational Statistics and Data Analysis, 71 (1): 1-27.

Bogorny V, Kuijpers B, Alvares L O. 2008. Reducing uninteresting spatial association rules in geographic databases using background knowledge: A summary of results [J]. International Journal of Geographical Information Science, 22 (4): 361-386.

Buscaldi D, Rosso P. 2008. A conceptual density-based approach for the disambiguation of toponyms [J]. International Journal of Geographical Information Science, 22 (3): 301-313.

Capelleveen G V, Poel M, Mueller R M, et al. 2016. Outlier detection in healthcare fraud: A case study in the Medicaid dental domain [J]. International Journal of Accounting Information Systems, 21 (C): 18-31.

Castro P S, Zhang D, Chen C, et al. 2014. From taxi GPS traces to social and community dynamics: A survey [J]. ACM Computing Surveys, 46 (2): 17.

Chandrasekaran S, Cooper O, Deshpande A, et al. 2003. TelegraphCQ: Continuous dataflow processing[C]// ACM SIGMOD International Conference on Management of Data, San Diego, California, USA, June. DBLP: 668-668.

Chen Y, Tu L. 2007. Density-based clustering for real-time stream data[C]// ACM SIGKDD International Conference on Knowledge Discovery and Data Mining, San Jose, California, USA, August. DBLP: 133-142.

Erdem A, Gundem T. 2013. M-FDNSCAN: A multicore density-based uncertain data clustering algorithm[J]. Turkish Journal of Electrical Engineering and Computer Sciences, 22 (1): 143-154.

Forestiero A, Pizzuti C, Spezzano G. 2013. A single pass algorithm for clustering evolving data streams based on swarm intelligence[J]. Data Mining and Knowledge Discovery, 26 (1): 1-26.

Gali Z, Baranovi M, Krianovi K, et al. 2014. Geospatial data streams: Formal framework and implementation[J]. Data and Knowledge Engineering, 91: 1-16.

Gao S, Janowicz K, Couclelis H. 2017. Extracting urban functional regions from points of interest and human activities on location- based social networks[J]. Transactions in GIS, 21 (3): 446-467.

Geng X, Chu X, Zhang Z. 2012. An association rule mining and maintaining approach in dynamic database for aiding product-service system conceptual design [J]. International Journal of Advanced Manufacturing Technology, 62 (1-4): 1-13.

Goodchild M F, Hill L L. 2008. Introduction to digital gazetteer research[J]. International Journal of Geographical Information Science, 22 (10): 1039-1044.

Goulet-Langlois G, Koutsopoulos H N, Zhao Z, et al. 2017. Measuring regularity of individual travel patterns[J]. IEEE Transactions on Intelligent Transportation Systems, 19 (5): 1583-1592.

Grabmeier J., Rudolph A. 2002. Techniques of Clustering Algorithm in Data Mining[J]. Data Mining and Knowledge Discovery, 6 (4): 303-360.

Gruber T. 1995. Towards principles for the design of ontologies used for knowledge sharing [J]. International Journal of Human Computer Studie, 43 (5/6): 907-928.

Guha S, Meyerson A, Mishra N, et al. 2003. Clustering data streams: Theory and practice [J]. IEEE Transactions on Knowledge and Data Engineering, 15 (3): 515-528.

Gupta A S, Tarboton D G. 2016. A tool for downscaling weather data from large-grid reanalysis products to finer spatial scales for distributed hydrological applications [J]. Environmental Modelling and Software, 84: 50-69.

Han J, Pei J, Yin Y, et al. 2004. Mining frequent patterns without candidate generation: A frequent-pattern tree approach[J]. Data Mining and Knowledge Discovery, 8 (1): 53-87.

Huang X, Ye Y, Xiong L, et al. 2016. Time series k -means: A new k-means type smooth subspace clustering for time series data [J]. Information Sciences, 367-368: 1-13.

Janowicz K, Raubal M, Kuhn W. 2015. The semantics of similarity in geographic information retrieval[J]. Journal of Spatial Information Science, (2): 29-57.

Jones C B, Abdelmoty A I, Finch D, et al. 2004. The SPIRIT spatial search engine: Architecture, ontologies and spatial indexing[M] //Geographic Information Science. Springer Berlin Heidelberg: 125-139.

Kong K K, Hong K S. 2015. Design of coupled strong classifiers in AdaBoost framework and its application to pedestrian detection [J]. Pattern Recognition Letters, 68: 63-69.

Kuang W M, An S, Jiang H F. 2015. Detecting traffic anomalies in urban areas using taxi GPS data [J]. Mathematical Problems in Engineering, 2015: 1-13.

Lin W, Alvarez S A, Ruiz C. 2002. Efficient adaptive-support association rule mining for recommender systems [J]. Data Mining and Knowledge Discovery, 6 (1): 83-105.

Liu S, Ni L M, Krishnan R. 2014. Fraud detection from taxis' driving behaviors [J]. IEEE Transactions on Vehicular Technology, 63 (1): 464-472.

Liu X, Li M. 2014. Integrated constraint based clustering algorithm for high dimensional data [J]. Neurocomputing, 142 (1): 478-485.

Machado I M R, de Alencar R O, de Oliveira Campos Jr R, et al. 2011. An ontological gazetteer and its application for place name disambiguation in text [J]. Journal of the Brazilian Computer Society, 17 (4):

267-279.

Martínez-Ballesteros M，Martínez-lvarez F，Troncoso A，et al. 2011. An evolutionary algorithm to discover quantitative association rules in multidimensional time series [J]. Soft Computing，15（10）：2065-2084.

Menczer F，Pant G，Srinivasan P. 2004. Topical web crawlers：Evaluating adaptive algorithms[J]. ACM Transactions on Internet Technology（TOIT），4（4）：378-419.

Miller H J，Han J. 2001. Geographic Data Mining and Knowledge Discovery[M]. London：Taylor & Francis.

Mou N，Li J，Zhang L，et al. 2017. Spatio-Temporal Characteristics of Resident Trip Based on Poi and OD Data of Float CAR in Beijing[J]. ISPRS-International Archives of the Photogrammetry，Remote Sensing and Spatial Information Sciences.

Murry A T，Shyy T K. 2000. Integration attribute and space characteristics in choropleth display and spatial data mining [J]. International Journal of Geographical Information Science，14（7）：649-667.

NG R T，Han J. 1994. Efficient and Effective Clustering Method for Spatial Data Mining[C]. Proceedings of the 20th Internatioanl Conference on Very Large Data Bases. San Francisco：Morgan Kaufmann Publishers Inc，144-145.

Norwati M，Manijeh J，Mehrdad J. 2009. Expectation maximization clustering algorithm for user modeling in Web usage mining systems [J]. European Journal of Scientific Research，32（4）：467-476.

Olauson J，Bergstrm H，Bergkvist M，et al. 2016 . Restoring the missing high-frequency fluctuations in a wind power model based on reanalysis data [J]. Renewable Energy，96：784-791.

Pan G，Qi G，Zhang W，et al. 2013. Trace analysis and mining for smart cities：Issues，methods，and applications [J]. IEEE Communications Magazine，51（6）：120-126.

Pang L X，Chawla S，Liu W，et al. 2013. On detection of emerging anomalous traffic patterns using GPS data [J]. Data and Knowledge Engineering，87（9）：357-373.

Pei T，Jasra A，et al. 2009. Decode：A new method for discovering clusters of different densities in spatial data [J]. Data Mining and Knowledge Discovery，18（3）：337-369.

Ren J，Cai B，Hu C. 2011. Clustering over data streams based on grid density and index tree [J]. Journal of Convergence Information Technology，6（1）：83-93.

Rezaei A M，Karami A. 2013. Artificial bee colony algorithm for solving multi-objective optimal power problem[J]. International Journal of Electrical Power and Energy Systems，53：219-230.

Romsaiyud W. 2013. Detecting emergency events and geo-location awareness from twitter streams[C]//The International Conference on E-Technologies and Business on the Web（EBW2013）. The Society of Digital Information and Wireless Communication，22-27.

Silva J A，Faria E R，Barros R C，et al. 2014. Data stream clustering：A survey[J]. Acm Computing Surveys，46（1）：13.

Sun B，Chen S，Wang J，et al. 2016. A robust multi-class AdaBoost algorithm for mislabeled noisy data [J]. Knowledge-Based Systems，102：87-102.

Wang H，Wang Y，Wan S. 2012. A Density-Based Clustering Algorithm for Uncertain Data[C]. IEEE International Conference on Computer Science and Electronics Engineering，3：102-105.

Wang W，Stewart K. 2015. Spatiotemporal and semantic information extraction from Web news reports about natural hazards [J]. Computers，Environment and Urban Systems，50：30-40.

Wang Y，Guo Q，Li X. 2006. A Kernel Aggregate Clustering Approach for Mixed Data Set and Its Application in Customer Segmentation [C]. Proceeding of the ICMSE，121-124.

Weng C，Chen Y. 2010. Mining fuzzy association rules from uncertain data [J]. Knowledge and Information Systems，23（2）：129-152.

Wu S，Feng X，Zhou W. 2014. Spectral clustering of high-dimensional data exploiting sparse representation vectors [J]. Neurocomputing，135（C）：229-239.

Xu J，Nyerges T L，Nie G. 2014. Modeling and representation for earthquake emergency response knowledge：Perspective for working with geo-ontology [J]. International Journal of Geographical Information Science，28（1）：185-205.

Yu Y，Cao L，Rundensteiner E A，et al. 2017. Outlier detection over massive-scale trajectory streams [J]. ACM Transactions on Database Systems，42（2）：10.

Yun U，Lee G. 2016. Sliding window based weighted erasable stream pattern mining for stream data applications [J]. Future Generation Computer Systems，59（C）：1-20.

Zamora J，Mendoza M，Allende H. 2016. Hashing-based clustering in high dimensional data [J]. Expert Systems with Applications，62：202-211.

Zhang X，Du S，Wang Q. 2017. Hierarchical semantic cognition for urban functional zones with VHR satellite images and POI data [J]. ISPRS Journal of Photogrammetry and Remote Sensing，132：170-184.

Zhao J，Jin P，Zhang Q，et al. 2014. Exploiting location information for web search [J]. Computers in Human Behavior，30：378-388.

Zhao Z，Koutsopoulos H N，Zhao J. 2018. Detecting pattern changes in individual travel behavior：A Bayesian approach [J]. Transportation Research Part B Methodological，112：73-88.

Zheng X，Liang X，Xu K. 2012. Where to wait for a taxi [C]//Proceedings of the ACM SIGKDD International Workshop on Urban Computing. ACM，149-156.

Zhou X，Geller J. 2007. Raising to Enhance Rule Mining in Web Marketing with the Use of an Ontology[C]. Data Mining with Ontologies：Implementations，Findings and Frameworks，18-36.